液压与气压传动

主　编　曹　坚　朱银法

副主编　顾金梅　赵　伟

褚连娣　蒋理剑　袁海洋

ZHEJIANG UNIVERSITY PRESS

浙江大学出版社

内容简介

本书共分七章，首先为绪论，介绍液压与气压传动系统的基本工作原理、特点和组成，以及液压、气压传动技术的应用与发展概况。第一章为“流体力学基础”，介绍工作介质的特性和选用，流体静力学、运动学、动力学，能量损失及和液压与气压传动相关的其他基础知识。第二章为“能源装置”，介绍各种液压泵和空压机的工作原理、结构特点、选择和应用，以及液压与气压传动系统中各种辅件和密封件的作用原理、类型、特点、选择与应用。第三章为“执行元件”，介绍直线往复运动执行元件和旋转运动执行元件的设计计算、选择和应用。第四章为“控制调节元件”，介绍各种控制阀的工作原理、类型和结构特点，及其在控制系统中的应用与选择。第五章为“基本回路”，介绍各类液压与气压传动基本回路的工作特性，分析各类回路的特点及其在工程中的应用。第六章为“典型系统分析”，介绍典型液压与气压传动系统的读图及分析方法。第七章为“液压系统的设计计算”，介绍系统的设计步骤、设计计算方法及控制手段。

本书可供普通高等学校机械类专业的学生使用，也适合各类成人高校机械类专业的学生使用，还可供从事液压与气压传动技术工作的工程技术人员参考。

图书在版编目（CIP）数据

液压与气压传动 / 曹坚，朱银法主编. —杭州：浙江大学出版社，2019.12（2024.8 重印）
ISBN 978-7-308-19805-9

Ⅰ. ①液… Ⅱ. ①曹… ②朱… Ⅲ. ①液压传动—教材②气压传动—教材 Ⅳ. ①TH137②TH138

中国版本图书馆 CIP 数据核字（2019）第 273678 号

液压与气压传动

主 编 曹 坚 朱银法

责任编辑 王 波
责任校对 蔡晓欢 汪志强
封面设计 十木米
出版发行 浙江大学出版社
（杭州市天目山路 148 号 邮政编码 310007）
（网址：http://www.zjupress.com）
排 版 杭州好友排版工作室
印 刷 广东虎彩云印刷有限公司绍兴分公司
开 本 787mm×1092mm 1/16
印 张 17.25
字 数 430 千
版 印 次 2019 年 12 月第 1 版 2024 年 8 月第 2 次印刷
书 号 ISBN 978-7-308-19805-9
定 价 48.00 元

前　言

“液压与气压传动”是机械类专业的一门专业技术课。本课程的任务是让学生掌握液压与气压传动的基础知识，掌握各种液压与气压传动元件的工作原理、特点、应用和选用方法，熟悉各类液压与气压传动基本回路的功用、组成和应用场合，了解国内外先进技术成果在机械设备中的应用。

本书是紧密结合微视频以及编者出版的《液压与气压传动计算机辅助教学教材》中提供的液压与气压传动 CAI 软件编写的立体化的教材。本书充分利用“互联网＋”技术，在每一章中嵌入课程视频、仿真课件、在线讨论、在线测试等内容，将教材、课堂、教学资源三者融合，采用线上线下相结合的教材出版新模式，使更多的学生用上优质的教材资源。本书具有以下两个方面的特点。

(1)嵌入了互动的虚拟教学平台

开发的虚拟教学平台集回路设计、仿真于一体，在完成回路图快速绘制的同时完成回路图的识别，实现回路的动态仿真，使学生在与软件的互动中学习专业知识。

(2)嵌入了信息化的自主学习平台

在网络学习平台上，借助于虚拟教学平台制作的微课资源涵盖课程的各个知识点，聚焦教学重点、难点、疑点，学生可以在移动设备上进行在线碎片化学习，让不同程度的学生根据自己的需要自主掌握学习进度，并可在网络平台与教师交流互动，解决学习中遇到的各种问题。

本书适合作为普通工科院校机械类专业的教学用书，也适合不同层次的机械类专业的学生使用，还可供从事液压与气压传动技术工作的工程技术人员参考。

本书由嘉兴学院曹坚、丽水学院朱银法担任主编，嘉兴学院的顾金梅、赵伟、南湖学院的褚连娣，丽水学院的蒋理剑、袁海洋担任副主编。其中绪论、第五、六、七章由曹坚编写，第一章及第二章第十二节由赵伟编写，第二章(除第十二节)由褚连娣编写，第三章由朱银法、蒋理剑和袁海洋编写，第四章由顾金梅编写。

由于编者水平有限，书中难免有不妥之处，敬请广大读者批评指正。

编者

2019 年 6 月于嘉兴

目　　录

绪　　论

本章重点：本章要求掌握液压与气压传动的基本概念，液压与气压传动的工作原理和液压与气压传动系统的组成，液压系统压力与负载的关系；了解液压与气压传动系统的特点、应用和发展。

第一节　液压与气压传动的定义及工作原理

一、液压与气压传动的定义

一部完整的机器一般由动力装置、传动装置和工作执行装置三部分组成。传动装置是把动力装置的动力传递给工作机构等的中间设备。传动包括流体传动、机械传动、电气传动等多种方式。

机械传动包括带、链、齿轮和蜗杆传动等类型。

电气传动根据电机型式的不同，可分为直流—直流电气传动、交流—直流电气传动、交流—直流—交流电气传动等类型。

液压与气压传动是以流体（液压液或压缩空气）作为工作介质对能量进行传递和控制的一种传动形式。其起源于17世纪中叶帕斯卡提出的帕斯卡定律。18世纪末英国首次用水作为工作介质把流体动力传动应用于"水压机"，1906年美国"弗吉尼亚号"军舰上的火炮采用液压传动驱动，由此开拓了现代流体传动广泛应用于工业各个领域的先河。第二次世界大战期间，在一些兵器上用上了功率大、反应快、动作准的液压传动和控制装置，大大提高了兵器的性能，也大大促进了液压技术的发展。战后，液压技术迅速转向民用。今天，流体动力传动技术与传感、微电子和控制技术密切结合，已发展成为包括传动、控制和检测在内的一门完整的自动化技术，是工业动力传动与控制技术不可缺少的重要组成部分。

液压与气压
传动工作原理（一）

思考题：什么是液压与气压传动？

二、液压与气压传动工作原理

液压传动是以液体作为工作介质，以液体的压力能传递动力的传动方式；气压传动是以气体作为工作介质，利用压缩气体的压力传递能量的传动方式。液压与气压传动在基本工作原理、元件的工作原理以及回路的构成等各个方面都极为相似。下面以图0-1所示的液压千斤顶为例来介绍其工作原理。

图 0-1 为液压千斤顶的示意图，液压千斤顶常用于顶升重物，例如顶起汽车以便拆换轮胎等。向上提起手柄 5 使小缸 6 内的活塞上移，小缸下腔随着活塞的上移产生局部真空，由于油箱 8 通大气，故油液在大气压的作用下，从油箱 8 经吸油管道顶开吸油阀 7 进入小缸下腔中；向下压手柄使小缸活塞下移，刚才被吸入小缸下腔的液压油顶开压油阀 2 进入大缸 3 的下腔，油液被压缩，压力升高，吸油阀 7 关闭，推动大缸活塞上的重物向上升起。当重物需要从举高的位置放下时，打开截止阀 1，大缸中油液经截止阀流回油箱，重物随之降下。

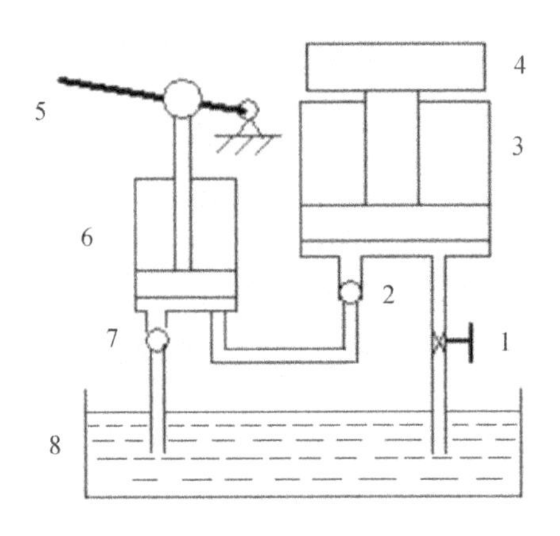

1—截止阀；2—压油阀；3—大缸；4—重物（负载）；5—手柄；6—小缸；7—吸油阀；8—油箱。

图 0-1　液压千斤顶示意

如果将图中液压千斤顶中两根通油箱的管道与大气相通，工作介质变为气体，则该图成为气压传动原理图，如图 0-2 所示，工作原理与液压系统类似。不同的是，由于气体的可压缩性大，按手柄 5 后重物不会马上上升，需按动多次，当进入大缸 3 中的压缩气体的压力达到重物上升所需的压力值时，重物才开始上升。

上述简单系统虽不能对重物的上升速度进行调节，也没有防止压力过高的安全措施，但从中可以得出有关液压与气压传动的一些重要概念。

由上述工作过程可见，千斤顶的液压传动过程是能量转换的过程，在小缸中，手按动手

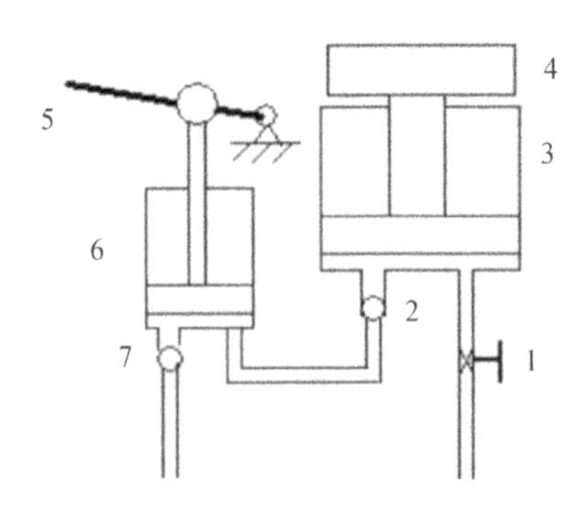

1—截止阀；2—压气阀；3—大缸；4—重物；5—手柄；6—小缸；7—吸气阀。

图 0-2　气压传动原理

柄所产生的机械能变成了流体的压力能输出；而在大缸中，从小缸输入的流体压力能转变成为驱动负载所需的机械能输出。所以，液压与气压传动实际上是一个不同能量的转换过程，在液压与气压传动系统中，要发生两次能量的转变。

液压与气压传动
CAI 软件

思考题：千斤顶怎样实现力的传递？

三、力的传递

大家都知道，千斤顶的特点就是可以用很小的力举起很重的物体，那么千斤顶是怎样实现力的传递的呢？下面分析液压系统中压力与负载的关系。

图 0-1 所示的液压千斤顶，可以看成是一个密闭连通器，如图 0-3 所示。

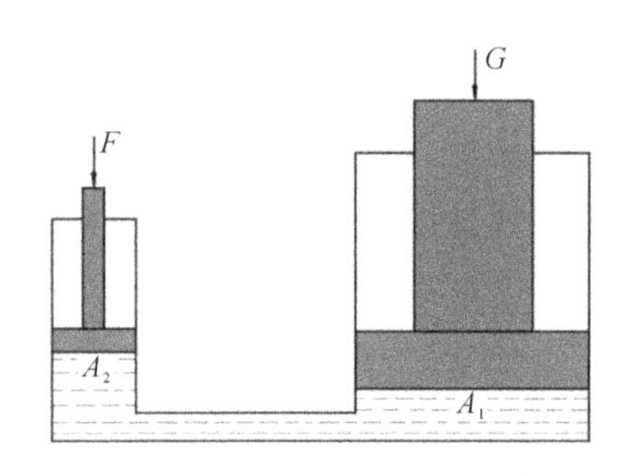

图 0-3　液压千斤顶力学模型

若设大、小活塞面积分别为 A_1 和 A_2，作用于大活塞上的外负载为 G，作用于小活塞上的力为 F，则大活塞缸下腔液体的压力为 $p_1=\frac{G}{A_1}$，小活塞缸下腔液体压力为 $p_2=\frac{F}{A_2}$。根据帕斯卡定律，在密闭连通容器内，施加于液体上的压力将以等值传递到液体内部的所有各点，可得大、小活塞下腔压力 p 相等，即

$$p=p_1=p_2=\frac{G}{A_1}=\frac{F}{A_2} \tag{0-1}$$

从式(0-1)可以看出，当 A_1 和 A_2 一定时，负载 G 越大，系统压力 p 越高，所以液压系统的压力 p 取决于外负载的大小。

上式还可以整理成为

$$G=\frac{A_1}{A_2}F \tag{0-2}$$

从式(0-2)可以看出，当$\frac{A_1}{A_2}\gg 1$，即大活塞面积远大于小活塞面积时，作用于小活塞上很小的力 F，便可在大活塞上产生一个很大的作用力 G，以举起重物，这就是液压千斤顶的工作原理。

四、运动的传递

在图 0-1 所示的液压千斤顶中，设大、小活塞移动的速度分别为 v_1 和 v_2，若不考虑液体的泄漏、可压缩性等因素，则从小缸排出的液体全部进入大缸中，两者液体体积相等，设大、

小活塞的位移分别为 h_1 和 h_2，则有

$$h_1A_1=h_2A_2 \tag{0-3}$$

将式(0-3)两边同除以活塞运动时间 t，可以得到

$$v_1A_1=v_2A_2=q \tag{0-4}$$

式中：v_1——小活塞平均运动速度；

v_2——大活塞平均运动速度；

q——流量，单位时间内输出(或输入)液体的体积。

由式(0-4)可知，活塞的运动速度取决于进入液压缸的流量大小，与负载无关。

五、液压系统输出功率

在图 0-1 所示的液压千斤顶的工作过程中，若忽略摩擦损失等因素，大活塞缸工作时输出的功率为

$$P=F_1v_1=F_1\frac{q_1}{A_1}=p_1q_1 \tag{0-5}$$

由此可见，液压缸的输出功率为液压系统的压力和流量的乘积。在液压系统中，压力和流量是两个非常重要的概念。

液压与气压传动工作原理(二)

六、液压与气压系统的组成

思考题：液压系统由哪几部分组成？

图 0-4 所示是一个磨床工作台的液压系统，这是一个比较完善的液压系统。

它的工作原理如下：在图示状态下，电动机启动后带动液压泵 4 旋转，经过滤器 2 从油箱 1 中吸油。油液经液压泵输出进入压油管 7 后，通过开停阀 9、节流阀 10、换向阀 11 进入液压缸 12 的左腔，推动液压缸活塞杆和工作台 13 向右移动，而液压缸右腔的油液经换向阀 11 和回油管 14 流回油箱。

往左扳动换向阀 11 的手柄使换向阀换向，则液压泵 4 输出的液压油经过开停阀 9、节流阀 10 和换向阀 11 进入液压缸 12 的右腔，推动活塞和工作台 13 向左移动，而液压缸 12 左腔的油液经换向阀 11 和回油管 14 流回油箱。

工作台的移动速度由节流阀 10 进行调节，开大节流阀的阀口，进入液压缸的油液增多，工作台的移动速度增大；关小节流阀的阀口，进入液压缸的油液减少，工作台的移动速度减小。液压泵输出的多余油液经溢流阀 5 和回油管 3 流回油箱。

从磨床工作台的液压系统可以看出，液压系统由以下四部分组成：

(1)能源装置——把机械能转换为液体压力能的装置。液压系统中通常指的是液压泵，它给液压系统提供压力油。

(2)执行元件——把液体的压力能转换为机械能的元件。指的是液压缸或液压马达。

(3)控制调节元件——控制、调节系统中油液压力、流量和流动方向的元件。指的是液压系统中的各种液压阀。

(4)辅助元件——除上述三部分以外的其他元件。如油箱、过滤器、油管等。

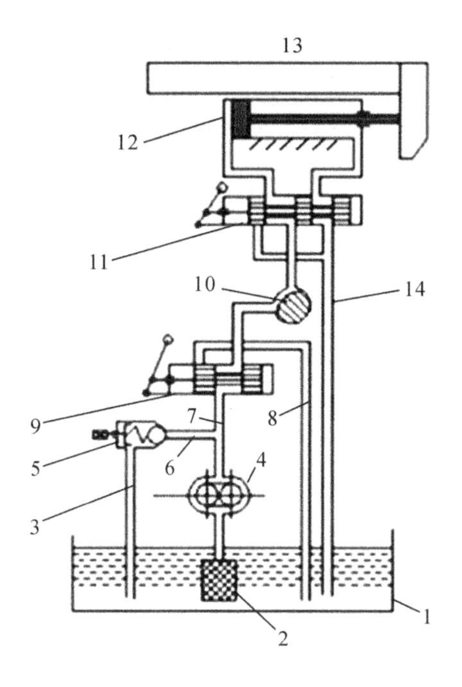

1—油箱;2—过滤器;3、6、7、8、14—油管;4—液压泵;5—溢流阀;9—开停阀;
10—节流阀;11—换向阀;12—液压缸;13—工作台。

图 0-4　磨床工作台液压系统工作原图

气压传动系统的组成跟液压传动系统类似,除了上述能源装置、执行元件、控制调节元件和辅助元件之外,还有一些逻辑元件以完成逻辑功能。

第二节　液压与气压传动系统的表示方法和特点

一、液压与气压传动系统的表示方法

液压与气压传动系统
的表示方法和特点

液压与气压传动系统可以用两种不同的图形符号来表达。一种是半结构式的工作原理图,如图 0-4 所示,这种图直观性强,容易理解,但绘制较麻烦,不适合工程中使用。另外一种是国际上对液压与气压传动元件、辅件指定的相应的图形符号,这种图形符号不代表具体的结构,所以又称为职能符号,它使得液压、气压传动系统图便于绘制,简单明了。图 0-5 为用液压图形符号绘制的磨床工作台液压系统工作原理图。使用这些符号绘制的系统原理图相比于半结构式的工作原理图简单明了多了。

打开液压与气压传动 CAI 软件,在仿真库中通过仿真学习机床工作台液压系统的工作原理,学习和巩固知识点。

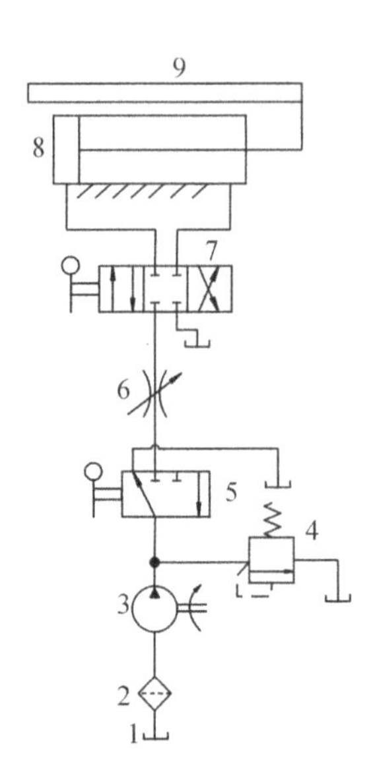

1—油箱；2—过滤器；3—液压泵；4—溢流阀；5—开停阀；6—节流阀；7—换向阀；8—液压缸；9—工作台。

图 0-5　磨床工作台液压系统

二、液压与气压传动的特点

(一)液压传动的特点

液压传动的独特之处是力大无穷(压力可以达到 32MPa 以上)，例如液压千斤顶，可以顶起很重的物体。与机械传动、电气传动相比，液压传动具有以下一些优点：

(1)液压传动的各种元件，可根据需要方便、灵活地进行布置；且液压装置重量轻，体积小，运动惯性小，反应速度快。

(2)操纵控制方便，可实现大范围的无级调速(调速范围达 2000：1)，且可以在液压系统运行过程中调速。

(3)可自动实现过载保护，几乎每个液压系统都安装了溢流阀，系统过载时溢流阀就会打开，油液经溢流阀流回油箱，使得压力不再升高。

(4)一般采用矿物油为工作介质，相对运动面可自行润滑，使用寿命长。

(5)便于实现直线运动，一个液压缸就可以实现直线运动，远比机械传动方便。

(6)便于实现设备的自动化，当采用电液联合控制后，不仅可以实现更高程度的自动控制过程，且可以实现遥控。

但液压传动也存在一些缺点，主要有：

(1)流体的阻力损失和泄漏较大，液压传动工作过程中有较多的能量损失，效率较低。

(2)液压传动对油温的变化比较敏感，温度变化时，液体黏性变化，运动特性也随之变化，工作稳定性受到影响，所以液压传动不适宜在温度变化大的环境下工作。

(3)液压元件的制造精度要求较高，价格较贵。

(4)液压传动出现故障时不容易找出原因，使用和维修要求较高。

然而随着设计制造和使用水平的不断提高，液压传动的一些缺点正在逐步被克服，因此有着广阔的应用前景。

（二）气压传动的特点

气压传动具有以下优点：

(1)气压传动所使用的工作介质空气，可以直接从大气中取得，不需要购买，成本低；用后的空气可直接排入大气，对环境无污染，处理方便。

(2)空气黏度小，所以流动时压力损失较小，适用于集中供气和远距离输送。

(3)与液压传动相比，气压传动动作迅速，反应快，管路不易堵塞，故障容易排除，维修方便。

(4)使用安全，工作可靠性高，具有过载保护功能。组成气压传动系统的各种元件和装置，可以根据不同的工作场合，选用合适的材料制成，能在高温、振动、灰尘、潮湿等恶劣的环境下安全、可靠地工作。空气介质比较清洁，又不用防爆，因而非常适合在化工、食品、医药卫生、铸锻、矿山机械及国防工业上使用。

气压传动的缺点有：

(1)气压传动装置中的信号传递速度较慢，仅限于声速范围，因而气压传动不宜用于高速的复杂回路中。

(2)由于空气具有可压缩性较大的特性，所以运动速度的稳定性较差，不易实现准确的速度控制和高精度的定位，负载变化时对系统的稳定性影响比较大。

(3)气压传动系统工作压力较低，结构尺寸不宜过大，因而气缸的输出推力不可能很大。

(4)气压传动的效率较低。一般工厂均建立压缩空气站，进行统一分配和供应压缩空气以提高其利用效率。

(5)气压传动排气声音大，需要加装消声器。

综上所述，液压与气压传动的优点是主要的，而其缺陷将随着液压与气压传动技术的发展而不断被克服、功能不断改善。

第三节　液压与气压传动的应用与发展

一、液压与气压传动的应用

液压与气压传动的应用与发展

由于液压传动技术有许多突出的优点，从民用到国防、从一般传动到精度很高的控制系统，其都得到了广泛的应用。液压技术是实现现代化传动与控制的关键技术之一，世界各国对液压工业的发展都给予了高度重视，采用液压技术的程度已成为衡量一个国家工业水平的重要标志。液压传动技术一般应用于重型、大型、特大型设备，其主要应用如下。

在国防工业中，液压传动技术被广泛应用于现代武器装备中，特别是在现代化大型装备中应用更为广泛。如飞机方向舵机的操纵装置，飞机的刹车和起落架，坦克的炮塔转向系统，雷达的升降装置，火炮的协调器，导弹的发射装置，运载火箭的推力矢量控制等。在舰艇中液压传动技术应用就更加广泛了。

在机床工业中，机床传动系统绝大多数采用液压传动技术，如磨床、铣床、拉床、压力机、剪床、压铸机和组合机床等。

在冶金工业中,液压传动技术也得到了广泛的应用,如电炉和轧钢机的控制系统、连铸机压下系统、平炉装料、转炉控制、高炉控制、带材跑偏和张力装置等。

在工程机械中,普遍采用了液压传动技术,如挖掘机、推土机、压路机、轮胎装载机、汽车起重机、自行式铲运机、平地机、装卸堆码机等。

图 0-6 所示为液压挖掘机,其液压系统包括转向、行走、工作臂等部分。转向由回转马达控制,行走由行走马达实现,工作臂由动臂油缸、斗杆油缸和铲斗油缸组成,完成挖掘动作。

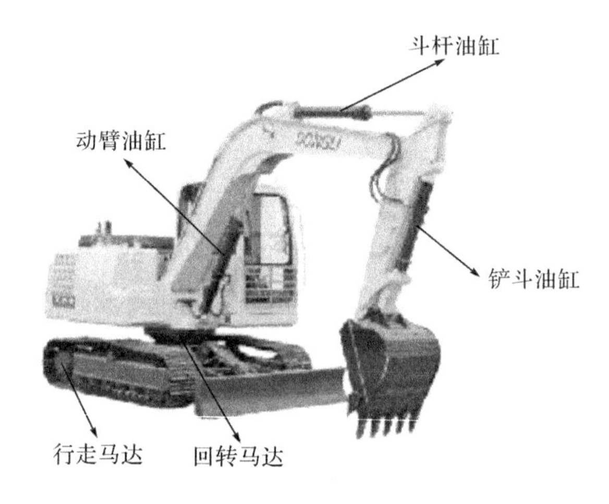

图 0-6　液压挖掘机

在农业机械中,液压传动技术也得到了广泛应用,如拖拉机、联合收割机和农具悬挂系统等。

在汽车工业中,液压传动技术同样得到了广泛的应用,如液压自卸式汽车、液压高空作业车、消防车、液压越野车,以及汽车中的 ABS 系统、转向器和减振器等。

在建筑工业中,采用液压传动技术的有打桩机、平地机和液压千斤顶等。

在轻化工业中,采用液压传动技术的有打包机、注塑机、校直机、造纸机、橡胶硫化机等。

液压传动技术还被广泛用于 4D 影院座椅、飞行模拟器、盾构机、模拟驾驶舱、机器换人生产线、数字式体育锻炼机、机器人、宇航环境模拟、高层建筑防震系统、海浪模拟装置、火箭助飞发射装置、紧急刹车装置等装备中。

总之,一切工程领域,凡是有机械设备的场合,均可采用液压传动技术,其前景非常光明。

同样,气压传动技术也有很多优点,在社会各个行业中得到了广泛的应用,常用于纺织、机械、汽车、电子、军事、钢铁、化工、食品、包装等行业中。

而且在高端技术领域如核工业和宇航技术中,气压传动也具有重要的应用价值。

随着原子能、空间技术、计算机技术等的发展,气压传动技术必将更加广泛地应用于各个工业领域,更好地发挥其作用。

二、液压与气压传动的发展

(一)液压传动技术的发展

随着制造技术的进步和计算机电子技术的发展,液压系统与元件向多方向发展。

一是向着小型化、集成化方向发展。

如图 0-7 所示是集成式液压油路块系统,它的主要单元是液压集成块,是一个预先钻有多个孔的阀块体,其上安装有各种液压元件,其内部的孔道与液压元件孔道相连通,构成液压集成回路,实现系统控制要求。

图 0-7　集成式液压油路块系统

二是向着高精度、智能化控制方向发展。

如图 0-8 所示的波士顿动力公司的 Atlas 机器人有四个液压驱动的四肢,不仅能在崎岖不平的地形上行走自如,还能完成蹲下、拾物、开门等拟人动作。而如图 0-9 所示的 Bigdog 机器狗使用了 16 台液压作动器,控制行走、跳跃等动作,它不但能够行走和奔跑,而且还可跨越一定高度的障碍物。

图 0-8　Atlas 机器人

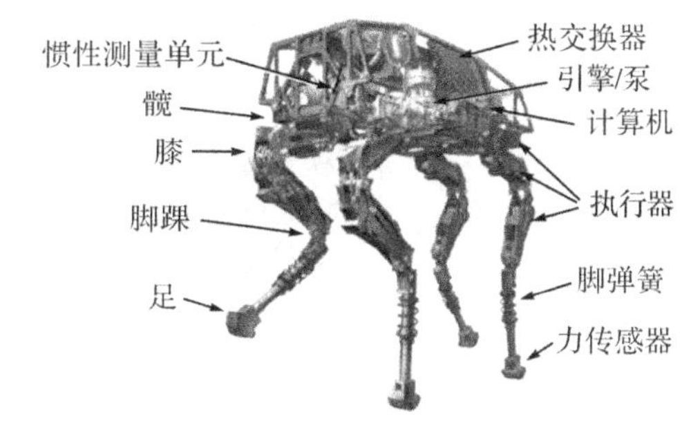

图 0-9　Bigdog 机器狗

三是环保、高效。如水或海水介质液压系统,在深海潜水器中应用非常普遍(见图 0-10)。

(二)气压传动技术的发展

气压传动技术向小型化、轻量化、高精度以及与电子计算机技术的融合发展,如气动灵巧机械手、穿戴式气动康复训练器等,如图 0-11 至图 0-13 所示。

图 0-10　潜水器

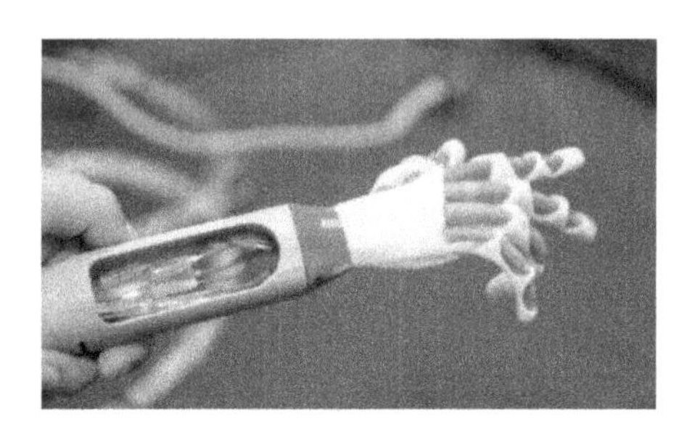

图 0-11　气动手

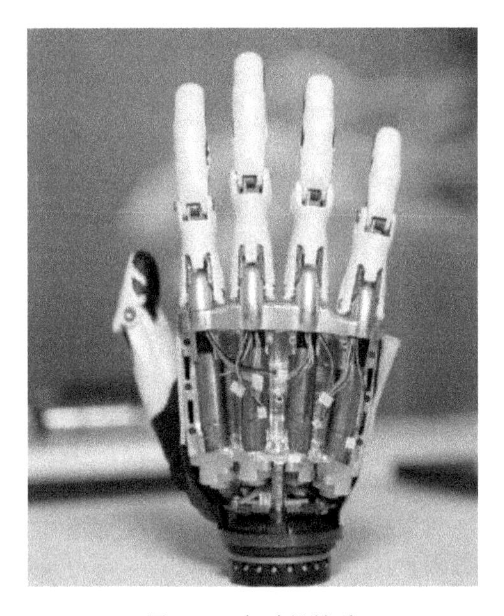

图 0-12　气动机械手

图 0-13　气动肌肉

习　题

0-1　液压与气压系统由哪几部分组成，各自的作用是什么？

0-2　简述液压与气压传动的优缺点。

0-3　帕斯卡定律的内容是什么？

讨论题

1. 你所熟悉的采用液压或气压传动技术的设备有哪些？
2. 为什么说液压传动独特之处是力大无穷？

本章在线测试

第一章　流体力学基础

本章重点：本章主要阐述与液压技术有关的流体力学相关内容，掌握这些基本理论，是正确理解、分析和设计液压元件与系统的基础。

第一节　液压传动介质

思考题：液压传动介质在液压系统中应起到什么作用？

液压传动介质

液压系统是靠液体的流动来实现动力的传递的，这个在系统内流动的液体称为液压系统的工作介质，目前液压系统最普遍使用的工作介质是从石油中提炼出来的油液，油液作为液压系统的工作介质，主要作用包括传动、润滑、冷却、去污、防锈。

传动是工作介质的主体作用，通过流体的流动将液压泵的能量传递到各个执行元件；润滑是指油液对液压泵、液压阀等元部件的运动部位起到润滑作用；冷却是指油液在流动过程中吸收或带走发热部位产生的热量而起到冷却的作用；去污是指油液在流动过程中带走颗粒和污染物的作用；防锈是指油液能够保护金属表面防止锈蚀。

根据上述作为工作介质的油液所起到的主要作用，对油液提出一些性能指标如表1-1所示。

表1-1　工作介质的主要性能指标

性能指标	说明
可压缩性	要求油液的可压缩性尽可能小，保证传动的精度和快速响应性
黏性	要求油液应具有适当的黏度，并要求温度及压力对黏度影响小
润滑性	要求油液能够对液压元件运动部位起到充分的润滑作用
稳定性	要求油液不因热、氧化或水解等作用而发生变质
防锈和抗腐蚀	要求油液对钢铁及非金属的锈蚀性小
抗泡沫性	要求介质中的气泡容易逸出并消除
阻燃性	要求油液燃点高，不容易挥发和燃烧

液压装置普遍采用的是从石油中提炼的石油基液压油液，为了改善石油基液压油液的性能，需要向石油基液压油中加入各种添加剂，如改善油液化学性能的抗氧化剂、防腐剂，改善油液物理性能的增黏剂、抗磨剂等。

对液压系统的工作性能影响最大的油液的两个特性是可压缩性和黏性。

（一）可压缩性

液体因所受压力增大而发生体积缩小的性质称为液体的可压缩性。液体的可压缩性如图1-1所示。在图1-1左图中，活塞上的作用力为F，封闭液体的体积为V，液体内部的压力为p；在图1-1右图中，当活塞上的力由F增大到$F+\Delta F$时，液体的压力对应的增大到了$p+\Delta p$，液体的体积则减小了ΔV，具体的数量关系可以表示为

$$\Delta V=-k\cdot\Delta p\cdot V \tag{1-1}$$

即体积的变化与压力变化是一次方的关系，V是初始体积，V越大，表示增大相同的压力，ΔV也越大。式中的k代表不同的液体的可压缩的特性的大小：

$$k=-\frac{1}{\Delta p}\frac{\Delta V}{V} \tag{1-2}$$

k称为液体的压缩率，k越大，表示这种液体越容易被压缩。因为压力增大，液体的体积减小，所以在前面加一个负号，使k为一个正值。在液压传动中，我们经常使用的是k的倒数：

$$K=\frac{1}{k}=-\frac{V}{\Delta V}\Delta p \tag{1-3}$$

K称为液体体积弹性模量，K值越大，代表这种液体越不容易被压缩。

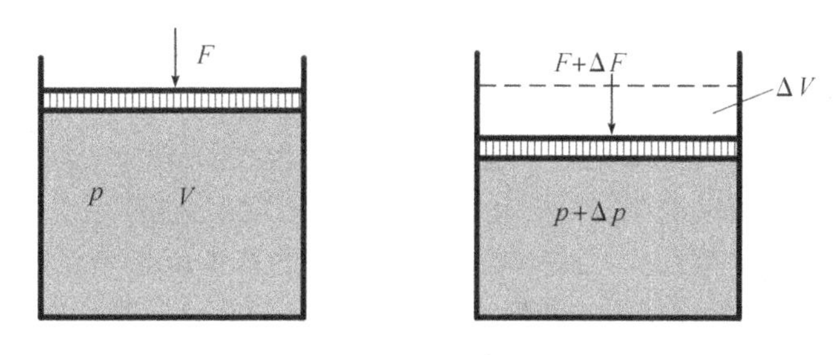

图1-1　液体可压缩性示意

从生活常识中我们知道液体，比如水的体积是很难被压缩的，说明液体的体积弹性模量的数值是比较大的，石油基液压油的K值为1400～2000MPa（一个大气压约0.1MPa），在正常条件情况下，油液也同样难以被压缩。需要说明的是：当工作介质（油液）中有游离气泡时，K值将大大减小；液压系统在稳态下工作时，一般可以不考虑可压缩性的影响；高压系统或研究系统动态性能时，需要考虑。

（二）黏性

液体在外力作用下流动（或有流动趋势）时，液体分子间的内聚力要阻止分子间的相对运动而产生一种内摩擦力，这一特性称为液体的黏性。不同的液体，或者相同的液体在不同的环境下，黏性都是不同的，首要的问题是如何定量地表示液体黏性的大小。

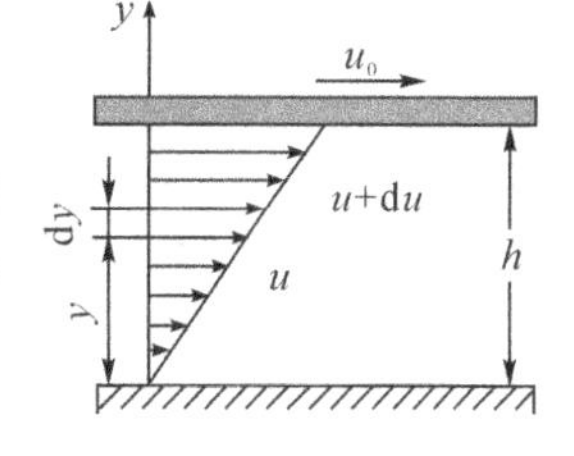

图1-2　流体黏性示意

在图1-2中，距离为h的两平行平板间充满液体，下平板固定，而上平板以速度u_0水平运动。液体和固体壁面间的附着力及液体的黏性，使流动液体内部在高度上的速度分布不相等，靠着下平板的液层的速度为零，靠着上平板的液层的速度为u_0，而中间各层液体的速度各不相同，当层间距离h较小时，从上到下近似按线性递减规律分布，速度快的液层带动速度慢的，而速度慢的液层对速度快的起阻滞作用。

实验表明，相邻液层间的内摩擦力 F 与液层接触面积 A、液层间的速度梯度 $\mathrm{d}u/\mathrm{d}y$ 成正比，即

$$F=\mu A\frac{\mathrm{d}u}{\mathrm{d}y} \tag{1-4}$$

$\frac{\mathrm{d}u}{\mathrm{d}y}$表示液体速度在 y 方向的变化率，即液层间的速度梯度。μ 即是代表液体黏性的度量指标，称为液体的动力黏度，μ 的单位是 Pa·s，或用 $\mathrm{N\cdot s/m^2}$ 表示。

在式(1-4)中，注意到当$\frac{\mathrm{d}u}{\mathrm{d}y}=0$ 时，$F=0$，表明液体只有在流动时才会呈现黏性，静止液体不呈现黏性，如我们站在水中不动的时候，感受不到水的阻力，μ 的物理意义是液体在单位速度梯度下流动时单位面积上产生的内摩擦力。动力黏度与密度的比值：

$$\nu=\frac{\mu}{\rho} \tag{1-5}$$

ν 称为运动黏度，单位是 $\mathrm{m^2/s}$，习惯上常用它来标记液体黏度的大小。液压传动中工作介质的黏度是以 40℃时的运动黏度（以 $\mathrm{mm^2/s}$ 为单位）来划分的，如牌号为 L-HL46 的普通液压油，表示该液压油在 40℃时的运动黏度中心值为 $46\mathrm{mm^2/s}$。另外，工程上还常采用相对黏度的度量方法，依据液体黏度越大越难以流动的特性，设置测量方法和测量数据，根据测量的条件不同，主要有恩氏度、赛氏秒、雷氏度和巴氏度，使用恩氏度主要是欧洲一些国家，赛氏秒和雷氏度是美国和英国，巴氏度是法国。

黏性对流体流动的影响非常显著。液体黏度太低，会造成泄漏、磨损增加、效率降低等问题；黏度太高，会造成流动困难及泵转动不易等问题。因此，在液压系统工作过程中，黏度的变化必须控制在合理的范围内。对黏度影响最显著的环境因素是温度。液体温度上升，黏度降低，温度下降，黏度增加，这一特性称为液体的黏-温特性。黏性对温度的变化十分敏感，像我们家里的食用油，温度高的时候是黏性小的液体，温度低的时候甚至会变成固体，丧失流动性，图 1-3 为几种液体的黏-温特性曲线，为了系统工作可靠，尽量选择温度对黏性影响小的液体，即黏度指数高的液体，一般要求黏度指数在 90 以上。

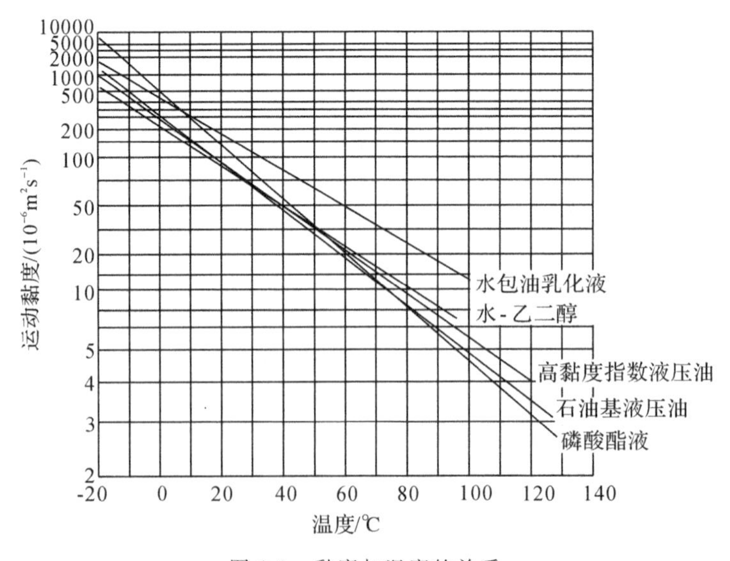

图 1-3　黏度与温度的关系

第二节　流体静力学

思考题：静压力有哪些特性？压力是如何传递的？

(一)静压力的概念与特性

流体静压力

静止流体在单位面积上所受到的法向压力称为流体的静压力，简称为压力，而在物理学中则称为压强。在图1-4所示的静止液体中，任意流体微团在静止液体中均处于静止状态，说明流体微团在各个方向所受到的作用力相互抵消。假设某微小面积 ΔA 所受到的法向作用力为 ΔF，则该点处的静压力定义为

$$p=\lim_{\Delta A\to 0}\frac{\Delta F}{\Delta A} \tag{1-6}$$

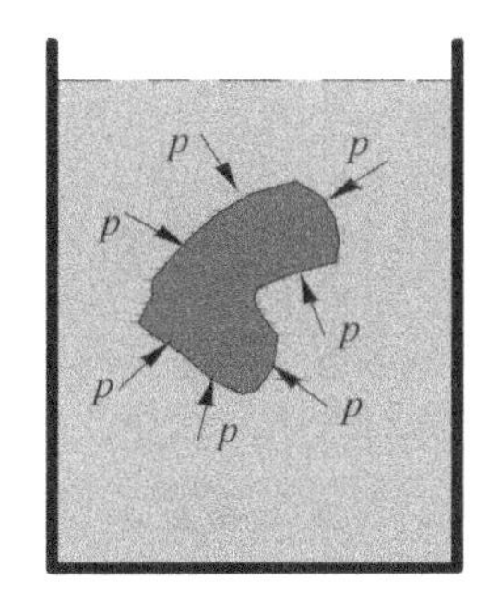

图1-4　液体静压力示意

若法向作用力 F 均匀地分布在面积 A 上，则静压力可直接表示为 $p=F/A$；压力的单位为Pa，$1\text{Pa}=1\text{N/m}^2$，液压技术中常用MPa，$1\text{MPa}=10^6\text{Pa}$。

流体静压力有两个重要的特性，一是静压力垂直于承压面，沿该面的内法线方向。因为静止液体不呈现黏性，没有剪切力，只能承受法向力。二是静止液体内任一点所受到的压力在各个方向上都相等，如果有一个方向静压力不相等，流体就会流动。

(二)静压力基本方程

在图1-5所示的静止容器中，容器上部气体压力为 p_0，求液面下 h 处的静压力的大小。从液面处向下取长度为 h 的小液柱，液柱的上下截面面积均为 ΔA。小液柱是静止的，在竖直方向上受力平衡。

$$p\Delta A=p_0\Delta A+\rho gh\Delta A$$

式中：$p\Delta A$ 是液体静压力对液柱向上的作用力，$p_0\Delta A$ 是上部气体压力对液柱向下的作用力，$\rho gh\Delta A$ 是小液柱自身向下的重力。

上式两边同时约去 ΔA，得到液体下部 h 处的压力为

$$p=p_0+\rho gh \tag{1-7}$$

式(1-7)即为静压力基本方程，静止液体内任意一点的压力由两部分组成，一是液面上的压力 p_0，二是液体重力所形成的压力 ρgh。在同一静止液体中，离液面相等深度的地方静压力也是相等的，由压力相等的地方组成的面称为等压面。

可以将静压力基本方程写成坐标的形式，如图1-6所示，在 xOz 坐标中，z 方向是高度，液面高度是 z_0，离液面 h 处的 A 点的高度为 z。这时候 h 等于 z_0 减去 z，所以静压力基本方程(1-7)可写成

$$p=p_0+\rho gh=p_0+\rho g(z_0-z)$$

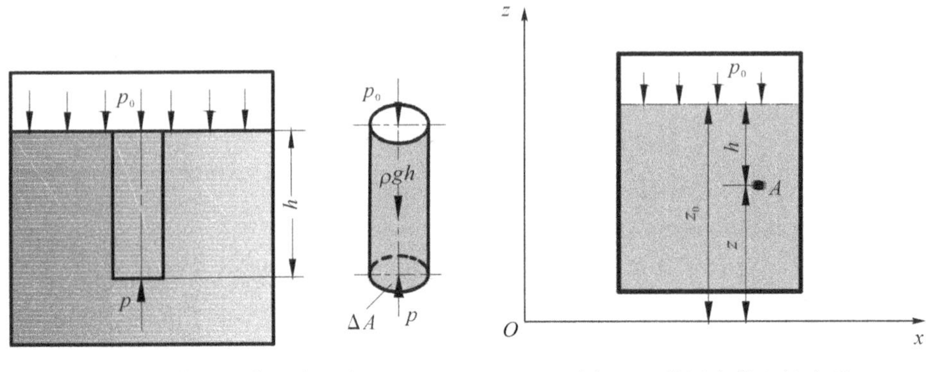

图 1-5　静止液体压力示意　　　　图 1-6　静压力的坐标表示

整理得

$$\frac{p}{\rho g}+z=\frac{p_0}{\rho g}+z_0=\text{常数} \tag{1-8}$$

式(1-8)中，$\frac{p}{\rho g}$表示单位液体的压力能，z 表示单位液体的位能。因此，静压力基本方程的物理含义是，静止液体内任何一点均存在压力能和位能，这两种能量可以相互转换，但总和保持不变。

(三)压力的表示

流体的压力有两种表示方法，一种是以绝对真空为基准，称为绝对压力，如图 1-7 所示，另一种是以大气压 p_a 作为基准，称为相对压力。由于绝大多数测压表均受大气压作用，所以仪表指示的压力是相对压力，如不特别说明，液压传动中所提到的压力均为相对压力。另外，如果液体中某点的压力小于大气压，小于大气压的那部分称为真空度。

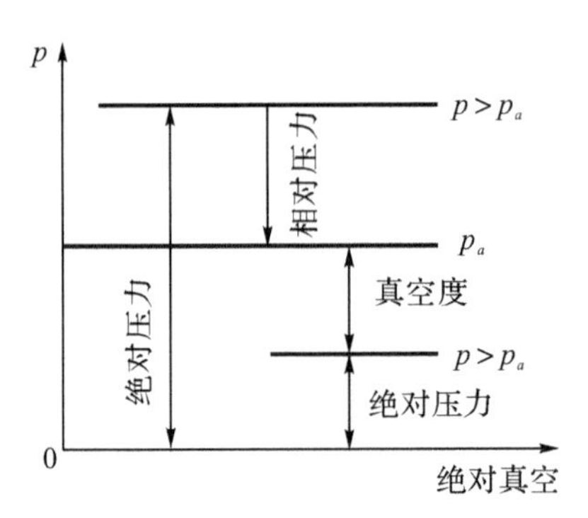

图 1-7　压力的表示方法

例 1-1　图 1-8 所示为一充满液体的容器，作用在活塞上的力 $F=1000\text{N}$，活塞的面积 $A=1\times10^{-3}\text{m}^2$，求活塞下方深度 $h=0.5\text{m}$ 处的压力，油液的密度 $\rho=900\text{kg/m}^3$。

解：根据静压力的定义，液面最高点处的压力 $p_0=\frac{F}{A}=\frac{1000}{1\times10^{-3}}\text{N/m}^2=1\times10^6\text{N/m}^2$；

根据静压力基本方程，液面下方 h 处的压力 p 为

$$\begin{aligned}p&=p_0+\rho gh=1\times10^6\text{N/m}^2+900\times9.8\times0.5\text{N/m}^2\\&=1\times10^6\text{N/m}^2+0.0044\times10^6\text{N/m}^2\approx1\times10^6\text{N/m}^2\end{aligned}$$

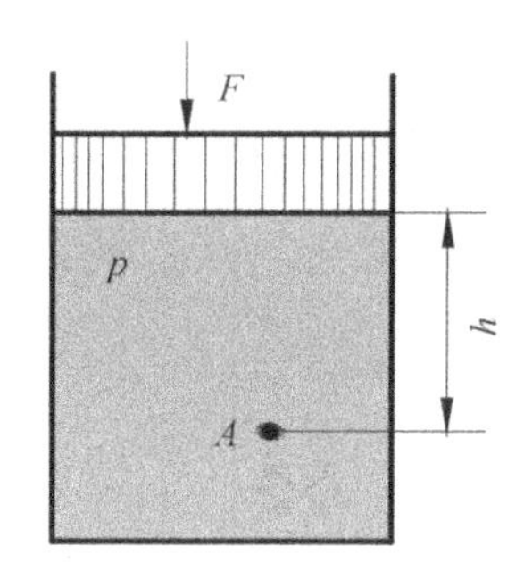

图 1-8　静压力计算题图

通过这个例题的计算结果，说明在液压系统中由外力引起的压力所占比重远远大于由高度引起的压力所占比重，所以在计算液压系统压力时，一般可以忽略高度的影响。

（四）静压力对壁面的作用力

如图 1-9 所示的圆管半径为 r，圆管内液体压力为 p，圆管的长度为 l。在圆管的截面上取一个微小的圆弧 $\mathrm{d}s$，$\mathrm{d}s$ 与 x 轴的夹角是 θ，$\mathrm{d}s$ 这段圆弧对应的圆心角是 $\mathrm{d}\theta$，则 $\mathrm{d}s$ 这段圆弧对应的圆柱面上的弧面的面积 $\mathrm{d}A$ 等于 $\mathrm{d}s$ 与 l 的乘积，$\mathrm{d}s$ 又等于 $\mathrm{d}\theta$ 与半径 r 的乘积。则 $\mathrm{d}A=l\mathrm{d}s=lr\mathrm{d}\theta$。

由 $F=pA$ 可知，$\mathrm{d}F=p\mathrm{d}A$，则 $\mathrm{d}F$ 的水平分量 $\mathrm{d}F_x$ 为

$$\mathrm{d}F_x=\mathrm{d}F\cos\theta=p\mathrm{d}A\cos\theta=plr\cos\theta\mathrm{d}\theta$$

上式积分得

$$F_x=\int_{-\frac{\pi}{2}}^{\frac{\pi}{2}}\mathrm{d}F_x=\int_{-\frac{\pi}{2}}^{\frac{\pi}{2}}plr\cos\theta\mathrm{d}\theta=2lrp=pA_x$$

式中：$2lr$ 是圆管内壁在 x 方向的投影面积，说明静压力对固体壁面的作用力等于压力与壁面在压力方向的投影面积的乘积，即

$$F_x=pA_x \tag{1-9}$$

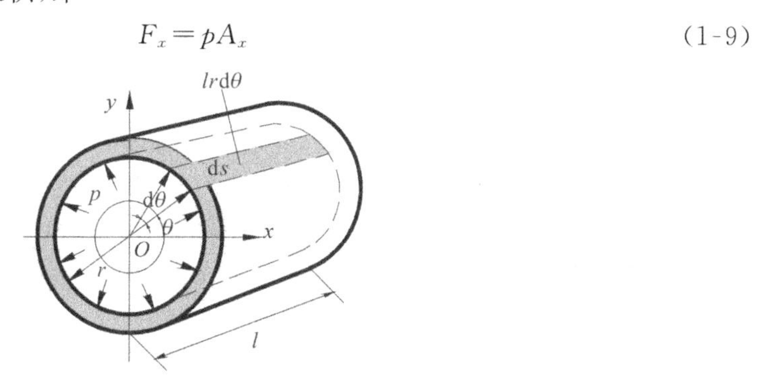

图 1-9　圆管内的液体静压力

例 1-2　图 1-10 所示为一个锥形阀芯，下部管道的直径 $d=10\text{mm}$，下部压力 $p_1=8\text{MPa}$，压力 p_1 克服弹簧力顶开阀芯使液体由下向上流动，阀芯上部直径 $D=15\text{mm}$，上部压力 $p_2=0.4\text{MPa}$。试求弹簧的预紧力。

解：在图 1-10 中，阀芯向上运动是开启，压力对阀芯产生的向上的作用力为

$$F_1=\frac{\pi}{4}d^2p_1+\frac{\pi}{4}(D^2-d^2)p_2$$

忽略阀芯自重，压力对阀芯产生的向下的作用力为

$$F_2 = \frac{\pi}{4} D^2 p_2$$

弹簧力的预紧力向下，所以弹簧力 $F_s = F_1 - F_2$，代入数据得

$$F_s = \frac{\pi}{4} d^2 (p_1 - p_2) = \frac{\pi \times (0.01)^2}{4} \times (8 - 0.4) \times 10^6 \text{N} = 597\text{N}$$

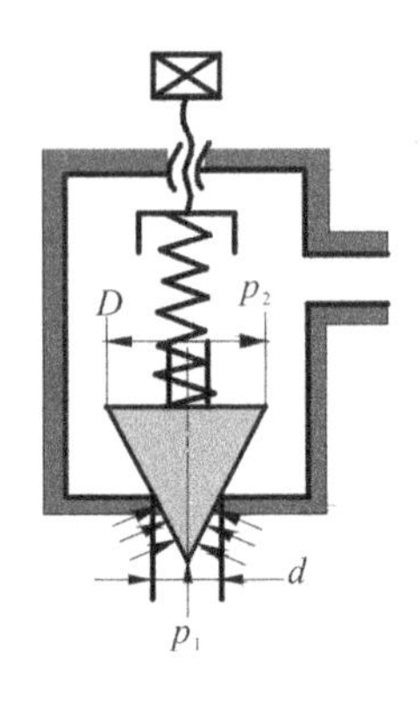

图 1-10　锥阀阀芯的受力示意

第三节　连续方程与能量方程

思考题：伯努利方程的物理意义是什么？该方程的理论与实际有什么区别？

（一）基本概念

连续方程与能量方程

由于实际液体存在黏性和压缩性，运动过程的理论推导非常复杂，可以先假设一种理想液体，这种液体既无黏性又不可压缩，采用这种理想液体推导流动公式后，再通过实验等验证，并对理论公式进行补充或修正，这样可以大大简化我们的分析过程。在流体力学中，恒定流动指的是液体中任何一点处的压力、流速和密度均不随时间变化的流动。

实际流体在管路中流动时，由于流体具有黏性，在管道内流动时，管道截面上沿半径方向上各点的速度是不相等的，速度分布如图 1-11 所示，流体的运动速度 u 在管路中间的时候速度最大，因为流体的黏性，靠近管壁的流体附着在管壁上，而管壁又是静止的，管壁处流体的速度为零。流量指单位时间通过某个流通截面的流体的体积，用 q 表示，$q = V/t$，单位是 m^3/s，常用 L/min。

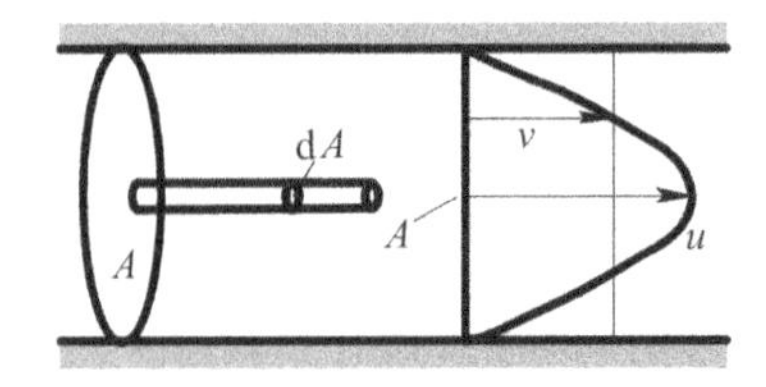

图 1-11　管路中流体的速度分布示意

在流通截面上取微小面积 dA，求得微小流量 $dq=udA$，再进行积分，即

$$q=\int_A u\,dA$$

为了计算方便，我们定义一个平均速度 v，即

$$q=\int_A u\,dA = vA$$

$$v=\frac{q}{A} \tag{1-10}$$

即管路中截面上的液体均以速度 v 流动产生的流量和以实际速度 u 流动产生的流量是相同的。

（二）连续方程

如图 1-12 所示，流体在管路中流动，从位置 1 流向位置 2，位置 1 和 2 的截面积分别为 A_1 和 A_2，取一个如图中所示的微小流束，两端截，面积分别为 dA_1 和 dA_2，在 1 和 2 处流体流经微小流束的速度和密度分别为 u_1、ρ_1 和 u_2、ρ_2，假设流体做恒定流动，且不可压缩（密度相等），由质量守恒定律可知，在 A_1-A_2 这个微小流束内，密度不变，流体质量不变，那么在 dt 时间内从 1 处流入流束的流体质量等于从 2 处流出的流体质量。即

$$\rho u_1 dA_1 dt=\rho u_2 dA_2 dt$$

两边约去 dt，得 $u_1 dA_1=u_2 dA_2$，对这个式子两边积分得

$$\int_{A_1} u_1 dA_1 = \int_{A_2} u_2 dA_2$$

上式两边积分的结果就是流量，即 $q_1=q_2$，用平均速度的形式表示，$q=v_1A_1=v_2A_2$，即

$$q=vA=\text{常数} \tag{1-11}$$

式(1-11)为流体流动的连续性方程，说明在恒定流动中，液体以同一个流量在管道中连续流动，流速与流通面积成反比。由于液体的可压缩性很小，实际中大部分情况下可以不考虑压缩性的影响。

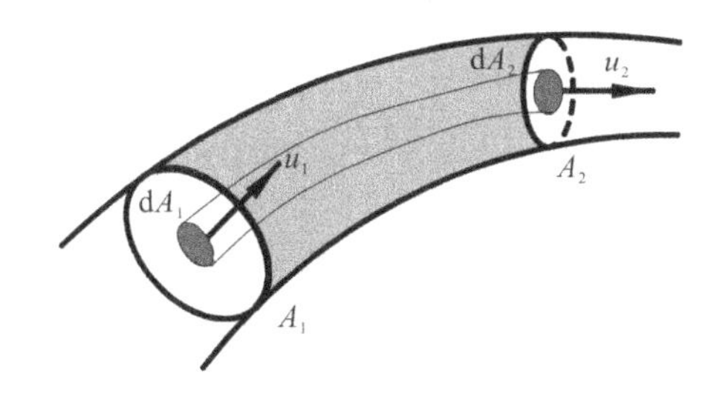

图 1-12　流量连续性示意

（三）能量方程

能量方程是流体流动的能量守恒定律，首先对理想液体的流动进行理论推导。如图 1-13所示，从 1 到 2 是流体流动路径，从 1 流向 2 的方向，取长度为 ds，截面积为 dA 的微小流束，流速与竖直方向夹角为 θ，微小流束最高点和最低点之间高度差为 dz，流束下端的压力为 p，上端的压力变为 $p+\Delta p$。

根据前面的假设，理想液体不存在黏性力，只有压力和自身重力，流束前后压力对流束的作用力为

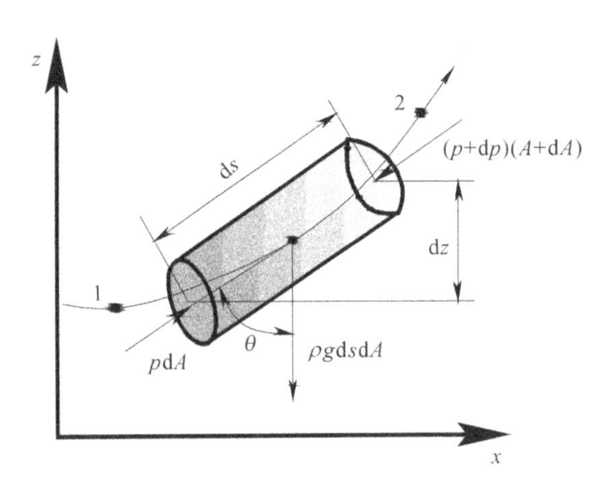

图 1-13　能量方程示意

$$p\mathrm{d}A-(p+\mathrm{d}p)\mathrm{d}A=-\frac{\partial p}{\partial s}\mathrm{d}s\mathrm{d}A$$

在流束上端，压力变为 $p+\mathrm{d}p$，这里 $\mathrm{d}p$ 等于 $-\frac{\partial p}{\partial s}\mathrm{d}s$，是压力沿着流动路径的变化量。流束自身的重力为 $-\rho g\mathrm{d}s\mathrm{d}A$，式中 $\mathrm{d}s$ 乘以 $\mathrm{d}A$ 是流束的体积，负号表示重力方向与流束运动方向相反。则沿着图示运动方向，流束所受到的合力为

$$F=-\frac{\partial p}{\partial s}\mathrm{d}s\mathrm{d}A-\rho g\mathrm{d}s\mathrm{d}A\cos\theta$$

流束自身的惯性力为

$$ma=\rho\mathrm{d}A\mathrm{d}s\frac{\mathrm{d}u}{\mathrm{d}t}$$

由于 $\frac{\mathrm{d}u}{\mathrm{d}t}=\frac{\mathrm{d}s}{\mathrm{d}t}\cdot\frac{\mathrm{d}u}{\mathrm{d}s}=u\frac{\mathrm{d}u}{\mathrm{d}s}$，将速度对时间的导数转换为速度对位移的导数，因为在恒定流动的情况下，研究的是速度与路径的关系

$$ma=\rho\mathrm{d}A\mathrm{d}s\frac{\mathrm{d}u}{\mathrm{d}t}=\rho\mathrm{d}A\mathrm{d}s(u\frac{\mathrm{d}u}{\mathrm{d}s})$$

根据牛顿第二定律，$F=ma$，得到

$$-\frac{\partial p}{\partial s}\mathrm{d}s\mathrm{d}A-\rho g\mathrm{d}s\mathrm{d}A\cos\theta=\rho\mathrm{d}A\mathrm{d}s(u\frac{\partial u}{\partial s})$$

两边同时约去 $\mathrm{d}s\mathrm{d}A$，得

$$-\frac{\partial p}{\partial s}-\rho g\cos\theta=\rho(u\frac{\partial u}{\partial s})$$

根据几何关系，$\cos\theta=\frac{\partial z}{\partial s}$，则得

$$-\frac{1}{\rho}\frac{\partial p}{\partial s}-g\frac{\partial z}{\partial s}=u\frac{\partial u}{\partial s}\tag{1-12}$$

式(1-12)为理想液体做恒定流动的运动微分方程，对这个方程的两边进行积分，有

$$\int_1^2\left(-\frac{1}{\rho}\frac{\partial p}{\partial s}-g\frac{\partial z}{\partial s}\right)\mathrm{d}s=\int_1^2\frac{\partial}{\partial s}\left(\frac{u^2}{2}\right)\mathrm{d}s$$

计算并整理得

$$\frac{p_1}{\rho g}+z_1+\frac{u_1^2}{2g}=\frac{p_2}{\rho g}+z_2+\frac{u_2^2}{2g} \tag{1-13}$$

理想液体做恒定流动，从1到2过程中，这三个量之和不变，即理想液体流动中

$$\frac{p}{\rho g}+z+\frac{u^2}{2g}=\text{常数} \tag{1-14}$$

方程(1-14)称为理想液体的伯努利方程，也称为能量方程。其中第一项是压力能，第二项是位能(也叫势能)，第三项是动能。如果是实际液体，流动过程中存在能量损失，能量方程可以写为

$$\frac{p_1}{\rho g}+z_1+\frac{\alpha_1 v_1^2}{2g}=\frac{p_2}{\rho g}+z_2+\frac{\alpha_2 v_2^2}{2g}+h_w \tag{1-15}$$

其中 h_w 表示从1流到2过程中损失的能量。另外，我们用平均速度 v 代替实际速度 u，但 v^2 不等于 u^2，需要加一个动能修正系数 α，$\alpha=\frac{\int_A u^3\mathrm{d}A}{v^3 A}$；$\alpha$ 表示采用 v 代替 u 时，动能的比值变化系数。

例 1-3　如图1-14所示，已知高度 $H=10\text{m}$，$A_1=0.02\text{m}^2$，$A_2=0.04\text{m}^2$，求孔口1处的流量 q_1 和2处的表压力 p_2。(取 $\alpha=1$，不计能量损失)

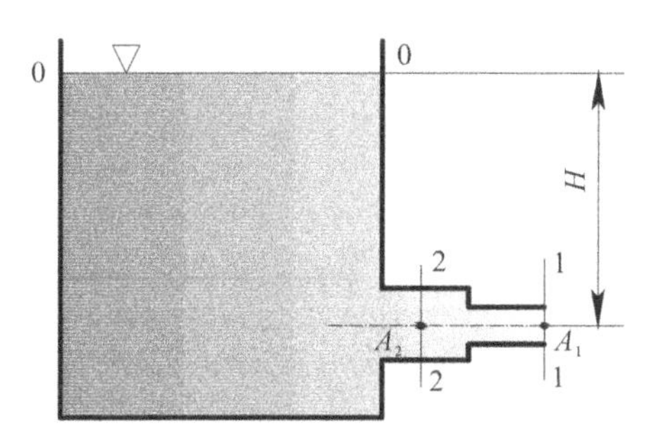

图1-14　能量方程计算

解：这道题错误的思路是 $p_2=\rho gH$，因为液体是流动的，不能用静压力基本方程。

首先对0-0和1-1应用能量方程，得

$$\frac{p_a}{\rho g}+H+\frac{v_0^2}{2g}=\frac{p_a}{\rho g}+0+\frac{v_1^2}{2g}$$

p_a 是大气压，p_2 是表压力，v_0 是液面下降的速度，由于液面的面积很大，根据流量连续性，v_0 远远小于 v_1，可以忽略不计，将 v_0 等于零代入上面的式子，解得

$$v_1=\sqrt{2gH}=14\text{m/s}$$

$$q_1=A_1 v_1=A_1\sqrt{2gH}=0.28\text{m}^3/\text{s}$$

在对1-1和2-2位置应用能量方程，得

$$\frac{p_a+p_2}{\rho g}+\frac{v_2^2}{2g}=\frac{p_a}{\rho g}+\frac{v_1^2}{2g}$$

根据连续性方程 $A_1 v_1=A_2 v_2$ 得 $v_2=\frac{1}{2}v_1$，代入上式得到 $p_2=\frac{3}{8}\rho v_1^2=0.0735\text{MPa}$。

第四节　动量方程及其应用

动量方程及应用

思考题：流体动量方程的形式如何？影响流体对壁面的作用力的因素有哪些？

动量方程是动量定理在流体力学中的具体应用，用来计算流体流动对固定壁面上的作用力。动量定理的描述是作用在物体上的合外力的大小等于物体的动量的变化率，用公式表示为

$$\sum F=\frac{\mathrm{d}(\sum I)}{\mathrm{d}t}=\frac{\mathrm{d}(mv)}{\mathrm{d}t} \tag{1-16}$$

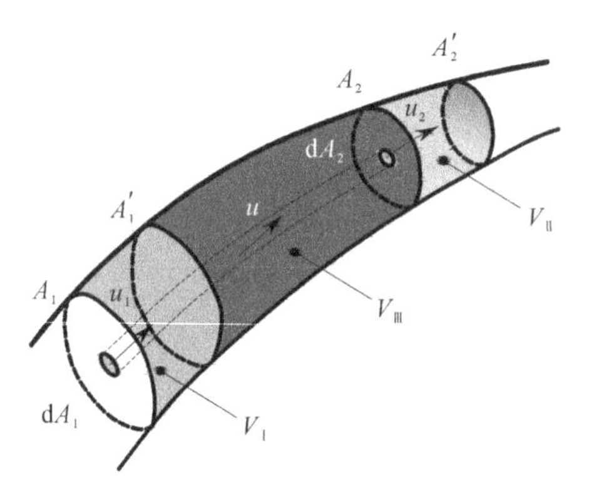

图 1-15　动量方程示意

如图 1-15 所示，从流动管道中任意取出一段作为控制体，它的两端截面积分别 A_1 和 A_2，在 t 时刻液体在 A_1 和 A_2 之间，经过一个时间段 $\mathrm{d}t$ 后，液体流动到了新的位置 A_1'-A_2'。在控制体内取如图所示的微小流束，这个微小流束在 A_1 和 A_2 上的通流截面积为 $\mathrm{d}A_1$ 和 $\mathrm{d}A_2$，流速分别为 u_1 和 u_2，从图中可以看出 t 时刻的控制体可分成 V_{I} 和 V_{III} 两个部分，$t+\mathrm{d}t$ 时刻的控制体可分成 V_{II} 和 V_{III} 两个部分。在 t 时刻，控制体的动量由 V_{I} 和 V_{III} 两个部分液体的动量组成，即 t 时刻动量为 $I_{\mathrm{III}_t}+I_{\mathrm{I}_t}$；在 $t+\mathrm{d}t$ 时刻，控制体的动量由 V_{II} 和 V_{III} 两个部分液体的动量组成，即 $t+\mathrm{d}t$ 时刻动量为 $I_{\mathrm{III}_{t+\mathrm{d}t}}+I_{\mathrm{II}_{t+\mathrm{d}t}}$。在 $\mathrm{d}t$ 时间内控制体积中液体的动量变化为后一时刻的动量减去前一时刻的动量

$$\mathrm{d}I=I_{\mathrm{III}_{t+\mathrm{d}t}}-I_{\mathrm{III}_t}+I_{\mathrm{II}_{t+\mathrm{d}t}}-I_{\mathrm{I}_t} \tag{1-17}$$

对公式(1-17)中的每一项进行分别求解，V_{II} 体积中的液体在 $t+\mathrm{d}t$ 时刻动量可以写成

$$I_{\mathrm{II}_{t+\mathrm{d}t}}=\int_{V_{\mathrm{II}}}\rho u_2\mathrm{d}V_{\mathrm{II}}=\int_{A_2}\rho u_2\mathrm{d}A_2u_2\mathrm{d}t$$

在上式中，ρ 乘以 $\mathrm{d}V_{\mathrm{II}}$ 是液体的质量，再乘以 u_2 即是液体的动量，再对 V_{II} 积分就是整个 V_{II} 体积内液体的动量。更进一步，$\mathrm{d}V_{\mathrm{II}}$ 可以写成 $\mathrm{d}A_2$ 乘以 u_2 乘以 $\mathrm{d}t$ 的形式，u_2 乘以 $\mathrm{d}t$ 表示长度，再乘以面积 $\mathrm{d}A_2$ 即是体积，同样的道理，V_{I} 体积中的液体在 t 时刻动量可以写成

$$I_{\mathrm{I}_t}=\int_{V_{\mathrm{I}}}\rho u_1\mathrm{d}V_{\mathrm{I}}=\int_{A_1}\rho u_1\mathrm{d}A_1u_1\mathrm{d}t$$

$V_{Ⅲ}$ 体积中的液体在 t 和 $t+\mathrm{d}t$ 时刻都存在，这两个时刻的动量之差可以合在一起写成

$$I_{Ⅲ_{t+\mathrm{d}t}} - I_{Ⅲ_t} = \frac{\mathrm{d}}{\mathrm{d}t}\left[\int_{V_Ⅲ} \rho u \,\mathrm{d}V_Ⅲ\right]\mathrm{d}t$$

上面这个式子中，方括号中的积分项是 $V_Ⅲ$ 体积内的液体的动量，这部分动量对时间求导即 $\frac{\mathrm{d}}{\mathrm{d}t}\left[\int_{V_Ⅲ} \rho u \,\mathrm{d}V_Ⅲ\right]$ 是 $V_Ⅲ$ 体积内液体动量的变化率，后面再乘以一个变化时间 $\mathrm{d}t$，即是 $t+\mathrm{d}t$ 时刻相对 t 时刻的动量变化量，即 $I_{Ⅲ_{t+\mathrm{d}t}} - I_{Ⅲ_t}$，在这个公式中，当 $\mathrm{d}t$ 趋近于零的时候，$V_Ⅲ$ 体积约等于控制体总体积 V。

$$I_{Ⅲ_{t+\mathrm{d}t}} - I_{Ⅲ_t} = \frac{\mathrm{d}}{\mathrm{d}t}\left[\int_V \rho u \,\mathrm{d}V\right]\mathrm{d}t$$

将以上各项动量计算表达式代入式(1-16)和(1-17)中，得到控制体内液体所受到的合外力为

$$\sum F = \frac{\mathrm{d}}{\mathrm{d}t}\left[\int_V \rho u \,\mathrm{d}V\right] + \int_{A_2} \rho u_2 u_2 \,\mathrm{d}A_2 - \int_{A_1} \rho u_1 u_1 \,\mathrm{d}A_1$$

进一步可以写成

$$\sum F = \frac{\mathrm{d}}{\mathrm{d}t}\left[\int_V \rho u \,\mathrm{d}V\right] + \rho u_2 \int_{A_2} u_2 \,\mathrm{d}A_2 - \rho u_1 \int_{A_1} u_1 \,\mathrm{d}A_1$$

由于 $q = \int_{A_1} u_1 \,\mathrm{d}A_1 = \int_{A_2} u_2 \,\mathrm{d}A_2$，再用平均速度 v_1 和 v_2 代替实际速度 u_1 和 u_2，得到

$$\sum F = \frac{\mathrm{d}}{\mathrm{d}t}\left[\int_V \rho u \,\mathrm{d}V\right] + \rho q(\beta_2 v_2 - \beta_1 v_1) \tag{1-18}$$

因为平均速度和实际速度并不相等，用平均速度计算的动量肯定和实际速度计算的动量也不相等，但存在一个比值关系，我们用修正系数 β 来表示实际动量与按平均速度计算的动量之比，即 $\beta = \dfrac{\int_A u^2 \,\mathrm{d}A}{v^2 A}$。

公式(1-18)即是流体力学中的动量定理，等式左边是控制体内液体所受的作用力，等式右边第一项是使液体加速所需的力，称为瞬态力，等式右边第二项是液体以不同速度流动所产生的力，称为稳态力。对于做恒定流动的液体来说，由于速度保持不变，不存在加速的瞬态力，动量定理可以简化为

$$\sum F = \rho q(\beta_2 v_2 - \beta_1 v_1) \tag{1-19}$$

例 1-4　在图 1-16 中，液体通过锥阀口从下往上流动，锥阀的锥角是 2θ，下面管路的直径是 d，液体压力是 p，液体通过锥阀后压力变为零，液体通过锥阀的流量是 q。求锥阀上的作用力的大小和方向。

解：取如图 1-16 所示的虚线部分的体积作为控制体，设锥阀对这个控制体的作用力为 F，方向向下。控制体所受到的合外力为 $p\frac{\pi}{4}d^2 - F$，其中 $p\frac{\pi}{4}d^2$ 是控制体下部的压力对控制体的作用力，方向向上。液体流入控制体的速度为 v_1，控制体内液体通过锥阀口缝隙的速度为 v_2。根据动量公式(1-19)得到

$$p\frac{\pi}{4}d^2 - F = \rho q(\beta_2 v_2 \cos\theta - \beta_1 v_1)$$

取 $\beta_1=\beta_2\approx1$，因为 $v_1\ll v_2$，忽略 v_1 则得

$$F=p\frac{\pi}{4}d^2-\rho q v_2\cos\theta$$

锥阀所受到的作用力与 F 方向相反，大小相等。

例 1-5 如图 1-17 所示，液体以流量 q 从进口处流入滑阀中，并以速度 v 从出口流出，流出角度为 θ，求滑阀上作用力的大小。

解：以图 1-17 中虚线部分的体积作为控制体，液体流入控制体的速度是竖直向下的，不存在水平方向的速度，水平初速度是零，液体流出的水平方向的速度为 $v\cos\theta$，水平方向末速度是 $v\cos\theta$；根据动量公式(1-19)，得到滑阀上的作用力大小为

$$F=\rho q(v\cos\theta-0)=\rho q v\cos\theta$$

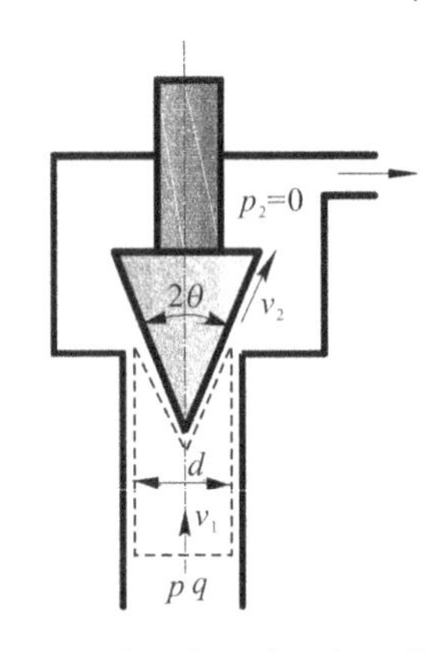

图 1-16 动量方程在锥阀上的应用

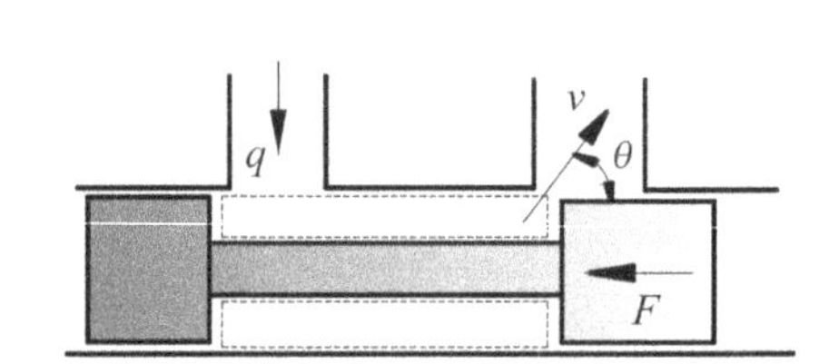

图 1-17 动量方程在滑阀上的应用

第五节 圆管层流

圆管层流

思考题：管路中的压力损失有哪几种？分别受哪些因素影响？

(一)流动状态

19 世纪末，英国物理学家雷诺首先发现液体有两种流动状态：层流和湍流。层流的时候，黏性力起主导作用，流体质点互不干扰，流体的流动呈线性或层状，运动方向平行于管道轴线，如图 1-18 所示。湍流(又称紊流)的时候，惯性力起主导作用，流体质点的运动杂乱无章，除了平行运动，还存在激烈的横向运动，如图 1-19 所示。层流或湍流流动时，管路中流体的速度分布区别很大，如图 1-20 所示：层流时速度的分布具有梯度性，管壁处速度小，中间速度大；湍流时，管路中大部分地方速度的分布基本接近。

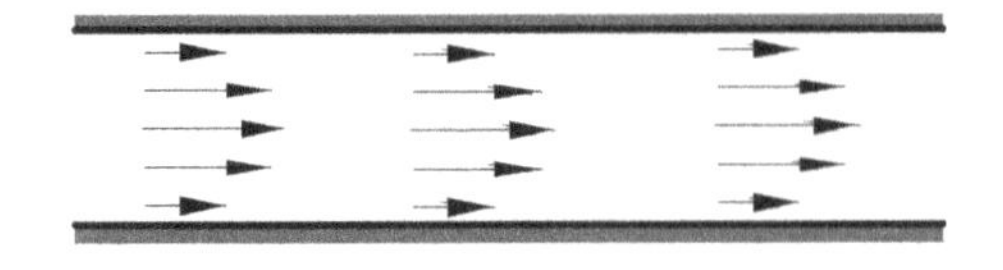

图 1-18 层流示意图

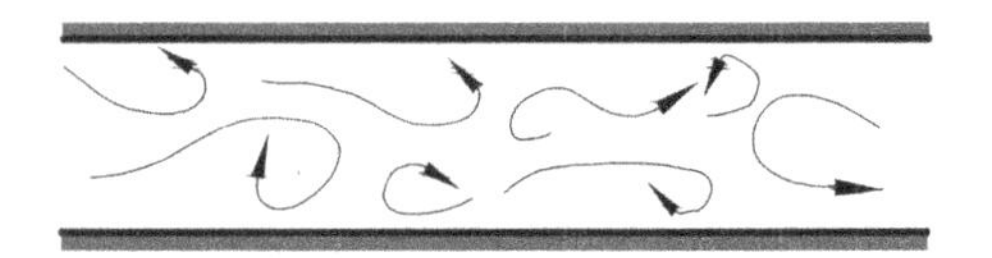

图 1-19 湍流示意图

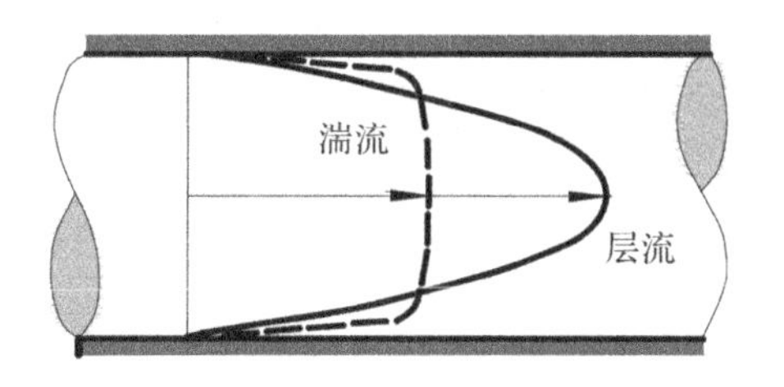

图 1-20 层流与湍流流速分布示意

液体在管道中流动属于哪种流动状态，用雷诺数来判别。雷诺数的定义是

$$Re=\frac{vd}{\nu} \tag{1-20}$$

对于圆管来说，雷诺数等于流体的流速乘以管道的直径再除以这种液体的运动黏度。若管道截面不是圆形的，雷诺数可以表示为

$$Re=\frac{v \cdot d_H}{\nu} \tag{1-21}$$

d_H 称为水力直径，其值为管道截面积 A 的 4 倍与流体和壁面之间的接触周长 x 之比，即$\left(d_H=\frac{4A}{x}\right)$。

雷诺数判断流态的依据是雷诺数小的时候是层流，雷诺数大的时候流体由层流变成湍流。需要指出，流体由层流变成湍流的雷诺数和由湍流变成层流的雷诺数是不同的。由湍流变成层流的雷诺数更小，将它当成层流和湍流的分界点，称为临界雷诺数。当流体实际流动时的雷诺数小于临界雷诺数时，液流为层流，反之液流则为湍流。对金属圆管来说，临界雷诺数 $Re_{cr}=2000$。

（二）圆管层流分析

液体在圆管中的层流流动是液压传动中最普遍的流动现象，前面提到过，由于黏性的存在，液体实际流速大小在管道半径上是曲线分布的，如图 1-21 所示，越靠近管道中间速度越大，这其实就是液体在圆管内作层流流动的流动特性。下面分析圆管层流的流动特性，推导它的压力、流量、流速以及结构参数之间的具体关系表达式。

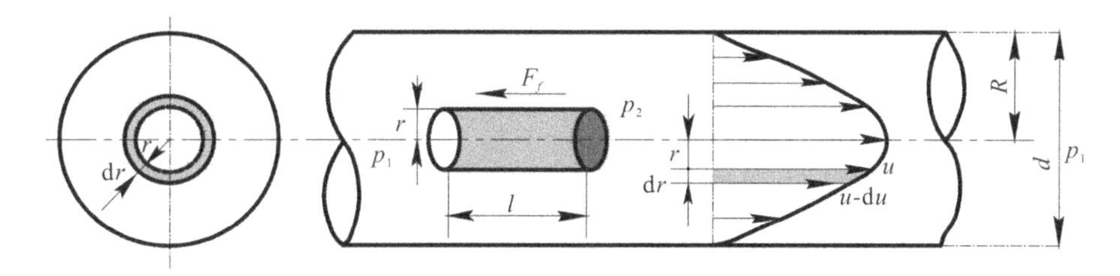

图 1-21 管道流动示意

图 1-21 是一个半径为 R 的圆管，假定管道内的液体处于恒定的层流状态，在这个圆管的中心处取一个半径是 r、长度是 l 的圆柱体作为研究对象。小圆柱体的两端压力分别为 p_1 和 p_2。忽略重力的影响，因为越靠近中心线，液体的速度越快，小圆柱四周圆柱面的运动速度大于与它接触的圆柱周围的液体的速度，小圆柱从左往右的运动过程中，受到周围液体

的内摩擦力 F_f 的方向与它的运动方向相反。由牛顿内摩擦定律得

$$F_f = A\tau = -2\pi r l \mu \frac{\mathrm{d}u}{\mathrm{d}r}$$

式中：$2\pi rl$——圆柱面的表面积；

μ——液体的动力黏度；

$\frac{\mathrm{d}u}{\mathrm{d}r}$——速度梯度。

小圆柱两端的压力对它产生的作用力为

$$(p_1 - p_2)\pi r^2 = \Delta p_\lambda \pi r^2$$

$p_1 - p_2$ 表示圆柱两端的压差，为方便用 Δp_λ 表示。在恒定流动时，圆柱体受力平衡，得

$$F_f = -2\pi r l \mu \frac{\mathrm{d}u}{\mathrm{d}r} = \Delta p_\lambda \pi r^2$$

整理得到

$$\mathrm{d}u = -\frac{\Delta p_\lambda}{2\mu l} r\,\mathrm{d}r \tag{1-22}$$

上式是圆管层流的速度微分方程，表示速度分布与管道半径之间的关系。对速度微分方程进行积分，并代入边界条件，$r=R$ 时，$u=0$，得到管道中实际速度 u 的表达式为

$$u = \frac{\Delta p_\lambda}{4\mu l}(R^2 - r^2) \tag{1-23}$$

从式(1-23)中可以看出，速度随管道半径按抛物线规律分布，最大流速发生在中心线上，即 $r=0$ 时，$u_{\max} = \frac{\Delta p_\lambda R^2}{4\mu l}$，最小流速发生在管壁处，即 $r=R$ 时，$u_{\min}=0$。

如图 1-21 所示，在半径 r 处取一个宽 $\mathrm{d}r$ 的微小圆环，圆环的面积 $\mathrm{d}A = 2\pi r\mathrm{d}r$，当 $\mathrm{d}r$ 足够小的时候，近似认为这个圆环面积内的流体的流速 u 是相等的。这样通过这个圆环的流量为 $\mathrm{d}q = u\mathrm{d}A = 2\pi ur\mathrm{d}r$，再对 $\mathrm{d}q$ 进行积分得到整个管道的流量。即

$$q = \int_A u\,\mathrm{d}A = \int_0^R 2\pi ur\,\mathrm{d}r$$

将速度 u 的方程(1-23) 代入上面的积分式子之中，得到

$$q = \int_0^R 2\pi \frac{\Delta p_\lambda}{4\mu l}(R^2 - r^2) r\mathrm{d}r = \frac{\pi R^4}{8\mu l}\Delta p_\lambda = \frac{\pi d^4}{128\mu l}\Delta p_\lambda \tag{1-24}$$

式(1-24) 是圆管层流的流量公式，可以看出管道的流量与直径的四次方成正比，与管道前后的压力差的一次方成正比。

在前面连续性方程那里，定义了一个流体流动的平均速度，$q = \int_A u\,\mathrm{d}A = vA$，现在可以得到这个平均速度的表达式为

$$v = \frac{q}{A} = \frac{1}{\pi R^2}\frac{\pi R^4}{8\mu l}\Delta p_\lambda = \frac{R^2}{8\mu l}\Delta p_\lambda \tag{1-25}$$

式中：A—— 管道的截面积，$A = \pi R^2$。

从式(1-23) 和 (1-25) 来看，圆管层流的平均速度刚好是最大速度的一半，即 $v = \frac{1}{2}u_{\max}$。在实际液体的能量方程中，由于用平均速度代替实际速度计算时，存在一个比例上的误差，我们引入了一个动能修正系数 α，当时我们不知道 u 和 v 的关系式，无法计算，

现在可以计算出 α 等于 2，同样的道理，在动量方程中，用平均速度代替实际速度时，计算动量时引入的动量修正系数 β 等于 4/3。

（三）管路的压力损失

$q=\dfrac{\pi d^4}{128\mu l}\Delta p_\lambda$，表明在两端压差 Δp_λ 作用下，黏度为 μ 的液体，通过直径为 d，长度为 l 的管道的流量是 q。反过来，在其他条件不变的情况下，若要求流体在管道中流动的流量大小为 q，管道两端必须存在 Δp_λ 的压力差，即存在一个压力降，也称为压力损失。这个压力损失是液体在管道内流动因摩擦而产生的，称为沿程压力损失，表示为

$$\Delta p_\lambda=\frac{128\mu l}{\pi d^4}q$$

将 $\mu=\rho\nu$，$Re=\dfrac{vd}{\nu}$，$q=\dfrac{\pi}{4}d^2v$ 代入上式并整理得

$$\Delta p_\lambda=\frac{Re}{64}\frac{l}{d}\frac{\rho v^2}{2}=\lambda\frac{l}{d}\frac{\rho v^2}{2}\tag{1-26}$$

式中：λ——沿程阻力系数。理论上 $\lambda=64/Re$，实际在金属管道中流动时宜取 $\lambda=75/Re$，在橡胶管中流动时宜取 $\lambda=80/Re$。

与沿程压力损失相对的是局部压力损失，指液体经过管道的弯头、接头、过滤器、阀门口以及流通截面面积突然变化时，因流动状态突变而在局部区域产生流动阻力所造成的压力损失，不同的局部特征，局部压力损失的计算方法也不一样，局部压力损失 Δp_λ 与液体的动能相关，一般可按照下式计算：

$$\Delta p_\varsigma=\varsigma\frac{\rho v^2}{2}\tag{1-27}$$

式中：ς——局部阻力系数。ς的值仅在个别场合可以通过理论计算得到，一般需要通过实验确定，具体数值可以从流体力学手册中查找。

液压系统的总压力损失包括了若干管道的沿程压力损失和一些阀、过滤器、接头、弯头等的局部压力损失两部分，总压力损失可以表示为

$$\Delta p=\sum\Delta p_\lambda+\sum\Delta p_\varsigma=\sum\lambda\frac{l}{d}\frac{\rho v^2}{2}+\sum\varsigma\frac{\rho v^2}{2}\tag{1-28}$$

需要指出，液压系统中液压管路的沿程压力损失一般较小，而阀、过滤器等元件的局部压力损失相对较大，管路的总压力损失以局部压力损失为主。阀、过滤器等元件的局部压力损失，由于结构和液流的情况较复杂，难以计算。它们的局部压力损失可以从产品样本数据或曲线中直接查到。

第六节　薄壁孔口流动

薄壁孔口流动

思考题：*何为薄壁孔口流动？薄壁孔口流动的流量与哪些因素有关？*

水在水管里的流动属于圆管层流或圆管湍流，而水龙头可以调节水的流出量，水通过水龙头的流动特性与圆管流动特性不同，属于孔口流动。孔的主要作用是调节流体流动的流量，在液压与气压传动中的作用

非常广泛。根据图 1-22 的结构参数给孔进行分类：当孔的长度与直径之比 $l/d \leqslant 0.5$ 时，称为薄壁小孔，流体经过薄壁孔时，满足薄壁孔口流量公式；当 $0.5 < l/d \leqslant 4$ 时，称为短孔，也采用薄壁孔口流量公式，但在系数上存在差别；当 $l/d > 4$ 时，称为细长孔，细长孔按照前面的圆管流动的流量公式计算。

如图 1-23 所示，薄壁小孔的截面积是 A_0，液体流经薄壁小孔的过程分成三个阶段：第一阶段由于流体的惯性力作用，液体质点突然加速；第二阶段流体收缩，收缩到最小面积 A_c，A_c 小于 A_0，并产生能量损失；第三阶段液体扩散，从最小面积 A_c 开始扩散，并产生能量损失。

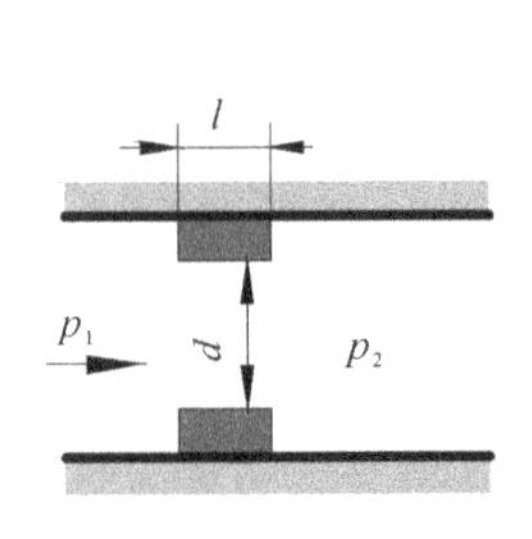

图 1-22　孔的结构示意

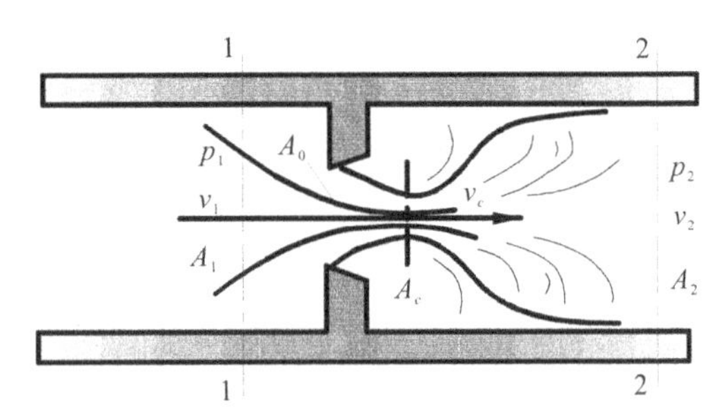

图 1-23　孔口流动示意

在图 1-23 中，以 1-1 和 2-2 截面作为参考位置，列出其能量方程式，先不考虑动能修正系数的影响，设 α 等于 1，得到

$$\frac{p_1}{\rho g} + \frac{v_1^2}{2g} = \frac{p_2}{\rho g} + \frac{v_2^2}{2g} + \sum h_\zeta$$

$\sum h_\zeta$ 是液流通过薄壁孔口时收缩和扩张两个过程的总能量损失：

$$\sum h_\zeta = h_{\zeta 1} + h_{\zeta 2}$$

$h_{\zeta 1}$ 是收缩时的能量损失，$h_{\zeta 1} = \zeta \frac{v_c^2}{2g}$，$\zeta$ 是局部阻力系数，v_c 是液流在 A_c 截面时的流速，$h_{\zeta 2}$ 是突然扩大时的能量损失，由手册可以查出来：

$$h_{\zeta 2} = \left(1 - \frac{A_c}{A_2}\right)^2 \frac{v_c^2}{2g}$$

由于 A_c 远远小于 A_2，忽略 $\frac{A_c}{A_2}$ 项，则 $h_{\zeta 2} \approx \frac{v_c^2}{2g}$，总的能量损失为

$$\sum h_\zeta = (\zeta + 1)\frac{v_c^2}{2g}$$

将 $\sum h_\zeta$ 的表达式代入到上面的能量方程，并注意到 v_1 等于 v_2，可以求出

$$v_c = \frac{1}{\sqrt{\zeta + 1}}\sqrt{\frac{2}{\rho}(p_1 - p_2)} = C_v\sqrt{\frac{2\Delta p}{\rho}} \tag{1-29}$$

式(1-29)中，$C_v = \frac{1}{\sqrt{\zeta + 1}}$ 称为速度系数，$\Delta p = p_1 - p_2$ 称为孔的前后压差。

$$q = A_c v_c = C_c C_v A_0\sqrt{\frac{2\Delta p}{\rho}} = C_d A_0\sqrt{\frac{2\Delta p}{\rho}} \tag{1-30}$$

式(1-30)中，C_c 是截面收缩系数，$C_c=A_c/A_0$，我们把 A_c 用 A_0 来代替，C_d 是流量系数，C_d 等于 C_c 与 C_v 的乘积。C_d、C_c 和 C_v 的值随雷诺数的变化曲线如图 1-24 所示，从图中可以看出，C_v 和 C_c 的值随雷诺数变化而变化，C_d 值在当雷诺数达到一定数值以上时基本保持恒定不变，用 C_d 来计算流量更为方便，C_d 可以看成是常数，C_d 一般取 0.6～0.62。

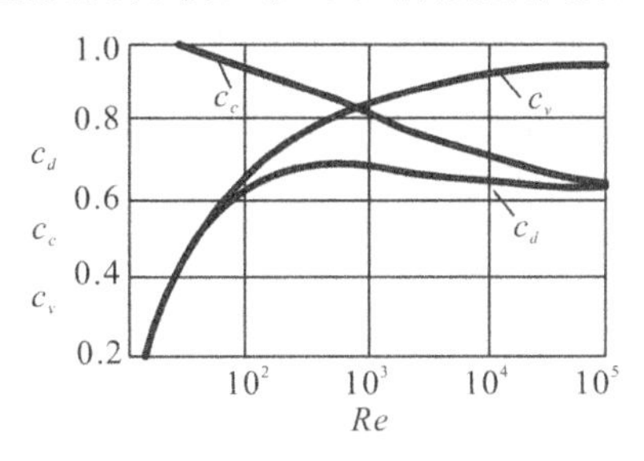

图 1-24　流量系数变化示意

薄壁孔口调节流量时，我们可以通过外力直接控制 A_0 的大小来达到控制流量的目的，通过活动部件的上下移动直接控制 A_0 大小。因此，孔口流量公式一般用

$$q=C_dA_0\sqrt{\frac{2\Delta p}{\rho}} \tag{1-31}$$

上述公式表明流体通过小孔的流量与小孔的面积成正比，与小孔前后的压差的 1/2 次方成正比。与圆管层流不同的是，薄壁孔口流量公式中没有液体的黏度参数，说明孔的流动特性不受液体黏度的影响，对工作介质的温度变化不敏感，常常用来作为流量调节器件。

例 1-6　如图 1-25 所示，活塞与重物的总重量 $G=1.6\times10^4$N，活塞的面积是 $A=200\text{cm}^2$，缸筒下方有一个小的阀门，阀门打开的面积是 $A_1=0.3\text{cm}^2$，假设阀门是一个薄壁孔口，油液的密度 $\rho=900\text{kg/m}^3$，求重物 G 下降的速度 v。

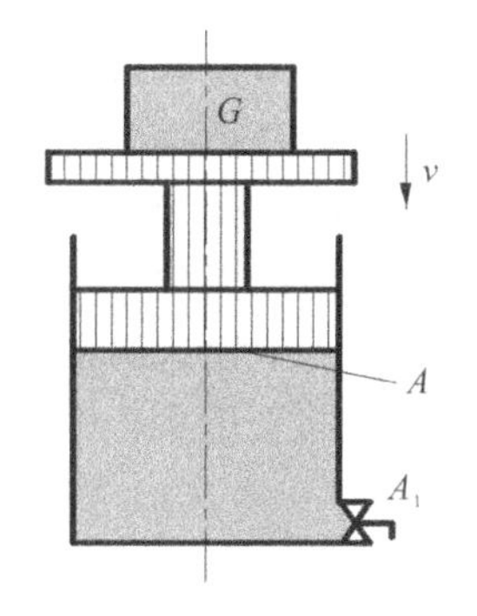

图 1-25　孔口流动计算示意

解：重物下降过程中重力与液体压力的作用力相等，则缸筒内液体压力为

$$p=\frac{G}{A}=\frac{1.6\times10^4}{200\times10^{-4}}\text{Pa}=0.8\text{MPa}$$

薄壁孔口的入口压力为 p，出口是大气压，薄壁孔前后的压力差 $\Delta p=p$，通过薄壁孔的流量为

$$q=C_dA_1\sqrt{\frac{2\Delta p}{\rho}}=C_dA_1\sqrt{\frac{2p}{\rho}}=0.62\times0.3\times10^{-4}\times\sqrt{\frac{2\times0.8\times10^6}{900}}=7.8\times10^{-4}(\text{m}^3/\text{s})$$

重物下降的速度为

$$v=\frac{q}{A}=\frac{7.8\times10^{-4}}{200\times10^{-4}}\text{m/s}=0.039\text{m/s}$$

若让重物以同样的速度上升，需要从 A_1 进入的油液的压力为 $2G/A$。因为重物上升时，缸筒内压力是 G/A，为使流速相等，孔 A_1 前后压差还要等于 G/A，则流入液体压力减去缸筒内压力 G/A 等于 G/A，则流入液体压力等于 $2G/A$。

第七节　缝隙流动

思考题：有哪些缝隙流动现象？缝隙流动遵循怎么样的流动规律？

缝隙流动

液压元件中普遍存在泄漏的现象，如图 1-26 所示，缸活塞的外表面与缸筒内壁之间存在配合间隙，活塞右边是高压腔，左边是低压腔，在活塞运动的过程中，高压腔的油液会从这个配合间隙流到低压腔，称之为内泄漏，而活塞杆伸出的地方油液直接泄漏到外部，称之为外泄漏，泄漏会引起功率损失和环境污染。泄漏的主要原因是由于零部件之间存在配合间隙，油液从这个配合间隙中流出。油液在微小的缝隙内流动的现象属于缝隙流动。在图 1-27的滑阀中，阀芯与阀体的配合间隙中同样存在缝隙流动即泄漏的情况。

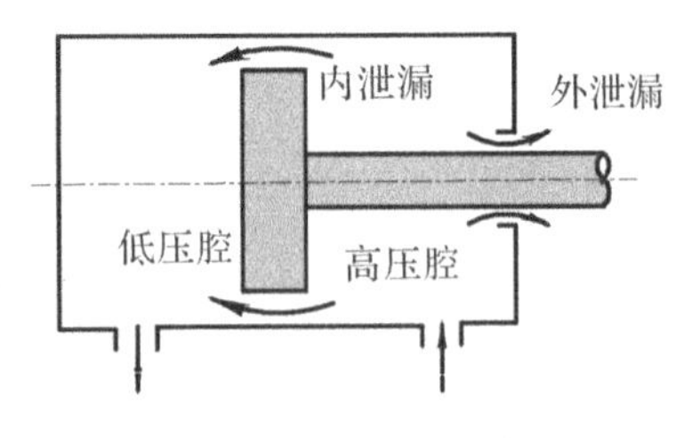

图 1-26　缝隙流动的例子

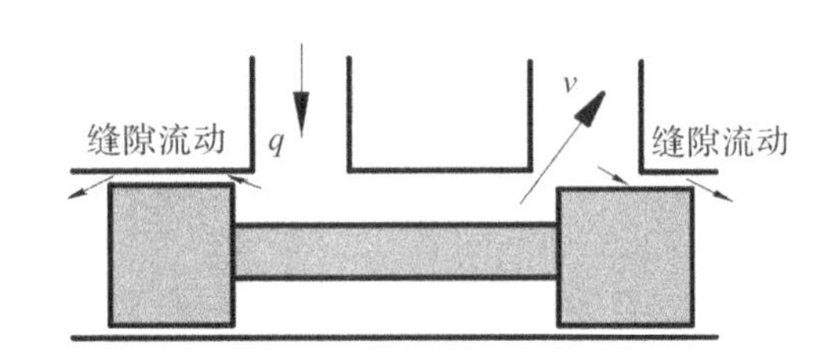

图 1-27　阀的缝隙流动

缝隙流动分为两种情况，如图 1-26 和 1-27 所示。当活塞或阀芯不运动，只存在缝隙内外的压力差，油液也会流动，这种由压力差引起的缝隙流动称为压差流动；当缝隙两边压力相等，活塞或阀芯运动时，由于黏性力的存在，活塞或阀芯带动缝隙内的液体流动，这种由相对运动引起的缝隙流动，称为剪切流动。缝隙流动可以只存在压差流动或剪切流动，也可以两者同时存在。上面这两种缝隙都是圆环形缝隙，沿圆周方向展开是两个平行平板之间的缝隙，因此，下面采用平行平板缝隙模型进行公式的推导。

如图 1-28 所示，两个平行平板之间的缝隙距离是 h，板的长度是 l，板的宽度是 b，缝隙的特征是 $l \gg h, b \gg h$。缝隙两端存在压差 $\Delta p = p_1 - p_2$；下板固定，上板以速度 u_0 从左往右运动。长度方向设为 x，高度方向为 y。取如图所示的一个长方体微元体，微元体的长度是

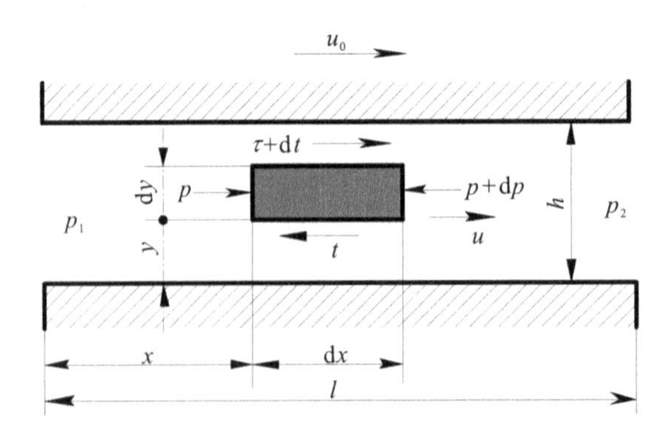

图 1-28　缝隙流动计算示意

dx，宽度设为单位宽度 1，高度为 $\mathrm{d}y$。则微元体的左右两个端面的面积是 $1\times \mathrm{d}y=\mathrm{d}y$；微元体上下两个平面的面积是 $1\times \mathrm{d}x=\mathrm{d}x$；微元体的左右两端面上的压力为 p 和 $p+\mathrm{d}p$，微元体上表面受到的切应力为 $\tau+\mathrm{d}\tau$。由于微元体上表面以上的液体的流速比微元体上表面大，切应力的方向与微元体流动方向一致；同样，微元体下表面受到的切应力为 τ，方向与微元体运动方向相反。因此，可以写出微元体的受力平衡方程为

$$p\mathrm{d}y+(\tau+\mathrm{d}\tau)\mathrm{d}x=(p+\mathrm{d}p)\mathrm{d}y+\tau\mathrm{d}x$$

将这个公式两边化简并将 $\tau=\mu\dfrac{\mathrm{d}u}{\mathrm{d}y}$ 代入后，得到

$$\frac{\mathrm{d}^2u}{\mathrm{d}y^2}=\frac{1}{\mu}\frac{\mathrm{d}p}{\mathrm{d}x}$$

对这个速度微分方程进行两次积分，得到

$$u=\frac{1}{2\mu}\frac{\mathrm{d}p}{\mathrm{d}x}y^2+C_1y+C_2 \tag{1-32}$$

式(1-32)中，C_1 和 C_2 是积分常数，可以利用边界条件求出，当两个平板间的相对速度是 u_0 时：在 $y=0$ 处，$u=0$；在 $y=h$ 处，$u=u_0$。则得

$$C_1=\frac{u_0}{h}-\frac{1}{2\mu}\frac{\mathrm{d}p}{\mathrm{d}x}h\text{；}C_2=0$$

再者，液流作层流时，压力在缝隙中是均匀变化的，即

$$\frac{\mathrm{d}p}{\mathrm{d}x}=\frac{(p_2-p_1)}{l}=\frac{\Delta p}{l}$$

将上面的关系式代入式(1-32)，可以得到速度的解析式为

$$u=\frac{y(h-y)}{2\mu l}\Delta p+\frac{u_0}{h}y \tag{1-33}$$

通过平行平板缝隙的流量为

$$q=\int_0^h ub\,\mathrm{d}y=\int_0^h\left[\frac{y(h-y)}{2\mu l}\Delta p+\frac{u_0}{h}y\right]b\,\mathrm{d}y=\frac{bh^3}{12\mu l}\Delta p+\frac{bh}{2}u_0 \tag{1-34}$$

当平行平板之间没有相对运动，即 u_0 等于零时，通过的液流只由压差引起，称为压差流动，其值即是上述公式中的第一项 $\dfrac{bh^3}{12\mu l}\Delta p$；当平行平板不存在压差，通过的液流只由平板相对运动引起时，称为剪切流动，其值是上述公式中的第二项，即 $\dfrac{bh}{2}u_0$。上述计算的流量可以看成元件缝隙中的泄漏量，一般在液压元件中，由压差产生的流量要远远大于剪切流量，而在压差流量公式中，缝隙的流量与缝隙高度的三次方成正比，说明缝隙高度的大小对泄漏量的影响是很大的。

液压与气压传动中经常出现的是同心环形缝隙，如图 1-29 所示，同心圆环的直径是 d，长度是 l，缝隙高度为 h，将同心圆环沿着圆周方向展开即是两个平行平板缝隙之间的流动，只要将 $b=\pi d$ 代入平行平板缝隙即可得到同心环形缝隙流量公式：

$$q=\frac{\pi dh^3}{12\mu l}\Delta p+\frac{\pi dh}{2}u_0 \tag{1-35}$$

另外，如果不是同心圆环，而是图 1-29 右边所示的偏心环形缝隙的话，存在一个偏心量 e，则流量公式变为

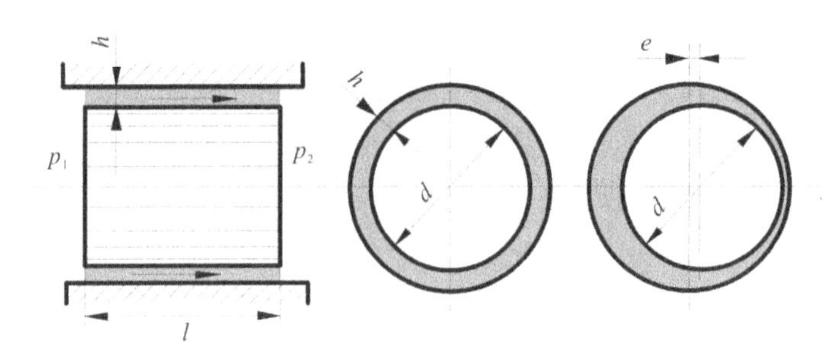

图 1-29　环形缝隙流动示意

$$q=(1+1.5\varepsilon^2)\frac{\pi dh^3}{12\mu l}\Delta p+\frac{\pi dh}{2}u_0 \tag{1-36}$$

在这个公式中，ε 是相对偏心率，即 $\varepsilon=e/h$，ε 的最大值为 1。不考虑剪切流动的话，偏心环形缝隙的流量是同心情况下的 2.5 倍，所以，为了减小泄漏量，应尽量使环形配合处于同心状态。

例 1-7　如图 1-30 所示，柱塞在重物作用下向下运动，并将油液从缝隙中挤出，包含柱塞在内的负载重量 $G=6400\text{N}$，若柱塞与缸套同心，柱塞直径 $d=49.84\text{mm}$，缸套直径 $D=50\text{mm}$，长度 $l=100\text{mm}$，油液的动力黏度为 $\mu=2.5\times10^{-2}\text{Pa}\cdot\text{s}$，求重物下降的速度 v。

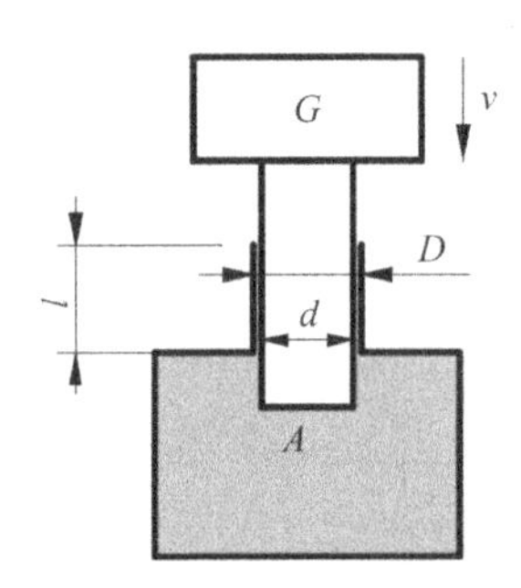

图 1-30　缝隙流动图例

解：当重物以速度 v 下降时，缸内液体的压力 $p=G/A$，柱塞的截面面积 $A=\frac{1}{4}\pi d^2$，柱塞下降过程中，缸中油液从缝隙流出的流量，根据同心圆环缝隙流量公式

$$q=\frac{\pi dh^3}{12\mu l}\Delta p-\frac{\pi dh}{2}v$$

在上式中 $\Delta p=p$，缝隙高度 $h=\frac{D-d}{2}$。

由连续方程可知，柱塞下降排出油液流量等于缝隙流量，即 $q=Av$，故

$$Av=\frac{\pi dh^3}{12\mu l}\Delta p-\frac{\pi dh}{2}v$$

代入数据解得 $v=4.45\text{mm/s}$。

第八节　液压冲击与气穴

思考题：气穴现象产生的条件是什么？液压传动中哪些部位易发生气穴现象？

液压冲击与气穴

液压冲击和气穴均属于瞬变流动，指的是流体的流速在极短的瞬间发生很大变化的现象，从而导致流体的压力发生急剧变化。

（一）液压冲击

液压冲击指在液压系统中，当突然关闭或开启液流通道，液体压力发生急剧交替升降的过程。液压冲击主要来源于两种情况，第一种是液流速度的突变，第二种是运动部件的制动。发生液压冲击时，液流的瞬时峰值压力往往比正常工作压力高好几倍，导致损坏密封装置、管道和液压元件，引起振动和噪声，有时还会使某些压力控制的液压元件产生误动作，造成不可预测的事故。

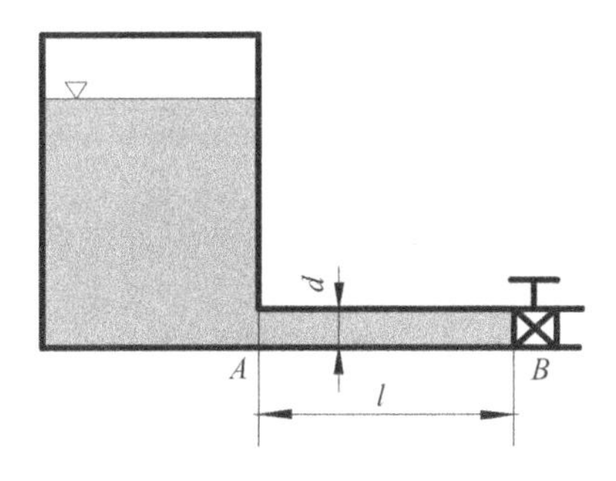

图 1-31　速度突变引起液压冲击

图 1-31 所示为液流速度的突变引起压力冲击的例子。容器底部连接一个管道，在管道的输出端装有一个阀门 B，管道内的液体经阀门 B 流出。若将阀门突然关闭，则紧靠阀门的液体立刻停止运动，液体的动能瞬时转变为压力能，产生冲击压力，接着后面的液体依次将动能转换为压力能，在管道内形成压力冲击波，并以速度 c 由 B 向 A 传播。设图中管道的截面积和长度分别为 A 和 l，液体的流速是 v，密度为 ρ，当阀门突然关闭时，液体的动能转化成液体的压力能：

$$\frac{1}{2}\rho A l v^2=\frac{1}{2}\frac{Al}{K'}\Delta p_{\max}^2$$

等式左边表示液体动能，右边代表压力能，$\Delta p_{\max}$ 是液压冲击时压力升高值，K' 是考虑管壁的液体等效体积弹性模量，由上式解得

$$\Delta p_{\max}=\rho\sqrt{\frac{K'}{\rho}}v=\rho c v \tag{1-37}$$

其中 $c=\sqrt{K'/\rho}$ 是压力波在管道中的传播速度，一般在 890～1420m/s 范围内。如果阀门部分关闭，使液体的流速 v 降到 v'，则

$$\Delta p=\rho c(v-v')=\rho c\Delta v$$

阀门关闭不可能是瞬间完成的，根据阀门关闭的时间，将液压冲击分为直接冲击和间接冲击两种：

直接冲击时，阀门关闭的时间 $t<t_c=2l/c$，冲击压力为 $\Delta p_{\max}=\rho cv$；

间接冲击时，阀门关闭的时间 $t>t_c=2l/c$，冲击压力为 $\Delta p'_{\max}=\rho cv\dfrac{t_c}{t}$。

第二种引起液压冲击的情况是运动部件的制动，如图 1-32 所示，活塞以速度 v 推动负载运动，活塞和负载的总质量为 m，液压缸活塞作用面积是 A。当突然关闭图中的出口通道时，左腔内的液体无法流出，而运动部件的惯性会使左腔的液体受压，引起液体的压力急剧上升，运动部件受到上升的液体压力产生的阻力而制动。设运动部件制动时的减速时间是 Δt，速度减小量为 Δv，根据动量定理可近似得到左腔内的冲击压力 Δp，即

$$\Delta pA\Delta t = \sum m\Delta v$$

$$\Delta p = \frac{\sum m\Delta v}{A\Delta t} \tag{1-38}$$

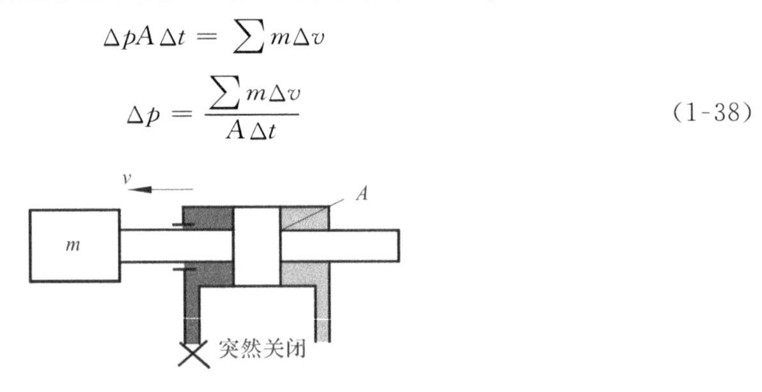

图 1-32　制动引起液压冲击

减小液压冲击是设计时需要注意的，避免或者减弱液压冲击的措施包括：控制油液的流动速度；设置制动缓冲装置，使速度变化均匀；延长阀门关闭的时间；采用橡胶软管或设置蓄能器。

（二）气穴现象

不同的液体在相同的压力下，溶解的空气的体积百分比是不同的，而同一种液体，随着压力的升高，溶解的空气的体积也相对升高，如图 1-33 所示，石油基液压油的空气溶解度约为 6%～12%。根据这样的特性，空气分离压的概念是：液体压力低于某值时，溶解在液体中的空气将会突然地迅速从液体中分离出来。饱和蒸气压的概念是：压力继续下降而低于一定数值时，液体本身便迅速汽化。一般来说，饱和蒸气压比空气分离压小得多。

气穴现象是指当流动液体某处的压力低于空气分离压时，溶解在液体中的空气将会迅速游离出来，使液体中产生大量气泡的现象。气穴现象发生在液压系统压力较低的部位，如图 1-34所示，在节流口处，也就是流道面积最小的地方，根据流量连续性方程 $q=vA=$ 常数，可知液体的流速最快，根据能量方程 $\dfrac{p}{\rho g}+z+\dfrac{u^2}{2g}=$ 常数，可知在速度最快的地方，压力最低，节流口处的压力分布如图 1-34 所示，当压力降低到空气分离压时，即产生气穴现象。如图 1-35 所示，在液压泵的吸油管路中，2-2 泵入口处的压力最低，如果泵的吸油管太细，阻力太大，滤网堵塞，或泵安装过高，都会使 2-2 处的压力进一步降低，若低于空气分离压，就会产生气穴。

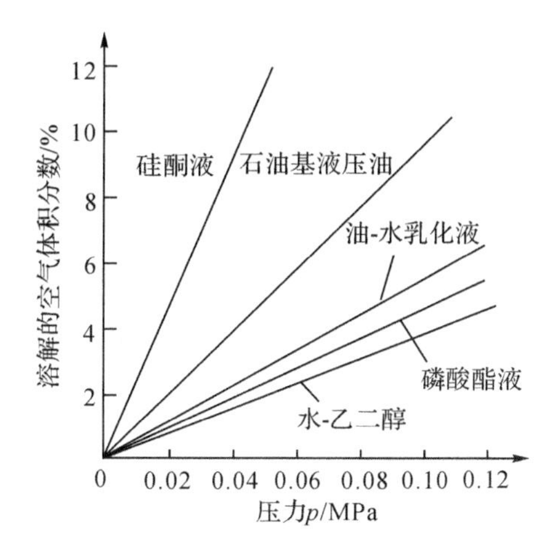

图 1-33　气体溶解度与压力的关系

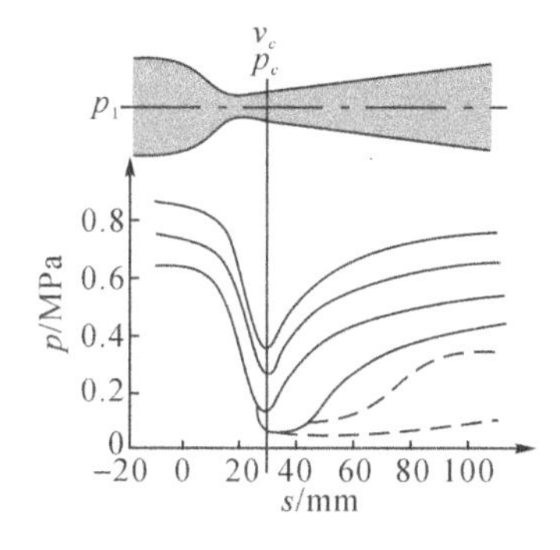

图 1-34　节流口的气穴现象

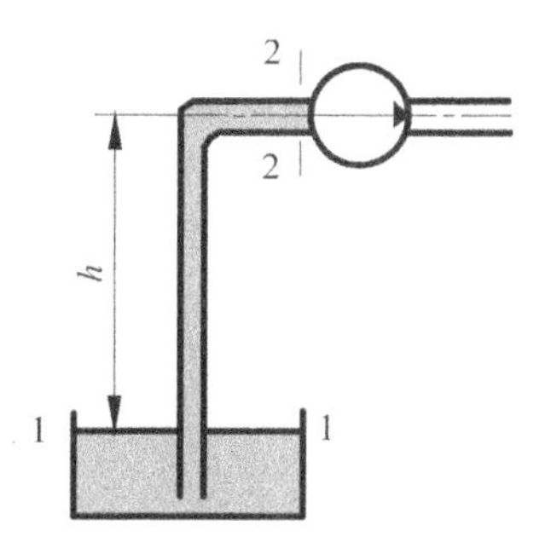

图 1-35　液压泵的气穴现象

气穴现象的危害：大量的气泡使液体的流动性变坏，流量不稳定；当气泡被带到下游高压区，气泡受到高压压缩迅速破灭，产生压力冲击和局部高温；使系统发生强烈的振动和噪声；高温使液压油液变质，对金属表面产生腐蚀，这种因气穴而对金属表面产生腐蚀的现象，称为气蚀，如图 1-36 所示零件表面的损伤即是气蚀造成的结果。减小气穴的措施主要包括：减小阀孔口前后的压差，一般希望其压力比 $p_1/p_2<3.5$；正确设计和使用液压泵站；液压系统的元部件之间的连接处要密封可靠，严防空气侵入。

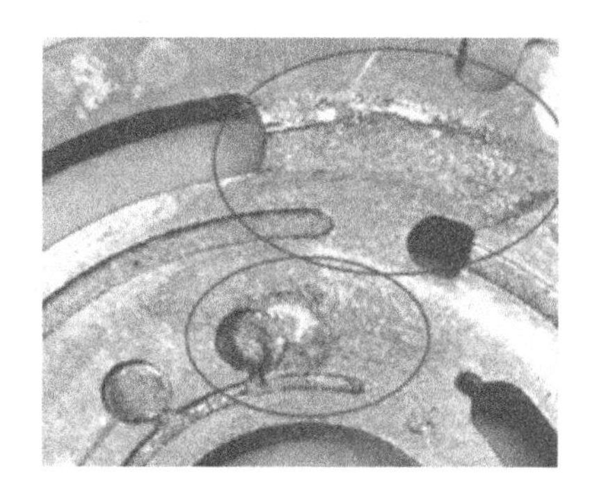

图 1-36　气穴现象的危害

习　题

1-1　如图 1-37 所示，U 形测压管内装有水银（$\rho_H=13.6\times10^3\text{kg/m}^3$），U 形管左端与装有水（$\rho=1.0\times10^3\text{kg/m}^3$）的容器相连，右端开口与大气连通，已知 $h=20\text{cm}$，$h_1=30\text{cm}$。取大气压的压力 $p_a=1.01\times10^5\text{Pa}$，试计算 A 点的相对压力和绝对压力。

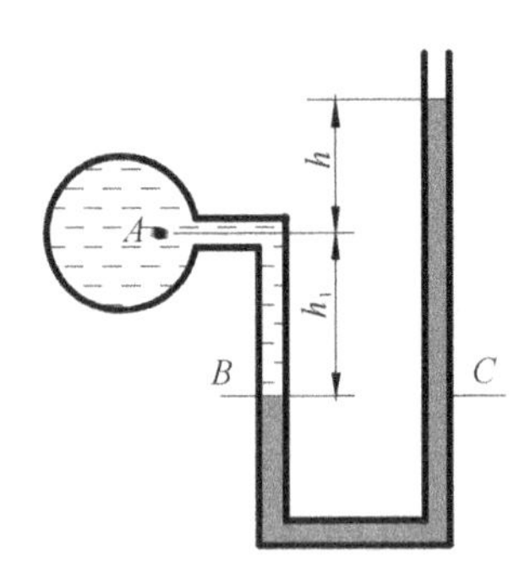

图 1-37　题 1-1 图

1-2　如图 1-38 所示，当阀门关闭时压力表的读数 $p_1=3\times10^5\text{Pa}$，而在阀门打开时的压力表读数 $p_2=1.2\times10^5\text{Pa}$。如果管子直径 $d=10\text{mm}$，油液密度 $\rho=900\text{kg/m}^3$，不计液流的压力损失，求阀门打开时的流量 q。

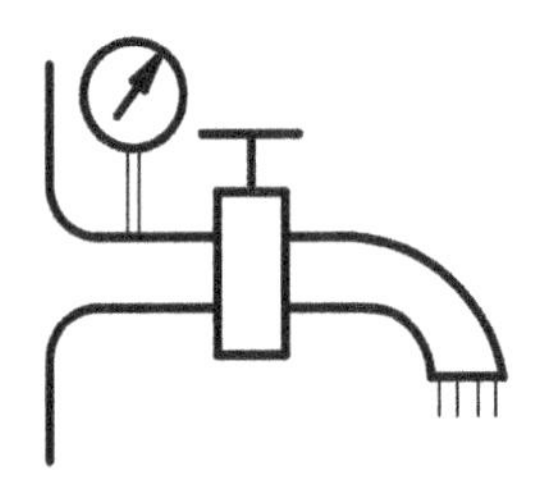

图 1-38　题 1-2 图

1-3　如图 1-39 所示，液压泵从油箱吸油，吸油管直径 $d=60\text{mm}$，流量 $q=2.5\times10^{-3}\text{m}^3/\text{s}$，要求液压泵入口处的真空度不超过 $0.2\times10^5\text{Pa}$，油液的运动黏度 $\nu=30\times10^{-6}\text{m}^2/\text{s}$，油液的密度 $\rho=900\text{kg/m}^3$，弯头处的局部阻力系数 $\zeta_1=0.2$，吸油管入口处的局部阻力系数 $\zeta_2=0.5$，管长 $L\approx h$。试求允许的最大吸油高度。（取 $\lambda=75/Re$，$\alpha=2$）

1-4　如图 1-40 所示，泵的流量 $q=16\text{L/min}$，安装在油箱的下面，已知油液的运动黏度 $\nu=0.11\times10^{-4}\text{m}^2/\text{s}$，油液的密度 $\rho=900\text{kg/m}^3$，弯头处的局部阻力系数 $\zeta=0.2$，求液压泵入口处的绝对压力。

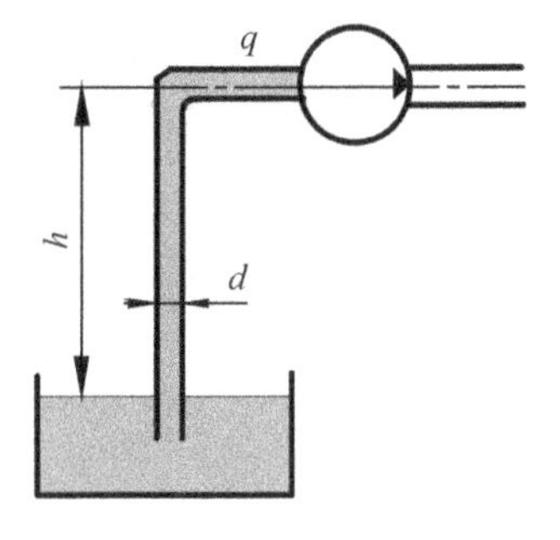

图 1-39　题 1-3 图

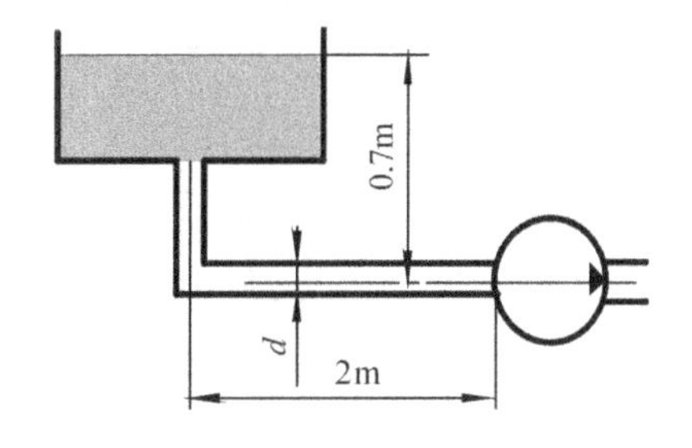

图 1-40　题 1-4 图

1-5　如图 1-41 所示，有一固定液位 $h=1\text{m}$ 的水箱，水通过长 $L=3\text{m}$ 的垂直管自由流出，水在管中的流速 $v=5\text{m/s}$，水的密度 $\rho=1000\text{kg/m}^3$，将水作为理想液体，试求 B 点和 C 点的压力。（提示：水箱截面积较大，水箱内流速 v_0 视为零，标准大气压 $p_a=1.013\times10^5\text{Pa}$）

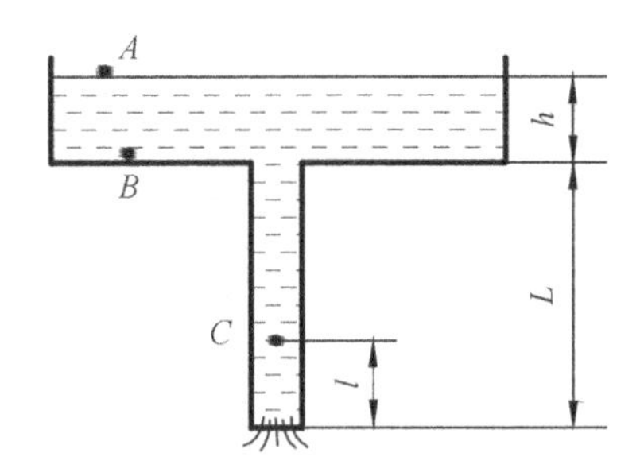

图 1-41　题 1-5 图

1-6　如图 1-42 所示，活塞下部充满油液（油液黏度 $\nu=0.11\times10^{-4}\text{m}^2/\text{s}$，油液密度 $\rho=900\text{kg/m}^3$），活塞上腔与大气连通，活塞杆上放有 $G=16\times10^3\text{N}$，活塞直径 $D=32\text{cm}$，不计活塞自重和摩擦，分两种情况计算活塞下落的速度。

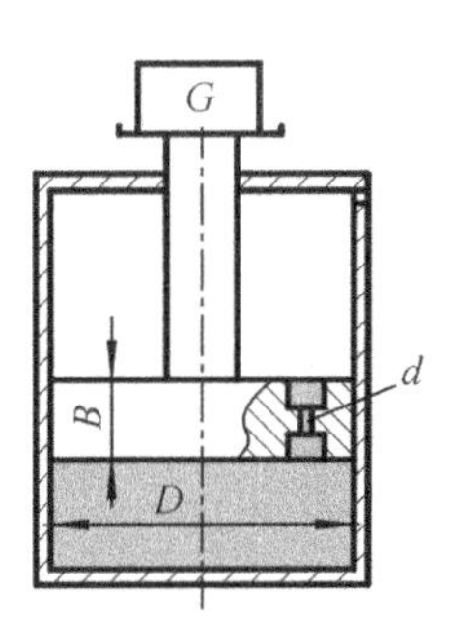

图 1-42　题 1-6 图

（1）活塞上开有薄壁小孔，孔径 $d=4\text{mm}$，流量系数 $C_d=0.62$，活塞与缸体内壁之间无间隙泄漏；

（2）若活塞上没有小孔，活塞与缸体内壁之间的半径间隙 $\delta=0.2\text{mm}$，活塞宽度 $B=30\text{mm}$。

1-7　如图1-43所示，液压滑阀的流动过程，若通过滑阀的流量$q=100\text{L/min}$，阀芯的直径$d=30\text{mm}$，滑阀的开口量$x_v=2\text{mm}$，液流流过阀口时的角度$\theta=69°$，求阀芯受到的轴向液动力的大小。

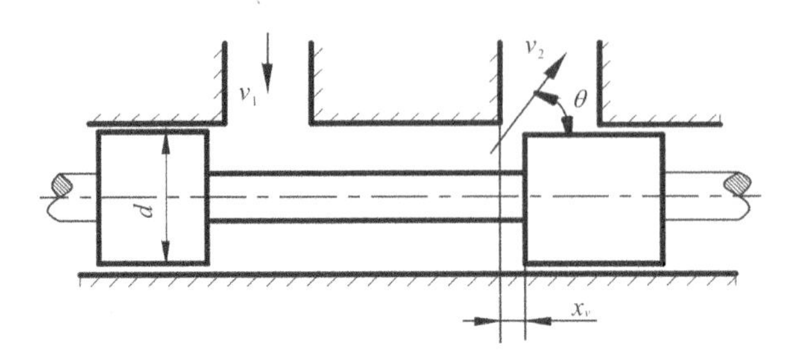

图1-43　题1-7图

1-8　如图1-44所示，设管道入口处的压力$p_1=1.5\times10^5\text{Pa}$，出口处的压力$p_2=1\times10^5\text{Pa}$。管道的直径$d=20\text{cm}$，通过的流量$q=15.7\times10^{-3}\text{m}^3/\text{s}$，油液的密度$\rho=900\text{kg/m}^3$，利用动量方程求流动液体对弯管的作用力。

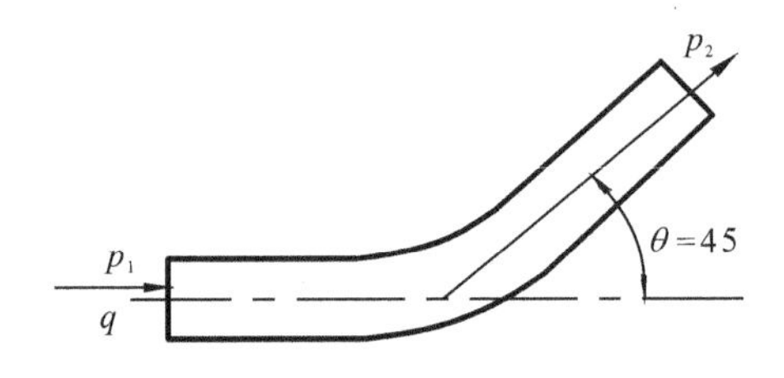

图1-44　题1-8图

讨论题

1. 如何合理地选择油液的黏度？
2. 简述瞬态液动力与稳态液动力的区别。
3. 如何减少环形缝隙的泄漏量？
4. 简述薄壁孔口流动与圆管层流的公式的异同点。
5. 如何减小管路中油液流动的压力损失？
6. 如何避免液压泵吸油口处发生气穴现象？

本章在线测试

第二章　能源装置

本章重点：本章要求学生主要理解各种液压泵的工作原理、结构特点以及主要性能参数；掌握外啮合齿轮泵泄漏、困油及径向不平衡力产生的原因及消除或减小的措施；掌握限压式变量叶片泵的特性曲线及其应用；了解密封装置和密封元件的作用，正确合理使用密封件。

第一节　液压泵概述

一、液压泵的工作原理及特点

(一)液压泵的工作原理

液压泵概述

液压泵是一种能量转换装置，是液压系统中的动力元件。液压泵为容积式泵，依靠密闭的工作容积大小交替变化实现吸排油。

思考题：液压泵是如何工作的？

以图 2-1 所示的单柱塞泵为例，单柱塞泵由偏心轮 1、柱塞 2、缸体 3、弹簧 4 和单向阀 6、7 组成。电动机带动偏心轮 1 旋转，同时由于弹簧的

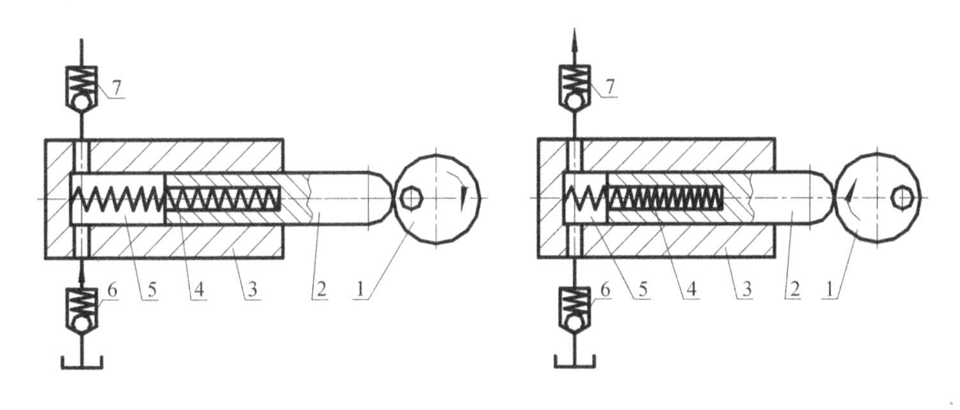

1—偏心轮；2—柱塞；3—缸体；4—弹簧；5—密封工作腔；6,7—单向阀。

图 2-1　单柱塞容积式液压泵工作原理

作用，柱塞2在柱塞孔中作轴向往复移动。柱塞向右移动时，密封工作腔5的容积逐渐变大，产生近似真空的状态，油液在大气压的作用下经单向阀6进入密封工作腔5，液压泵吸油，此时单向阀7关闭；当柱塞向左移动时，密封工作腔5的容积逐渐变小，吸入的油液受到挤压而产生一定的压力，顶开单向阀7，油液输入到液压系统中去，此时，单向阀6关闭，这是液压泵的压油过程。偏心轮不断旋转，泵不断地完成吸油和压油。由此可见，液压泵是靠密封工作腔的容积变化进行工作的。

打开液压与气压传动CAI软件，进入仿真库自己动手演示单柱塞式液压泵工作原理，学习和巩固知识点。

思考题：构成液压泵的基本条件有哪些？

由上述工作原理可知，液压泵工作的基本条件如下：

(1)液压泵必须有密封的工作腔，其工作过程是靠密封工作腔的容积变化来吸油和压油的。这种靠密封工作腔容积的变化来工作的泵就叫容积式泵。

(2)吸油腔和压油腔要互相隔开，并且有良好的密封性。当柱塞向右移动时，压油阀7以下是吸油腔，以上是压油腔，吸油腔和压油腔用压油阀7隔开；当柱塞向左移动时，吸油阀6以上是压油腔，以下是吸油腔，两腔用吸油阀6隔开。吸油阀6和压油阀7又称配流装置。配流装置是液压泵不可缺少的，液压泵的配流方式有阀式配流(如滑阀、座阀)和确定式配流(如配油盘、配流轴)等。

(3)吸油过程中，油箱必须与大气相通，泵需具有自吸能力，即必须使泵的密封工作腔在吸油过程中逐渐增大。压油过程中，输出压力的大小取决于负载。

(二)液压泵的性能参数

液压泵的主要性能参数是指液压泵的压力、排量和流量、功率和效率等。

1. 液压泵的压力

液压泵的压力主要是指工作压力和额定压力。

工作压力是指液压泵出口的实际压力，其大小取决于负载。

额定压力是指在正常工作条件下，液压泵按试验标准规定连续运转的最高压力。超过此数值就是过载。泵铭牌上所标的压力即额定压力。

2. 液压泵的排量、流量

(1)排量V：排量是指在不考虑泄漏和油液压缩的情况下，泵轴转一转所排出的油液的体积。排量的大小取决于泵的密封工作容积的尺寸。排量常用的单位为mL/r。

(2)理论流量q_t：理论流量是指在不考虑泄漏的情况下，泵在单位时间内所排出的液体的体积，常用单位为L/min。

$$q_t = Vn \tag{2-1}$$

式中：V——液压泵的排量；

n——液压泵的转速，单位为r/min。

(3)实际流量q：实际流量是指泵工作时的输出流量，这时需要考虑泵的泄漏和油液压缩，所以泵的实际流量q小于理论流量q_t。

(4)额定流量q_n：额定流量是指在额定转速和额定压力下泵输出的流量。由于液压泵存在泄漏，所以额定流量与理论流量是不同的。

3. 功率和效率

(1)功率

液压泵输入量是电机的转矩和角速度，为机械功率；输出量是压力和流量，为液压功率。

①理论功率 P_t

如果不考虑液压泵在能量转换过程中的损失，则输出功率与输入功率相等，即是它们的理论功率 P_t：

$$P_t = pq_t = pVn = T_t\omega = 2\pi T_t n \tag{2-2}$$

式中：T_t——液压泵的理论转矩；

ω——泵的角速度；

n——泵的转速。

实际上，泵在工作过程中由于摩擦或泄漏会有一定的能量损失，因此输出功率总是小于输入功率。两者的差值即是功率损失。

②实际输入功率 P_i

液压泵的输入功率为驱动泵所需要的机械功率，即

$$P_i = 2\pi Tn \tag{2-3}$$

式中：T——液压泵的实际转矩；

n——泵的转速。

③实际输出功率 P_o

实际输出功率 P_o 是液压泵出口压力 p_p 与实际流量 q_p 的乘积。

$$P_o = p_p q_p \tag{2-4}$$

式中：p_p——液压泵出口压力；

q_p——液压泵实际流量。

(2)效率

液压泵的功率损失可分为容积损失和机械损失两部分。

①容积损失

容积损失是指由于泵的内泄漏而造成的流量上的损失。用容积效率 η_V 来表示容积损失的大小。泵的容积效率为

$$\eta_V = \frac{q}{q_t} = \frac{q_t - \Delta q}{q_t} = 1 - \frac{\Delta q}{q_t} \tag{2-5}$$

泄漏是由于泵内机件间的间隙造成的，间隙很小，泄漏油的流态可视为层流，所以泄漏量和泵的输出压力 p 成正比。设泄漏量用 Δq 表示，则

$$\Delta q = k_1 p \tag{2-6}$$

式中：k_1——泄漏系数。

故有

$$\eta_V = 1 - \frac{k_1 p}{q_t} = 1 - \frac{k_1 p}{Vn} \tag{2-7}$$

上式表明：泵的输出压力越高，或泵的排量越小，转速越低，泵的容积效率也越低。

②机械损失

机械损失是指因泵内摩擦而造成的转矩上的损失。用机械效率 η_m 来表征机械损失，它

是泵的理论转矩与实际转矩的比值，即

$$\eta_m = \frac{T_t}{T} \tag{2-8}$$

③效率 η

液压泵的总效率是泵的实际输出功率与实际输入功率的比值，即

$$\eta = \frac{P_o}{P_i} = \frac{pq}{2\pi Tn} = \frac{pVn\eta_V}{2\pi \dfrac{T_t}{\eta_m}} = \eta_V \eta_m \tag{2-9}$$

由上式可知，泵的总效率是容积效率和机械效率的乘积。

（三）液压泵分类及职能符号

液压泵类型很多，按结构形式不同可分为齿轮泵、叶片泵、柱塞泵和螺杆泵四类；按排量能否调节可分为定量泵和变量泵；按输出压力可分为低压、中压、高压和超高压。常见液压泵的职能符号如图 2-2 所示。

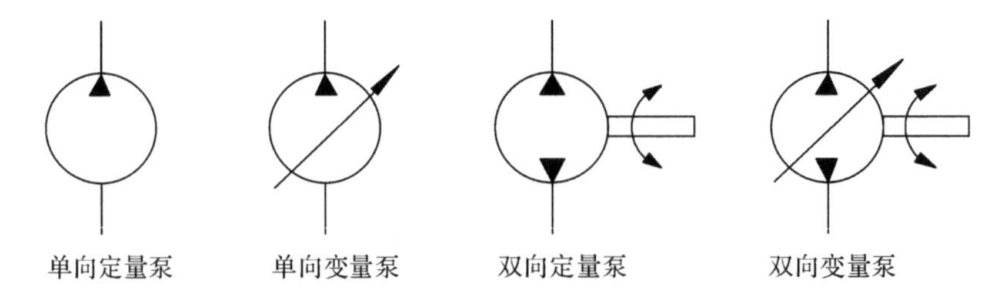

图 2-2　液压泵职能符号

第二节　齿轮泵

齿轮泵体积小、重量轻，结构简单，制造方便，价格低，工作可靠，对油液污染不敏感，维护方便，是一种常见的液压泵，已广泛应用于各种液压机械上。

齿轮泵在结构上可分为外啮合式和内啮合式两种。

（一）外啮合齿轮泵

思考题：外啮合齿轮泵是如何工作的？

1. 工作原理

外啮合齿轮泵由一对相啮合的齿轮、壳体、传动轴和两个端盖等主要零件组成，如图 2-3所示。齿轮的两个端面由端盖密封，壳体、端盖和齿轮各个齿槽组成许多密封工作腔。

齿轮泵工作原理

当齿轮按图示方向逆时针旋转时，齿轮右侧脱开啮合，密封工作腔容积从小变大，形成局部真空，油箱中的油液在大气压的作用下进入到吸油腔，吸入的油液在密封的工作腔中随齿轮旋转带到左侧压油腔。在压油区一侧，齿轮逐渐进入啮合，密封工作腔容积不断减小，油液便被挤出，从压油腔通过泵的出口输出，这就是齿轮的吸油和压油过程。随着齿轮不断旋转，吸油腔、压油腔大小周期性地变化，齿轮不断

完成吸油和压油过程。吸油腔与压油腔是靠两个齿轮的啮合线来隔开的。齿轮泵出口压力完全取决于泵出口处阻力的大小，即负载的大小。

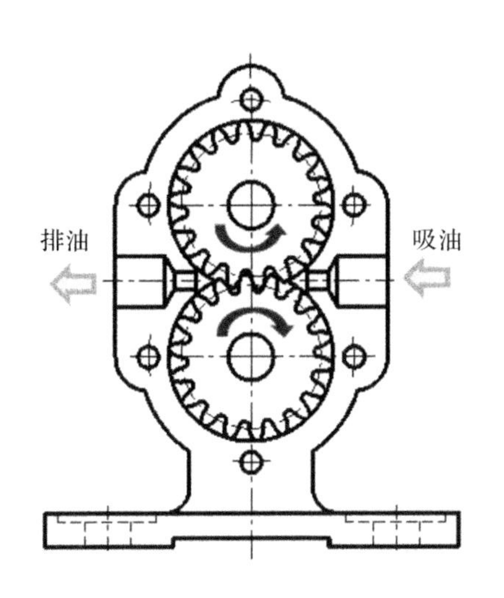

图 2-3　外啮合齿轮泵工作原理

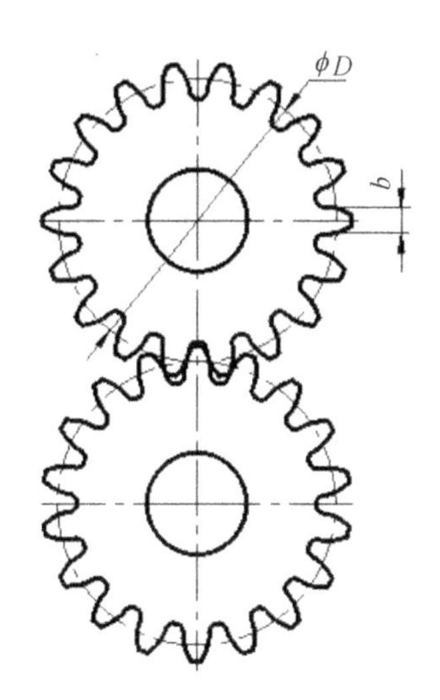

图 2-4　齿轮参数

在齿轮泵的啮合过程中，啮合点沿啮合线，把吸油区和压油区分开，所以齿轮泵不需要配流机构，结构较简单。

打开液压与气压传动 CAI 软件，进入仿真库自己动手演示外啮合齿轮泵工作原理。

2. 排量和流量

外啮合齿轮泵排量的精确计算应根据啮合原理进行，近似计算可认为是两个轮齿齿间槽容积之和。如图 2-4 所示，设齿间槽容积与轮齿体积相等，齿轮泵的排量为

$$V=\pi Dhb=2\pi Zm^2 b \tag{2-10}$$

式中：D——分度圆直径；

h——齿高；

b——齿宽；

Z——齿数；

m——模数。

考虑到齿间槽容积比轮齿体积稍大，齿数越少差值越大，所以通常取

$$V=6.66Zm^2 b \tag{2-11}$$

泵的实际输出流量为

$$q=Vn\eta_V=6.66Zm^2 bn\eta_V \tag{2-12}$$

上式计算的是外啮合齿轮泵的平均流量。实际上，一对轮齿在相互啮合过程中，啮合点的位置是不断变化的，吸油腔、压油腔在每一瞬时的容积变化率是不均匀的，因此泵的瞬时输出流量具有脉动性。若用 $q_{\max}$ 表示最大瞬时输出流量，用 $q_{\min}$ 表示最小瞬时输出流量，则流量脉动率 σ 为

$$\sigma=\frac{q_{\max}-q_{\min}}{q} \tag{2-13}$$

齿数越少，脉动率 σ 越大。它会导致液压系统的压力和速度不稳定，还会引起噪声。

3．齿轮泵几个共性问题

思考题：齿轮泵存在哪些问题？

(1)齿轮泵的困油现象及消除方法

齿轮泵的齿形一般采用渐开线，为了保证齿轮传动的连续和平稳，同时避免吸油腔、压油腔互通，其重叠系数 ε 必须大于 1，即在前一对啮合的轮齿尚未完全脱离啮合时，后一对轮齿已进入啮合，就会出现两对以上的轮齿同时啮合，这样在两对轮齿的啮合点之间形成一个单独的封闭腔，使一部分油液困在其中，如图 2-5(a)所示，这一密封腔与泵的吸油腔、压油腔互不相通。当齿轮继续旋转时，密封腔容积逐渐减小，直到两对轮齿的啮合点转至对称于节点位置时，密封腔容积达到最小，如图 2-5(b)所示，在这一过程中，被困的油液受到挤压，压力急剧上升，远超过齿轮泵的输出压力，并从一切可泄漏的缝隙中强行挤出，使轴和轴承受到很大的载荷，油液发热，引起振动和噪声。当齿轮继续旋转时，此密封腔容积又逐渐增大，如图 2-5(c)所示，此时由于得不到油液的填充，形成局部真空状态，内压力急剧下降，溶于油液中的气体析出，形成气泡，产生气穴现象，引起泵的振动和噪声。可见，困油现象就是被困油液密封腔容积的变化造成其内压力急剧升降的现象，它对齿轮泵的工作性能、使用寿命和强度都是有害的。

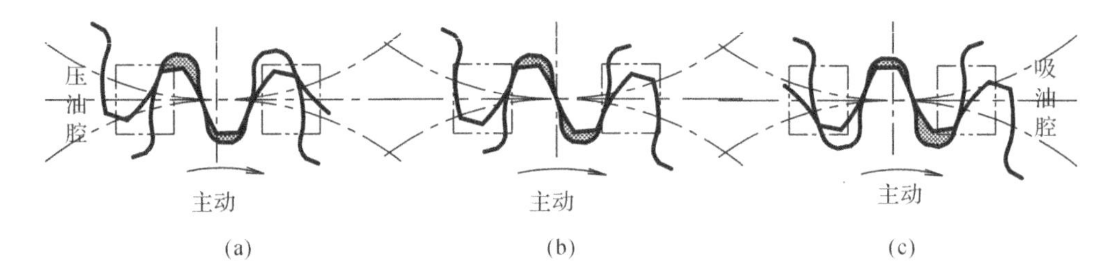

图 2-5　齿轮泵的困油现象

根据困油现象产生的原因，要消除困油现象，需要在困油容积变小时排出油液，增大时吸入油液，故通常是在齿轮泵的两端盖上开卸荷槽(如图 2-5 中的双点画线所示)。在齿轮泵两端盖的内侧，沿两齿轮节圆公切线方向，对应于吸、压油腔位置各挖两个矩形凹槽，称为卸荷槽。

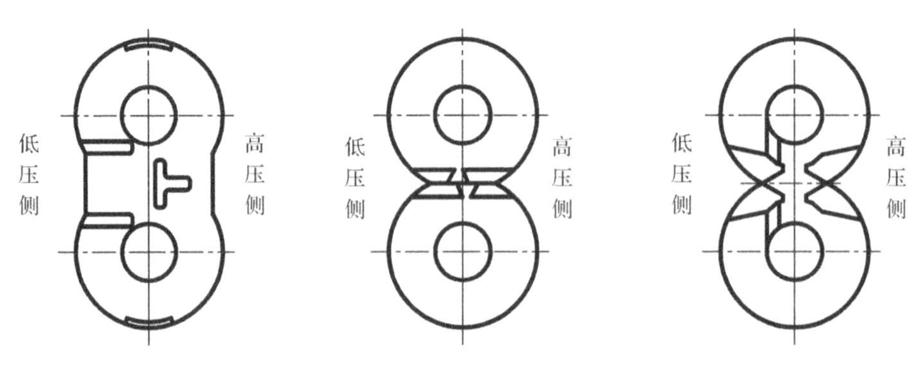

图 2-6　异形困油槽

两卸荷槽之间的距离必须保证在任何时候都不能使吸油腔和压油腔相通;当困油容积由大变小时,通过左边的卸荷槽与压油腔相通,使被困油液排到压油腔;当困油容积由小变大时,通过右边的卸荷槽与吸油腔相通,避免出现局部真空。也可以在箱盖上开异形困油槽,如图 2-6 所示。这样,困油现象得以消除。

此外,还可以采用泄压孔的方法,在从动齿轮的每一个齿顶和齿根均径向钻孔,从动轴上切出两条月牙形沟槽。当被困油液受到挤压时,困油腔的高压油可通过从动齿轮齿顶或齿根的相应钻孔和从动轴上的沟槽引向压油腔;当困油腔容积变大时,吸油腔的油液通过相应的钻孔和沟槽引入困油腔,从而消除困油现象。

(2)齿轮泵的泄漏

齿轮泵中构成密闭工作腔的零件需要做相对运动,存在配合间隙。泵吸油、压油腔之间存在压力差,其配合间隙必然产生泄漏。

如图 2-7 所示,齿轮泵产生泄漏的途径主要有三个:一是相啮合齿轮两侧面与端盖之间的轴向间隙。轴向间隙泄漏量很大,约占总泄漏量的 75%～80%。二是泵体内表面和轮齿齿顶圆间的径向间隙。压油腔的油液经径向间隙向吸油腔泄漏。因间隙小,油液有一定的黏度,故泄漏量相对较少,约占总泄漏量的 15%～20%。三是两轮齿啮合处的间隙。在啮合情况正常时,泄漏是很少的,一般不考虑。

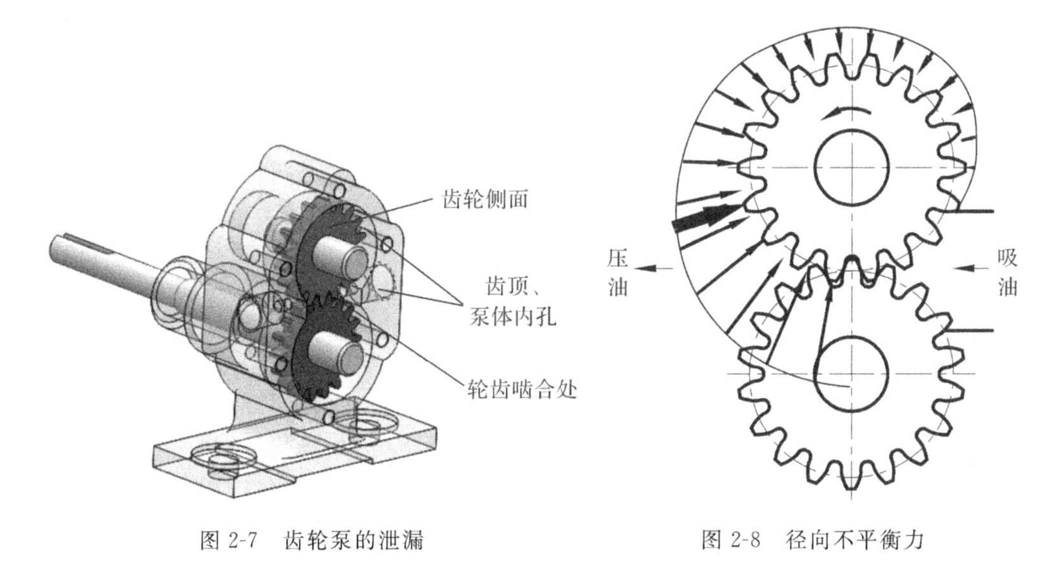

图 2-7 齿轮泵的泄漏　　图 2-8 径向不平衡力

由上述可知,轴向间隙引起的泄漏最大,因此普通齿轮泵的容积效率较低,输出压力也不容易提高。

(3)径向不平衡力

在齿轮泵工作时,作用在齿轮外圆上的压力是不均匀的。在压油腔和吸油腔的齿轮外圆分别承受着系统工作压力和吸油压力;在齿轮齿顶圆与泵体内孔的径向间隙中,可以认为油液压力从压油腔到吸油腔逐级下降,如图 2-8 所示。这些液体压力综合作用的合力,相当于给齿轮一个径向不平衡作用力,使齿轮和轴承受载。

工作压力愈大,径向不平衡力越大,严重时会造成齿顶与泵体接触,产生磨损,影响泵的使用寿命。通常采取缩小压油口尺寸的办法来减小径向不平衡力(如图 2-9 所示),使高压油仅作用在一到两个齿的范围内。还可通过加大齿轮轴和轴承的承载能力、开压力平衡槽、适当增大径向间隙等办法来解决。

思考题：如何提高齿轮泵的压力？

(4)提高齿轮泵压力的措施

外啮合齿轮泵由于存在泄漏，所以输出压力不高，要提高齿轮泵的压力，首要的问题是要减小端面轴向间隙。通常采用轴向间隙自动补偿的方法。可以利用浮动轴套或弹性侧板。如图 2-10 所示是利用浮动轴套的补偿装置。在齿轮前后轴段上装有滑动轴承，轴套浮动安装，可做轴向运动，利用特制的通道将泵内压油腔的压力油引到轴套外侧，产生液压力作用，使轴套压向齿轮端面。这个力必须大于齿轮端面作用于轴套内侧的力，轴套才能在各种力作用下紧贴在齿轮端面，减少端面泄漏，提高泵的压力。

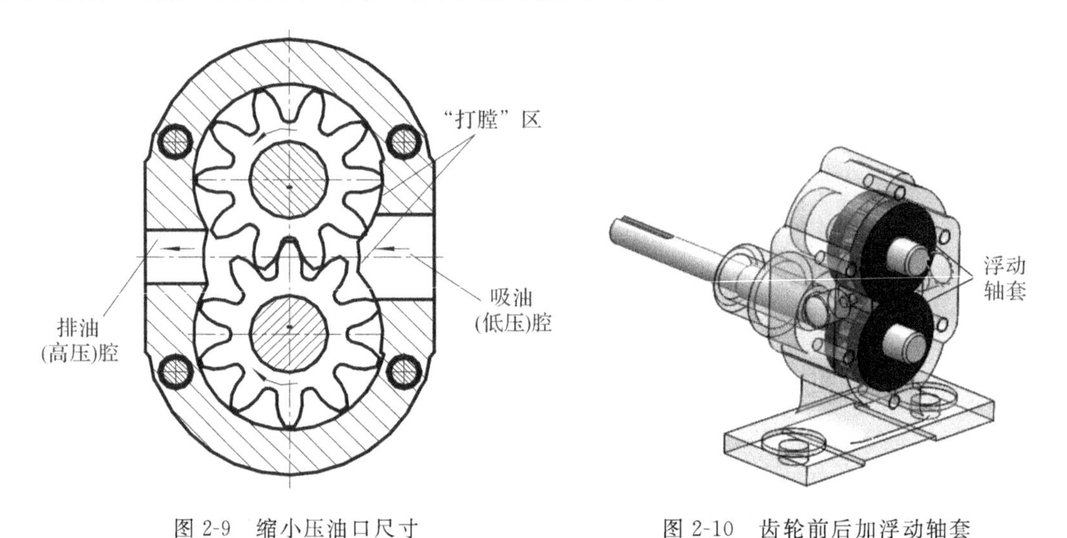

图 2-9　缩小压油口尺寸　　　图 2-10　齿轮前后加浮动轴套

(二)内啮合齿轮泵

内啮合齿轮泵有渐开线齿轮泵和摆线齿轮泵(又称转子泵)两种，如图 2-11(a)和(b)所示。其工作原理与外啮合齿轮泵相同，只是两个齿轮大小不同，且相互偏置，小齿轮是主动轮，带动内齿轮绕各自的中心同方向旋转。

内啮合渐开线齿轮泵主要由齿轮、内齿环、月牙形隔板以及壳体等零件组成，如图 2-11(a)所示。月牙板装在小齿轮和内齿轮之间，以便把吸油腔和压油腔隔开。当小齿轮按图示方向旋转时，通过啮合带动内齿轮也以相同方向旋转，图中左侧轮齿逐渐脱开啮合，密闭工作腔容积增大，泵吸油，同时右侧轮齿逐渐接入啮合，密闭腔容积减小，泵压油。图 2-11(b)所示为内啮合摆线齿轮泵，不设隔板。

(三)齿轮泵的特点及使用

外啮合齿轮泵的优点是结构简单、制造容易、成本低、工作较可靠，自吸能力强，对油液清洁度要求较低，可广泛应用于压力不高的场合。其缺点是内泄漏大，轴承受径向不平衡力，磨损较大，流量脉动和噪声较大，影响运动平稳性。

内啮合齿轮泵与外啮合齿轮泵相比，无困油现象，流量脉动较小，结构更紧凑，噪声小，输出压力、容积效率、总效率都比外啮合齿轮泵高，但是内啮合齿轮泵齿形比较复杂，加工精

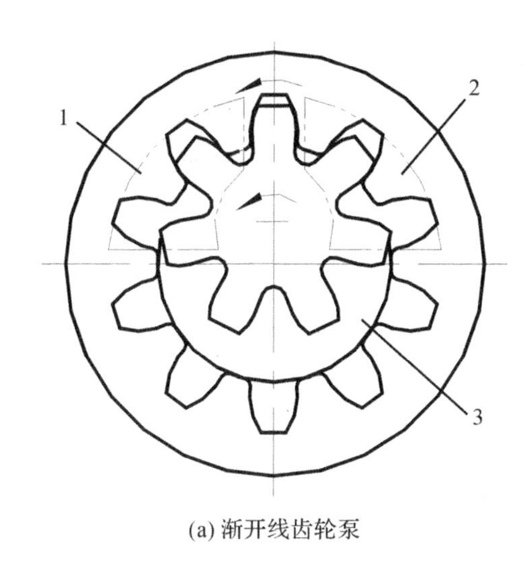

(a) 渐开线齿轮泵

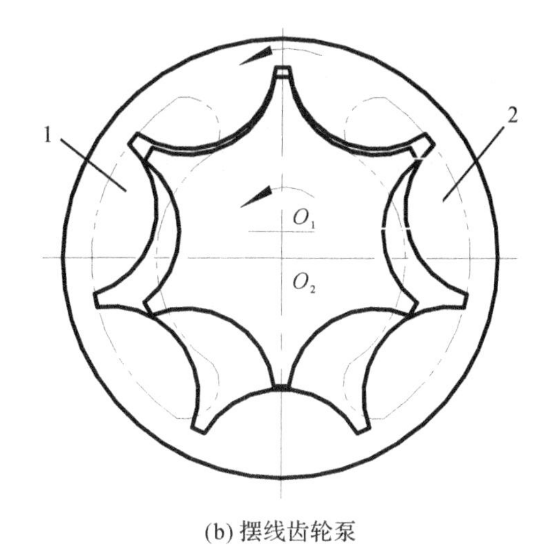

(b) 摆线齿轮泵

1—吸油腔；2—压油腔；3—隔板。

图 2-11　内啮合齿轮泵

度高，价格较贵。

使用齿轮泵时，需注意以下几点：

(1)齿轮泵的旋转方向即进、出口位置不能弄错。

(2)应避免带负载启动及在有负载情况下停车。

(3)启动前必须检查系统中的溢流阀是否在允许的调定值上。

(4)齿轮泵的吸油高度过高时不容易吸油，吸油高度一般不能大于 0.5m。

(5)泵若长时间不用，应将它与原动机分离。再次使用时，不得立即使用最大负荷，应有不少于 10min 的空负荷运转。

(6)要拧紧进、出油口管接头螺钉，密封装置要可靠，以免引起吸空和漏油，从而影响泵的工作性能。

第三节　螺杆泵

螺杆泵是一种依靠泵体与螺杆所形成的啮合空间容积变化和移动来输送液体或使之增压的回转泵。螺杆泵按螺杆数目分为单螺杆泵、双螺杆泵和三螺杆泵等；按螺杆的横截面齿形可分为摆线齿形、摆线-渐开线齿形和圆形齿形螺杆泵。

液压系统中螺杆泵一般采用摆线三螺杆泵，其工作原理如图 2-12 所示。在壳体中平行放置三根双头螺杆，中间为凸螺杆，即主动螺杆，两边为两根凹螺杆，即从动螺杆。互相啮合的三根螺杆与泵体之间形成多个密封工作腔，每个工作腔为一级，其长度约等于螺杆的螺距。当电机带动主动螺杆旋转时，这些密封工作腔不断地在左端形成，沿着轴向从左向右移动，在右端消失。在左端，密封工作腔容积逐渐增大，泵吸油；在右端，密封工作腔不断减小，泵压油。

螺杆泵的排量取决于螺杆直径和螺旋槽的深度。直径越大、螺旋槽越深，泵的排量越大;螺杆级数越多,密封性越好,泵的额定压力越高。

螺杆泵的优点是结构简单紧凑,体积小,重量轻,运转平稳,噪声小,流量和压力脉动较小,容积效率高,泵内回转部件惯性力较低,允许采用高转速,对油液污染不敏感,具有自吸能力,目前已较多地应用于精密机床的液压系统中。其主要缺点是螺杆形状复杂,加工较困难,不易保证精度。

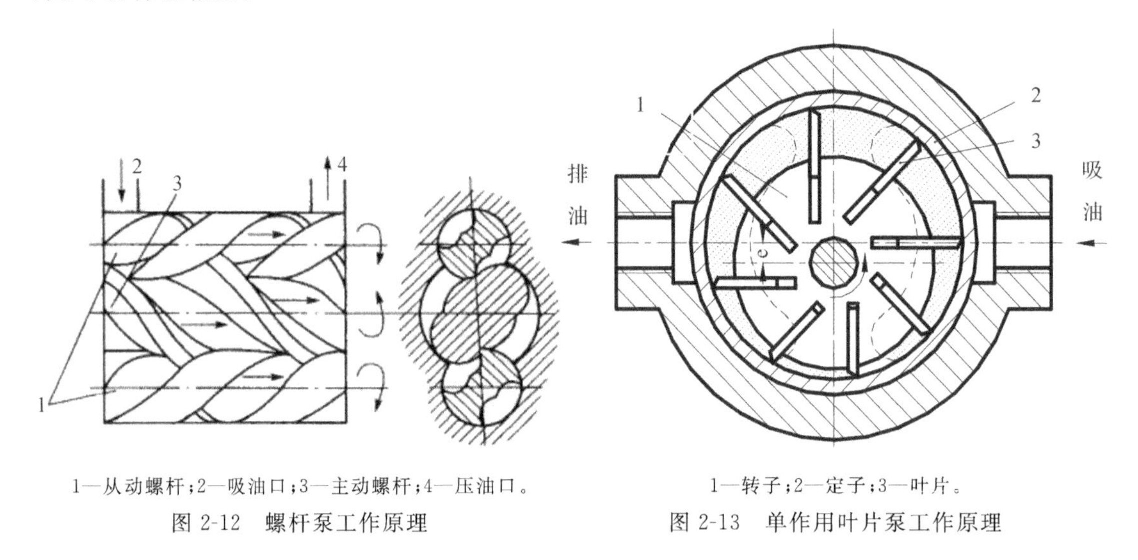

1—从动螺杆;2—吸油口;3—主动螺杆;4—压油口。

图 2-12　螺杆泵工作原理

1—转子;2—定子;3—叶片。

图 2-13　单作用叶片泵工作原理

第四节　叶片泵

叶片泵根据转子每转一转作用次数的不同,分为双作用叶片泵和单作用叶片泵两种。

(一)单作用叶片泵

思考题:单作用叶片泵是如何工作的?

1. 工作原理

单作用叶片泵工作原理

单作用叶片泵工作原理如图 2-13 所示。其主要由转子 1、定子 2、叶片 3、配油盘、传动轴和壳体等零件组成。在外壳体的内圈上装有定子和定子衬套,定子内装有转子,转子上均布叶片,叶片可在槽内滑动。定子内表面为圆柱形,定子和转子之间存在偏心距 e。当转子旋转时,叶片在离心力和叶片槽底部压力油的作用下,紧贴定子内壁,这样就由定子、转子、两相邻叶片和配油盘组成密封工作腔。当转子逆时针方向旋转时,由于偏心的作用,右半部分密封容积逐渐增大,形成局部真空,从右边吸油口经配油盘上的吸油窗口吸入油液。左半部分密封空间逐渐缩小,油液经配油盘压油窗口从压油口排出。

如图 2-14 所示,这种叶片泵转子每转一周,密封工作腔容积各增大、缩小一次,完成一次吸油和压油工作,所以称为单作用叶片泵。

打开液压与气压传动 CAI 软件,进入仿真库,自己动手演示单作用叶片泵工作原理。

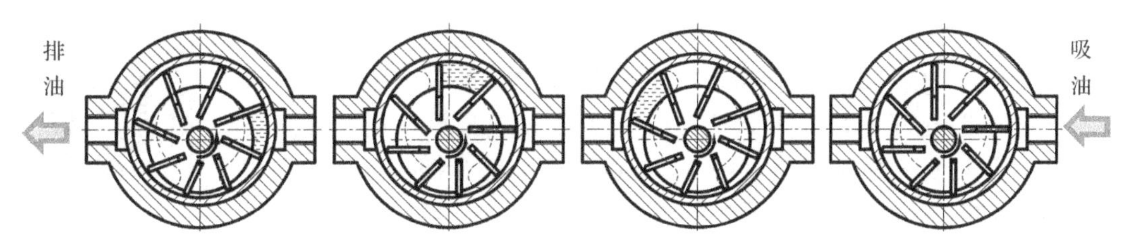

图 2-14　单作用叶片泵密闭容积变化过程

2．排量

单作用叶片泵的排量由泵中密封工作腔的数目和每个密封工作腔在压油时的容积变化量决定。如图 2-15 所示，单作用叶片泵的排量 V 可按下面近似公式计算：

$$V=V_1-V_2=2be\pi D \qquad (2\text{-}14)$$

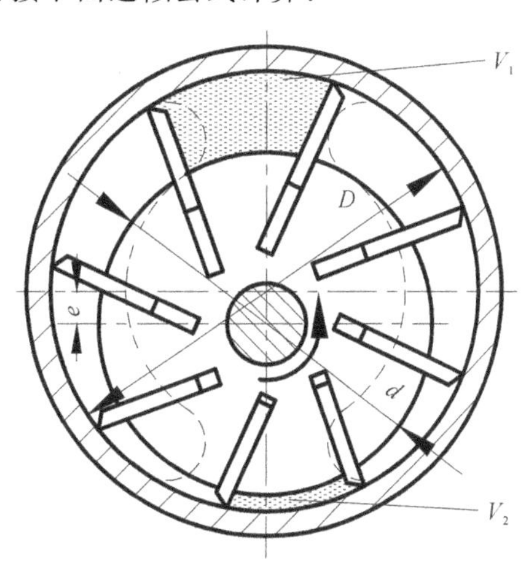

图 2-15　单作用叶片泵排量计算

式中：V_1——最大密闭容积；

V_2——最小密闭容积；

b——转子宽度；

e——转子与定子之间的偏心距；

D——定子内圆直径。

式(2-14)计算中并未考虑叶片的厚度以及叶片的倾角对单作用叶片泵排量和流量的影响。实际上叶片在槽中伸出和缩进时，叶片槽底部也有吸油和压油过程，一般在单作用叶片泵中，压油腔和吸油腔处的叶片的底部是分别和所在腔相通的，因而叶片槽底部的吸油和压油恰好补偿了叶片厚度及倾角所占据体积而引起的排量和流量的减小，这就是在计算中不考虑叶片厚度和倾角影响的原因。

由式(2-14)可知，改变偏心距 e，即可改变单作用叶片泵的排量，故单作用叶片泵是一种变量泵。泵转子径向受力不平衡，轴承受到较大的载荷，故也称非卸荷式叶片泵。

单作用叶片泵的流量也是有脉动的。分析表明，叶片数为奇数时，流量脉动较小，故一般叶片数为 13 片或 15 片。

3．单作用叶片泵特点

(1)改变定子和转子之间的偏心便可改变流量。偏心反向时，吸油、压油方向也相反。

(2)处在压油腔的叶片顶部受到压力油的作用，该作用要把叶片推入转子槽内。为了使叶片顶部可靠地和定子内表面相接触，压油腔一侧的叶片底部要通过特殊的沟槽和压油腔相通。吸油腔一侧的叶片底部要和吸油腔相通，这里的叶片仅靠离心力的作用顶在定子内表面上。

(3)由于转子受到不平衡的径向液压作用力，所以这种泵一般不宜用于高压。

(4)为了更有利于叶片在惯性力作用下向外伸出，而使叶片有一个与旋转方向相反的倾斜角，称后倾角，一般为 20°～30°。

(二)双作用叶片泵

1．工作原理

思考题：双作用叶片泵是如何工作的？

双作用叶片泵工作原理如图 2-16 所示。其主要由定子、转子、壳体和配油盘组成。定子内表面由两段长半径圆弧、两段短半径圆弧和四段过渡曲线组成，定子与转子是同心的。其工作原理与单作用叶片泵类似，当转子顺时针方向旋转时，叶片在离心力的作用下紧贴在定子内表面，将定子内表面、转子外表面和两个配油盘形成的空间分割为若干密封容积。随着转子旋转，密封容积在左上角和右下角时逐渐增大，形成局部真空，油液在大气压作用下由吸油口经配油盘上两个吸油窗口进入泵内，此为吸油过程；同时在左下角和右上角处密封容积逐渐减小，油液受压分别经两个压油窗口流向泵的压油口，此为压油过程。

双作用叶片泵工作原理

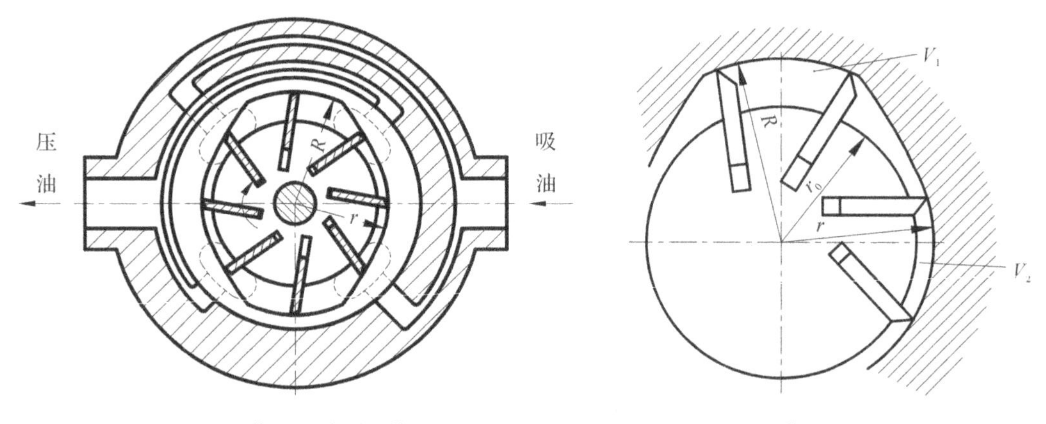

图 2-16　双作用叶片泵工作原理　　图 2-17　双作用叶片泵排量计算

双作用叶片泵转子每转一转，每个密封容积都完成两次吸油和压油过程，因此称为双作用叶片泵。由于两个吸油窗口和两个压油窗口是对称布置的，故作用在转子上的径向液压力相互平衡，所以又称为平衡式叶片泵。

2. 排量

如图 2-17 所示，双作用叶片泵的排量 V 按下式计算：

$$V=2(V_1-V_2)z=2b\left[\pi(R^2-r^2)-\frac{R-r}{\cos\theta}sz\right] \tag{2-15}$$

式中：R、r——定子圆弧部分的长、短半径；

b——叶片宽度；

θ——叶片倾角；

s——叶片厚度；

z——叶片数。

由式(2-15)可知，双作用叶片泵的排量大小由其结构参数决定，大小不能调节，因此双作用泵是定量泵。

3. 双作用叶片泵结构特点

(1)定子工作表面曲线

定子内表面由四段圆弧（两段长圆弧、两段短圆弧）和四段过渡曲线组成。定子曲线的形状直接影响泵的性能，如噪声、效率、流量的均匀性等，与泵的寿命关系也很大。

(2)叶片倾角

叶片在工作过程中,受到离心力和叶片底部的液压力作用,使叶片和定子紧密接触。叶片对定子内表面有作用力,定子内表面对叶片产生一反作用力,该力可分解为与叶片垂直的力和沿叶片槽方向的力,其中垂直于叶片方向的分力增大了摩擦,易使叶片折断,故要求叶片在转子槽中的放置对定子及转子槽的磨损小。经理论和实践得出,一般取叶片倾角 θ 为 $10°\sim14°$。另外,研究表明,当叶片槽的倾角为 0°时,叶片的受力状况更好,叶片槽的加工工艺也得到简化,所以现在很多叶片泵上的叶片槽采用径向布置,使用情况良好。

(3)配油盘

配油盘的作用是分配油液,支撑缸体。为保证配油盘的吸油、压油窗口能隔开,配油盘结构如图 2-18 所示,在配油盘上有两个吸油窗口 2、4 和两个压油窗口 1、3,窗口之间为密封区,密封区的中心角 α 略大于或大于两个叶片间的夹角 β,保证密封。当两个叶片间的密封油液从吸油区过渡到密封区时,压力基本上是吸油压力。当转子在转过一个微小的角度时,该密封腔和压油腔相通,油压突然升高,油液的体积收缩,压油腔的油液倒流到该腔,泵的瞬时流量突然减小引起液压泵的流量脉动、压力脉动、振动和噪音。为了消除这一现象,在配油盘的压油窗口靠近叶片从吸油区进入密封区的一边开三角槽,在配油盘接近中心位置处开有槽。槽和压油腔相通,并和转子叶片槽底部相通,使叶片底部作用有压力油。

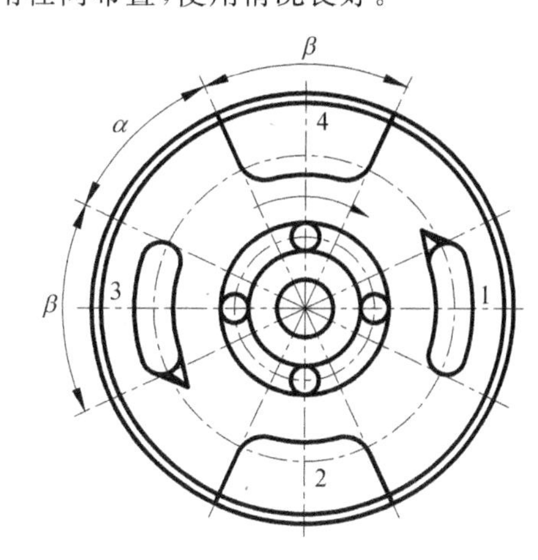

1、3—压油窗口;2、4—吸油窗口。

图 2-18　双作用叶片泵配油盘

(4)脉动率

双作用叶片泵若不考虑叶片的厚度,则瞬时流量是均匀的。但实际上叶片是有厚度的,且 R 和 r 也不可能完全同心,尤其叶片底部槽设计成与压油腔相通时,泵的瞬时流量仍会出现微小的脉动。但脉动率较其他泵(螺杆泵除外)小得多,且在叶片数为 4 的倍数且大于 8 时最小,一般取 12 和 16 片。

4. 提高双作用叶片泵压力措施

双作用叶片泵转子径向受力平衡,所以工作压力的提高不受轴承径向承载能力的限制。主要限制是叶片对定子内表面的压紧力,由于一般双作用叶片泵的叶片底部都通压力油,就使得处于吸油区的叶片顶部和底部的液压作用力不平衡,叶片顶部以很大的压紧力抵在定子吸油区的内表面上,使磨损加剧,影响叶片泵的使用寿命,尤其是工作压力较高时,磨损更严重,所以在高压叶片泵的结构中必须采取措施,使叶片压向定子的作用力减小,常用的措施如下。

(1)减小作用在叶片底部的油液压力

将泵的压油腔的油通过阻尼槽或内装式小减压阀通到吸油区的叶片底部,使叶片经过吸油腔时,叶片压向定子内表面的作用力不致过大。

(2)减小叶片底部承受压力油作用的面积

叶片底部受压面积为叶片宽度和叶片厚度的乘积,因此减小叶片的实际受力宽度和厚度，就可减小叶片受压面积。如图 2-19(a)所示，采用子母叶片，通过配油盘使 K 腔始终通压力油，并引入子母叶片间的小腔 c，母叶片底部的 L 腔借助虚线所示的油孔与顶部油压相通。即实际只有 c 腔高压作用压向定子内表面，减少了受压面积。图 2-19(b)为阶梯叶片，d 腔始终与压力油相通，叶片底部与所在腔相通，叶片在 d 腔油压作用下压向定子表面，作用面积减小。

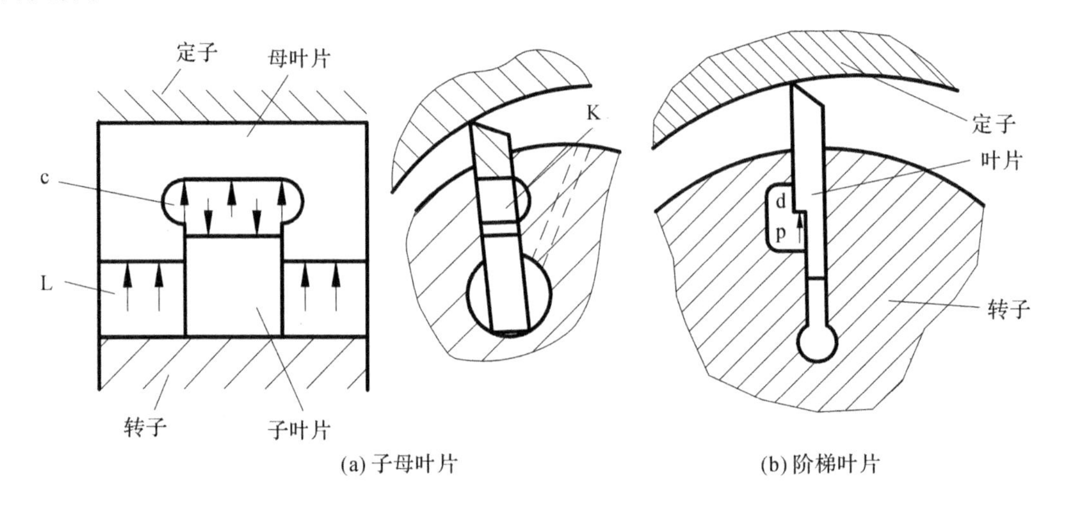

(a) 子母叶片　　(b) 阶梯叶片

图 2-19　减小叶片作用面积

(三)限压式变量叶片泵

限压式变量叶片泵的流量改变是利用压力的反馈作用实现的，它是单作用叶片泵的一种。其工作原理是根据泵出口压力的大小自动调节泵的排量。根据控制方式不同，有外反馈和内反馈两种，下面我们主要介绍外反馈限压式变量叶片泵。

限压式叶片泵工作原理

思考题：限压式变量叶片泵是如何工作的？

1. 外反馈限压式变量叶片泵工作原理

外反馈限压式变量叶片泵结构如图 2-20 所示，转子 1 和定子 3 之间存在一偏心 e，定子 3 左端与弹簧 2 相连，受弹簧预压缩力作用，右端与反馈柱塞相连，泵出口压力通过管道流入反馈柱塞右端，定子 3 通过反馈柱塞 5 受叶片泵出口液压力作用。初始状态即泵不工作时，定子 3 在弹簧 2 弹力作用下位于最右端，这时定子和转子之间的偏心最大，用 e_{max} 表示，e_{max} 可以由流量调节螺钉 6 调节。

当叶片泵工作时，若出口压力较低，通过柱塞作用于定子 3 的液压力小于左端弹簧力时，定子不动，定子和转子之间的偏心仍为最大偏心，此过程为定量泵阶段，泵的输出流量最大；当出口压力升高，定子所受液压力大于弹簧弹力时，推动定子右移，偏心量减小，泵的输出流量随之减小。随着负载增加，当泵出口压力增大到流量全部用于补偿泄漏时，泵输出流量为零，此后，不管负载怎样增加，泵输出压力都不会增加，所以称之为限压式变量叶片泵。因为反馈的液压力通过柱塞从外面加到定子上，故称为外反馈限压式变量叶片泵。

外反馈限压式变量叶片泵工作时，当定子所受弹簧力与反馈压力正好相等时，泵的出口压力用 p_c 表示，称为限定压力。此时定子受力平衡方程为

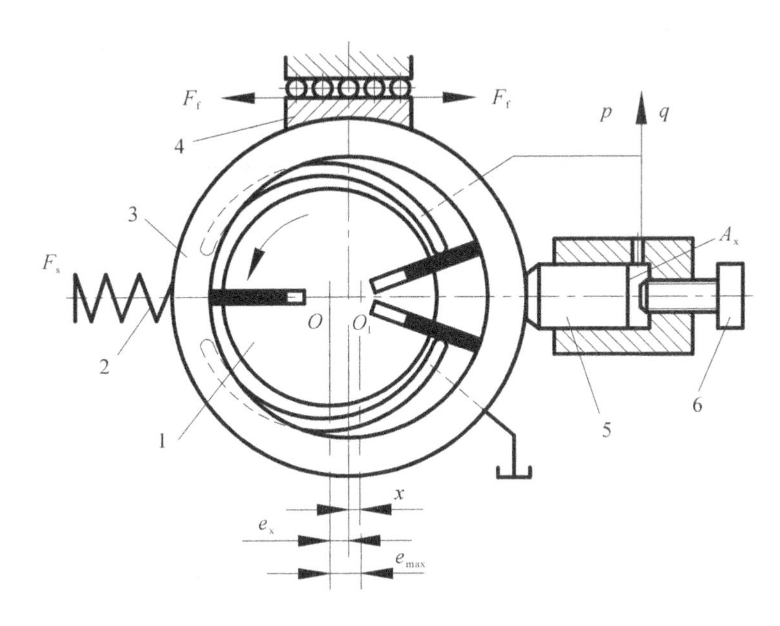

1—转子；2—弹簧；3—定子；4—滑块滚针轴承；5—反馈柱塞；6—流量调节螺钉。

图 2-20　外反馈限压式变量叶片泵

$$k_s(x_0+x)=p_cA_x \tag{2-16}$$

式中：k_s——弹簧刚度；

x_0——弹簧预压缩量；

x——定子移动位移；

p_c——限定压力；

A_x——柱塞有效受力面积。

此时，定子还没有移动，所以 x 为零，则限定压力 p_c 大小为

$$p_c=\frac{K_sx_0}{A_x} \tag{2-17}$$

2. 外反馈限压式变量叶片泵特性曲线

外反馈限压式变量叶片泵特性曲线如图 2-21 所示。图中 AB 是定量泵阶段，此时，偏心保持最大，输出流量最大。理论上输出流量应为一恒定数值，但实际上随着压力升高，泄

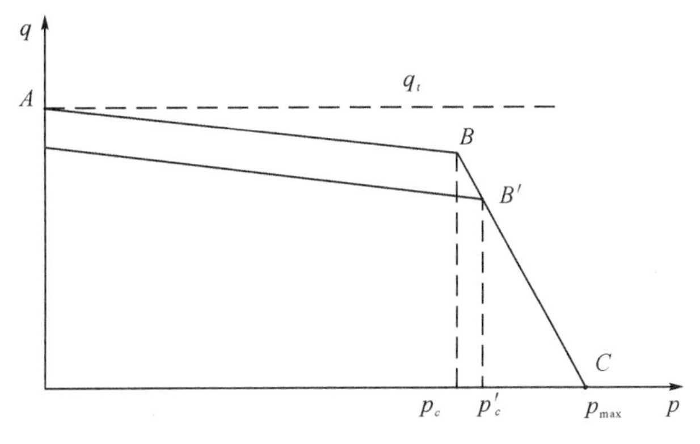

图 2-21　外反馈限压式变量叶片泵特性曲线

漏量增大，实际输出流量逐渐减小，如图中 AB 段曲线所示。BC 段是变量泵阶段，此时，泵出口流量随压力升高而减小，C 点为实际输出流量为 0 时，变量泵压力为最大限定压力 p_{max}。

由限压式变量叶片泵工作过程可知，当泵出口流量为零即偏心为零时，压力最高。定子和转子之间的偏心 $e_x=e_{max}-x$，偏心 $e_x=0$，则 $e_{max}=x$，将 x 代入式(2-16)得

$$k_s(x_0+e_{max})=pA_x \tag{2-18}$$

泵输出最高压力为

$$p_{max}=\frac{k_s(x_0+e_{max})}{A_x} \tag{2-19}$$

3. 特性曲线的调节

由限压式变量叶片泵结构可知，调节流量调节螺钉可改变最大偏心 e_{max}，从而改变泵的最大输出流量，使 AB 段曲线上下平移，BC 段曲线不会左右平移；调节左端弹簧的预压缩量，限定压力和最大压力随着改变，BC 段曲线左右平移；改变弹簧的刚度 k_s，可改变 BC 段曲线的斜率，弹簧越软，k_s 越小，BC 段曲线越陡；反之，弹簧越硬，BC 段曲线越平坦。

限压式变量叶片泵结构复杂，尺寸较大；轴受径向不平衡液压力作用，噪声较大；但是，它可以随负载压力的变化自动调节流量，油液发热量小。其比较适用于执行元件既要实现快速行程，又要实现工作进给的场合。快速行程需要流量大，压力小，利用曲线的 AB 段部分；工作进给压力升高，所需流量减小，利用曲线的 BC 段部分。

第五节　柱塞式液压泵

柱塞式液压泵简称柱塞泵，其依靠柱塞在其缸体内往复运动时密封工作腔的容积变化来实现吸油和压油。柱塞泵泄漏小、加工方便、容积效率高，可在高压下工作，应用比较广泛。

柱塞泵按柱塞的排列和运动方向不同分为轴向柱塞泵和径向柱塞泵两类。

一、轴向柱塞泵

柱塞泵的
工作原理

轴向柱塞泵是利用柱塞在柱塞孔内往复运动所产生的容积变化来进行工作的。轴向柱塞泵按结构形式不同分为斜盘式和斜轴式两类。

思考题：轴向柱塞泵是如何工作的？

(一)斜盘式轴向柱塞泵

1. 工作原理

斜盘式轴向柱塞泵原理如图 2-22 所示，缸体 3 中安装柱塞 2，柱塞沿圆周均匀分布在缸体内，在弹簧 4 的作用下柱塞球头紧贴在斜盘上，斜盘轴线相对于缸体轴线倾斜一个角度 δ，缸体右边配有配油盘 5，配油盘上两个月牙形槽分别与进出油口相通。当缸体按照图示方向旋转时，带动柱塞一起旋转，柱塞在柱塞孔内左右往复移动。在自下而上的半圆周内，柱塞逐渐向外伸出，柱塞尾部的工作腔面积增大，形成局部真空，油液经配油盘的吸油口 a 流入柱塞腔，这是吸油过程；在自上而下的半圆周内，柱塞尾部工作腔面积逐渐减小，将油液从配油盘出油口 b 挤出。缸体每转一周，每个柱塞各完成吸油、压油一次。

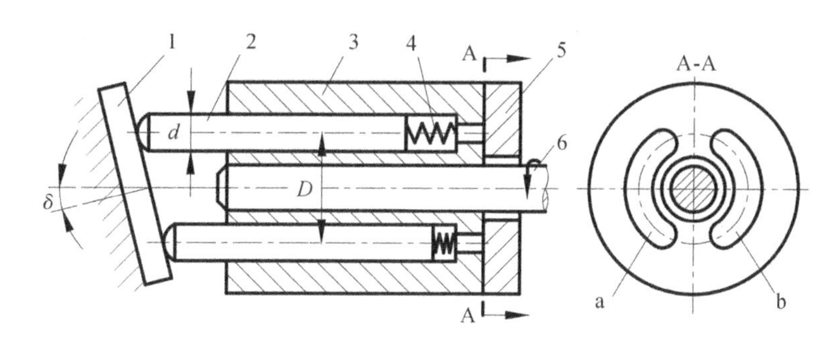

1—斜盘；2—柱塞；3—缸体；4—弹簧；5—配油盘；6—传动轴。

图 2-22　斜盘式轴向柱塞泵

斜盘式轴向柱塞泵如果改变斜盘倾角的大小，则柱塞往复行程大小改变，从而使液压泵排量改变；如果改变斜盘倾角的方向，则吸油、压油方向改变，所以这种泵为双向变量轴向柱塞泵。

2. 排量和流量计算

斜盘式轴向柱塞泵的排量 V 由下式计算：

$$V=\frac{\pi}{4}d^2 Dz\tan\delta \tag{2-20}$$

式中：d——柱塞直径；

D——柱塞分布圆直径；

z——柱塞数；

δ——斜盘与缸体轴线间的夹角。

泵的输出流量 q 为

$$q=Vn\eta_V=\frac{\pi}{4}d^2 DZn\eta_V\tan\delta \tag{2-21}$$

式中：n——泵的转速；

η_V——泵的容积效率。

轴向柱塞泵的输出流量是脉动的，当柱塞数为单数时流量脉动较小，一般取 7、9 或 11。优点是结构紧凑、径向尺寸小、易实现变量，压力很高，可达 30MPa 以上。缺点是对油液污染较敏感。

3. 变量控制机构

变量控制机构是轴向柱塞泵中用来改变斜盘倾角的机构，可改变轴向柱塞泵的输出流量。随着液压技术向高压、大功率、高效率、低噪声、集成化、自动化的方向发展，泵的各种变量机构的研究也引起国内外广泛注意。

思考题：如何实现变量？

变量控制机构按控制方式分有手动、液压、电气控制等多种，按控制目的分有恒压控制、恒流量控制和恒功率控制等多种。

图 2-23(a)所示为手动伺服变量机构原理图。图 2-23(b)所示为液压控制变量机构，变量机构由活塞 1、缸筒 2 和伺服阀芯 5 组成。斜盘 4 通过销轴 3 与活塞 1 下端铰接，利用活塞 1 的上下移动来改变斜盘倾角 δ。当用手柄使伺服阀芯 5 向下移动时，上面的进油阀口

打开，活塞1也向下移动，活塞1移动时又使伺服阀上的阀口关闭，最终使活塞1自身停止运动。同理，当手柄使伺服阀芯5向上移动时，变量活塞向上移动。

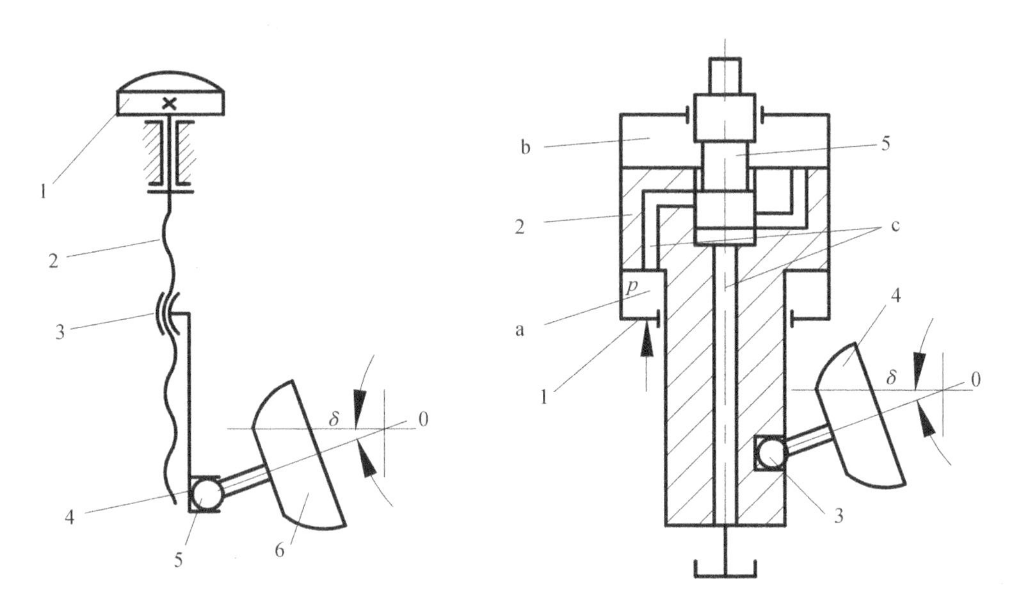

1—手轮；2—螺杆；3—螺母；4—变量活塞；5—销轴；6—斜盘。

(a)

1—活塞；2—缸筒；3—销轴；4—斜盘；5—伺服阀芯。

(b)

图 2-23　变量机构

（二）斜轴式轴向柱塞泵

斜轴式轴向柱塞泵大多采用连杆传动，工作原理如图2-24所示，其由传动轴1、连杆2、柱塞3、缸体4和配油盘5组成。缸体轴线与传动轴轴线有一倾斜角度，当传动轴转动时，由连杆2带动柱塞3在缸体4孔内做往复运动。

柱塞向外伸出时，柱塞腔密闭容积增大，形成局部真空，由配油盘5上的吸油窗口吸入

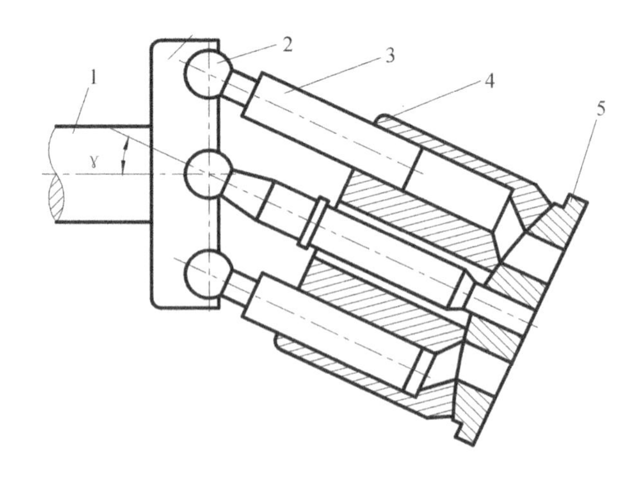

1—传动轴；2—连杆；3—柱塞；4—缸体；5—配油盘。

图 2-24　斜轴式轴向柱塞泵

油液，这是吸油过程；当柱塞向内压缩时，柱塞腔密闭容积减小，将油液经配油盘 5 上的压油窗口排出，这是排油过程。

斜轴式轴向柱塞泵特点：

(1)能承受较高的压力和冲击。斜轴式柱塞泵排油时，压力油作用在柱塞上的力使连杆受压，对柱塞不产生径向力，缸体基本上也不受径向力，因此柱塞泵能承受较高的压力和冲击。

(2)柱塞在连杆的强制作用下做往复运动，故自吸能力相对较强。

(3)斜轴式轴向柱塞泵传动轴旋转时，连杆带动柱塞及缸体一起旋转，缸体摆动占有较大的空间，所以外形尺寸和重量较大。

二、径向柱塞泵

思考题：径向柱塞泵是如何工作的？

(一) 工作原理

径向柱塞泵工作原理如图 2-25 所示，其由定子 1、转子 2、配油轴 3、衬套 4 和柱塞 5 组成，柱塞装在缸体中，径向排列，定子和转子之间存在偏心 e。当原动机带动缸体顺时针方向转动时，柱塞靠离心力或在低压油的作用下，压紧在定子的内表面上，由于存在偏心距 e，柱塞转到上半周时，逐渐向外伸出，柱塞底部密封工作腔容积增大，行成局部真空，油箱中的油液经配油轴上的 a 腔吸入。柱塞转到下半周时，逐渐向里推入，密封工作腔容积不断减小，油液经配油轴上的 b 腔排出。转子每转一转，柱塞吸油、压油各一次。

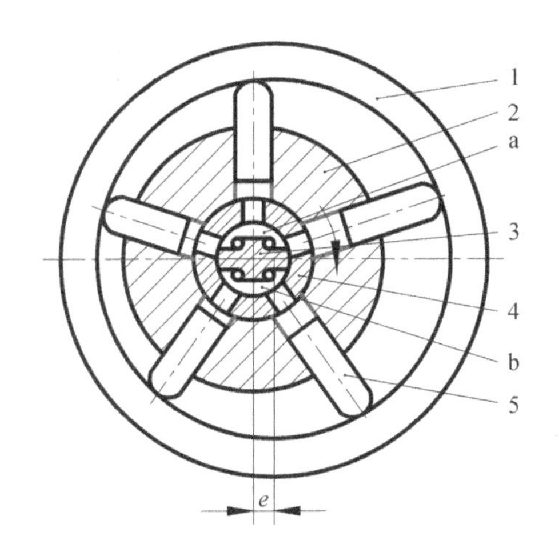

1—定子；2—转子；3—配油轴；4—衬套；5—柱塞。
a—吸油腔；b—压油腔

图 2-25　径向柱塞泵

径向柱塞泵结构较复杂，自吸能力差，并且配油轴受到径向不平衡液压力的作用，易被磨损。

(二)排量和流量计算

径向柱塞泵的排量为

$$V=\frac{\pi}{4}d^2 2ez=\frac{\pi}{2}d^2 ez \tag{2-22}$$

式中：d——柱塞直径；

e——定子和转子间的偏心；

z——柱塞个数。

径向柱塞泵的流量为

$$q=Vn\eta_V=\frac{\pi}{2}d^2 ezn\eta_V \tag{2-23}$$

式中：n——泵的转速；

η_V——容积效率。

由式(2-23)可知，当移动定子，改变偏心量 e 的大小时，泵的排量就发生改变，改变偏心距的方向，则可改变吸、压油的方向。径向柱塞泵可以做成单向或双向变量泵。

(三)径向柱塞泵特点

径向柱塞泵具有容积效率高、运转平稳、流量均匀性好、噪声低、工作压力高等优点，但柱塞泵对液压油的污染较敏感，自吸能力差，结构较复杂，径向受力不平衡，外形尺寸和质量较大，造价较高，应用范围较小。目前常用于拉床、压力机、船舶等需要高压的设备上。

径向柱塞泵中的柱塞在缸体内移动速度是变化的，故泵的输出流量也有脉动，当柱塞个数为奇数时，流量脉动较小。柱塞泵与叶片泵相比，有许多优点。柱塞泵是利用与传动轴平行的柱塞在柱塞孔内往复运动所产生的容积变化来进行工作的，由于柱塞泵的柱塞和柱塞孔都是圆柱形，加工方便，可以达到很高的配合精度，密封性能好，在高压下工作仍有较高的容积效率。柱塞泵主要零件均受压应力，材料强度性可以得到充分利用。总体来说，柱塞泵压力高，效率高，流量调节方便，故广泛应用于高压、大流量、大功率的系统和需要流量调节的场合。

第六节　液压泵的噪声和选用

一、液压泵的噪声

在液压系统的噪声中，液压泵的噪声占有很大的比重。因此，研究减小液压系统的噪声，特别是液压泵的噪声，已引起液压界广大工程技术人员、专家学者的重视。

液压泵的噪声大小和液压泵的种类、结构、大小、转速及工作压力等因素有关。产生噪声的原因有以下几种：

(1)泵的流量脉动引起压力脉动，这是造成泵振动的动力源。

(2)液压泵在其工作过程中，当吸油容积突然和压油腔接通，或压油容积突然和吸油腔接通时，会产生流量和压力的突变而产生噪声。

(3)气穴现象。

(4)泵内流道突然扩大或收缩、急拐弯、通道面积过小等导致油液湍流、旋涡而产生噪声。

(5)管道、支架、联轴节等机械部分产生的噪声。

针对以上产生噪声的原因,降低液压泵的噪声的措施有:

(1)吸收泵的流量和压力脉动,在泵出口处安装蓄能器或消声器。

(2)消除泵内液压急剧变化,如在配油盘吸、压油窗口开三角形阻尼槽。

(3)装在油箱上的电动机和泵使用橡胶垫减振,安装时电机轴和泵轴的同轴度要高,要采用弹性联轴节。

(4)压油管的某一段采用橡胶软管,对泵和管路的连接进行隔振。

(5)防止气穴现象和油中渗混空气现象。

二、液压泵的选用

液压泵是液压系统的动力源,合理地选择和使用液压泵对于降低噪声、提高系统效率、改善工作性能都是十分重要的。选择液压泵时,首先要满足液压系统的要求,如流量、压力等。选择液压泵的原则是:根据主机工况、功率大小和系统对工作性能的要求,首先确定液压泵的类型,然后按系统所要求的压力、流量大小确定其规格型号。液压系统中常用液压泵的性能特点如表 2-1 所示。

表 2-1　液压系统常用液压泵的性能特点

性能	外啮合齿轮泵	双作用叶片泵	限压式变量叶片泵	柱塞泵	螺杆泵
是否变量泵	不是	不是	是	是	不是
输出压力	低压	中压	中压	高压	低压
效率	低	较高	较高	高	较高
流量脉动	大	小	中等	中等	最小
自吸特性	好	较差	较差	差	好
噪声	大	小	较大	大	最小
泵轴受力情况	径向力	受力平衡	径向力	轴向力 径向力	—
对油液污染的敏感性	不敏感	较敏感	较敏感	很敏感	不敏感
寿命	较短	较长	较短	长	—
价格	低	中等	中等	高	—
结构	简单	较复杂	较复杂	复杂	—

各类液压泵具有自身的特点,应根据不同的使用场合选择合适的液压泵。一般在负载小、功率小的机械设备中,采用齿轮泵和双作用叶片泵,因为与柱塞泵相比,它们具有结构简单、体积小、价格低等优点,尤其是齿轮泵应用广泛,适合工作条件比较恶劣的场合;负载较大并有快速和慢速行程的机械设备可用限压式变量叶片泵;负载大、功率大的机械设备可使用柱塞泵;对于一些机械设备的辅助装置,如送料、夹紧等要求不太高的地方,可使用价廉的齿轮泵。

第七节　油　箱

一、功用与结构

油箱的主要功用是贮存油液，散发系统热量，释放混在油液中的气体、沉淀杂质等。

油箱结构分为整体式和分离式。整体式利用主机内腔作为油箱，结构紧凑，漏油易于回收，但维修不便，散热差。分离式单独设油箱，减少了发热和振动对主机精度的影响，应用较广。图 2-26 为典型的油箱结构。

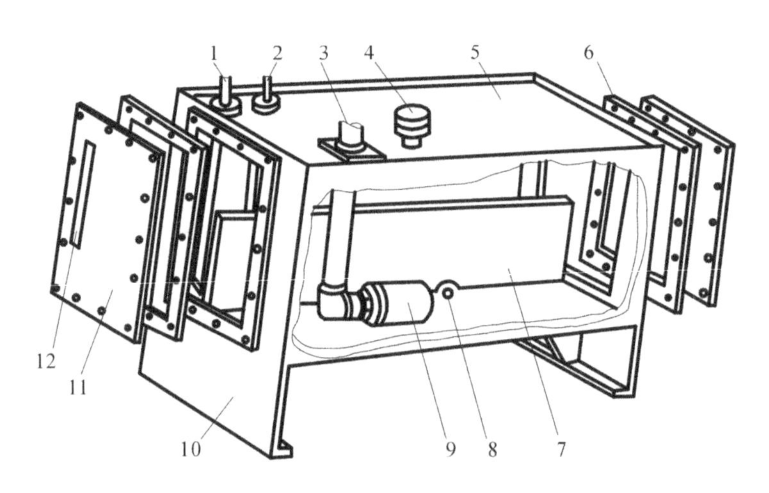

1—回油管；2—泄油管；3—吸油轴；4—空气过滤器；5—安装板；6—密封衬垫；7—隔板；8—堵塞；9—过滤器；10—箱体；11—端盖；12—液位计。

图 2-26　油箱

油箱采用 2.5～4mm 的镀锌钢板或普通钢板内涂防锈耐油涂料焊接而成，顶面放置液压泵、驱动电机时加厚。油箱要有足够的有效容积，低压系统油箱的有效容积为液压泵每分钟排油量的 2～4 倍，中压系统为 5～7 倍，高压系统为 10～12 倍。

油箱的吸油管和回油管尽量远离，之间用隔板分开，以便能充分分离气泡、沉淀杂质。吸油管入口装粗过滤器，过滤器和回油管端在油面最低时没入油中，吸油管、回油管管端斜切 45℃，斜口面向与回油管最近的箱壁，既有利于散热，又有利于沉淀杂质。

为了防止油液污染，油箱上部通气孔必须配置兼作注油口的空气滤清器。油箱底部设置放油塞，利于排污。设置油位计，油箱正常工作温度在 15～65℃。

思考题：油箱的最高、最低液面高度有什么要求？

第八节　液压系统辅件

一、过滤器

(一)过滤器的功用

思考题:过滤器的作用是什么?

液压油液的污染是引起液压系统故障的主要原因。控制油液污染的主要措施是采用油液过滤器和过滤装置。

过滤器的精度用滤芯滤去杂质粒度大小表示,以其直径公称尺寸(μm)表示,精度分粗($d \geqslant 100\mu$m)、普通($10\mu m \leqslant d < 100\mu m$)、精($5\mu m \leqslant d < 10\mu m$)、和特精($1\mu m \leqslant d < 5\mu m$)四个等级。过滤能力用过滤器的有效过滤面积表示。过滤器有一个最大允许压力降值,保护过滤器不受破坏或系统压力不致过高,滤芯要求能抗腐蚀,易于清洁和更换。

(二)过滤器的型式

过滤器按滤芯材料可分为表面型、深度型和吸附型三种。按滤芯的结构可分为网式、线隙式、纸心式等。

图 2-27(a)所示为网式过滤器,用细铜丝网 1 作过滤材料,包在周围有很多窗孔的塑料或金属筒形骨架 2 上。安装在液压泵的吸油管上,滤去较大的杂质微粒,其过滤精度为 80～180μm,压力损失不超过 0.01MPa。

图 2-27(b)所示为线隙式过滤器,滤芯是用相间若干距离的金属丝 3 绕在筒形骨架的外圆上,利用线间缝隙进行过滤。吸油管用线隙式过滤器的过滤精度为 80～100μm,压力损失约为 0.02MPa。回油管用线隙式过滤器的过滤精度为 30～50μm,压力损失为 0.07～0.35MPa。

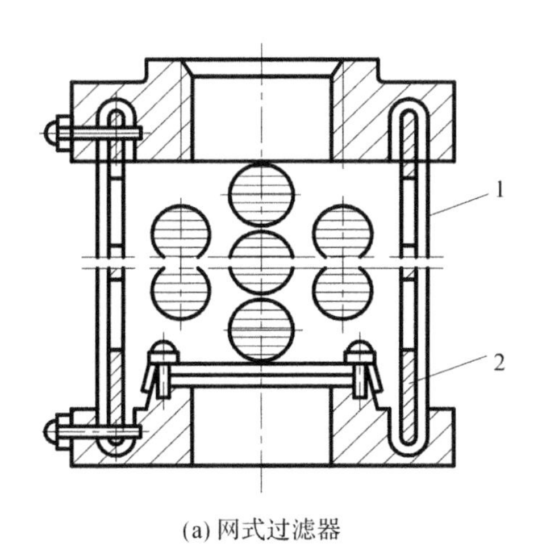

(a) 网式过滤器

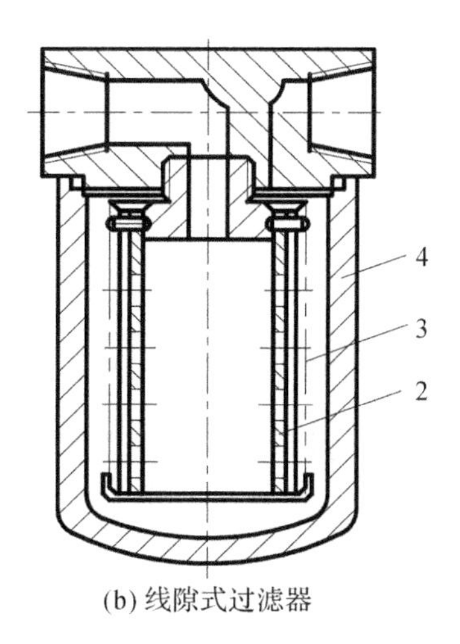

(b) 线隙式过滤器

1—细铜丝网;2—筒形骨架;3—金属丝;4—壳。

图 2-27　表面型过滤器

图 2-28 所示为纸芯式过滤器。它由筒壳 1、滤芯 2、旁通阀 3 和堵塞发信器 5 等组成。过滤精度一般为 10～20μm，高精度的可达 1μm，压力损失在 0.08～0.35MPa。这种过滤器阻力损失较大，只能安装在排油、回油管路上。

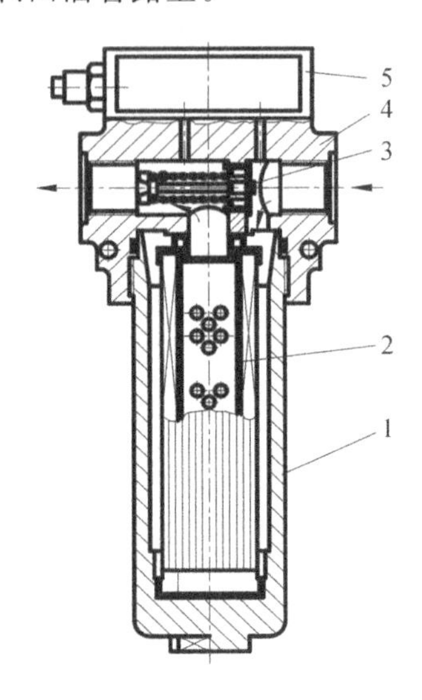

1—筒壳；2—滤芯；3—旁通阀；4—滤壳头部；5—堵塞发信器。

图 2-28　纸芯式过滤

二、热交换器

液压系统在工作时损失的能量转化为热量，除部分通过油箱和装置向周围空间发散，大部分使油液的温度升高。液压系统的油温一般要求保持在 15～65℃。因此，如液压系统靠自然冷却不能使油温控制在上述范围内时，系统就需要安装冷却器。相反，如油温过低而无法启动液压泵，或系统不能正常工作时，就需安装加热器。热交换器包含冷却器和加热器。

（一）冷却器

图 2-29 所示为多管式冷却器。油液从进油口 5 流入，从出油口 3 流出；而冷却水从进水口 7 流入，经多根水管后由出水口 1 流出。水管间设置了隔板 4，增强了热交换效果。

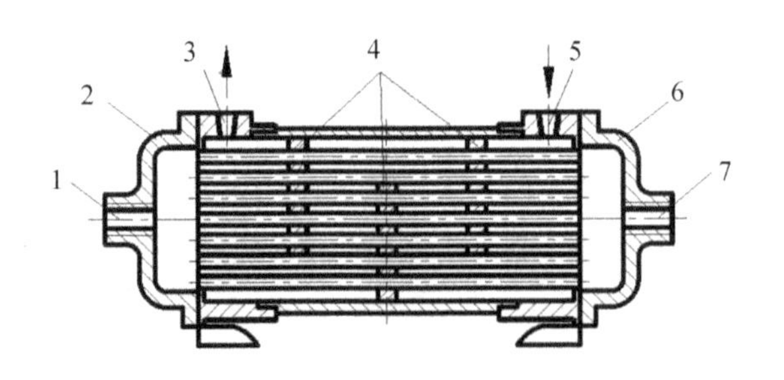

1—出水口；2、6—端盖；3—出油口；
4—隔板；5—进油口；7—进水口。

图 2-29　多管式冷却器

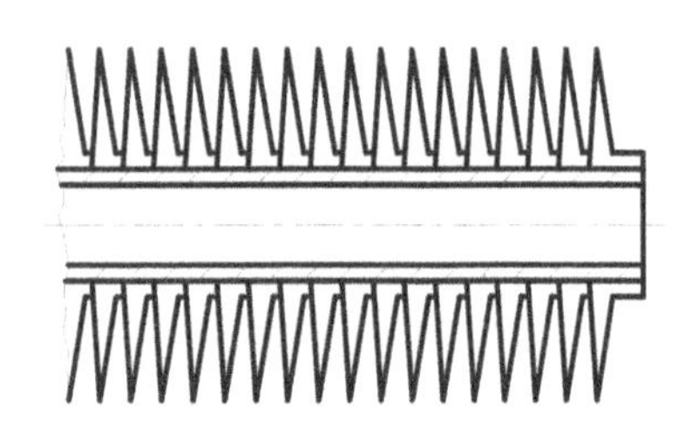

图 2-30　翅片管式冷却器

图 2-30 所示是翅片管式冷却器，冷却水管的外表面上装了很多散热翅片，散热面积可比光滑管大 8～10 倍。

冷却器一般安放在低压管路或回油管处，图 2-31 所示为冷却器在液压系统中的各种安装位置。油液流经冷却器时的压力损失一般约为 0.01～0.1MPa。

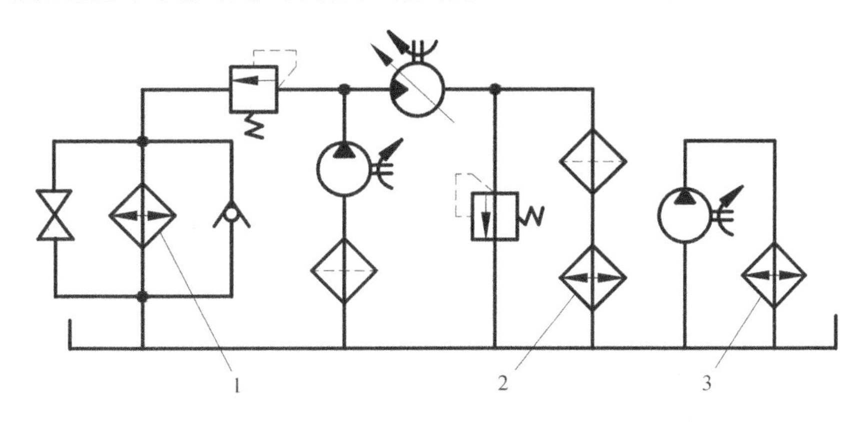

1—冷却器装在主溢流阀溢流口；2—冷却器直接装在主回油路上；
3—单独的液压泵将热的工作介质通入冷却器。

图 2-31　冷却器在液压系统中的多个安装位置

（二）加热器

油液可用热水或蒸气来加热，也可用电加热。如图 2-32 所示电加热器安装在管壁上，发热部分浸在油池里。单个加热器的功率不超过 $3W/cm^2$。

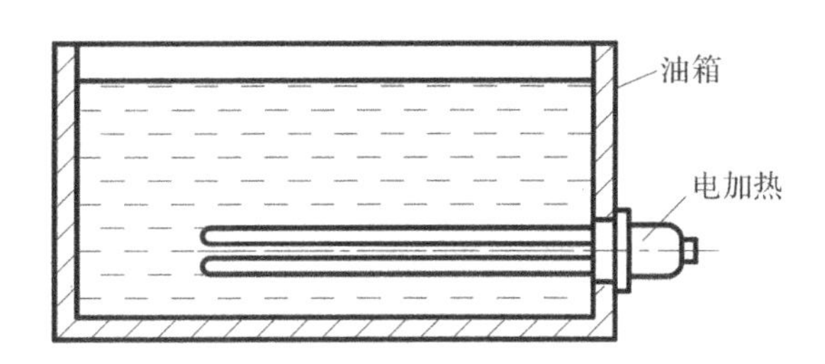

图 2-32　电加热器的安装位置

三、蓄能器

蓄能器是液压系统中的储能元件，用来储存多余的压力油液，在需要的时候释放给系统。

（一）蓄能器的类型和结构

蓄能器的种类主要有弹簧式和充气式，其结构特点和应用如表 2-2 所示。

表 2-2　各类蓄能器的结构特点和应用

类型		结构简图	特点及应用
弹簧式		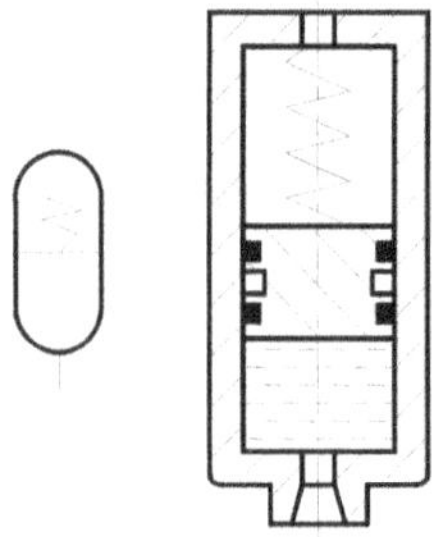	1. 利用弹簧的伸缩储存、释放压力能。 2. 结构简单,反应灵敏,容量较小。 3. 供小容量、低压(在 0.1MPa 以下)回路缓冲之用。
充气式	气瓶式	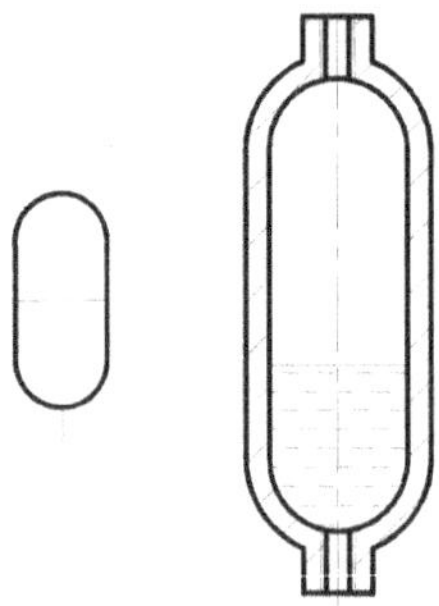	1. 利用气体的压缩和膨胀储存、释放压力能。 2. 容量大,惯性小,反应灵敏,尺寸小,但气体容易混入油内,影响系统工作平稳性。 3. 只适用于大流量的中、低压回路。
	活塞式	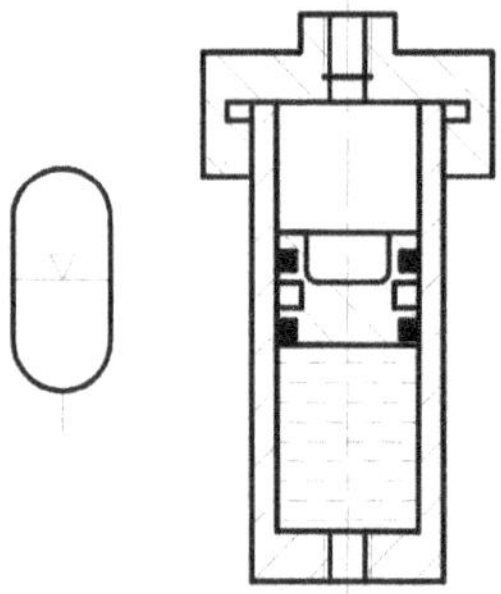	1. 利用气体的压缩和膨胀储存、释放压力能;活塞把气体和油液隔开。 2. 结构简单,工作可靠,安装容易,维护方便,但活塞惯性大,摩擦阻力大,反应不够灵敏,密封要求较高。 3. 用于储存能量,或供中、高压系统吸收压力之用。
	气囊式	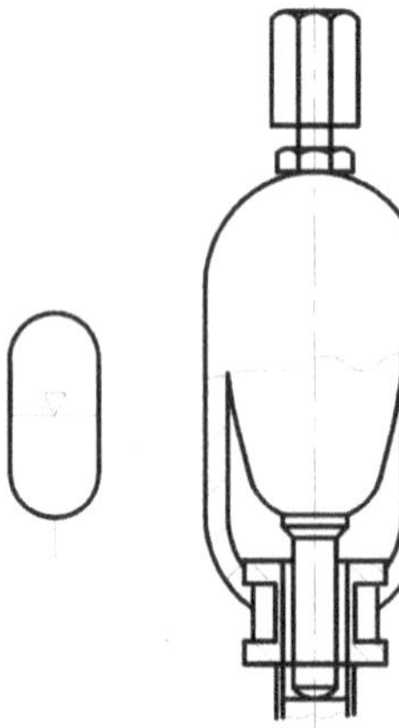	1. 利用气体的压缩和膨胀储存、释放压力能;气囊把气体和油液隔开。 2. 带弹簧的菌状进油阀使油液能进入蓄能器但防止气囊自油口被挤出。充气阀只在蓄能器工作前气囊充气时打开,蓄能器工作时则关闭。 3. 结构尺寸小,质量轻,安装方便,维护容易,气囊惯性小,反应灵敏;但气囊和壳体制造较难。 4. 折合型气囊容量较大,可用来储存能量;波纹型气囊适用于吸收冲击。

续表

类型		结构简图	特点及应用
充气式	隔膜式		1. 利用气体的压缩和膨胀储存、释放压力能；膜片把气体和油液隔开。 2. 液气隔离可靠，密封性能好，无泄漏。 3. 隔膜动作灵敏，容积小(0.16～2.8L)。 4. 用于补偿系统泄漏，吸收流量脉动和压力冲击；最高工作压力为21MPa。
	盒式		1. 利用气体的压缩和膨胀储存、释放压力能；颈柱和橡胶袋把气体和油液隔开；油液的压力通过颈柱压缩橡胶袋。 2. 液气隔离可靠；橡胶袋容积小。 3. 装在液压泵的出口处作吸振器用；最高工作压力为21MPa。
	直通气囊式		1. 利用气体的压缩和膨胀来储存、释放压力能；橡胶管把气体和油液隔开。 2. 油液从内管流过；气体容量小，可直接安装在管路上，节省空间。 3. 用于吸收脉动、降低噪声；最高工作压力为21MPa。

（二）蓄能器的功用

思考题：为什么液压系统由泵提供液压液，还要用蓄能器？

蓄能器的功用如下：

(1)作辅助动力源。在系统不需要大量油液时，储存多余的压力油；在系统需要时，再快速释放，和泵一起向系统供油。这样可以不按最大流量来选择泵，减少了电动机功率损耗，降低了系统的温升。

(2)保压、补充泄漏。当液压系统需要在较长时间内保压时，液压泵停转或卸荷，蓄能器能把储存的压力油供给系统，补偿泄漏，使系统的压力保持在一定范围内。

(3)缓和冲击、吸收压力脉动。当液压阀突然开闭、液压缸突然运动或停止时，系统会产生液压冲击。把蓄能器装在该处，可有效地减小液压冲击的峰值。在液压泵的出口处安装蓄能器，可吸收液压泵工作时的压力脉动。

（三）蓄能器的选用和安装

蓄能器主要依其容量和工作压力来进行选择。

(1)用以吸收液压冲击或压力脉动的蓄能器宜安装在冲击源或脉动源的附近；用作补油保压的蓄能器应尽可能靠近有关的执行元件处。

(2)气囊式蓄能器应垂直安装，油口向下，以利于气囊的正常伸缩，只有在空间位置受限制时才允许倾斜或水平安装。

(3)安装在管路中的蓄能器须用支板或支架加以固定。

(4)蓄能器与管路系统之间应安装截止阀,以利于蓄能器的充气与检修。蓄能器和液压泵之间应安装单向阀,以防止液压泵停转或卸荷时蓄能器内的压力油向液压泵倒流。

第九节 气源装置

一、空气压缩站

空气压缩站是气动系统的动力源,包括空气压缩机(简称空压机)和气源处理系统两部分。一般当供气量大于 6m^3/min 时,应独立设置空气压缩站;当供气量低于 6m^3/min 时,可将空压机直接与主机安装在一起。

气压传动系统所使用的压缩空气必须经过干燥和净化处理才能用。

空压站主要由空压机、后冷却器和贮气罐等组成,如图 2-33 所示。

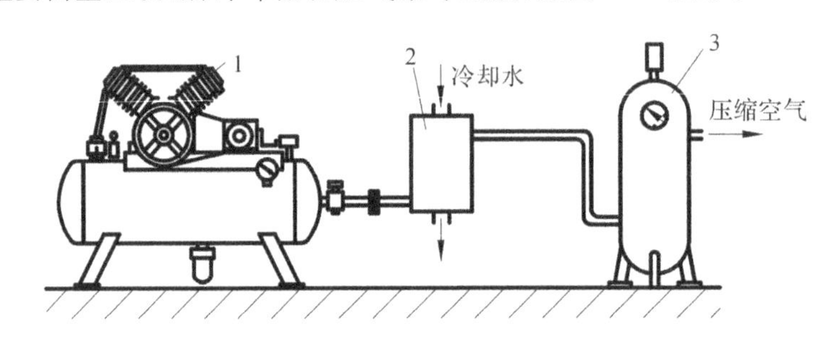

1—空压机;2—后冷却器;3—贮气罐。

图 2-33 空压站的组成

(一)空压机

压缩机概述

空压机的种类很多,按工作原理可分为容积型空压机和速度型空压机。容积型空压机的工作原理是压缩空气的体积,使单位体积内空气分子的密度增加以提高压缩空气的压力。速度型空压机的工作原理是提高气体分子的运动速度以增加气体的动能,然后将分子动能转化为压力能以提高压缩空气的压力。

容积型空压机按结构不同,又可分为活塞式、膜片式和螺杆式几种类型。

图 2-34 所示为活塞式空压机,其工作原理是通过曲柄滑块机构使活塞往复运动而实现吸气、排气,并提高气体压力。曲柄 7 由原动机驱动旋转,带动活塞 3 在气缸 2 内移动。当活塞 3 右移时,气缸内容积增大形成部分真空,外界空气推开吸气阀 8 进入气缸中;当活塞 3 左移时,吸气阀 8 关闭,缸内空气受压而压力升高,当压力足够高时打开排气阀 1 排出。

活塞式空压机结构简单,使用寿命长,容易实现大容量的高压输出,缺点是振动大,噪声大,且输出有脉冲,需要设置贮气罐。

图 2-35 所示为叶片式空压机,其工作原理与叶片泵类似。转子每回转一周,可进行多

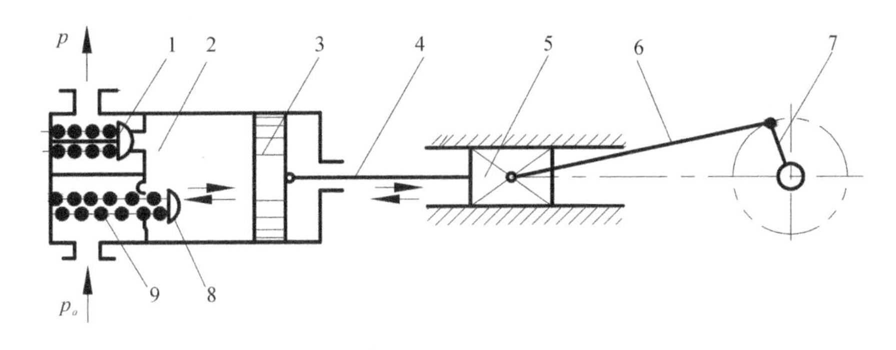

1—排气阀；2—气缸；3—活塞；4—活塞杆；5—滑块；6—连杆；7—曲柄；8—吸气阀；9—阀门弹簧。

图 2-34　活塞式空压机

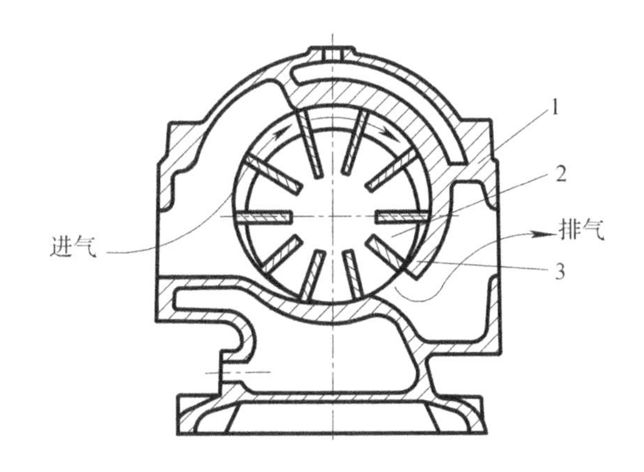

1—机体；2—转子；3—叶片。

图 2-35　叶片式空压机

次吸气、压缩和排气，输出压力脉动小，无须设置贮气罐，结构简单，制造容易，维修方便，缺点是转子、叶片和机体之间机械摩擦大，能量损失大，排气口需要安装油水分离器和冷却器。

图 2-36 所示为螺杆式空压机，其工作原理与螺杆液压泵类似，排气压力脉动小，输出流量大，无须设置贮气罐，寿命长，效率高，缺点是制造精度要求高，运转噪声大，只适合于中低压范围使用。也需加油冷却、润滑和密封，在出口处设置油水分离器。

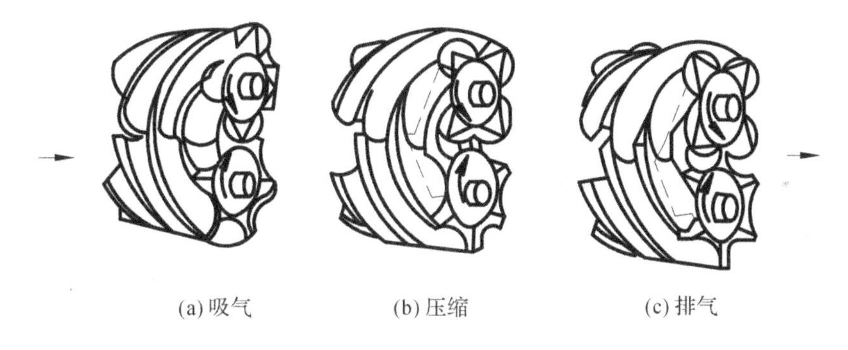

(a) 吸气　(b) 压缩　(c) 排气

图 2-36　螺杆式空压机

（二）气源处理装置

从空压站输出的压缩空气有不少污染物，如灰尘、铁屑和积垢等固态颗粒，压缩机润滑油、冷凝水和酸性冷凝液以及其他油类和碳氢化合物等。

混在其中的这些污染物，会导致机器和控制装置故障，损害产品质量，增加气动设备和系统的维护成本，所以压缩空气必须经过处理才能使用。

压缩空气处理设备有后冷却器、油水分离器、干燥器、气动二联件（分水过滤器和油雾器）等器件。

1. 后冷却器

后冷却器的作用是使温度高达120～150℃的空压机排出的气体冷却到40～50℃，并使其中的水蒸气和被高温氧化变质的油雾冷凝成水滴和油滴，以便对压缩空气实施进一步净化处理。

后冷却器分风冷式和水冷式两类，图2-37所示为水冷式后冷却器，强迫冷却水与压缩空气反方向流动来进行冷却。

2. 油水分离器

思考题：为了达到分离效果，进入油水分离器的气流速度多大为合适？

油水分离器的作用是将压缩空气中的冷凝水和油污等杂质分离出来。图2-38所示为油水分离器，当压缩空气进入分离器后产生流向和速度的急剧变化，依靠惯性作用，将密度比压缩空气大的油滴和水滴分离出来。空气转折上升的速度在压力小于1MPa时不超过1m/s。气流回转后的上升速度越小越好，但为了不使容器内径过大，速度宜为1m/s左右。

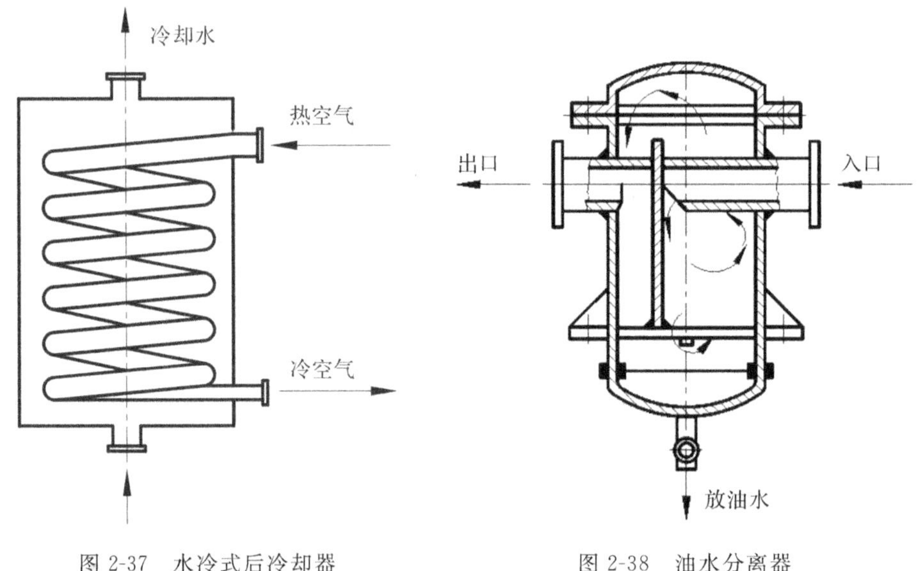

图2-37　水冷式后冷却器　　　图2-38　油水分离器

3. 干燥器

干燥器用于吸收和排除压缩空气中的水分和部分油分与杂质。

压缩空气的干燥方法主要有冷冻式、吸附式、机械式和离心式等。

（1）冷冻式空气干燥器

图2-39所示为冷冻式干燥器，它使湿空气冷却到其露点温度以下，使空气中水蒸气凝

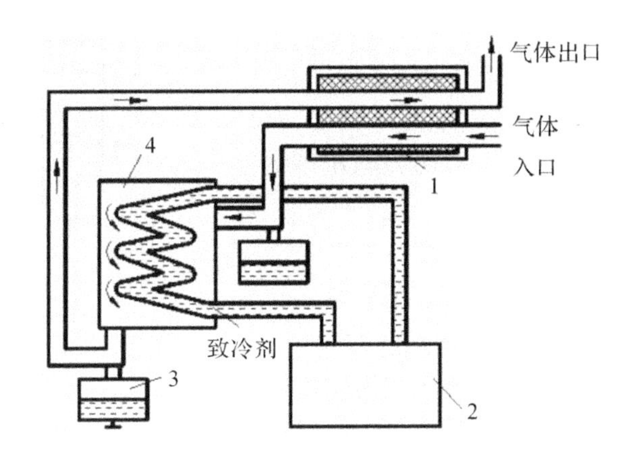

1—热交换器；2—制冷机；3—分离器；4—制冷器。

图 2-39　冷冻式空气干燥器

结成水滴排出，再将压缩空气加热至环境温度输出，此方法适用于处理低压大气流。

(2)吸附式空气干燥器

思考题：吸附式干燥器如何实现吸附剂再生？

吸附式空气干燥器主要利用硅胶、活性氧化铝、分子筛等表面能吸附水分的物质来清除空气中的水蒸气。使吸附剂恢复到干燥状态的再生方法有加热再生和无热再生两种。目前无热再生吸附式空气干燥器应用较广。

图 2-40 所示为无热再生吸附式干燥器。容器 a 和 b 填满吸附剂，湿空气经二位五通阀从容器 a 的底部流入，经吸附水分后流到上层，干燥空气经单向阀输出给系统。同时，一部分干燥后的空气经节流阀从上到下流容器 b，把饱和吸附剂的水分带走并排入大气，实现吸附剂再生。通过控制器使 a、b 容器定期交换工作，吸附剂便可轮流吸附和再生。

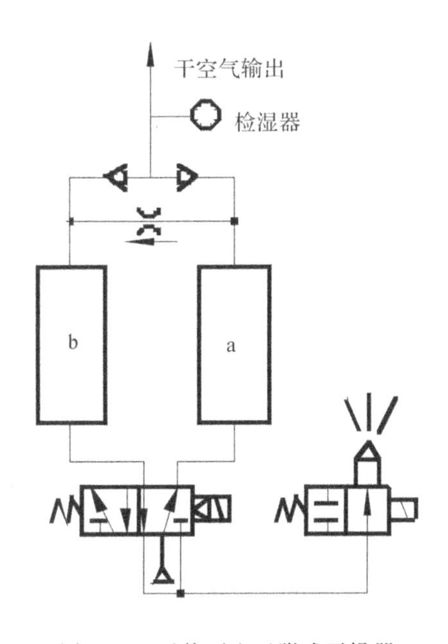

图 2-40　无热再生吸附式干燥器

4. 分水过滤器

思考题：分水过滤器的作用是什么？

分水过滤器用于去除压缩空气中的冷凝水、颗粒杂质和油滴。图 2-41 所示为分水过滤器，当压缩空气从左侧输入，由导流板(旋风挡板)6 引入滤杯 4 中。

旋风挡板使气流沿切线方向旋转，空气中的冷凝水、油滴和大颗粒固态杂质等受离心力作用被甩到滤杯内壁上，并沉积到杯底；随后，空气流过滤芯 2，进一步去除其中的固态杂质，洁净的空气从右侧输出。挡水板 1 防止已沉积于杯底的冷凝水再次混入气流中。定期打开排放螺栓 5，放掉积存的油、水和杂质。

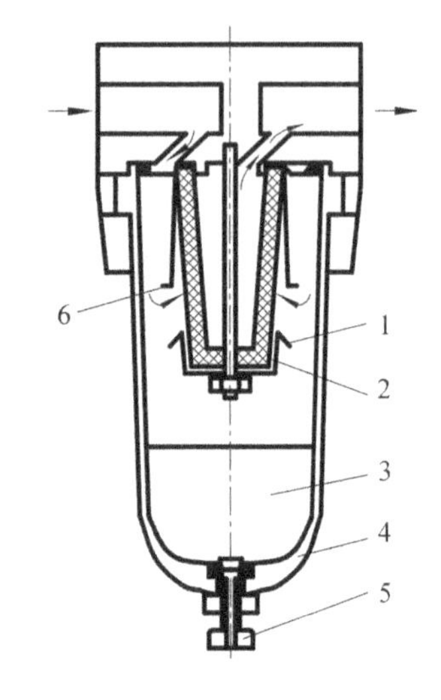

1—挡水板；2—滤芯；3—冷凝物；4—滤杯；5—排放螺栓；6—旋风挡板。

图 2-41　分水过滤器

5. 油雾器

思考题：如何实现气动元件的润滑？

油雾器以压缩空气为动力，将润滑油喷射成雾状混合于压缩空气中，使其能润滑气动控制阀、气缸和气马达等气动元件。

油雾器分为普通型油雾器和微雾型油雾器两类。普通型油雾器能把雾化后的油雾全部随压缩空气输出，油雾粒径约为 20μm。微雾型油雾器仅能把雾化后的油雾中油雾粒径为 2～3μm的微雾随空气输出。两者又可分别分为固定节流式和可变节流式两种。

(1) 固定节流式普通型油雾器

图 2-42 所示为固定节流式普通型油雾器，压缩空气输入油雾器后，大部分经主管道输出，一小部分经立杆 1 上的小孔 a，经截止阀 2 进入油杯 3 的上腔 c 中，使油面受压。而立杆上垂直气流方向的孔 b，由于其周围气流的高速流动，其压力低于气流压力。于是阀芯上下

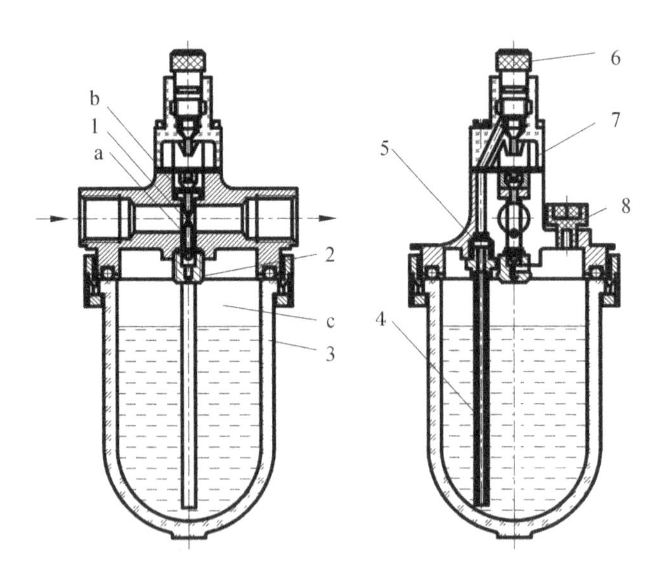

1—立杆；2—截止阀；3—油杯；4—吸油管；5—单向阀；6—油量调节针阀；7—视油窗；8—油塞。

图 2-42　固定节流式普通型油雾器

形成压差。在压差作用下，压力油经吸油管 4、单向阀 5 和油量调节针阀 6 滴落到透明的视油窗 7 内，并顺着油路被主管道中的高速气流从孔 b 中引射出来，雾化后随空气一同输出。输出的油雾浓度随输出空气流量的变化而变化。

(2) 可变节流式普通型油雾器

可变节流式普通型油雾器的工作原理与固定式普通型油雾器基本相同，由于在主通道上设置了一个空气流量传感器，输出的油雾浓度基本上保持恒定，不随输出空气流量而变化。

图 2-43 所示为自动可变节流式普通型油雾器，当空气流量较小时，流量传感器 8 产生较小的弹性变形，进入油雾器的气流大部分经喷嘴 1 和罩在喷嘴外面的喷雾套之间的狭缝流出，形成高速气流，使喷嘴的气压降低，同时进入油杯 3 后使油面受压，油面与喷嘴之间形成压降，润滑油在压差作用下，经吸油管 6、单向阀 7 和油量调节针阀 9，进入顶部视油器，并顺着油路被高速气流引射出来，雾化后喷在喷嘴下方的挡板 2 上，大颗粒油粒粘在挡板 2 上流入油杯，微粒则悬浮在油面，随气流一起输出，当空气流量较大时，流量传感器 8 产生较大的弹性变形，主管道打开，空气进入油雾器后分成两路，一路从喷嘴 1 与喷雾套之间狭缝中流出，引射并雾化润滑油，另一路经流量传感器从主管道流过，引射油杯内带有润滑油雾的空气，两路气流混合后输出。

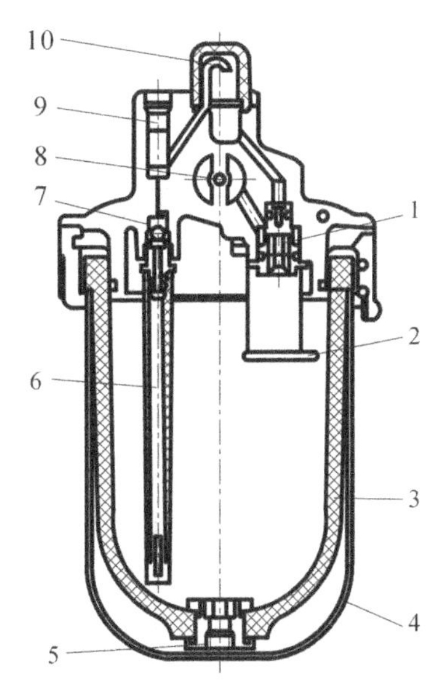

1—喷嘴；2—挡板；3—油杯；4—防护罩；5—排水阀；6—吸油管；
7—单向阀；8—流量传感器；9—油量调节针阀；10—滴油管。

图 2-43 自动可变节流式普通型油雾器

6. 压缩空气管道

气压系统中，需要合理设计空气压缩站内的管道，包括压缩机的排气口到后冷却器、油水分离器、储气罐、干燥器等设备的压缩空气管道，选用合适的设备和材料，可以减少泄漏、降低成本。

图 2-44 所示为中小型气动系统的压缩空气分配设计，系统内部贮气罐或中间贮气罐的

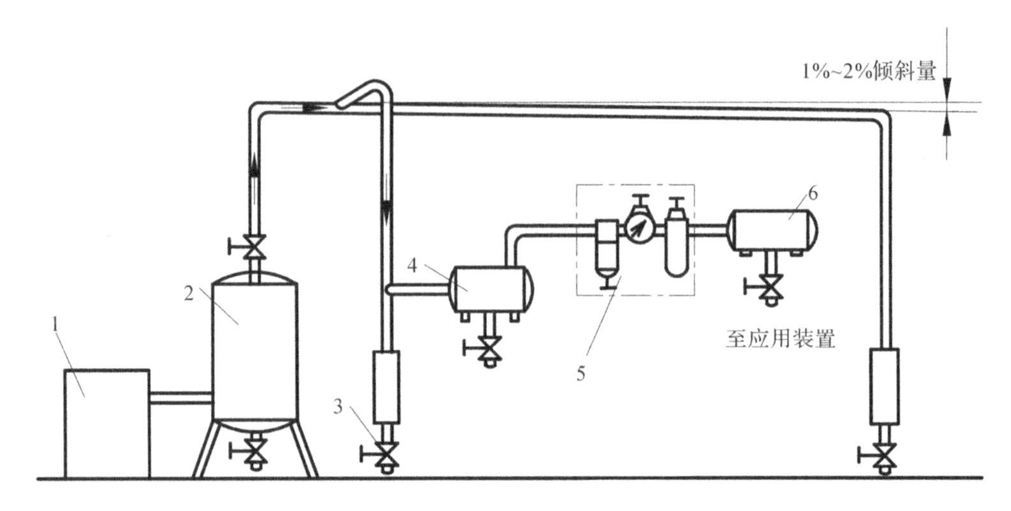

1—空压机;2—贮气罐;3—冷凝罐排水阀;4—中间贮气罐;5—气源净化处理装置;6—系统内部贮气罐。

图 2-44　压缩空气分配设计

安装应根据气动设备和装置而定。在短时间大量耗气时,需要安装贮气罐,以消除间歇性冲击。

压缩空气管道系统的布置,要考虑供气压力和流量、供气的质量、供气的可靠性和经济性。

第十节　气动辅件

一、自动排水器

自动排水器用于排除管道、油水分离器、贮气罐及分水过滤器等处的积水。人工操作不可靠或操作不方便时使用,必须垂直安装。

图 2-45 所示为浮子式自动排水器,其工作原理是:被分离出来的水分流入自动排水器内,当水位升高至一定高度后,浮子 3 的浮力大于浮子自重及作用在喷嘴座上的气压力时,喷嘴 2 开启,气压自上经喷嘴、滤芯 4 作用在活塞 8 左侧,足以克服弹簧力使活塞右移,排水阀座 5 便打开放水,排水后浮子下降,喷嘴又关闭。活塞左腔气压通过设在活塞及手动操作杆 6 内的溢流孔 7 卸压,迅速关闭排水阀座。如此重复进行,达到自动排水的作用。

二、消声器

思考题:为什么气压系统要使用消声器?

消声器是一种允许气流通过而使声能衰减的装置,能够降低气流通道上的空气动力性噪声。

气动系统中,噪声比较大,压缩空气从阀气缸中排向大气,压差较大,由于阀内的气路复杂且又十分狭窄,压缩空气以接近声速的流速从排气口排出,当阀的排气压力为0.5MPa时可达 100dB(A)以上,噪声较大。执行元件速度越高,流量越大,噪声也越大。此时,就要用

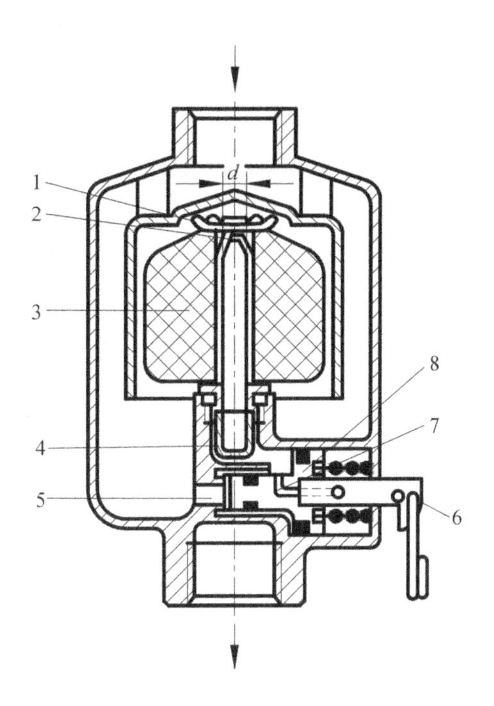

1—盖板；2—喷嘴；3—浮子；4—滤芯；5—排水阀座；6—手动操纵杆；7—溢流孔；8—活塞。

图 2-45　浮子式自动排水器

消声器来降低排气噪声。

根据消声原理不同，有阻性消声器、抗性消声器和阻抗性消声器及多孔扩散消声器等。

1. 阻性消声器

阻性消声器主要利用管道内排列的吸声材料吸收通过的中高频声波，图 2-46 所示为阀用消声器，用螺纹直接拧在阀的排气口上或者集成在阀底板的排气口上。

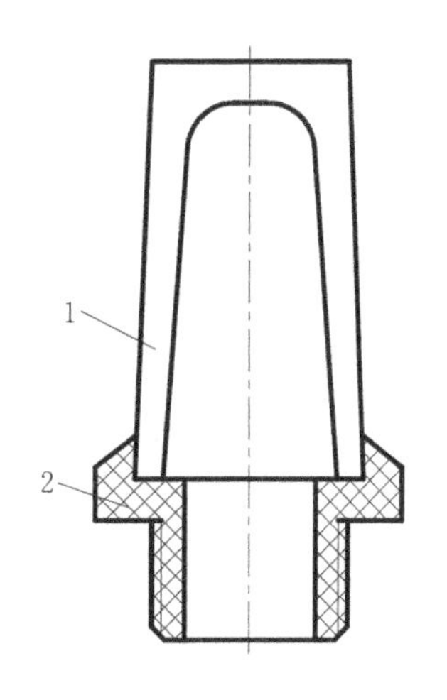

1—消声套；2—管接头。

图 2-46　阀用消声器

2. 抗性消声器

抗性消声器根据声学滤波原理，使气流在和排气口连接的管道内膨胀、扩散、反射和相互干涉而消声。抗性消声器对低频有较好的消声作用。

3. 阻抗性消声器

综合以上两种消声器的特点构建阻抗性消声器，能在较宽的频道内起消声作用。

第十一节　管件

管件包括管道和管接头，用来连接液压/气动元件和输送流体。管件要求有足够的强度，良好的密封性，压力损失小和装拆方便等优点。

一、管道

思考题:液压管路使用的是哪种管件?

管道有钢管、紫铜管、塑料管、尼龙管、橡胶软管,应根据工作条件和压力大小来选用。管道内径 d 的选取应以降低流动时的压力损失为前提,液压管道中流体的流动多为层流,压力损失正比于流体在管道中的平均流速。流速相同条件下层流流动阻力和管路直径的平方成反比。管壁厚 δ 不仅与工作压力有关,还与管子材料有关。

(1)管道应尽量短,最好横平竖直,转弯少。为避免管道弯折,减少压力损失,管道装配时的弯曲半径要足够大。

(2)管道尽量避免交叉,平行管间距要大于 100mm,以防接触振动并便于安装管接头。

(3)软管直线安装时要有 30%左右的余量,以适应油温变化、受拉和振动的需要。弯曲半径要大于 9 倍软管外径,弯曲处到管接头的距离应至少等于 6 倍外径。

二、管接头

思考题:管接头应具有什么性能?

管接头是油管与液压元件、油管与油管之间可拆卸的连接件。其要求在强度足够、振动、有压力冲击时保持密封,高压处不能向外泄漏,有负压的吸油管路不能吸入空气。管接头与其他液压元件用国家标准米制锥螺纹和普通细牙螺纹连接。常用的管接头有焊接式、卡套式、扩口式等,如表 2-3 所示。

表 2-3　液压与气动系统中常用的管接头

类型	结构简图	特点及应用
焊接式	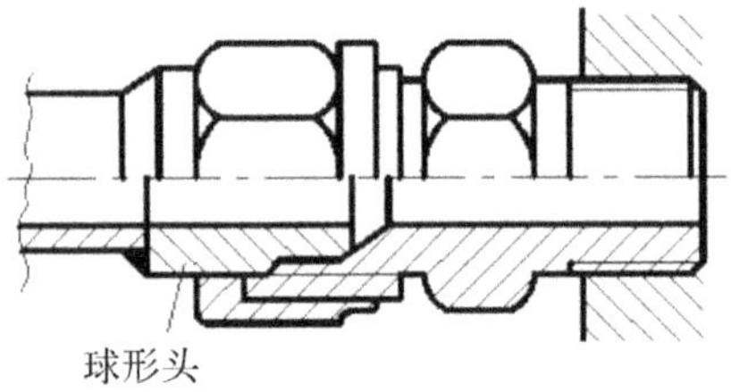 球形头	1. 连接可靠,制造简单。 2. 采用厚壁钢管焊接,装拆不便。 3. 可用于 32MPa 高压管路。
卡套式	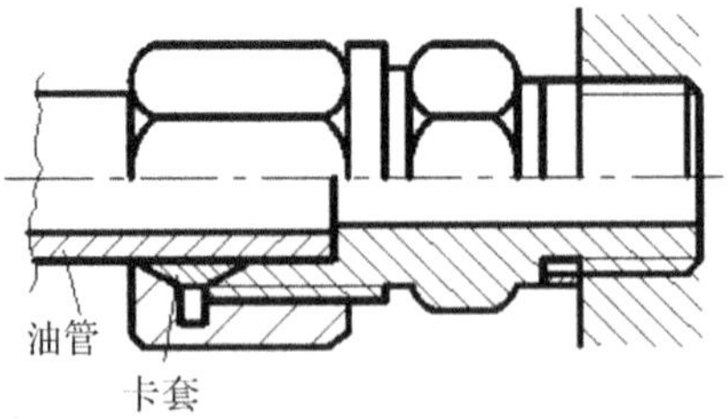 油管 卡套	1. 尺寸小,装拆方便。 2. 管道表面尺寸精度较高,采用无缝冷拔钢管。 3. 可用于 32MPa 高压管路。

续表

类型	结构简图	特点及应用
扩口式	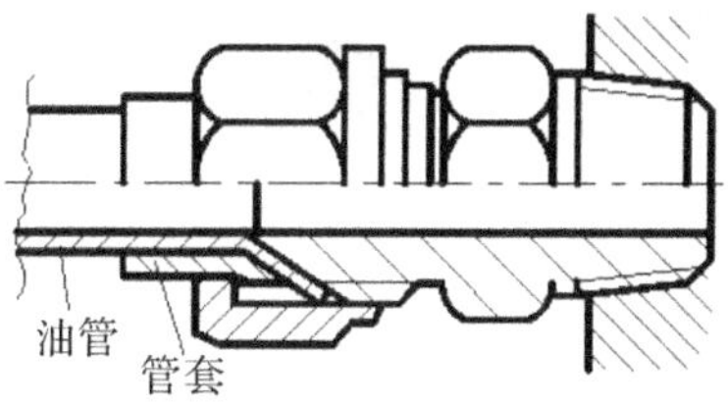 油管 管套	1. 结构简单，可重复连接。 2. 适用于薄壁铜管。 3. 可用于 8MPa 中低压管路。
扣压式	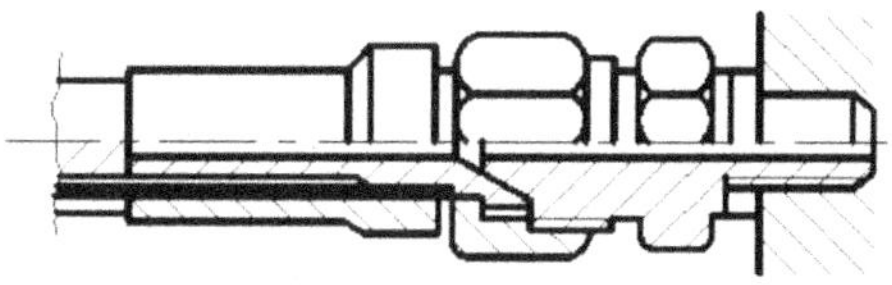	1. 在专用设备上扣压连接。 2. 不同管径可用于 6～40MPa 软管系统。
快换式	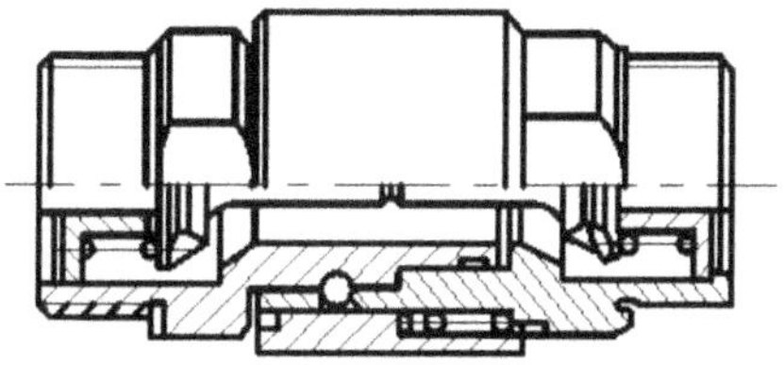	1. 结构复杂，压力损失大。 2. 两端开闭式，管子拆开后，可自行密封。 3. 可用于 32MPa 以下系统。
快插式	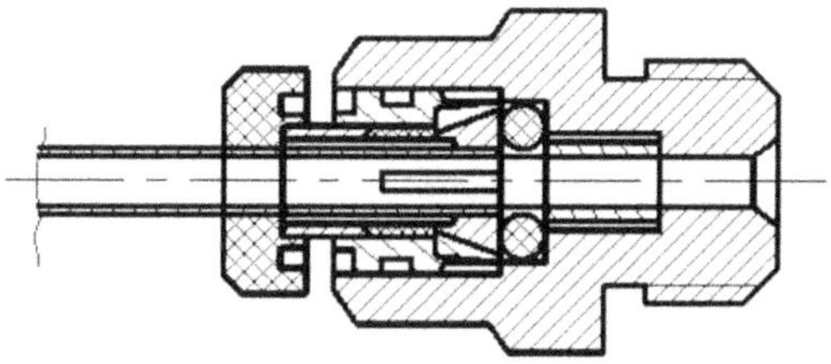	1. 管接头加工质量要求高，软管外径尺寸要求严。 2. 用于气动中小直径管路。

第十二节　常用密封件

液压系统工作压力较大，且需要与外部环境隔离，必须设置合理的密封结构。如果密封不良：可能出现不允许的外泄漏，外漏的油液将会污染环境；可能使空气进入吸油腔，影响液压泵的工作性能和液压执行元件运动的平稳性(爬行)。泄漏严重时，系统容积效率过低，甚至工作压力达不到要求值。若密封过度，会造成密封部分的剧烈磨损，缩短密封件的使用寿命，增大液压元件内的运动摩擦阻力，降低系统的机械效率。合理地选用和设计密封装置在液压系统的设计中是很重要的。

密封可以分为静密封和动密封两大类：相对静止的结合面之间的密封，称为静密封，如图 2-47 中的 1 处的密封即为静密封；相对运动的结合面之间的密封，称为动密封，如图 2-47 的 2 处和 3 处，其中 2 处是活塞动密封，3 处是活塞杆动密封。

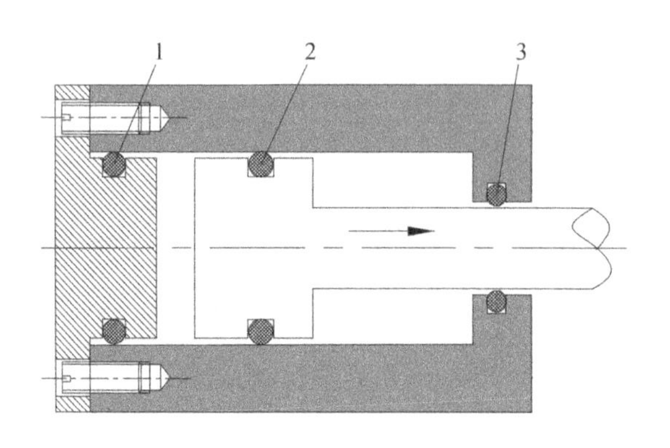

1—静密封；2—活塞动密封；3—活塞杆动密封。

图 2-47　流体密封示意图

一、O 形密封圈

O 形密封圈是一种截面是圆形的橡胶圈，如图 2-48 所示，其材料主要是丁腈橡胶和氟橡胶，是液压和气压传动中使用最广泛的一种密封件，尤其适用于静密封和速度不高的往复动密封。

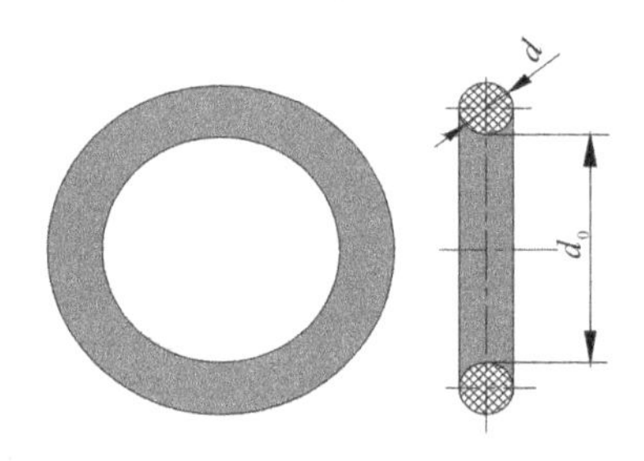

图 2-48　O 形密封圈示意图

O 形密封圈用于静密封的工作原理如图 2-49 所示，O 形密封圈装入密封槽后，需要压缩产生一定的弹性变形，如图 2-49(a)所示，O 形密封圈的预压缩变形分别为 δ_1 和 δ_2，当工作介质没有压力时，O 形圈在其自身的弹性力的作用下，对接触面产生一个预接触压力 p_0，起到密封介质的作用。当工作介质存在压力时，如图 2-49(b)所示，O 形密封圈在介质压力 p 的作用下，向低压侧产生位移，弹性变形继续增大，填充了密封间隙 δ，对密封面的压力上升

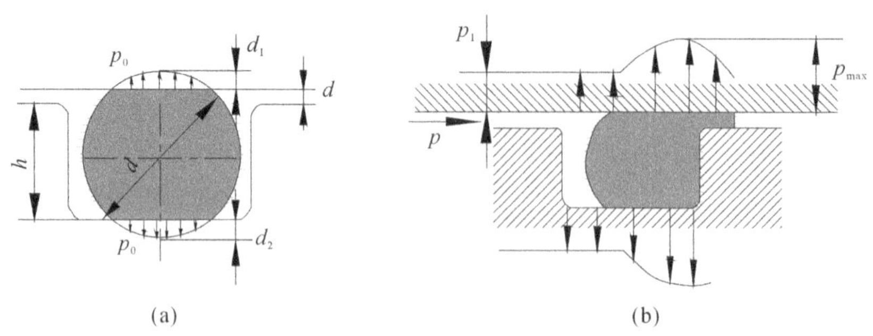

图 2-49　O 形密封圈的静密封原理

到 p_{max}，增强了密封效果，这就是O形圈的静密封原理。在静密封的应用中，合理地设计O形圈的预压缩变形是比较关键的，可以参考设计手册和O形圈厂家的推荐参数。

O形密封圈在往复动密封中的应用如图2-50所示，O形密封圈受压缩产生弹性变形，依靠预压缩应力和介质的工作压力，使密封圈紧贴在滑移面上，由于O形圈具有弹性，磨损后也能够自动补偿，在往复运动密封过程中，在滑移面和O形密封圈之间会形成一层黏附力很强的液体薄膜层，如图2-50(a)所示，这层薄膜具有一定的密封作用。如图2-50(b)所示，薄膜会随着滑移面一同伸出，当滑移面回缩时，这层薄膜被O形圈阻留在外侧，随着往复运动的增加，阻留在外侧的薄膜最终形成液滴滴下，如图2-50(c)所示，这就是O形圈用于往复运动密封时产生泄漏的原因。

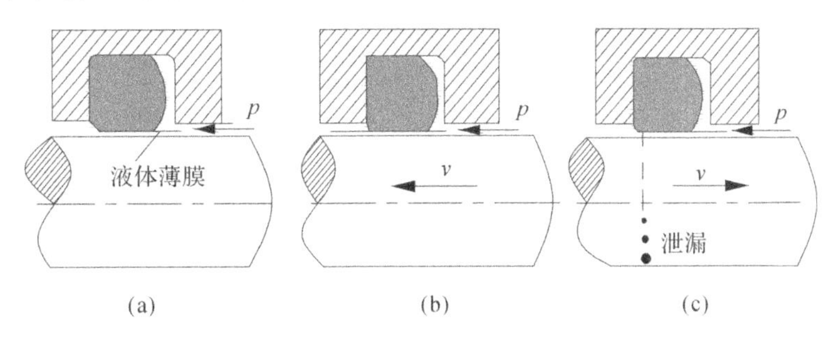

图2-50　O形密封圈的动密封原理

当介质工作压力较高时，O形密封圈产生弹性变形而被挤进密封耦合面间的缝隙量过大，会引起密封圈破坏。当动密封工作压力超过7MPa或静密封工作压力超过32MPa时，应在O形密封圈低压侧安置挡圈，如图2-51(a)所示；若双向交替受介质压力作用，则于密封圈两侧各加一个挡圈，如图2-51(b)所示。

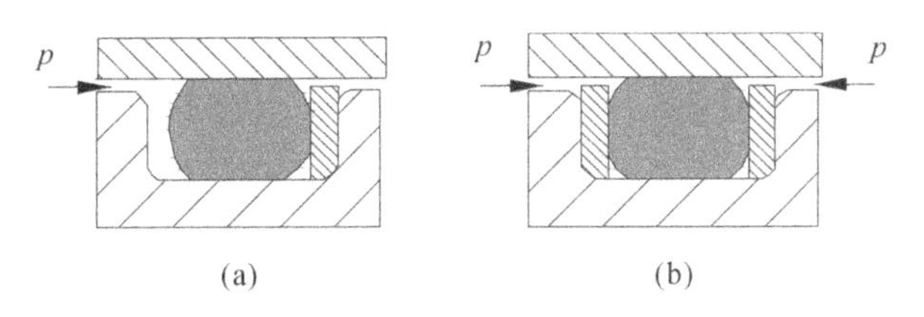

图2-51　O形密封圈挡圈的安装

二、Y形密封圈

Y形密封圈因其横截面的形状类似英文字母Y而得名，是一种典型的唇形密封圈，起单向密封作用，适用于液体和气体介质，如图2-52所示。Y形密封圈广泛应用于油缸活塞或活塞杆等的往复动密封装置中，其使用寿命高于O形密封圈。采用丁腈橡胶制作的Y形

图2-52　Y形密封圈

密封圈工作速度范围为0.01～0.6m/s；采用氟橡胶制作时为0.05～0.3m/s。

Y形密封圈依靠其张开的唇边贴于密封副耦合面，在介质压力作用下产生接触应力，介质的压力越高，应力越大，当耦合面以工作速度相对运动时，在密封唇与滑移耦合面之间形成一层密封液膜，从而产生密封作用，密封唇边磨损后，由于密封材料本身的弹性作用而具有一定的自动补偿能力，如图2-53所示，其中2-53(a)用于活塞杆密封，2-53(b)用于活塞密封。

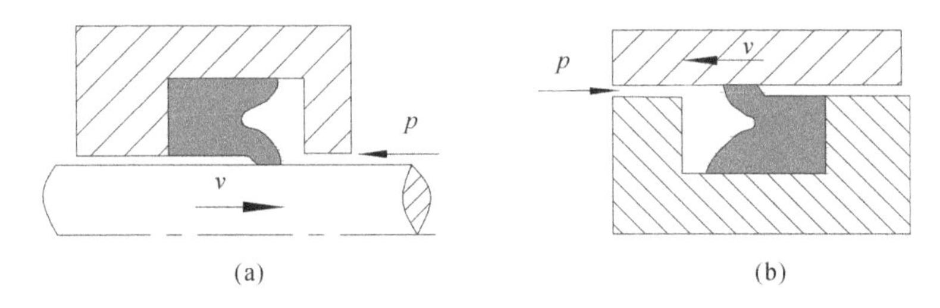

图2-53　Y形密封圈的工作原理

在安装Y形密封圈时，唇口一定要对着压力高的一侧，才能起密封作用。为了防止在高压状态下，Y形密封圈的根部因材质塑性变形而被挤入密封耦合面的间歇，应控制滑移耦合面间的配合间隙δ的大小。如图2-54(a)所示，对于工作压力大于16MPa的Y形密封圈，为保证其使用寿命，防止密封圈的根部被挤入配合间隙，应在密封圈根部处安装挡圈；当压力变化较大，滑动速度较高时，为了防止Y形密封圈在往复运动过程中出现翻转、扭曲等现象，在Y形密封圈的唇口处设置支承环，如图2-54(b)和(c)所示，安装支撑环的Y形密封圈应用于活塞密封的结构，如图2-55所示。

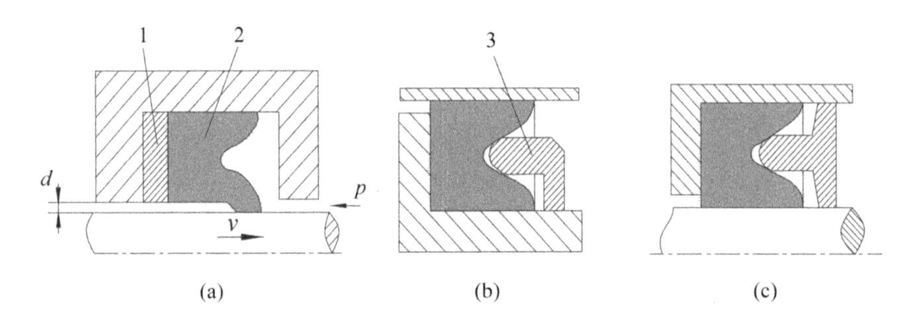

1—挡圈；2—Y形圈；3—支撑环。

图2-54　Y形密封圈的安装

三、V形密封圈

V形密封圈的截面呈V形，也属于唇形密封装置，由压环1、V形密封环2和支撑环3组合使用，如图2-56所示，对压力的作用方向有严格的要求。V形密封圈的作用机理与Y形密封圈有类似之处，但由于是成组使用，可以通过调整压环的位置来调整密封圈的预压缩量，达到更好的密封效果。V形密封圈的最高工作压力大于60MPa，采用丁腈橡胶制作时工作速度范围为0.02～0.3m/s，采用夹布橡胶制作时为0.005～0.5m/s。V形密封圈主要用于液压缸活塞和活塞杆的往复动密封，其运动摩擦阻力较Y形密封圈大，但密封性能可

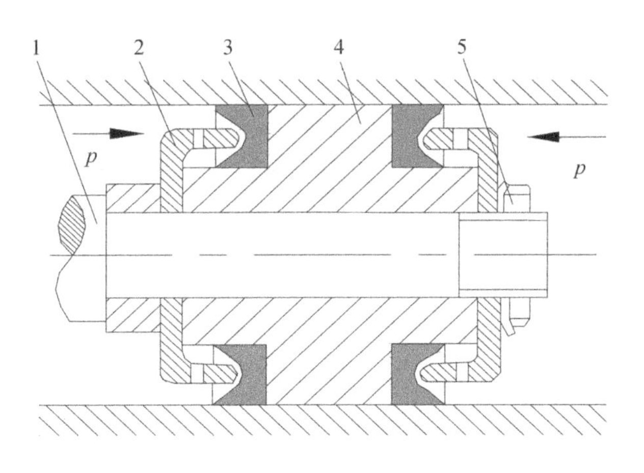

1—轴；2—支撑环；3—Y形圈；4—活塞；5—锁紧螺母。

图 2-55　Y形密封圈的应用

靠、耐高压、使用寿命长。

安装V形密封圈时，同样必须将密封环2的唇口面向工作介质的高压一侧，如图2-57所示。密封原理：作用在压环1上的轴向力使密封环2的唇边径向伸展，对被密封件产生挤压应力，从而起到密封作用。根据使用压力的高低，可以合理地选择V形密封圈的数量以满足密封要求。

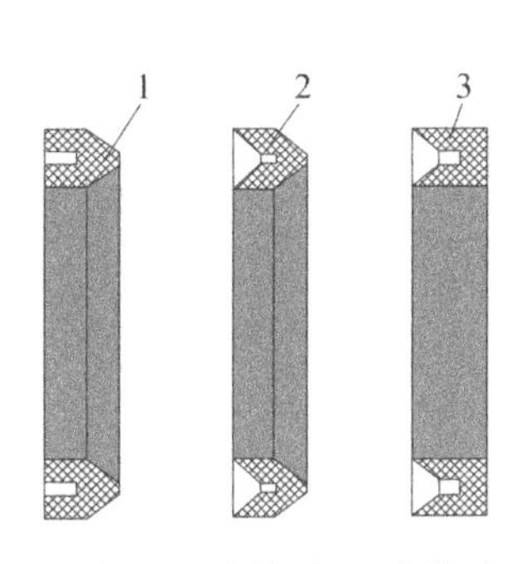

1—压环；2—密封环；3—支撑环。

图 2-56　V形密封圈组件

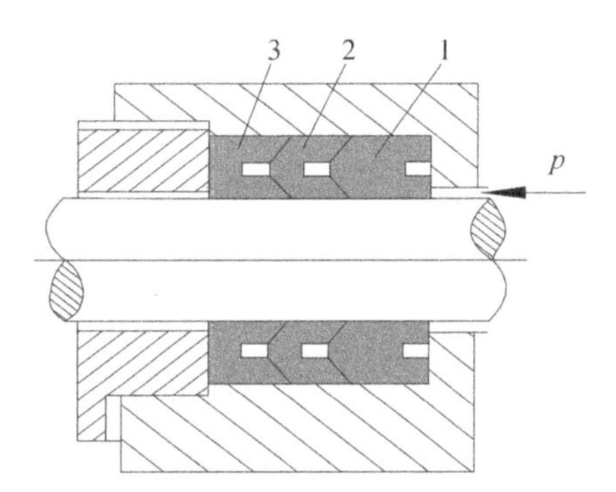

1—压环；2—密封环；3—支撑环。

图 2-57　V形密封圈的安装

四、组合密封圈

组合密封件由两个或两个以上元件组成。一部分是润滑性能好、摩擦因数小的元件，另一部分是充当弹性体的元件，从而大大改善了综合密封性能。图2-58(a)所示为O形密封圈与截面为近似矩形的聚四氟乙烯塑料滑环(格来圈)组成的组合密封圈，耐磨且摩擦系数小的格来圈2紧贴密封面，O形密封圈1为格来圈提供弹性预压力，在介质压力等于零时构成密封，由于密封间隙靠格来圈，而不是O形密封圈，因此摩擦阻力小而且稳定，可以用于40MPa的高压，在往复运动密封时，速度可达15m/s。图2-58(b)所示为O形密封圈和支持环(斯特圈)组成的活塞杆用组合密封圈，由于斯特圈2与被密封件3之间为线接触，其工作原理类似唇形密封。斯特圈2采用一种经特别处理的化合物，具有极佳的耐磨性、低摩擦和保形性，不存在橡胶密封低速时易产生的“爬行”现象，工作压力可达 80MPa。

组合密封圈常用于换向频率较高或工作速度较快的活塞和活塞杆的密封，其典型的应用安装结构如图 2-59 所示，组合密封圈往往需要和耐磨环配对使用，耐磨环起到支撑作用，以防止压力过高导致格来圈或斯特圈产生侧倾，同时，活塞和缸壁之间可以保持较大间隙。

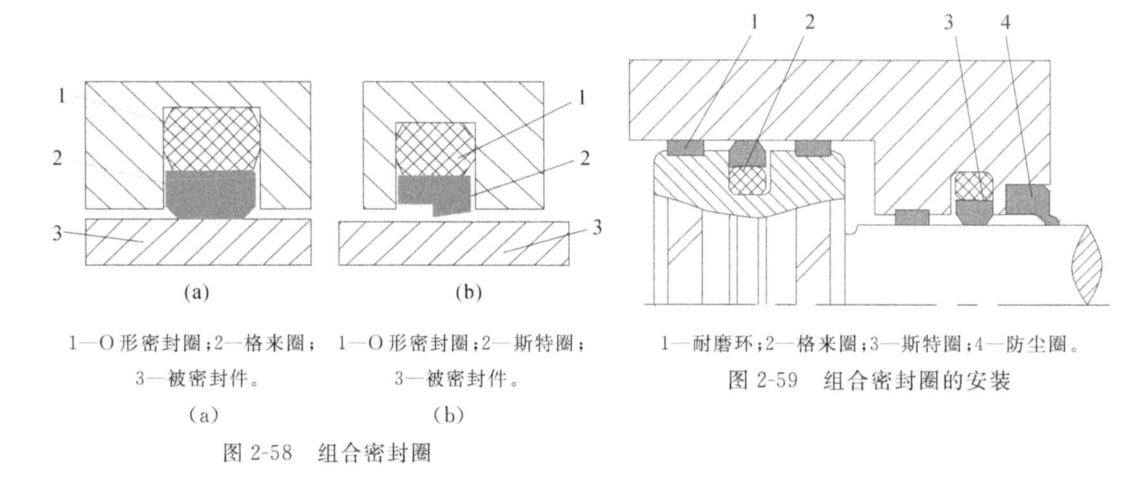

1—O 形密封圈；2—格来圈；3—被密封件。

(a)

1—O 形密封圈；2—斯特圈；3—被密封件。

(b)

图 2-58　组合密封圈

1—耐磨环；2—格来圈；3—斯特圈；4—防尘圈。

图 2-59　组合密封圈的安装

习　　题

2-1　构成液压泵的基本条件是什么？

2-2　为什么液压泵的工作压力取决于负载？

2-3　某液压泵在额定压力 $p=2.5\text{MPa}$ 下的流量为 32L/min，转速 $n=1450\text{r/min}$，泵的机械效率 $\eta_m=0.85$，理论流量 $q_t=35.6\text{L/min}$，试求：

(1)泵的容积效率和总效率。

(2)泵在额定工况下，所需电动机的实际驱动功率。

2-4　什么是齿轮泵的困油现象？如何消除？

2-5　分析外反馈限压式变量叶片泵的特性曲线。

2-6　气压传动系统对工作介质有什么要求？

2-7　常用的气动三联件由哪些元件组成？

2-8　为什么压缩空气的净化装置中既有油水分离器，又有油雾器？

讨论题

1. 单作用叶片泵与外反馈限压式变量叶片泵的异同。

2. 为什么液压泵是液压系统的噪声源？

本章在线测试

第三章　执行元件

本章重点：本章要求学生主要掌握液压缸、液压马达、气缸和气动马达等执行元件的作用和工作原理，掌握液压缸、液压马达、气缸和气动马达的类型选择和参数计算方法，了解各类液压缸等执行元件的结构特点及应用场合。

第一节　直线往复运动执行元件

一、液压缸

液压缸

液压缸是用油液的压力能来实现直线往复运动的执行元件，它将液压油的液压能转变为机械能，来实现机械机构的直线往复运动或摆动往复运动。

按其结构形式，液压缸可以分为活塞缸、柱塞缸和伸缩缸等。

按作用方式，液压缸可分为单作用缸和双作用缸。单作用缸仅往缸的一侧输入液压油，活塞一个方向运动靠液压力来完成，另一个方向靠其他外力完成；双作用缸则分别向缸的两侧输入压力油，活塞的正反运动均靠液压力完成。双作用缸的输入为压力和流量，输出为力和速度。

（一）活塞式液压缸

1. 双杆活塞缸

图 3-1(a)所示为缸筒固定的双杆活塞缸，活塞两侧的活塞杆直径相等，它的进、出油口位于缸筒两端。当工作压力和输入流量相同时，两个方向上输出的推力 F 和速度 v 是相等的，其值为

$$F_1=F_2=(p_1-p_2)A\eta_m=(p_1-p_2)\frac{\pi}{4}(D^2-d^2)\eta_m \tag{3-1}$$

$$v_1=v_2=\frac{q}{A}\eta_V=\frac{4q\eta_V}{\pi(D^2-d^2)} \tag{3-2}$$

式中：A——活塞的有效面积；

D、d——活塞和活塞杆的直径；

q——输入流量；

p_1、p_2——缸的进、出口压力；

η_m、η_V——缸的机械效率、容积效率。

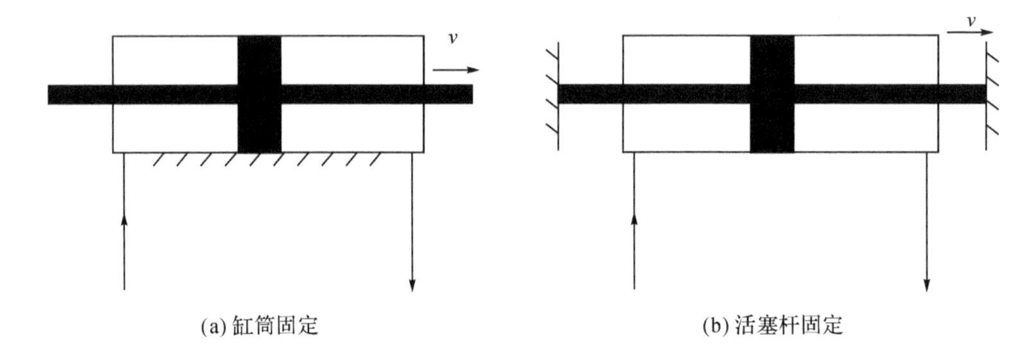

(a) 缸筒固定　　(b) 活塞杆固定

图 3-1　双杆活塞缸

活塞缸的安装方式有缸筒固定和活塞杆固定两种。如图 3-1(a)所示，双杆活塞缸缸筒固定，活塞杆运动，其整个工作台移动范围约为活塞有效行程的三倍，占地面积大，适用于小型机械。如图 3-1(b)所示，双杆活塞缸活塞杆固定，缸筒运动，它的进、出油液可经活塞杆内的通道输入液压缸或从液压缸流出，也可以用软管连接，进、出口就位于缸的两端，它的推力和速度与缸筒固定的形式相同。采用这种安装方式，工作台移动范围为缸筒有效行程的两倍，占地面积较小，适用于较大型的机械。

2. 单杆活塞缸

图 3-2 所示为单杆活塞缸。由于只在活塞的一端有活塞杆，两腔的有效工作面积不相等，因此在两腔分别输入相同流量的情况下，活塞的往复运动速度不相等。它的安装方式也有缸筒固定和活塞杆固定两种，进、出口的布置根据安装方式而定，但工作台移动范围都为活塞有效行程的两倍。

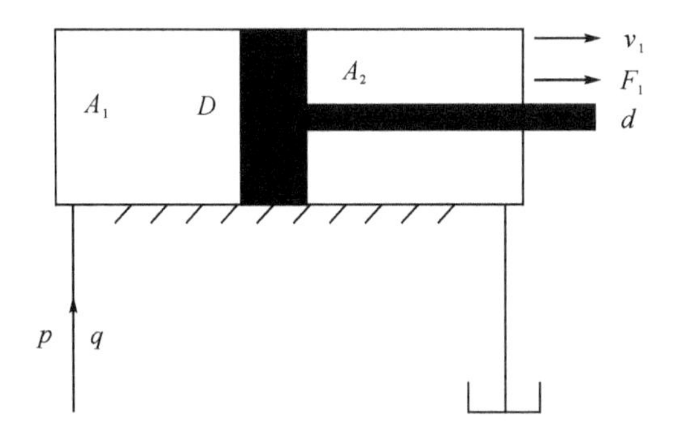

图 3-2　单杆活塞缸

当压力油进入无杆腔时，单杆活塞缸的推力 F_1 和速度 v_1 计算式如下：

$$F_1=(p_1A_1-p_2A_2)\eta_m=[p_1\frac{\pi}{4}D^2-p_2\frac{\pi}{4}(D^2-d^2)]\eta_m \tag{3-3}$$

$$v_1=\frac{q}{A_1}\eta_V=\frac{4q\eta_V}{\pi D^2} \tag{3-4}$$

当压力油进入有杆腔时，单杆活塞缸的推力 F_2 和速度 v_2 计算式如下：

$$F_2=(p_1A_2-p_2A_1)\eta_m=[p_1\frac{\pi}{4}(D^2-d^2)-p_2\frac{\pi}{4}D^2]\eta_m \tag{3-5}$$

$$v_2=\frac{q}{A_2}\eta_V=\frac{4q\eta_V}{\pi(D^2-d^2)} \tag{3-6}$$

在液压缸的活塞往复运动速度有一定要求的情况下，活塞杆直径 d 通常根据液压缸速度比 $\lambda_v=\frac{v_2}{v_1}$ 的要求以及缸内径 D 来确定。由式(3-4)和(3-6)，得

$$\frac{v_2}{v_1}=\frac{1}{\left[1-\left(\frac{d}{D}\right)^2\right]}=\lambda_v \tag{3-7}$$

$$d=D\sqrt{\frac{\lambda_v-1}{\lambda_v}} \tag{3-8}$$

由此可见，速比 λ_v 越大，活塞杆直径 d 越大。

单杆活塞缸的左右腔同时接通压力油，如图 3-3 所示，称为差动连接。做差动连接的液压缸称为差动液压缸。开始工作时差动液压缸左、右两腔压力相等，但是由于左腔(无杆腔)的有效面积大于右腔(有杆腔)的有效面积，故活塞向右运动。差动连接时回油腔的油液进入左腔，从而提高活塞运动速度，其推力 F_3 和速度 v_3 按下式计算：

$$F_3=p_1(A_1-A_2)\eta_m=p_1\frac{\pi}{4}d^2\eta_m \tag{3-9}$$

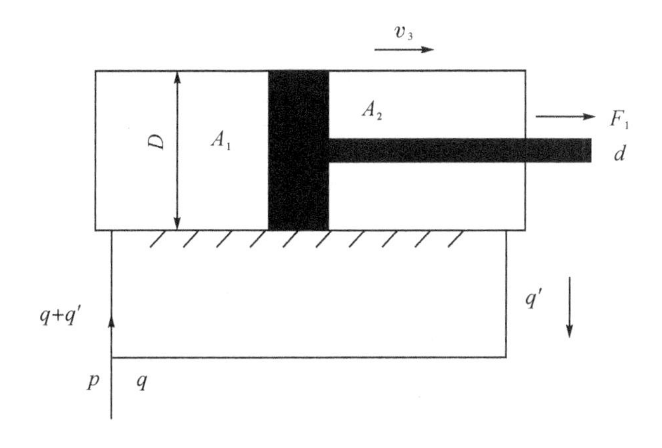

图 3-3　差动连接

由图 3-3 可知

$$A_1v_3=q+A_2v_3 \tag{3-10}$$

$$v_3=\frac{q}{A_1-A_2}=\frac{q}{\frac{\pi}{4}d^2} \tag{3-11}$$

考虑容积效率 η_V

$$v_3=\frac{4q}{\pi d^2}\eta_V \tag{3-12}$$

如要求 v_3 和活塞向左运动的速度 v_2 相等，即 $v_3=v_2$，则必须使 $D=\sqrt{2}d$。

思考题：1. 液压缸活塞运动速度只取决于输入流量的大小而与压力无关，对吗？

2. 双作用液压缸和单作用液压缸如何区分？

（二）柱塞式液压缸

单柱塞式液压缸只能实现一个方向运动，反向要靠外力，如图 3-4(a)所示。用两个柱塞式液压缸组合，如图 3-4(b)所示，也能用压力油实现往复运动。柱塞运动时，由缸盖上的导向套来导向，因此，缸筒内壁不需要精加工。它特别适用于行程较长的场合。

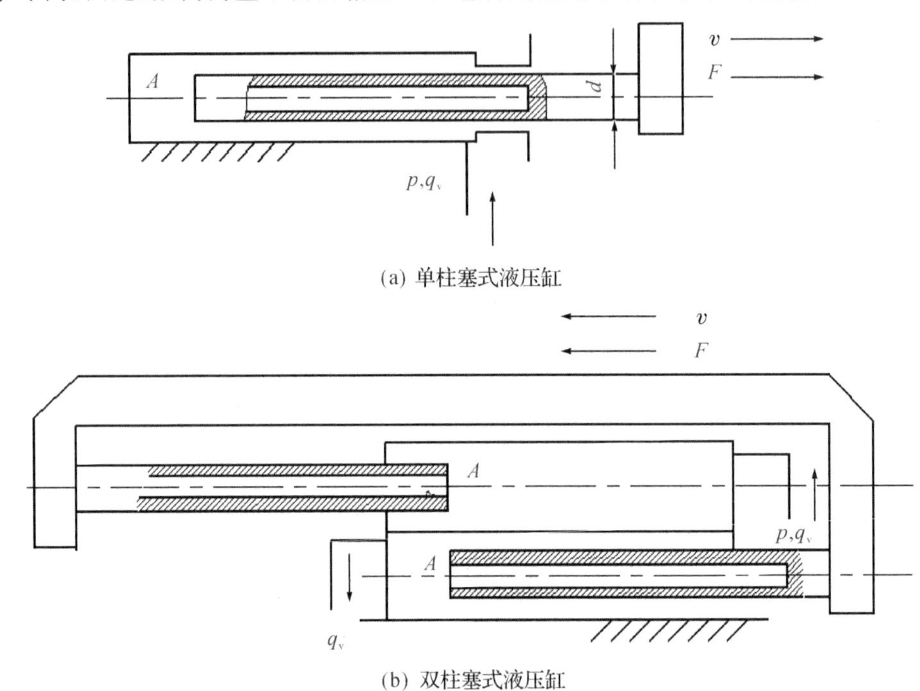

(a) 单柱塞式液压缸

(b) 双柱塞式液压缸

图 3-4　柱塞式液压缸

柱塞式液压缸输出的推力和速度为

$$F=pA\eta_m=p\frac{\pi}{4}d^2\eta_m \tag{3-13}$$

$$v=\frac{q\eta_V}{A}=\frac{4q\eta_V}{\pi d^2} \tag{3-14}$$

式中：d——柱塞直径。

思考题：柱塞式液压缸有什么特点？

（三）伸缩式液压缸

伸缩式液压缸由两个或多个活塞套装而成，前一级活塞缸的活塞杆是后一级活塞缸的缸筒。伸出时，可以获得很长的工作行程，缩回时可保持很小的结构尺寸。如图 3-5 所示为一种双作用式伸缩缸，在各级活塞依次伸出时，液压缸的有效面积是逐级变化的。在输入流量和压力不变的情况下，液压缸的输出推力和速度也逐级变化，其值为

$$F_i=p_1\frac{\pi}{4}D_i^2\eta_{mi} \tag{3-15}$$

$$v_i=\frac{4q\eta_{Vi}}{\pi D_i^2} \tag{3-16}$$

式中：i——第 i 级活塞缸；

　　p_1——进油压力。

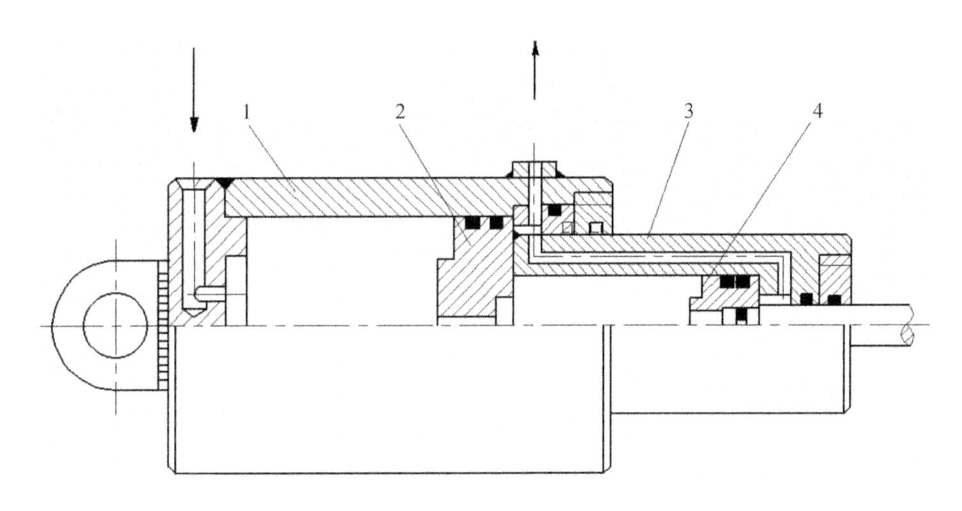

1—一级缸筒；2—一级活塞；3—二级缸筒；4—二级活塞。

图 3-5　双作用式伸缩缸

这种液压缸启动时，活塞有效面积最大，因此，输出推力也最大。随着行程逐级增长，推力随之逐级减小。这种推力变化情况，正适合于自动装卸车对推力的要求。

思考题：伸缩式液压缸有什么特点？一般用在什么场合？

（四）增压缸

增压缸是活塞缸与柱塞缸组成的复合缸，如图 3-6 所示。它的增压工作原理是利用活塞与柱塞有效面积之差使液压系统中的局部区域获得高压。从图 3-6 可看出，活塞运动时，左端活塞和右端柱塞受力平衡，即

$$p_2 = p_1 \frac{A_1}{A_2} \tag{3-17}$$

式中：p_1——输入的低压；

p_2——输出的高压；

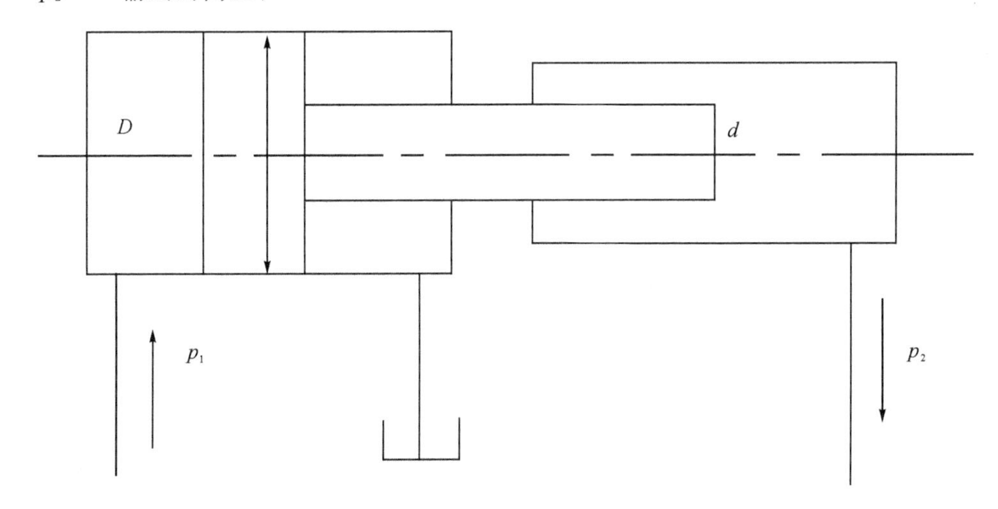

图 3-6　增压缸

A_1——大活塞的面积；

A_2——柱塞或小活塞的面积。

由于活塞面积比柱塞面积大得多，即 A_1 比 A_2 大得多，因此输出压力 p_2 比输入压力 p_1 大得多，实现增压。

思考题：为什么要用增压缸？

二、液压缸的结构与设计计算

液压缸的结构与设计计算

（一）液压缸的结构

如图 3-7 所示为空心双杆活塞式液压缸，它由缸筒 10，活塞 8，两空心活塞杆 1、15，缸盖 18、24，密封圈 4、7、17，导向套 6、19，压板 11、20 等主要零件组成。液压缸活塞杆固定，缸筒带动工作台做往复运动。活塞用锥销 9、22 与空心活塞杆连接，并用堵头 2 堵死活塞杆的一头。缸盖 18、24 通过螺钉与压板 11、20 相连，缸筒两端外圆上套有钢丝环 12、21，用于阻止压板 11、20 向外，这样通过螺钉分别将缸盖 18、24 压紧在缸筒的两端。缸筒相对活塞杆运动，由左右导向套导向。为了提高密封性能，在活塞和缸筒之间、缸盖和活塞杆之间、缸盖和缸筒之间装有密封圈和纸垫。压力油经油口 b、左端活塞杆的中心孔和孔 a 进入液压缸左腔，推动缸筒向左移动。液压缸右腔的回油经孔 c 和右端活塞杆中心孔，从油口 d 排出；反之，则向右移动。当缸筒移动到左右终端时，径向孔 a 和 c 的开口逐渐减小，对移动部件起制动缓冲作用。为了排除缸中空气，缸盖上设有排气孔 14 和 5，经导向套环槽的侧面孔道（图中未示）引出与排气阀相连。从图 3-7 可以看到，液压缸的结构可以分为缸筒和缸盖、活塞和活塞杆、密封装置、缓冲装置和排气装置五个部分。

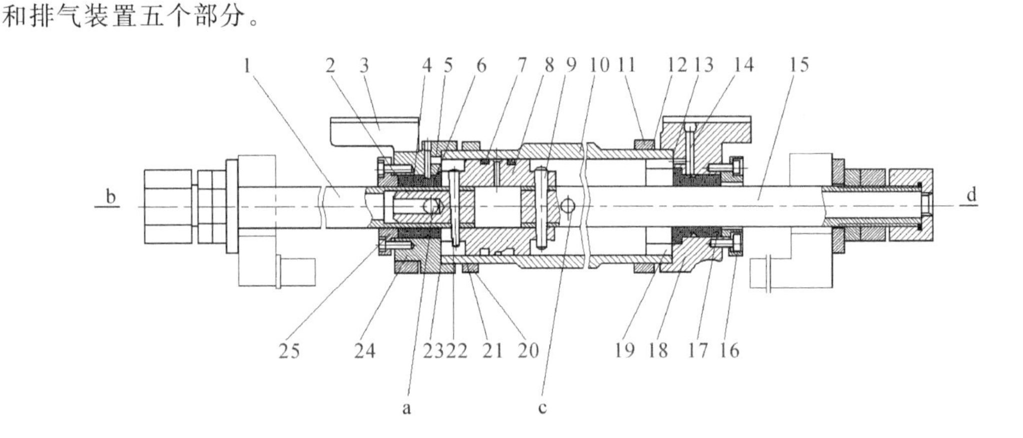

1、15—活塞杆；2—堵头；3—托架；4、17—V 形密封圈；5、14—排气孔；6、19—导向套；7—O 形密封圈；8—活塞；9、22—锥销；10—缸筒；11、20—压板；12、21—钢丝环；13、23—纸垫；15—活塞杆；16、25—压盖；18、24—缸盖。

图 3-7　空心双杆活塞式液压缸

1. 缸筒和缸盖

缸筒和缸盖的常见连接结构形式如图 3-8 所示。如图 3-8(a)所示采用法兰连接，结构简单，加工和装拆都方便，但外形尺寸和重量都大。如图 3-8(b)所示为半环连接，加工和装拆方便，但是这种结构须在缸筒外部开有环形槽而削弱其强度，有时要为此增加缸的壁厚。

如图 3-8(c)所示为螺纹连接,装拆时要使用专用工具,适用于较小的缸筒。如图 3-8(d)所示为拉杆式连接,容易加工和装拆,但外形尺寸较大,且较重。如图 3-8(e)所示为焊接式连接,结构简单,尺寸小,但缸底处内径不易加工,且可能引起变形。

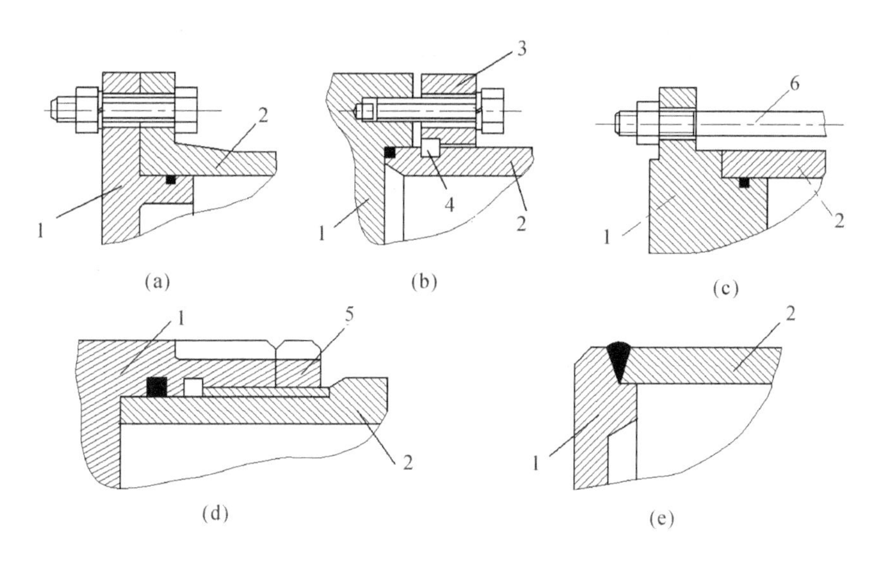

1—缸盖;2—缸筒;3—压板;4—半环;5—防松螺母;6—拉杆。

图 3-8　缸筒和缸盖连接结构

2. 活塞和活塞杆

活塞和活塞杆的连接结构形式很多,除了锥销式连接外,还有螺纹式连接和半环式连接等,如图 3-9 所示。前者结构简单,但需有螺母防松装置。后者结构复杂,但工作较可靠。此外,在尺寸较小的场合,活塞和活塞杆也有制成整体式结构的。

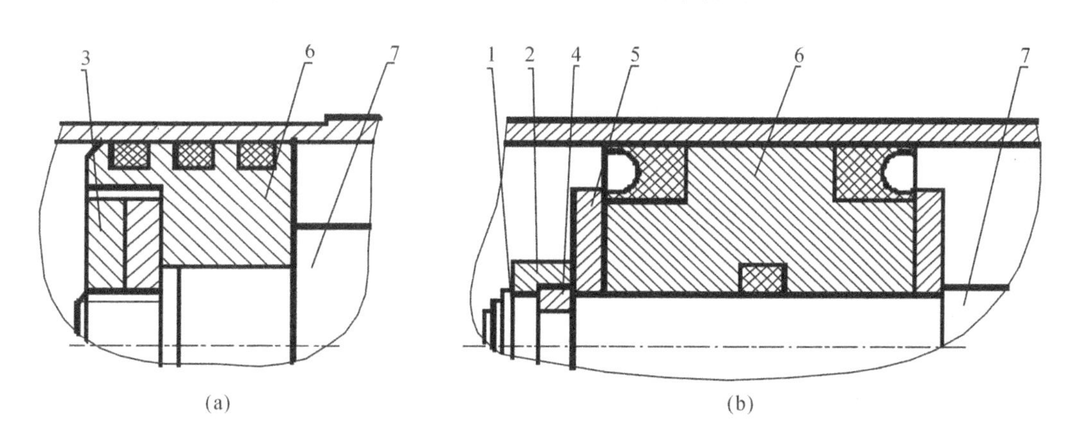

1—弹簧卡圈;2—轴套;3—螺母;4—半环;5—压板;6—活塞;7—活塞杆。

图 3-9　活塞和活塞杆连接

3. 密封装置

密封装置用来防止液压系统中油液的内外泄漏和防止外界杂质侵入,分为间隙密封和密封件密封两种。间隙密封依靠运动部件间的微小间隙防止泄漏。密封件密封利用橡胶或塑料的弹性使各种截面的环形密封圈贴紧在配合面之间来防止泄漏，常见密封圈有O形、Y形和V形等。

4. 缓冲装置

缓冲装置是在活塞或缸筒移动到接近终点时，将活塞和缸盖之间的一部分油液封住，迫使油液从小孔或缝隙中挤出，从而产生很大的阻力，使工作部件制动，避免活塞和缸盖相互碰撞的装置。常见的缓冲装置如图3-10所示。图3-10(a)所示为节流口可调式缓冲装置。当活塞上的凸台进入端盖凹腔后，圆环形的回油腔中的油液只能通过针形节流阀流出，这就使活塞制动。调节节流阀的开口，可改变制动阻力的大小。这种缓冲装置起始缓冲效果好，随着活塞向前移动，缓冲效果逐渐减弱，因此它的制动行程较长。如图3-10(b)所示为节流口变化式缓冲装置，它在活塞上开有变截面的轴向三角形节流槽。当活塞移近端盖时，回油腔油液只能经过三角槽流出，因而使活塞受到制动作用。随着活塞的移动，三槽通流截面逐渐变小，阻力作用增大，因此，缓冲作用均匀，冲击压力较小，制动位置精度高。

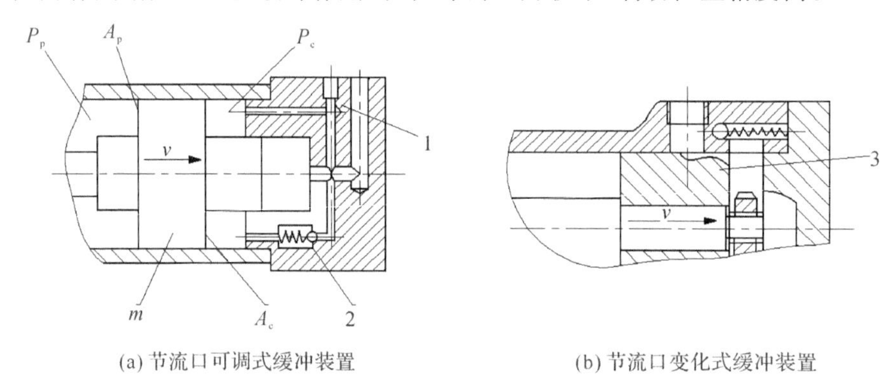

(a) 节流口可调式缓冲装置　　(b) 节流口变化式缓冲装置

1—针形节流阀；2—单向阀；3—轴向节流槽。

图3-10　缓冲装置

5. 排气装置

排气装置用来排除积聚在液压缸内的空气，常用的排气装置如图3-11所示。如图3-11(a)所示为在液压缸的最高部位设置排气孔，用长管道接向远处排气阀进行排气。如图3-11(b)

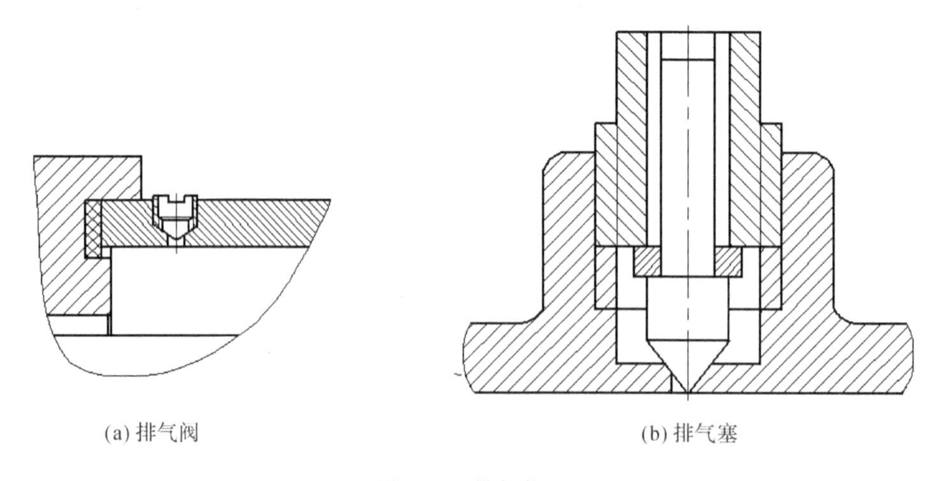

(a) 排气阀　　(b) 排气塞

图3-11　排气装置

所示为在液压缸的最高部位处安装排气塞。

思考题：液压缸一般由哪几部分组成？液压缸为什么要设缓冲装置？

（二）液压缸的特性

液压缸的特性是指它在稳态下工作时，各项参数间的关系。

1. 液压缸的推力和速度

液压缸的推力和速度的数值由液压缸类型和工作方式决定，由本章第一节有关公式求出。

2. 容积效率、机械效率和总效率

液压缸难免会存在泄漏，存在容积损失。容积损失可用容积效率 η_V 来表征

$$\eta_V=\frac{q-q_l}{q}=1-\frac{q_l}{q} \tag{3-18}$$

式中：q——输入液压缸的流量；

q_l——液压缸的泄漏流量。

q_l 与采用的密封形式有关。当采用橡胶圈密封时，q_l 较小，$\eta_V\approx1$；当采用间隙密封时，q_l 较大，η_V 就低。

液压缸运动时，要克服密封装置和导向部分的摩擦力，就会造成机械损失，把这些损失折算成压力损失 Δp，则机械效率可表示为

$$\eta_m=1-\frac{\Delta p}{p} \tag{3-19}$$

式中：p——液压缸的工作压力。

液压缸的机械效率，一般在额定压力下，可取 $\eta_m=0.9$。

液压缸的总效率为

$$\eta=\eta_V\eta_m \tag{3-20}$$

思考题：液压缸的效率受哪些因素影响？

（三）液压缸的设计计算

设计液压缸时，要在对液压系统工作情况分析的基础上，根据液压缸在机构中所要完成的任务来选择液压缸的结构形式，然后按负载、运动要求、最大行程等确定主要尺寸，进行强度、稳定性和缓冲验算，最后进行具体的结构设计。

1. 应注意的问题

（1）尽量使活塞杆在受拉力状态下承受最大负载，或在受压状态下活塞杆应具有良好的纵向稳定性。

（2）液压缸各部分的结构尽可能按推荐的结构形式和设计标准进行设计，尽量做到结构简单、紧凑，加工、装配和维修方便。

（3）考虑液压缸行程终端处的制动和液压缸的排气问题。

（4）正确确定液压缸的安装和固定方式。考虑液压缸的热变形，它只能一端定位。

2. 主要尺寸的确定

（1）液压缸工作压力的选取

液压缸的推力 F 是由油液的工作压力 p 和活塞的有效工作面积 A 来确定的，而活塞的运动速度是由输入液压缸油液的流量和活塞有效工作面积确定的，即

$$F=pA \tag{3-21}$$

$$v=\frac{q}{A} \tag{3-22}$$

式中：F——液压缸的推力；

p——液压缸的进油口压力；

A——活塞的有效面积；

q——液压缸的输入流量；

v——液压缸的动动速度。

由以上两式可见，当液压缸的推力 F 一定时：工作压力 p 取得高，活塞的有效面积 A 就小，缸的结构就紧凑，但液压元件的性能及密封要求相应提高；压力 p 取得低，活塞的有效面积 A 就大，缸的结构尺寸就大，要使工作机构得到同样的速度就要求有较大的流量，这将使泵、阀等液压元件的规格相应增大，有可能导致整个液压系统的结构庞大。

液压缸的工作压力可根据负载大小和设备类型，参照表 3-1、表 3-2 确定。

表 3-1 各类液压设备常用的工作压力

设备类型	磨床	组合机床	车床、铣床、镗床	拉床	龙门刨床	农业机械小型工程机械
工作压力 p/MPa	0.8～2	3～5	2～4	8～10	2～8	10～16

表 3-2 液压缸推力与工作压力之间的关系

液压缸推力 F/kN	<5	5～10	10～20	20～30	30～50	>50
工作压力 p/MPa	0.8～1	1.5～2	2.5～3	3～4	4～5	$\geqslant$5～7

(2)液压缸内径的确定

根据选定工作压力或往返运动速度比，依据式(3-1)～(3-17)进行有关计算后求得液压缸的有效工作面积，从而得到缸筒内径 D，再从表 3-3(GB 2348—2018 标准)中选取最接近的标准值作为所设计的缸筒内径。

表 3-3 液压缸内径系列 (单位：mm)

8	10	12	16	20	25	32	40	50	60
63	80	90	100	(110)	125	140	160	(180)	200
220	250	280	320	(360)	400	(450)	500		

(3)液压缸活塞杆直径的确定

液压缸活塞杆直径 d 按工作时受力情况来决定，如表 3-4 所示。对单杆活塞缸，d 值也可由 D 和 λ_v 来决定，按表 3-5(GB 3458—2018 标准)进行圆整。

表 3-4 液压缸活塞杆直径推荐值

活塞杆受力情况	受拉伸	受压缩，工作压力 p_1/MPa		
		$p_1\leqslant5$	$5\leqslant p_1<7$	$p_1>7$
活塞杆直径	(0.3～0.5)D	(0.5～0.55)D	(0.6～0.7)D	0.7D

表 3-5 液压缸活塞杆直径系列 (单位:mm)

4	5	6	8	10	12	14	16	18	20
22	25	28	(30)	32	36	40	45	50	56
(60)	63	70	80	90	100	110	(120)	125	140
160	180	200	220	250	280	320	360	400	450

(4)缸筒长度的确定

缸筒长度 L 由最大工作行程、活塞宽度、活塞杆导向长度等决定。一般缸筒的长度不超过内径的 20 倍。

3. 强度校核

对于液压缸的缸筒壁厚 δ、活塞杆直径 d 和缸盖处固定螺钉的直径,在高压系统中,必须进行强度校核。

(1)缸筒壁厚校核

在中、低压液压系统中,缸筒壁厚往往由结构工艺要求决定,一般不用校核。在高压系统中,须按薄壁和厚壁两种情况进行校核。

当 $D/\delta>10$ 时为薄壁,δ 按下式校核

$$\delta \geqslant \frac{p_y D}{2[\sigma]} \tag{3-23}$$

式中:D——缸筒内径;

p_y——试验压力,当缸的额定压力 $p_n \leqslant 16\text{MPa}$ 时,取 $p_y=1.5p_n$,当 $p_n>16\text{MPa}$ 时,取 $p_y=1.25p_n$;

$[\sigma]$——缸筒材料的许用应力,$[\sigma]=\sigma_b/n$,σ_b 为材料抗拉强度,n 为安全系数,一般取 $n=5$。

当 $D/\delta<10$ 时为厚壁,δ 按下式进行校核

$$\delta \geqslant \frac{D}{2}\left(\sqrt{\frac{[\sigma]+0.4p_y}{[\sigma]-1.3p_y}}-1\right) \tag{3-24}$$

(2)活塞杆直径 d 的校核

$$d \geqslant \sqrt{\frac{4F}{\pi[\sigma]}} \tag{3-25}$$

式中:F——活塞杆上的作用力;

$[\sigma]$——活塞杆材料的许用应力,$[\sigma]=\sigma_b/n$,σ_b 为材料抗拉强度,一般取 $n\geqslant 1.4$。

(3)缸盖固定螺栓 d_s 的校核

$$d_s \geqslant \sqrt{\frac{5.2kF}{\pi z[\sigma]}} \tag{3-26}$$

式中:F——液压缸负载;

k——螺纹拧紧系数,$k=1.12\sim1.5$;

z——固定螺栓个数;

σ——螺栓材料许用应力,$[\sigma]=\sigma_s/(1.22\sim2.5)$,$\sigma_s$ 为材料屈服点。

4. 稳定性校核

活塞杆受轴向压缩负载时,其值 F 超过某一临界值 F_k,就会失去稳定。活塞杆稳定性

按下式进行校核：

$$F \leqslant \frac{F_k}{n_k} \tag{3-27}$$

式中：n_k——安全系数，一般取 $n_k=2\sim4$。

当活塞杆的细长比 $l/r_k > \phi_1\sqrt{\phi_2}$ 时，则

$$F_k = \frac{\phi_2 \pi^2 EJ}{l^2} \tag{3-28}$$

当活塞杆的细长比 $l/r_k \leqslant \phi_1\sqrt{\phi_2}$，且 $\phi_1\sqrt{\phi_2}=20\sim120$ 时，则

$$F_k = \frac{fA}{1+\frac{\alpha}{\phi_2}\left(\frac{l}{r_k}\right)^2} \tag{3-29}$$

式中：l——安装长度，其值与安装方式有关，见表 3-6；

r_k——活塞杆横截面最小回转半径，$r_k=\sqrt{J/A}$；

ϕ_1——柔性系数，其值见表 3-7；

ϕ_2——由液压缸支承方式决定的末端系数，见表 3-6；

E——活塞杆材料的弹性模量，钢可取 $E=2.06\times10^{11}\ \mathrm{N/m^2}$；

J——活塞杆横截面惯性矩；

A——活塞杆横截面面积；

f——由材料强度决定的实验值，见表 3-7；

α——系数，具体数值见表 3-7。

表 3-6　液压缸支承方式和末端系数 ϕ_2 的值

支承方式	支承说明	末端系数 ϕ_2
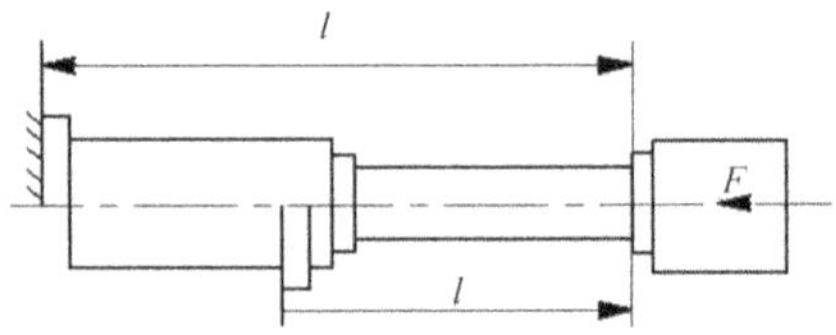	一端固定，一端自由	0.25
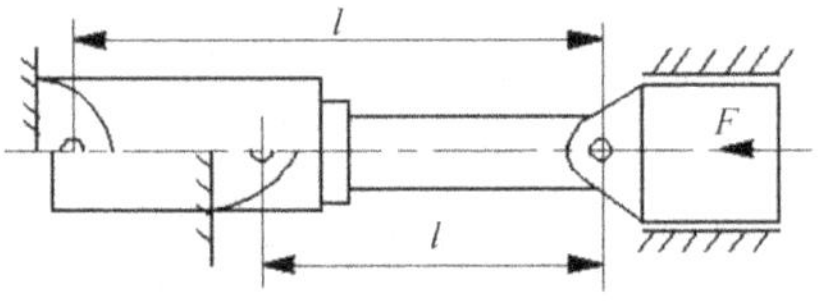	两端铰接	1
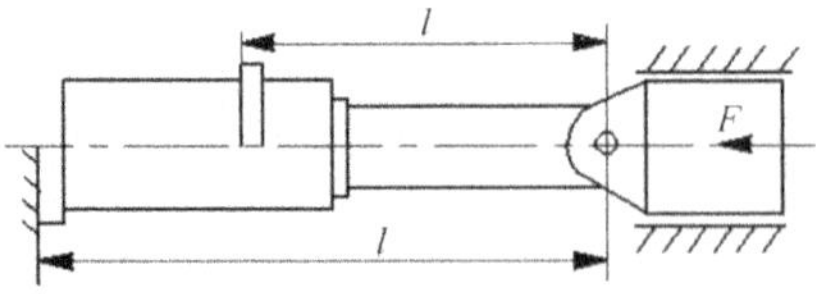	一端铰接，一端固定	2
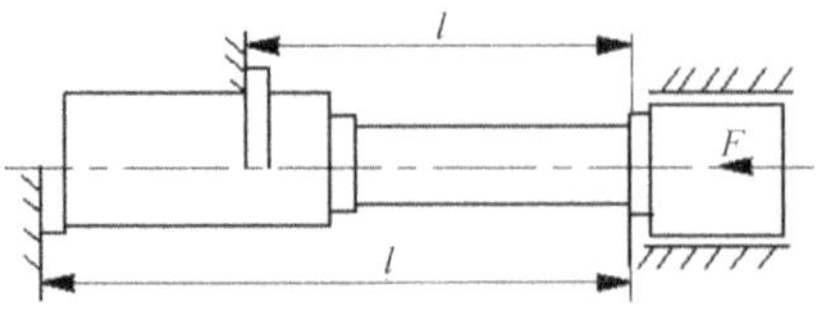	两端固定	4

表 3-7　f、α、ϕ_1 的值

材料	f/MPa	α	ϕ_1
铸铁	560	1/1600	80
锻钢	250	1/9000	110
低碳钢	340	1/7500	90
中碳钢	490	1/5000	85

5. 液压缸的缓冲计算

液压缸的缓冲计算主要是估计缓冲时缸内出现的最大冲击压力，以便校核缸筒强度，另外还应校核制动距离是否符合要求。

当液压缸缓冲时，见图 3-10(a)，背压腔内产生的液压能 E_1 和工作部件产生的机械能 E_2 分别为

$$E_1 = p_c A_c l_c$$

$$E_2 = p_p A_p l_c + \frac{1}{2} m v_0^2 - F_f l_c \tag{3-30}$$

式中：p_c——缓冲腔中的平均缓冲压力；

p_p——高压腔中的油液压力；

A_c、A_p——缓冲腔、高压腔的有效工作面积；

l_c——缓冲行程长度；

m——工作部件质量；

v_0——工作部件运动速度；

F_f——摩擦力。

式(3-30)表示：工作部件产生的机械能 E_2 是高压腔中的液压能与工作部件的动能之和，再减去因摩擦消耗的能量。当 $E_1 = E_2$，即工作部件的机械能全部被缓冲腔液体吸收时，则得

$$p_c = \frac{E_2}{A_c l_c} \tag{3-31}$$

思考题：确定液压缸结构形式主要考虑哪些影响因素？设计液压缸包含哪些内容？

三、气缸

气缸

气缸是以压缩空气为动力驱动机构做直线往复运动，将压缩空气的压力能转变成机械能并对外做功的执行元件。气缸被广泛应用于各行各业中，是实现生产过程自动化、提高劳动生产率等必不可少的重要手段之一。根据划分方式的不同，气缸可以分成不同的类别，比如：按活塞的受力状态，可以将气缸分成单作用式与双作用式；按气缸的结构特征，可以分成柱塞式、活塞式、薄膜式与无杆气缸等；按气缸的功能，可以分为普通气缸、冲击气缸、缓冲气缸、气-液阻尼缸等。

1. 单杆双作用气缸

单杆双作用气缸是最常用的气缸之一，其结构如图 3-12 所示。它由缸筒、前后端盖、活

塞、活塞杆、密封件和紧固件等零件组成。其工作原理与单杆双作用的液压缸一致，当气缸的无杆腔进气时，活塞杆伸出；有杆腔进气时，活塞杆缩回。不同之处在于其重量较轻、速度较快，耐压较低，使用的工作介质为压缩空气。

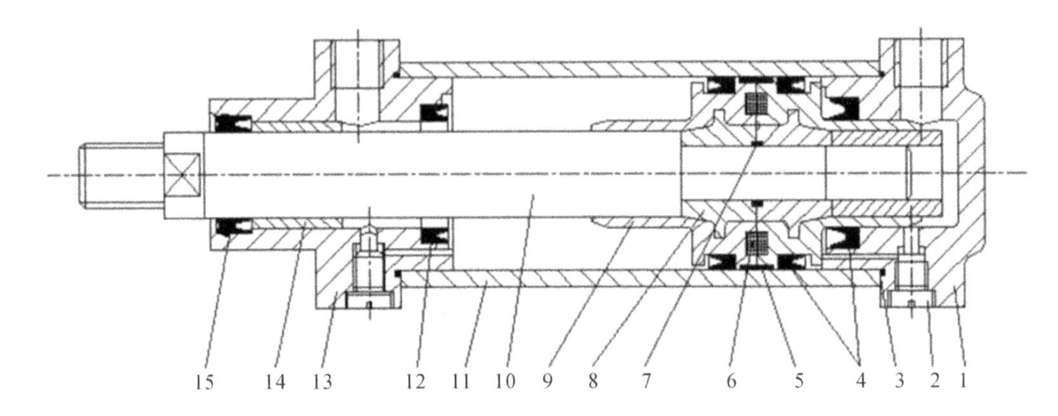

1—后缸盖；2—缓冲节流针阀；3、7—密封圈；4—活塞密封圈；5—导向环；6—磁性环；8—活塞；9—缓冲柱塞；10—活塞杆；11—缸筒；12—缓冲密封圈；13—前缸盖；14—导向套；15—防尘密封圈。

图 3-12 单杆双作用气缸

这种气缸的进、排气口一般开在端盖上。前端盖上设有密封圈、防尘圈来实现气缸的密封与防尘，并设置有导向套来提高活塞杆的运动精度。活塞杆与活塞进行紧固连接，并在活塞上安装有密封圈来防止活塞左右两腔窜气，活塞两侧通常设置有胶垫或者缓冲柱塞进行缓冲。此外，活塞上通常还设置有耐磨环以提高气缸的导向性，带磁性开关的气缸还会在活塞上安装有磁环。

2. 气-液阻尼缸

气体的可压缩性造成了普通气缸运动速度的不稳定。倘若要在气压传动中获得比较稳定的速度就要用到气-液阻尼缸。这种缸是由气缸和油缸组合而成，以压缩空气为动力，利用液体的不可压缩性与控制油液流量的大小来获得稳定的运动速度，它的工作原理如图 3-13 所示。

其中，串联式如图 3-13(a)所示，它将液压缸与气缸的活塞通过一个活塞杆串成一个整体。两缸之间用中盖隔开，防止空气与液压油互窜。在液压缸的进出口处连接了调速用的液压单向节流阀，油杯可对液压缸进行补油。当气缸活塞向右运动时，液压缸右腔排油，此时单向阀关闭，油液通过节流阀回油，实现慢进，通过调节节流阀的开度，来改变前进速度的高低，增大开度则提高速度，反之则降低速度。当气缸活塞向左退回时，液压缸左腔排油，此时单向阀打开，使活塞快速退回。这样就实现了慢进—快退的速度特性，结构简单，性能可靠，能满足切割机、刨床等的运动需要。若去掉单向阀，还能实现慢进—慢退的速度特性。

3. 薄膜式气缸

薄膜式气缸是一种利用压缩空气通过膜片推动活塞杆做往复直线运动的气缸。它由缸体、膜片、膜盘和活塞杆等主要零件组成。其可分为单作用式和双作用式两种，单作用式如图 3-14(a)所示，只有一侧通高压气体，将活塞杆压出，依靠弹簧复位，双作用式如图 3-14(b)所示，其两侧都能通气体。

薄膜式气缸的膜片通常采用盘形膜片与平膜片两种结构。膜片材料通常为磷青铜片、

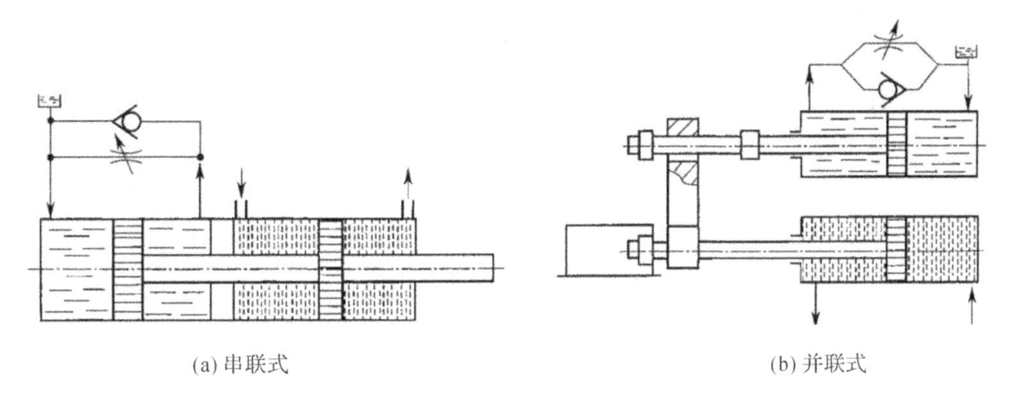

(a) 串联式　　(b) 并联式

图 3-13　气-液阻尼缸工作原理

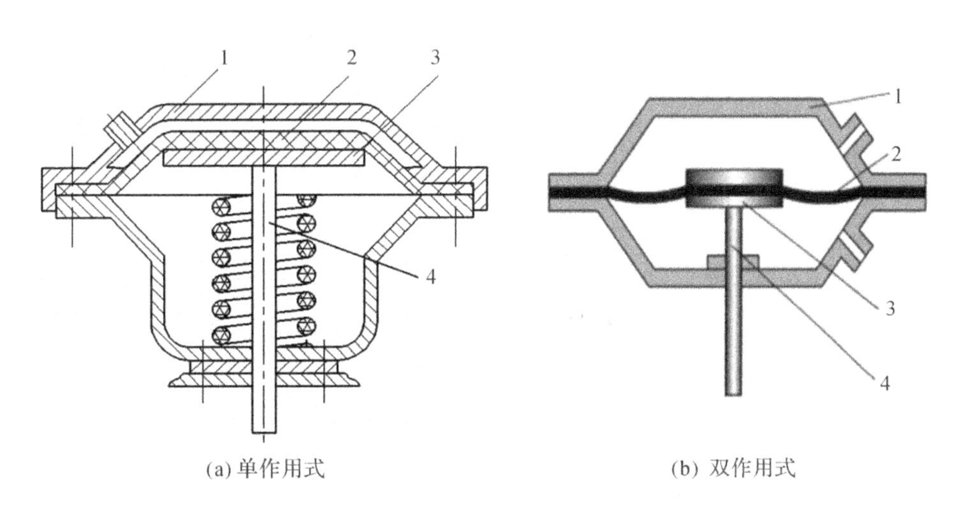

(a) 单作用式　　(b) 双作用式

1—缸体；2—膜片；3—膜盘；4—活塞杆。

图 3-14　薄膜式气缸结构

钢片或夹织橡胶。其中，金属式膜片只用于行程较小的膜片式气缸中，最为常用的材料是甲基橡胶。和活塞式气缸相比，薄膜式气缸具有结构简单、制造方便、易于维修、使用寿命长且效率高等优异性能。它结构紧凑，作用力大，但行程比较短（一般不超过 50mm），一般适用于气动夹具与车辆制动等短行程的工作场合。

4. 冲击气缸

冲击气缸是将压缩空气的能量转化为活塞高速运动能量的气缸，是一种能够产生相当大冲击能量的特殊气缸。相较于普通气缸，这种气缸的特点是结构简单，耗气功率小，制造容易，体积小。其工作原理如图 3-15 所示。

根据冲击气缸工作过程中各个阶段的特点，可将其分为复位、储能、冲击三个阶段。复位阶段如图 3-15(a)所示，压缩空气由下端 A 口进入气缸下端有杆腔，上端无杆腔的 B 口排气，活塞在压缩空气的作用下上升至密封垫处将喷嘴封住，此时中盖与活塞间的环形空间经 d 口排气，完成活塞复位；储能阶段如图 3-15(b)所示，压缩空气由 B 口进入上端无杆腔，下端有杆腔经过 A 口将空气排出，由于上腔气压通过喷嘴作用在活塞上的面积远小于下腔气压作用在活塞上的面积，因此即使下腔压力降低，活塞下端的作用力仍大于上端，故可实现上腔的蓄能;冲击阶段如图 3-15(c)所示,上腔压力继续增大,而下腔的压力持续降低,当上、下腔压力比大于活塞与喷嘴面积比时,活塞离开喷嘴,上腔气体迅速充入活塞与中盖间的空间,活塞将以极大的加速度向下运动,获得很大的冲击能和冲击力。

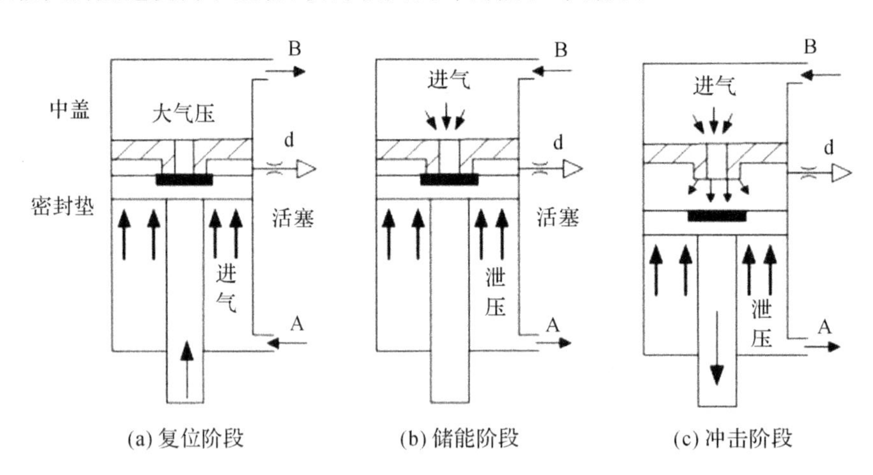

图 3-15 冲击气缸工作原理

5. 无杆气缸

无杆气缸的特征是没有刚性活塞杆,它通过活塞直接或间接地驱动缸体上的滑块来实现往复直线运动。这种气缸的最大优点是节省了安装空间,非常适用于小缸径、长行程的工作场合,所需要的安装空间也只有 1.2L(L 为滑块行程),它便于和其他气缸进行组合,运动精度高。

无杆气缸可分为机械接触式和磁性耦合式两种。图 3-16 所示为机械接触式无杆气缸结构简图。该气缸在缸筒轴向开有一条槽,并在气缸两端设置有缓冲柱塞。气压推动活塞 5 运动,活塞 5 带动与负载相连的滑块 6 一起在槽内移动,且借助缸体上的一个管状沟槽防止其产生旋转。因开槽处防泄漏和防尘的需要,该气缸在开口部采用聚氨酯密封带 3 和防尘不锈钢带 4 对其进行密封。

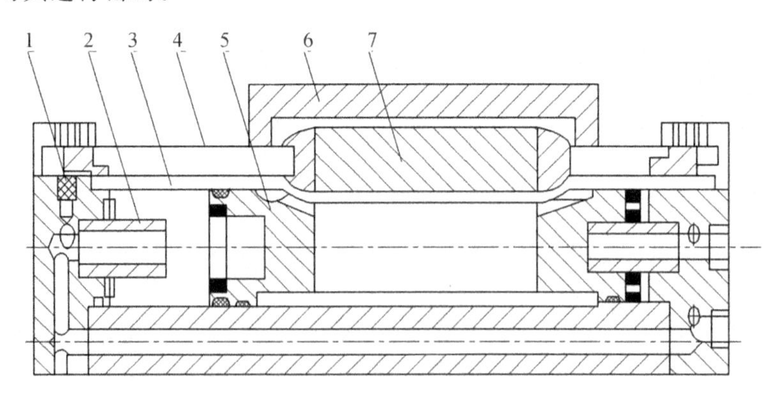

1—节流阀;2—缓冲柱塞;3—聚氨酯密封带;4—防尘不锈钢带;5—活塞;6—滑块;7—活塞架。

图 3-16 机械接触式无杆气缸结构简图

这种气缸适用缸径为 8～80mm,最大行程在缸径不小于 40mm 时可达 6m。气缸运动速度高，可达 2m/s。由于负载与活塞是和在气缸槽内运动的滑块连接的，因此在使用中必须考虑滑块上所受的径向和轴向负载。为了增加承载能力，必须增加导向机构。若需用无杆气缸构成气动伺服定位系统，可用内置式位移传感器的无杆气缸。

如图 3-17 所示为磁性耦合无杆气缸，在活塞上装了一组高磁性的稀土永久磁环，磁力线穿过薄壁缸筒作用在套在缸筒外面的另一组磁环上。由于两组磁环极性相反，具有很强的吸力，当活塞在输入气压作用下移动时，则通过磁力线带动缸筒外的磁环套与负载一起移动。在气缸行程两端设有空气缓冲装置，防止发生冲击。

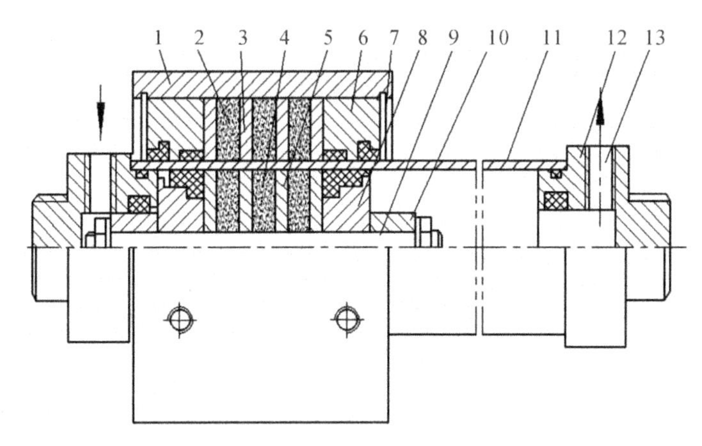

1—套筒（移动支架）；2—外磁环（永久磁铁）；3—外磁导板；4—内磁环（永久磁铁）；5-内磁导板；6—压盖；7—卡环；8—活塞；9—活塞轴；10—缓冲柱塞；11—气缸筒；12—端盖；13—进、排气口。

图 3-17　磁性耦合无杆气缸

磁性耦合无杆气缸的特点是体积小，重量轻，无外部空气泄漏，维护保养方便。当速度快、负载大时，内外磁环不易吸住，且磁性耦合无杆气缸的中间不可能增加支承点，因此最大行程受到限制。

思考题：结合已学的液压缸内容，综合分析、对比分析液压缸与气缸在结构、工作原理以及适用场合上的异同。

第二节　旋转运动执行元件

一、液压马达

液压马达

液压马达是一种将液压能转换为机械能的转换装置，是实现连续旋转或摆动的执行元件。

（一）液压马达的工作原理

如图 3-18 所示为轴向柱塞式液压马达的工作原理。斜盘 1 和配油盘 4 固定不动，柱塞 3 可在缸体 2 的孔内移动，斜盘中心线与缸体中心线相交一个倾角 δ。当高压油经配油盘的窗口进入缸体的柱塞孔时，处在高压腔中的柱塞被顶出，压在斜盘上，斜盘对柱塞的反作用力 F 可分解为两个分力，轴向分力 F_x 和作用在柱塞上的液压力平衡，垂直

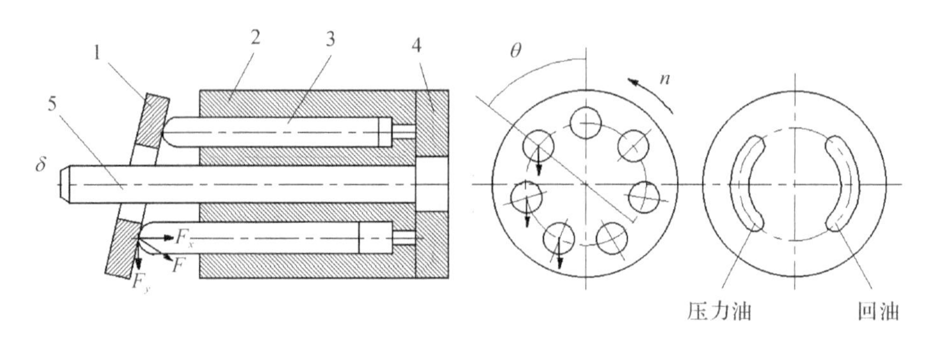

1—斜盘；2—缸体；3—柱塞；4—配油盘；5—马达轴。

图 3-18　轴向柱塞式液压马达

分力 F_y 使缸体产生转矩，带动马达轴 5 转动。设第 i 个柱塞和缸体的垂直中心线夹角为 θ，则在柱塞上产生的转矩为

$$T_i = F_y r = F_y R\sin\theta = FR\tan\delta\sin\theta \tag{3-32}$$

式中：R——柱塞在缸体中的分布圆半径。

液压马达产生的转矩应是处于高压腔柱塞产生转矩的总和，即

$$T = \sum FR\tan\delta\sin\theta \tag{3-33}$$

随着角 θ 的变化，每个柱塞产生的转矩也发生变化，故液压马达产生的总转矩也是脉动的，它的脉动情况和讨论泵流量脉动时的情况相似。

思考题：液压马达与液压泵有何异同？

（二）液压马达的主要性能参数

1. 工作压力和额定压力

工作压力是指马达实际工作时的压力。

额定压力是指马达在正常工作条件下，按试验标准规定能连续运转的最高压力。

2. 排量和理论流量

排量 V 是指在没有泄漏的情况下，马达轴转一周所需输入的油液体积。

理论流量 q_t 是指在没有泄漏的情况下，达到要求转速所需输入油液的流量。

3. 效率和功率

容积效率：由于有泄漏损失，为了达到液压马达要求的转速，实际输入的流量 q 必须大于理论流量 q_t，容积效率为

$$\eta_V = \frac{q_t}{q} \tag{3-34}$$

机械效率：由于有摩擦损失，液压马达的实际输出转矩 T 一定小于理论转矩 T_t。因此机械效率为

$$\eta_m = \frac{T}{T_t} \tag{3-35}$$

马达的总效率为

$$\eta = \eta_V \eta_m \tag{3-36}$$

马达输入功率 P_i 为

$$P_i = \Delta p q \tag{3-37}$$

马达输出功率 P_o 为

$$P_o = T\Omega = 2\pi n T \tag{3-38}$$

式中：Δp——马达进、出口的压力差；

Ω, n——马达的角速度和转速。

4. 转矩和转速

液压马达能产生的理论转矩 T_t 为

$$T_t = \frac{1}{2\pi}\Delta p V \tag{3-39}$$

液压马达输出的实际转矩为

$$T = \frac{1}{2\pi}\Delta p V \eta_m \tag{3-40}$$

液压马达的实际输入流量为 q 时，马达的转速为

$$n = \frac{q\eta_V}{V} \tag{3-41}$$

（三）液压马达的分类和结构

液压马达和液压泵结构基本相似，按结构分有齿轮式、叶片式和柱塞式等几种。按工作特性可分为高速马达和低速马达两大类。

1. 高速液压马达

高速液压马达的主要形式有齿轮式、螺杆式、叶片式、轴向柱塞式。其特点是转速高、额定转速高于 500rpm，转动惯量小、排量也小，输出转矩不大，通常几十到几百牛·米（N·m），故又称高速小转矩液压马达。

(1)齿轮马达

图 3-19 所示为外啮合齿轮马达工作原理，两个相互啮合的齿轮Ⅰ、Ⅱ的中心分别为 O_1 和 O_2，啮合点半径分别为 r_1 和 r_2。齿轮Ⅰ为带有负载的输出轴。当进油口高压油液 p_1（p_2 为回油压力）进入齿轮马达的进油腔（由齿 1、2、3 和 1′、2′、3′、4′的表面及壳体和端盖的有关

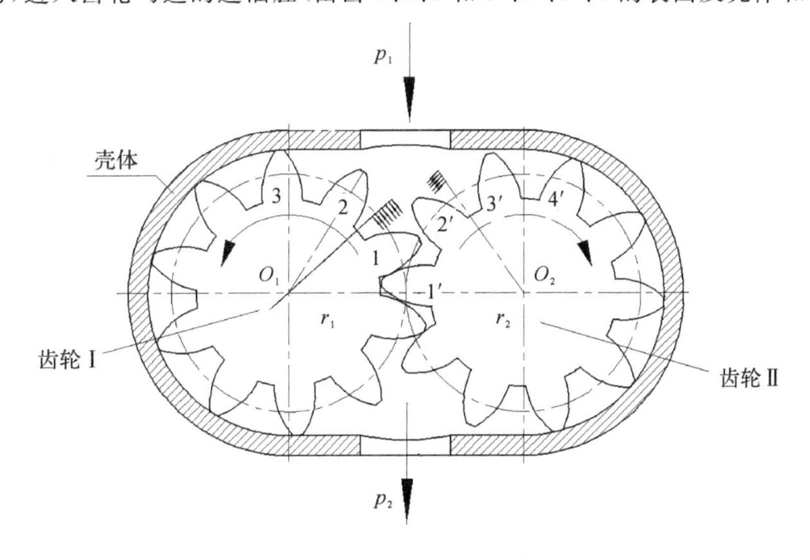

图 3-19 外啮合齿轮马达工作原理

内表面组成)之后,由于啮合点的半径小于齿顶圆半径,故在齿 1 的表面产生如箭头所示的不平衡液压力,该液压力对于轴线 O_1 产生逆时针转矩,在齿 1′和 2′的齿面上也产生如箭头所示的不平衡液压力,该液压力对于轴线 O_2 产生顺时针转矩。在两个转矩的共同作用下,齿轮马达按图示方向连续地旋转。随着齿轮的旋转,油液被带到回油腔排出。只要连续不断地向齿轮马达提供压力油,马达就连续旋转,输出转矩和转速。齿轮马达在转动过程中,由于啮合点不断改变位置,故马达的输出转矩是脉动的。

齿轮马达结构特点:齿轮马达进出油口大小相同,有单独的泄油口;为减少启动摩擦力矩,采用滚动轴承;为减少转矩脉动,齿数较泵的齿数多。由于其密封性能差,容积效率较低,不能产生较大的转矩,且瞬时转速和转矩随啮合点而变化,因此仅用于高速小转矩的场合,如工程机械、农业机械及对转矩均匀性要求不高的设备。

(2)叶片式液压马达

图 3-20 所示为叶片式液压马达工作原理。叶片式液压马达的结构一般是双作用定量马达。如图所示,当压力油进入压油腔后,在叶片 1、3、5、7 上,一面作用有压力油,另一面为排油腔的低压油。由于叶片 1、5 受力面积大于叶片 3、7,从而由叶片受力差构成的转矩推动转子做顺时针方向转动。改变压力油的进入方向,马达反向旋转。

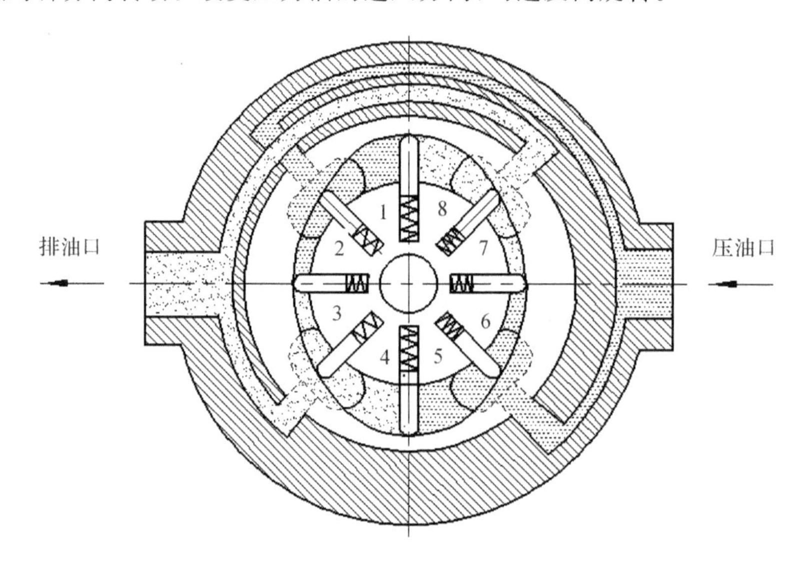

图 3-20 叶片式液压马达工作原理

叶片式液压马达结构特点:进出油口相等,有单独的泄油口;叶片径向放置,叶片底部设置有燕式弹簧;在高低压油腔通入叶片底部的通路上装有梭阀。由于其转动惯量小,反应灵敏,能适应较高频率的换向。但泄漏大,低速时不够稳定,适用于转矩小、转速高、力学性能要求不高的场合。

(3)轴向柱塞液压马达

轴向柱塞液压马达原理已经在前面介绍(见图 3-18),这里就不再重复。

轴向柱塞液压马达结构特点:轴向柱塞泵和轴向柱塞马达是互逆的;配油盘为对称结构,可作变量马达。改变斜盘倾角,不仅影响马达的转矩,而且影响它的转速和转向。斜盘倾角越大,产生的转矩越大,转速越低。

（四）低速液压马达

低速液压马达的基本形式是叶片式和径向柱塞式，它的特点是输入油液压力高，排量大，可在马达轴转速为 10r/min 以下平稳运转，低速稳定性好，输出转矩大，可达几百牛·米到几千牛·米，所以又称低速大扭矩液压马达。

低速大转矩液压马达分为单作用和多作用两大类。单作用液压马达：转子旋转一周，每个柱塞往复工作一次。它又有径向和轴向之分。径向柱塞式单作用液压马达，主轴是偏心的。多作用液压马达：设有导轨曲线，曲线的数目就是作用次数，转子旋转一周，每个柱塞往复工作多次。它同样有径向和轴向之分。单作用马达结构比较简单，工艺性较好，造价较低。但存在输出转矩和转速的脉动，低速稳定性不如多作用液压马达。多作用马达单位功率的质量较轻，若设计合理，可得无脉动输出。但其制造工艺较复杂，造价高于单作用马达。

1. 单叶片式摆动液压马达

图 3-21 所示为单叶片式摆动液压马达的结构原理。压力油从进油口进入缸筒 3，推动叶片 1 和轴一起做逆时针方向转动，回油从缸筒的回油口排出。因叶片与输出轴连接，带动输出轴摆动，同时输出转矩，克服负载运行。

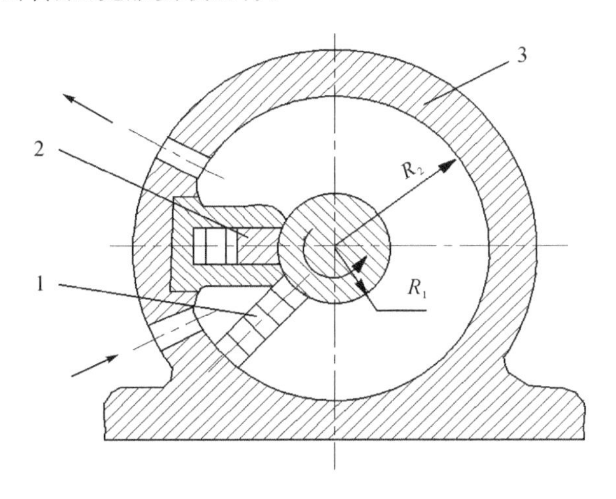

1—叶片；2—分隔片；3—缸筒。

图 3-21　单叶片式摆动液压马达

单叶片式摆动液压马达的工作压力小于 10MPa，摆动角度近 300°。由于径向力不平衡，叶片和缸筒、叶片和挡块之间密封困难，限制了其工作压力的进一步提高，从而也限制了输出转矩的进一步提高。

2. 双叶片式摆动液压马达

图 3-22 所示为双叶片式摆动液压马达的结构原理。它有两个进、出油口，其摆动角度小于 150°。在相同的条件下，它的输出转矩是单叶片式的两倍，角速度是单叶片式的一半。

思考题：高速液压马达、低速液压马达与液压泵的主要特点是什么？

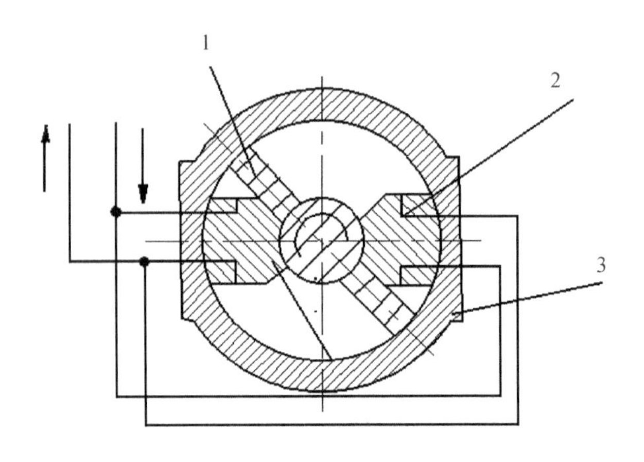

1—叶片;2—分隔片;3—缸筒。

图 3-22　双叶片式摆动液压马达

二、气动马达

气动马达

气动马达是将压缩空气的能量转换为回转运动的气动执行元件。

(一)气动马达的分类

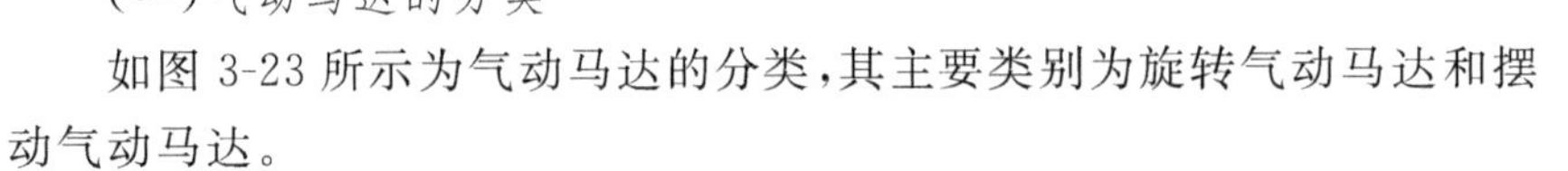

如图 3-23 所示为气动马达的分类,其主要类别为旋转气动马达和摆动气动马达。

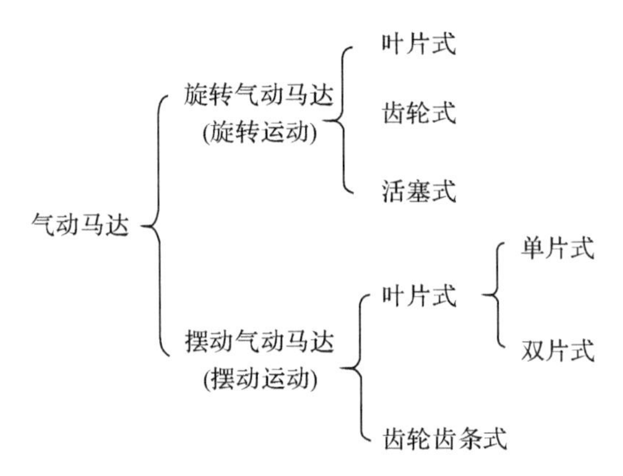

图 3-23　气动马达分类

1. 径向活塞式气动马达

图 3-24 所示为径向活塞式气动马达的结构原理。压缩空气进入配气阀体 1,使配气阀芯 2 转动,同时借配气阀芯 2 转动,压缩空气经进气孔进入分配阀后进入气缸体 3,推动活塞 4 及连杆 5 组成的组件运动,再使曲轴旋转,在曲轴旋转的同时,带动固定在曲轴上的分配阀同步运动,使压缩空气随着分配阀角度位置的改变而进入不同的缸内,依次推动各个活塞运动。

2. 叶片式气动马达

图 3-25 所示为叶片式气动马达的结构原理。压缩空气从输入口 A 进入,作用在工作腔

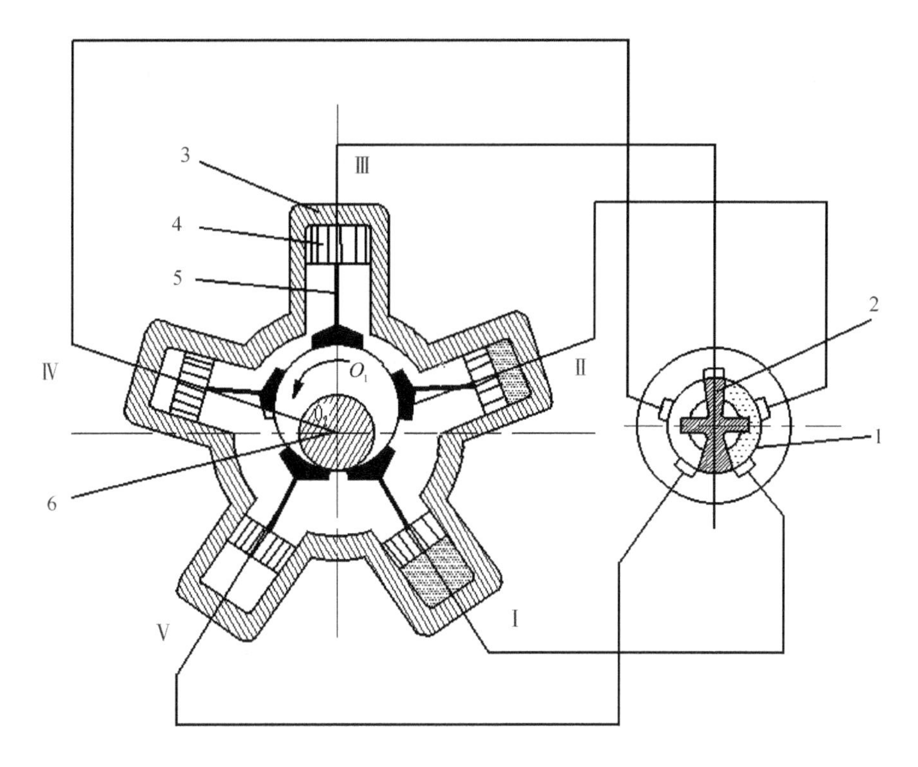

1—配气阀体；2—配气阀芯；3—气缸体；4—活塞；5—连杆；6—曲轴。

图 3-24　径向活塞式气动马达

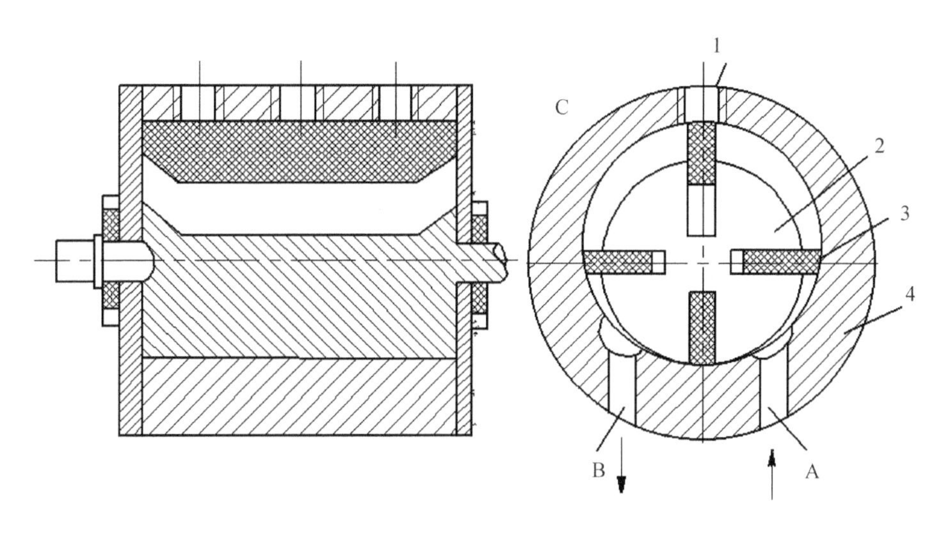

1—定子；2—转子；3—叶片；4—壳体。

图 3-25　叶片式气动马达

两侧的叶片 3 上。由于转子 2 偏心安装，气压作用在两侧叶片上产生转矩差，使转子 2 按逆时针方向旋转。做功后的气体从输出口 B 排出。若改变压缩空气输入方向，即可改变转子 2 的转向。

叶片式气动马达一般在中、小容量，高速回转的范围使用，其输出功率为 0.1～20kW，转速为 500～25000r/min。叶片式气动马达启动及低速时的特性不好，在转速 500r/min 以下场合使用时，必须要用减速机构。叶片式气动马达主要用于矿山机械和气动工具中。

思考题：使用气动马达时应注意哪些事项？

图 3-26 所示为叶片式气动马达的基本特性曲线。该曲线表明，在一定的工作压力下，气动马达的转速及功率都随外负载转矩变化而变化。

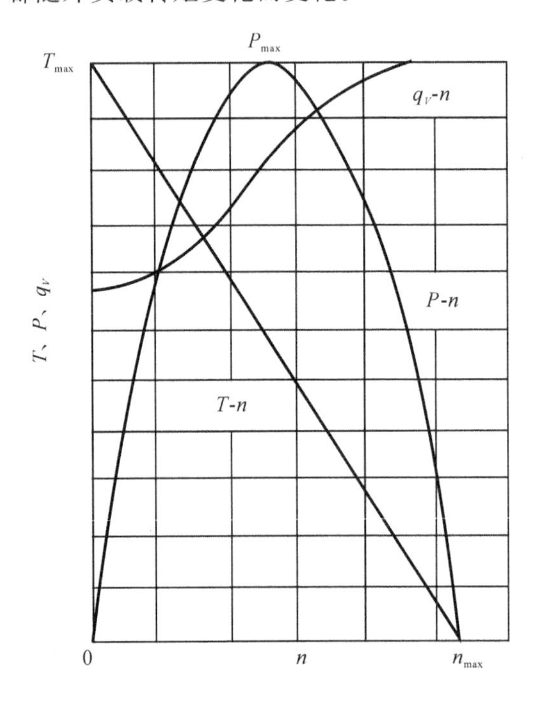

图 3-26 叶片式气动马达的基本特性曲线

由特性曲线可知，叶片式气动马达的特性较软。当外负载转矩为零(即空转)时，此时转速达最大值 n_{max}，气动马达的输出功率为零，当外负载转矩等于气动马达最大转矩 T_{max}时，气动马达停转，转速为零，此时输出功率也为零。当外负载转矩约等于气动马达最大转矩的一半时，其转速为最大转速的一半，此时气动马达输出功率达最大值 P_{max}。一般来说，这就是所要求的气动马达额定功率。在工作压力变化时，特性曲线的各值将随压力的改变而有较大的改变。

习　题

3-1　多级伸缩缸在外伸、内缩时，不同直径的柱塞以什么样的顺序运动？为什么？

3-2　已知单杆液压缸缸筒直径 $D=50$mm，活塞杆直径 $d=35$mm，液压泵供油流量为 $q_p=10$L/min，试求：

(1)液压缸差动连接时的运动速度；

(2)若缸在差动阶段所能克服的外负载 $F=1$kN，则缸内油液压力有多大(不计管内压力损失)？

3-3　一柱塞缸的柱塞固定，缸筒运动，压力油从空心柱塞中通入，压力为 $p=10\text{MPa}$，流量为 $q=25\text{L/min}$，缸筒直径为 $D=100\text{mm}$，柱塞外径为 $d=80\text{mm}$，柱塞内孔直径为 $d_0=30\text{mm}$，试求柱塞缸所产生的推力和运动速度。

3-4　设计一单杆活塞液压缸，要求快进时为差动连接，快进和快退(有杆腔进油)时的速度均为 6m/min。工进时(无杆腔进油，非差动连接)可驱动的负载为 $F=2.5\text{kN}$，回油背压为 0.25MPa，采用额定压力为 6.3MPa、额定流量为 25L/min 的液压泵，试确定：

(1)缸筒内径和活塞杆直径各是多少？

(2)缸筒壁厚最小值(缸筒材料选用无缝钢管)是多少？

3-5　已知单杆液压缸缸筒内径 $D=100\text{mm}$，活塞杆直径 $d=50\text{mm}$，工作压力 $p_1=2\text{MPa}$，流量 $q_v=10\text{L/min}$，回油压力 $p_2=0.5\text{MPa}$。试求活塞往返运动时的推力和运动速度。

3-6　图 3-27 所示两个结构相同相互串联的液压缸，无杆腔的面积 $A_1=100\text{cm}^2$，有杆腔的面积 $A_2=80\text{cm}^2$，缸 1 的输入压力 $p_1=9\text{MPa}$，输入流量 $q_v=12\text{L/min}$，不计损失和泄漏，求：

(1)两缸承受相同负载($F_1=F_2$)时，该负载的数值及两缸的运动速度。

(2)缸 2 的输入压力是缸 1 的一半($p_2=0.5p_1$)时，两缸各能承受多少负载？

(3)缸 1 不承受负载($F_1=0$)时，缸 2 能承受多少负载？

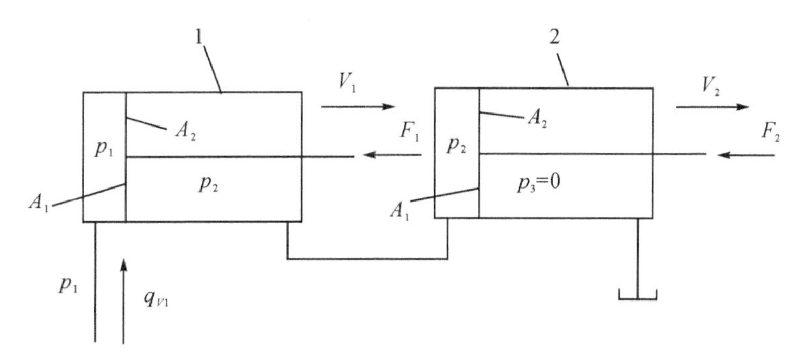

图 3-27　题 3-6 图

3-7　设计一单杆活塞式液压缸，要求快进时为差动连接，快进和快退(有杆腔进油)时速度均为 0.1m/s，工进时(无杆腔进油，非差动连接)可驱动的负载为 2.5kN，回油压力为 0.2MPa，采用额定压力为 6.3MPa、额定流量为 25L/min 的液压泵，试确定：

(1)缸筒内径和活塞杆的直径；

(2)若缸筒材料选用无缝钢管，其许用应力$[\sigma]=5\times10^7\text{N/m}^2$，计算缸筒的壁厚。

3-8　液压马达的排量 $V=10\text{ml/r}$，入口压力 $p_1=10\text{MPa}$，出口压力 $p_2=0.5\text{MPa}$，容积效率 $\eta_V=0.95$，机械效率 $\eta_m=0.85$，若输入流量 $q_v=50\text{L/min}$，求马达的转速 n、转矩 T、输入功率 P_i 和输出功率 P_o 各为多少？

3-9　某液压泵的排量为 V，泄漏量 $\Delta q_v=k_1p$(k_1 为泄漏系数，p 为工作压力)。此泵可兼作马达使用，当泵和马达的转速相同时，其容积效率是否相同？

3-10　气动马达和与它起同样作用的电动机相比有哪些特点？与液压马达相比有哪些异同点？

3-11　单杆双作用气缸内径 $D=100\text{mm}$，活塞杆直径 $d=40\text{mm}$，行程 $L=450\text{mm}$，进退压力均为 0.5MPa，在运动周期 $T=5\text{s}$ 下连续运转，$\eta_V=0.9$。试问一个往返行程所消耗的自由空气量为多少？

3-12　单片摆动式气动马达的内半径 $r=50\text{mm}$，外半径 $R=300\text{mm}$，进排气口的压力分别为 0.6MPa 和 0.15MPa，叶片轴向宽度 $B=320\text{mm}$，效率 $\eta_m=0.5$，输入流量为 $0.4\text{m}^3/\text{min}$，其输出转矩 T 和角速度 ω 为多少？

讨论题

举例说明你所熟悉的液压缸、气缸、液压马达、气压马达的应用场合。

本章在线测试

第四章　控制调节元件

本章重点:本章要求学生掌握液压与气压传动中各种控制元件的功用、工作原理、结构特点、职能符号以及各种阀的应用场合;重点掌握方向阀、压力阀和流量阀的原理及应用。

第一节　概　述

液压阀、气动阀、气动逻辑控制元件等均属于液压与气压传动系统中的控制元件。液压与气压阀的种类繁多,结构复杂,应用广泛。分析和研究阀的工作原理、特性及应用场合,对于分析液压及气压设备的工作性能和系统设计十分重要。

阀的作用是通过控制阀口大小的改变或阀口的通断来控制系统中流体的流动方向(方向控制阀)、压力(压力控制阀)和流量(流量控制阀),以保证执行元件按照负载的需求进行工作。各类阀虽然形式不同,控制的功能各有所异,但它们之间还是保持着一些基本的共同点。第一,在结构上,所有的阀都是由阀体、阀芯(座阀或滑阀)和驱动阀芯动作的元部件(如弹簧、电磁铁)组成。第二,在工作原理上,所有阀的开口大小,阀进、出口间的压差以及流过阀的流量之间的关系都符合孔口流量公式,只是各种阀控制的参数各不相同而已。如压力阀控制的是压力,流量阀控制的是流量。

一、阀的分类

1. 按结构形式分类

按结构形式,控制元件可分为滑阀式、锥阀式、球阀式、截止式、膜片式、喷嘴挡板式等。如图 4-1 所示是常用的三种结构形式。

滑阀式阀芯为圆柱形,阀芯在阀体孔内做相对运动,来开启或关闭阀口。滑阀为间隙密封,阀芯与阀口存在一定的密封长度,因此滑阀运动存在一个死区。

锥阀式阀芯的半锥角一般为 12°～20°,阀口关闭时为线密封,密封性能好且动作灵敏。锥阀只能有一个进口和一个出口,因此又称为二通锥阀。

球阀式性能与锥阀式相同。

2. 按功用分类

按照在系统中的功用,阀可分为方向控制阀、压力控制阀和流量控制阀。

(1)方向控制阀用来控制流体的流动方向,以实现执行机构对运动方向的要求。常见的有单向阀、液控单向阀、换向阀、比例方向控制阀、快速排气阀等。

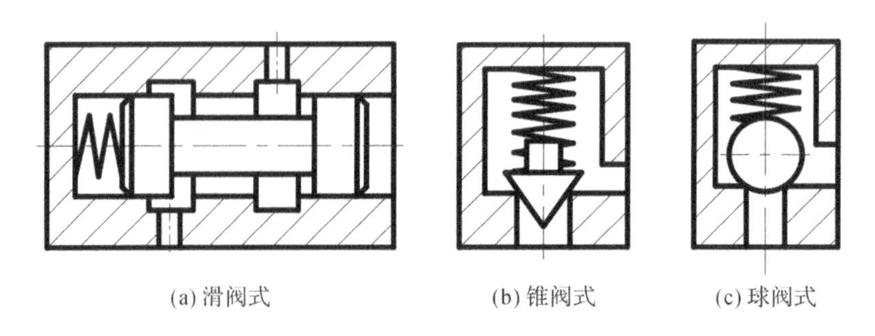

图 4-1　阀的结构形式

(2)压力控制阀用来控制系统中流体的压力,用以满足执行机构对力的要求。常见的有溢流阀、减压阀、顺序阀、卸荷阀、平衡阀、比例压力控制阀、压力继电器等。

(3)流量控制阀用来控制流体的流量,以实现执行机构对运动速度的要求。常见的有节流阀、调速阀、溢流节流阀、分流阀、集流阀、比例流量控制阀、排气节流阀等。

3. 按连接和安装方式分类

按照连接和安装方式阀可分为管式阀、板式阀、插装阀和叠加阀。

4. 按操纵方式分类

按照操纵方式阀可分为机动阀、手动阀、电动阀、液动阀和电液动阀等。

5. 按控制方式分类

按照控制方式阀可分为伺服控制阀、比例控制阀和数字控制阀。

(1)伺服控制阀是将微小的输入信号转换为大的功率输出,可以连续按比例地控制液压系统中的压力和流量,多用于要求高精度、快速响应的闭环控制系统中。常见的有电液伺服阀、气液伺服阀、机液伺服阀等。

(2)比例控制阀的输出量与输入信号成比例,并按给定输入信号成比例地控制流体的方向、压力和流量等参数,多用于开环控制系统中。常见的有电液比例压力阀、电液比例流量阀、电液比例换向阀、电液比例复合阀、气动比例压力阀、气动比例流量阀等。

(3)数字控制阀是利用数字信息直接控制各种参数。常见的有数字控制压力阀、数字控制流量阀和方向阀。

二、阀的基本要求

阀是控制调节元件,有一定的能量损耗,系统中所用的阀,基本要求如下:

(1)动作灵敏,使用可靠,工作时冲击和振动小,噪声小,使用寿命长。

(2)流体流经阀时,压力损失要小,密封性能要好,内泄要小,无外泄。

(3)结构简单紧凑,通用性好,制造、装配、维护方便,工作效率高。

(4)所控制的参数例如压力或流量要稳定,受外界干扰时变化量小。

三、液压阀上的液动力

液压阀很多都采用滑阀结构,流体流经阀口时,由于流动方向和流速的改变,使阀芯受到流体的作用力。本质上液动力是液体对固体作用的压力,并不存在一个额外的动力。液动力分为稳态液动力和瞬态液动力两种。液动力对液压阀的性能起着重大的影响。

(一)稳态液动力

稳态液动力指的是阀芯移动完毕，阀口开度固定之后，液流流经阀口时因动量改变而附加作用在阀芯上的力。

稳态液动力可分解为轴向力和径向力，由于一般将阀体的油腔对称地设置在阀芯的周围，因此沿阀芯的径向分力互相抵消了，只剩下沿阀芯轴线方向的轴向分力。图 4-2 所示为油液流过阀口的两种情况。取阀芯两凸肩间的容腔中的液体作为控制体，对它列动量方程 $\sum F=\rho q(\beta_2 v_2-\beta_1 v_1)$，可得两种情况下的轴向液动力都是 $F_{bs}=\rho q v\cos\varphi$，其方向都是促使阀口关闭的。

据式(1-29)和式(1-30)，并注意到 $A_0=\omega\sqrt{c_r^2+x_V^2}$，上式可写成

$$F_{bs}=2C_dC_v\omega\sqrt{c_r^2+x_V^2}\Delta p\cos\varphi \tag{4-1}$$

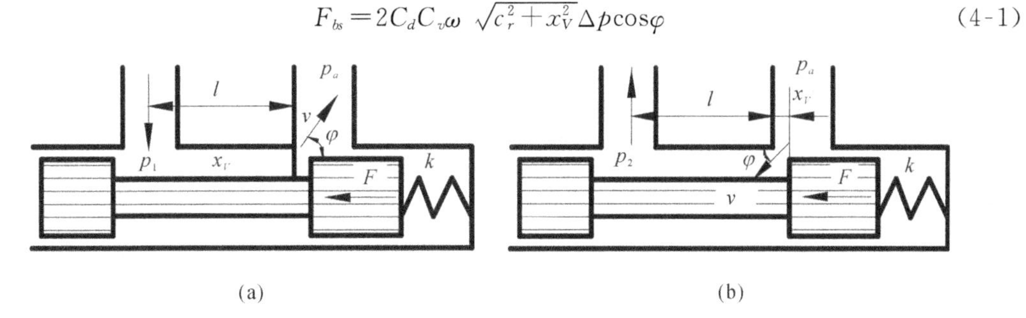

图 4-2　作用在滑阀上的稳态液动力

稳态液动力加大了操纵滑阀所需的力，尤其在高压大流量的情况下，这个力会很大，成为操纵阀芯的突出问题，这时应采取一定的措施补偿或消除这个力；稳态液动力的方向总是促使阀口关闭，相当于一个回复力，使阀的工作趋于稳定。

(二)瞬态液动力

瞬态液动力是滑阀在移动过程中(即开口大小发生变化时)阀腔中液流因加速或减速而作用在阀芯上的力。这个力只与阀芯移动速度有关(即与阀口开度的变化率有关)，与阀口开度本身无关。

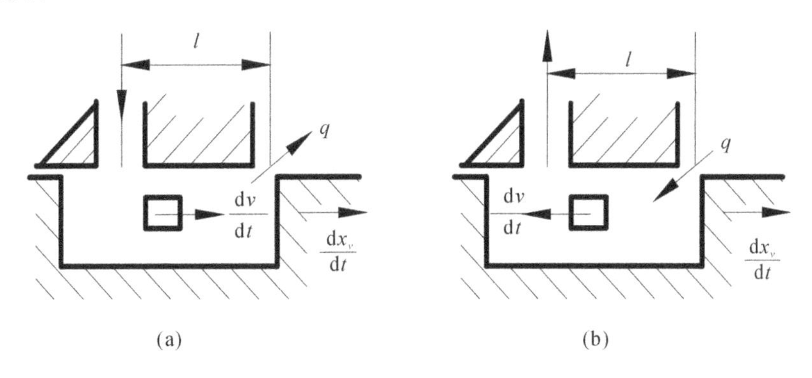

图 4-3　瞬态液动力

图 4-3 所示为阀芯移动时出现瞬态液动力的情况。当阀口开度发生变化时，阀腔内长度为 l 那部分油液的轴向速度亦发生变化，也就是出现了加速或减速，于是阀芯就受到了一

个轴向的反作用力 F_{bt}，这就是瞬态液动力。若流过阀腔的瞬时流量为 q，阀腔的截面积为 A_s，阀腔内加速或减速部分油液的质量为 m_0，阀芯移动的速度为 v，则有

$$F_{bt}=-m_0\frac{\mathrm{d}v}{\mathrm{d}t}=-\rho A_s l\frac{\mathrm{d}v}{\mathrm{d}t}=-\rho l\frac{\mathrm{d}(A_s v)}{\mathrm{d}t}=-\rho l\frac{\mathrm{d}q}{\mathrm{d}t} \tag{4-2}$$

据式(1-30)和 $A_0=\omega x_V$，当阀口前后的压差不变或变化不大时，流量的变化率 $\mathrm{d}q/\mathrm{d}t$ 为

$$\frac{\mathrm{d}q}{\mathrm{d}t}=C_d\omega\sqrt{\frac{2}{\rho}\Delta p}\frac{\mathrm{d}x_V}{\mathrm{d}t}$$

将上式代入式(4-2)，得

$$F_{bt}=-C_d\omega l\sqrt{2\rho\Delta p}\frac{\mathrm{d}x_V}{\mathrm{d}t} \tag{4-3}$$

滑阀上瞬态液动力的方向，视油液流入还是流出阀腔而定。图 4-3(a)中油液流出阀腔，则当阀口开度加大时长度为 l 的那部分油液加速，当开度减小时油液减速，两种情况下瞬态液动力作用方向都与阀芯的移动方向相反，起着阻止阀芯移动的作用，相当于一个阻尼力。这时式(4-3)中的 l 取正值，并称之为滑阀的“正阻尼长度”。反之，图 4-3(b)中油液流入阀腔，阀口开度变化引起液流流速变化，都使瞬态液动力的作用方向与阀芯移动方向相同，起着帮助阀芯移动的作用，相当于一个负的阻尼力。这种情况下式(4-3)中的 l 取负值，并称之为滑阀的“负阻尼长度”。

滑阀上的“负阻尼长度”是造成滑阀工作不稳定的原因之一。滑阀上如有好几个阀腔串联在一起，阀芯工作的稳定与否就要依据各个阀腔阻尼长度的综合作用结果而定。

四、液压卡紧现象

液压卡紧是活塞或阀芯被活塞周围空隙中的不平衡压力卡住，不平衡压力侧向推动活塞，引起足以阻止轴向运动的摩擦现象。

思考题：*产生液压卡紧力的原因有哪些？*

滑阀式换向阀中，由于阀芯和阀体的中心不可能完全重合，同时，由于加工条件限制，必然存在一定的几何形状误差，这样使得进入滑阀间隙中的压力油对阀芯产生不平衡的径向力，在一定条件下，使阀芯紧贴在孔壁上，产生很大的摩擦力，严重时则使阀芯被卡住而难以操纵。同时，油液中混入杂质进入阀芯配合间隙、阀芯变形、配合间隙不当等都会加剧这一现象。一般情况下讨论的液压卡紧通常指几何误差所引起的卡紧现象。图 4-4 所示为滑阀上产生不平衡径向力的几种情况。

图 4-4(a)所示为阀芯与阀孔无几何形状误差，轴心线平行但不重合的情况，这时阀芯周围缝隙内的压力分布是线性的，且各向相等，因此阀芯上不会出现径向不平衡力。

图 4-4(b)表示阀芯带有倒锥(锥部大端在高压腔)，由于阀芯带有倒锥，阀芯上受到一个不平衡的径向力，使阀芯与阀孔间的偏心距越来越大，直到两者表面接触为止，这时径向不平衡力最大。但是，当阀芯带有顺锥(锥部大端朝向低压腔)时，产生的径向不平衡力将使阀芯和阀孔间的偏心距减小。

图 4-4(c)所示为阀芯表面有局部凸起，且凸起在阀芯的高压端时，阀芯受到的径向不平衡力将使阀芯的高压端凸起部分推向孔壁。

为了减小液压卡紧力，应精密过滤油液，严格控制阀芯和阀孔的制造精度，避免出现偏

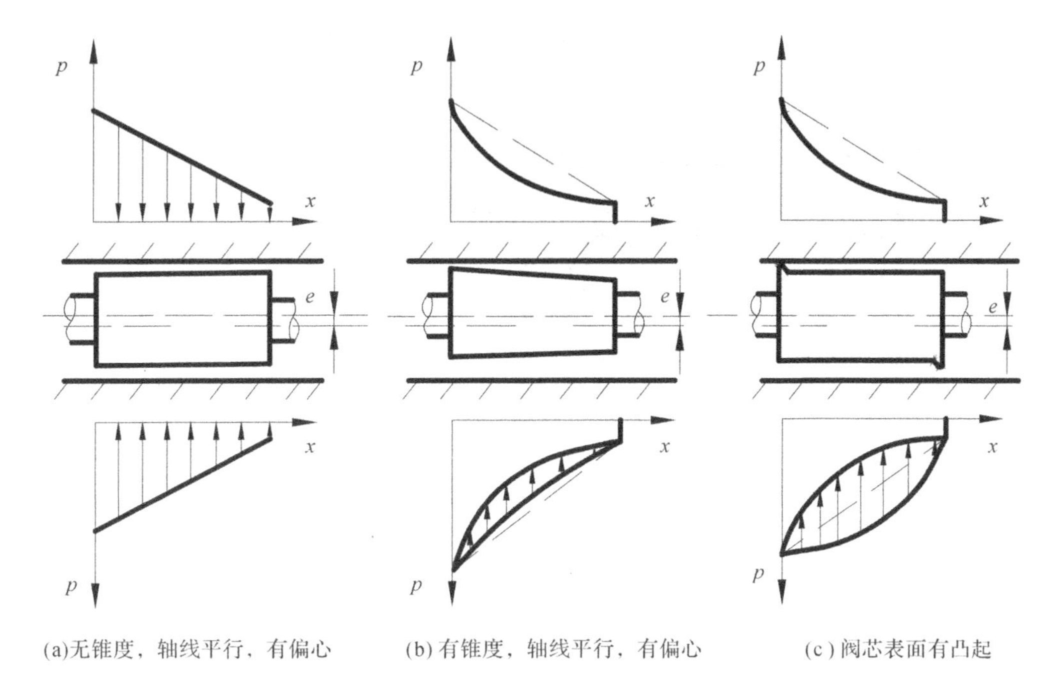

图 4-4　滑阀上的径向不平衡力

心。阀芯的椭圆度和锥度允差为 0.003～0.005mm，要求带顺锥。另一方面，可在阀芯凸肩上开宽 0.3～0.5mm、深 0.5～1mm 的均压槽，开有均匀槽的部位，四周都有接近相等的压力，能显著减小径向力造成的影响。

第二节　液压方向控制阀

方向控制阀是用来通断油路或改变油液流动方向的阀，可分为单向阀和换向阀两大类。

一、单向阀

液压系统中常用的单向阀有普通单向阀和液控单向阀两种。

（一）普通单向阀

单向阀

普通单向阀简称单向阀，它的作用是只允许油液沿一个方向流动，不能反向倒流。单向阀由阀体、阀芯和弹簧等零件组成。阀芯可以是球阀也可以是锥阀，球阀式的结构制造方便，但密封性较差，只适用于小流量的场合。

思考题：普通单向阀是怎么工作的？

图 4-5(a)所示为管式连接的锥阀式单向阀。常态下，阀芯 2 右端受弹簧预压缩力的作用，锥阀阀口关闭，即图示位置。当压力油从阀体左端入口 P_1 流入时，克服弹簧 3 作用在阀芯 2 上的力，阀口即可打开，油液通过阀芯上的径向孔 a 和轴向孔 b 从右端 P_2 口流出。反之，当油液从 P_2 口流入时，阀芯锥面在 P_2 口油液的压力和弹簧力的作用下紧压在阀体的结合面

上，阀口关闭，油液无法通过。单向阀的图形符号如图 4-5(b)所示。

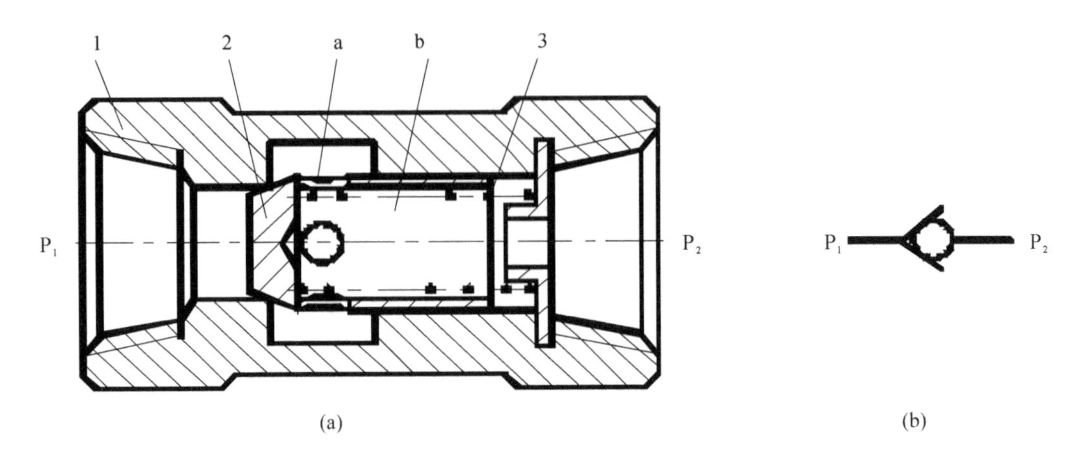

1—阀体；2—阀芯；3—弹簧。

图 4-5 单向阀

单向阀在使用时，要求通油方向的阻力尽可能小，反向截止密封性要好，动作灵敏，工作时不应有振动和噪声。单向阀中的弹簧主要用以克服摩擦力、阀芯的重力和惯性力，使阀芯在反向流动时能迅速关闭，所以单向阀的弹簧较软。单向阀的开启压力一般为 0.03～0.05MPa；当单向阀作背压阀使用时，应采用刚度较大的弹簧，开启压力为 0.2～0.6MPa。

思考题：单向阀在工程实际中有哪些应用？

单向阀在液压系统中的应用如图 4-6 所示。图 4-6(a)所示是单向阀被安装在泵的出口处，防止系统中液压冲击影响液压泵的工作，当泵不工作时，可防止系统油液经泵倒流回油箱。图 4-6(b)所示是将单向阀串联在回油路上，形成背压，作背压阀，以提高系统的速度刚性。背压阀是指放在回油路上的阀，为回油腔提供背压。除单向阀外，还有其他压力阀也可以作为背压阀。此外，单向阀还可以用来分割油路，防止油路间相互干扰。单向阀和其他阀组合，可组成复合阀。

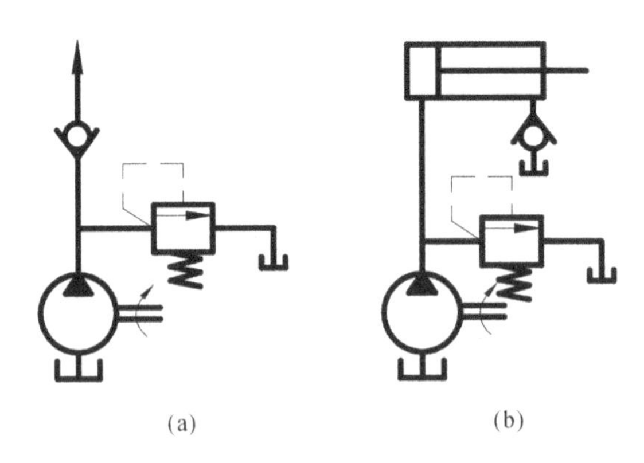

图 4-6 单向阀应用

打开液压与气压传动 CAI 软件，进入仿真库自己动手演示普通单向阀工作原理，巩固知识点。

液控单向阀

（二）液控单向阀

思考题：液控单向阀是如何工作的，反向通道又是如何打开的？

液控单向阀是一种特殊的单向阀，可以实现逆向流动。图 4-7(a)所示为一种普通液控单向阀。它由一个普通单向阀和一个小型控制液压缸组成。液控单向阀有三个口，控制口 K，进、出油口 P_1 和 P_2。当控制口 K 没有压力油通入时，液控单向阀完全等同于普通单向阀，压力油只能从进油口 P_1 流向出油口 P_2，不能反向倒流。当控制口 K 有压力油通入时，在液压力作用下推动活塞 1 向右移动，顶杆 2 顶开阀芯 3，阀口开启，P_1 和 P_2 口接通，两个方向油液均可流动。图中 L 为泄漏口，控制活塞 1 右侧的 a 腔与 L 口相通。图 4-7(b)所示为液控单向阀的图形符号。

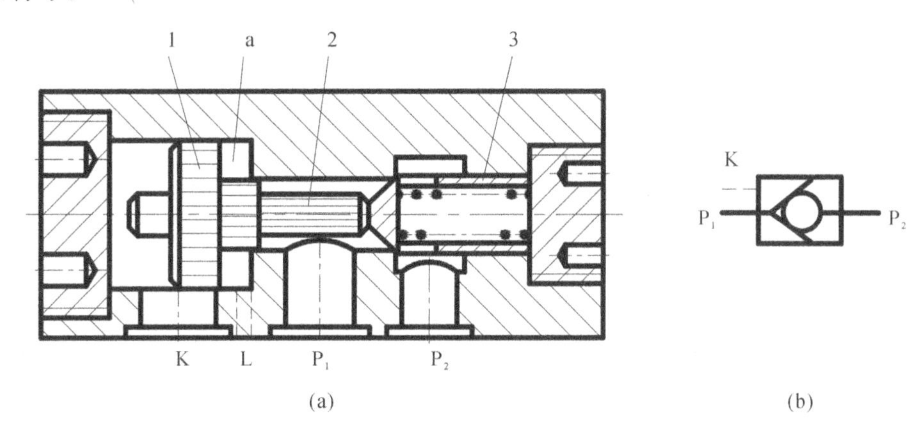

1—活塞；2—顶杆；3—阀芯。

图 4-7　液控单向阀

当液控单向阀反向开启前 P_2 口压力很高时，要求使之反向开启的控制压力也较高，当控制活塞推开单向阀芯时，高压封闭回路内油液的压力突然释放，会产生很大的冲击，为避免这种现象，减小控制压力，可采用图 4-8 所示的带卸荷阀芯的液控单向阀。当阀反向导通时，微动活塞 3 首先顶起卸荷阀芯 2，使高压油首先通过卸荷阀芯卸荷，然后再顶开单向阀芯 1，使油口 P_1 和 P_2 导通，实现反向通流。这种阀适用于反向压力很高的场合。

液控单向阀在液压系统中的主要应用有：

(1)对液压缸进行锁闭。这里是用两个液控单向阀组合成液压锁，如图 4-9 所示，它能在液压执行机构不运动时保持油液的压力，使液压执行机构在不运动时锁紧。

(2)作立式液压缸的支承阀，防止立式液压缸的活塞等活动部件因滑阀泄漏而下滑。

(3)保压作用。

打开液压与气压传动 CAI 软件，进入仿真库自己动手演示液控单向阀工作原理，巩固知识点。

换向阀的工作原理 1

二、换向阀

换向阀利用阀芯和阀体的相对运动使阀所控制的一些油口接通或断开，从而改变油液流动的方向，控制执行机构开启、停止或改变运动方

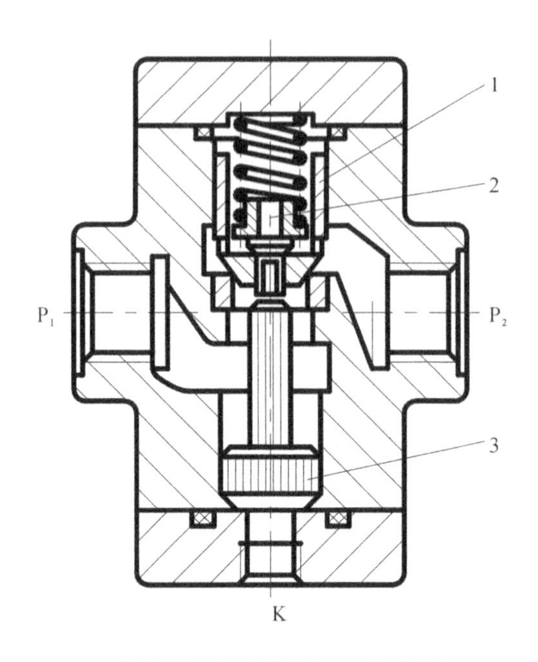

1—单向阀芯；2—卸荷阀芯；3—微动活塞。

图 4-8　带卸荷阀芯的液控单向阀

向。换向阀是液压系统中用途较广泛的一种阀。

液压系统对换向阀性能的主要要求是：

(1)油液流经阀口时的压力损失要小；

(2)互不相通的油口间的泄漏要小；

(3)换向要可靠，换向时要平稳迅速。

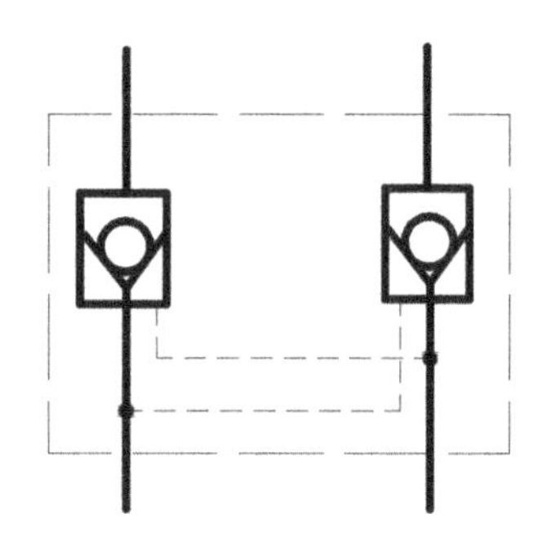

图 4-9　液压锁

换向阀的种类很多：按结构特点可分为滑阀式和转阀式；按操纵方式可分为手动式、机动式(行程式)、电磁式、液动式和电液动式；按阀的工作位置和通路数可分为二位二通、二位三通、三位四通等；按安装方式分为管式、板式、法兰式等。滑阀式换向阀是液压系统中使用最为广泛的换向阀。下面主要介绍滑阀式换向阀的结构和工作原理。

思考题：换向阀是如何实现换向的？

(一)换向阀的工作原理

滑阀式换向阀主体部分主要由阀体和阀芯组成。图 4-10 所示是一种二位三通换向阀的结构原理。阀芯是有若干个环槽的圆柱体，相对于阀体作轴向运动。阀体孔内开有槽，每个槽都通过相应的孔道与主油路连通。P 为进油口，A 和 B 是分别与液压缸的左右两腔相连的口。当阀芯位于图 4-10(a)所示位置时，P 口与 A 口相通，B 口被堵上，不通。当滑阀通过外力作用，位于图 4-10(b)所示位置时，A 口被堵上，不通，P 口与 B 口相通。可以看出，通过阀芯的移动，滑阀总共有两个不同的工作位置，实现了油路两种不同的连接状态。图 4-10(c)所示为对应的图形符号。

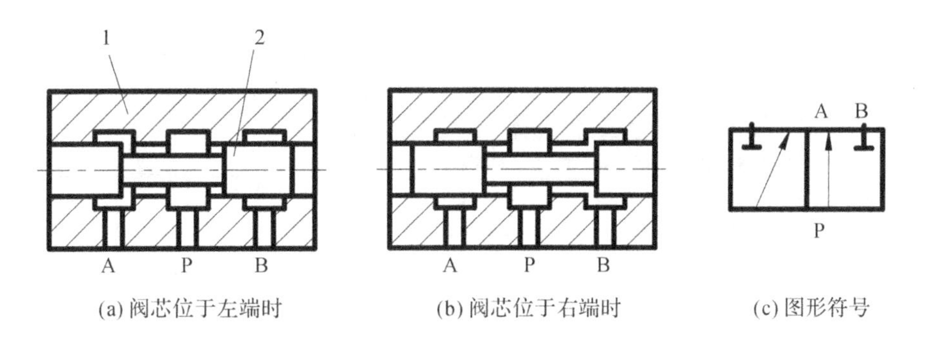

(a) 阀芯位于左端时　(b) 阀芯位于右端时　(c) 图形符号

1—阀体；2—阀芯。

图 4-10 二位三通滑阀式换向阀

换向阀图形符号含义如下：

(1)位——用方框表示阀的工作位置，有几个方框就表示阀芯有几个工作位置。

(2)通——滑阀与系统主油路相连接的油口数用通表示，有几个油口表示几通。

(3)方框内的箭头表示该位置上油路处于接通状态。箭头方向不一定是油液实际流向。

(4)方框内符号“上”表示此通路被阀芯封闭，不通。

(5)通常阀与系统供油路连接的油口用 P 表示，阀与系统回油口连接的油口用 T 表示。阀与执行元件连接的油口用字母 A、B 表示。

(二)换向阀的结构形式

换向阀的功能主要由其控制的通路数及工作位置决定。表 4-1 列出了常见滑阀式换向阀主体部分的结构原理和图形符号。

表 4-1 滑阀式换向阀主体部分的结构原理和图形符号

名称	结构原理图	图形符号
二位二通阀	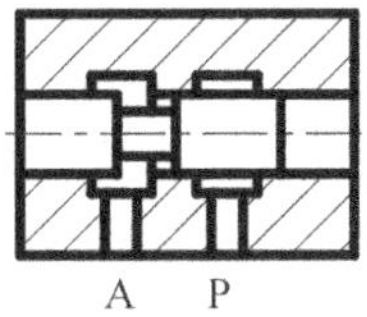 A P	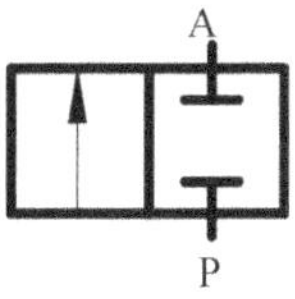 A P
二位三通阀	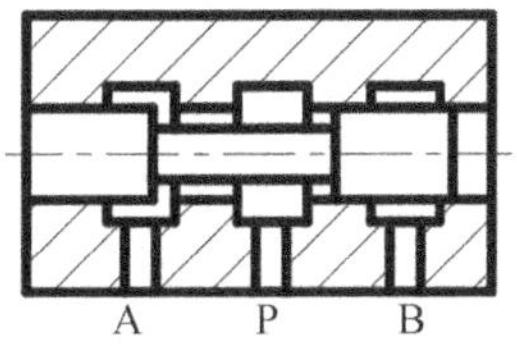 A P B	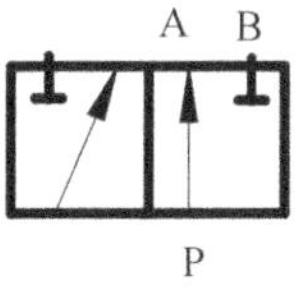 A B P
二位四通阀	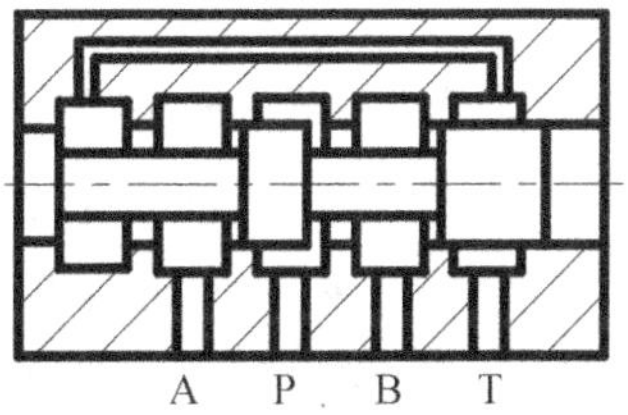 A P B T	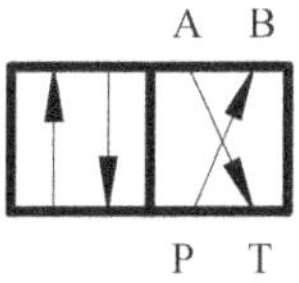 A B P T

续表

名称	结构原理图	图形符号
三位四通阀	A P B T	A B P T
二位五通阀	T_1 A P B T_2	A B T_1 P T_2
三位五通阀	T_1 A P B T_2	A B T_1 P T_2

换向阀都有两个或两个以上的工作位置，其中一个是常位，即阀芯未受外部操纵时所处的位置，也是图形符号中标注字母的位置。绘制液压系统图时，油路一般应连接在常位上。

（三）滑阀式换向阀操纵方式

滑阀式换向阀的操纵方式有手动、机动、电磁、液动、电液五种。

1. 手动换向阀

换向阀的工作原理 2

手动换向阀的阀芯运动是利用手动杠杆来改变阀芯和阀体的相对位置，主要有弹簧自动复位式和钢球定位式两种形式，图 4-11(a)所示为弹簧自动复位式，放开手柄，阀芯在弹簧力的作用下自动回复到中位（常位），常用于工程机械系统中，适用于动作频繁、持续工作时间较短的场合，操作比较安全。图 4-11(b)所示为其对应的图形符号。

图 4-11(c)所示为钢球定位式换向阀，与弹簧自动复位式换向阀不同，当松开手柄后，阀可以保持在所需的工作位置上，即可在三个位置上任意停止，不推动手柄，阀芯不会自动复位。适用于机床、液压机、船舶等需要保持工作状态时间较长的情况。图 4-11(d)所示为其对应的图形符号。

2. 机动换向阀

机动换向阀又称行程换向阀，它依靠安装在工作台等运动部件上的挡铁或凸轮来推动阀芯实现换向。机动换向阀通常是二位的，有二通、三通、四通和五通几种。图 4-12(a)所示是一种滚轮式二位二通机动换向阀。常态下，阀芯 2 在弹簧 3 的作用下位于上端，P 口与 A 口不通。当有挡块压下滚轮 1 时，阀芯 2 向下移动，P 口与 A 口相通。图 4-12(b)所示为二

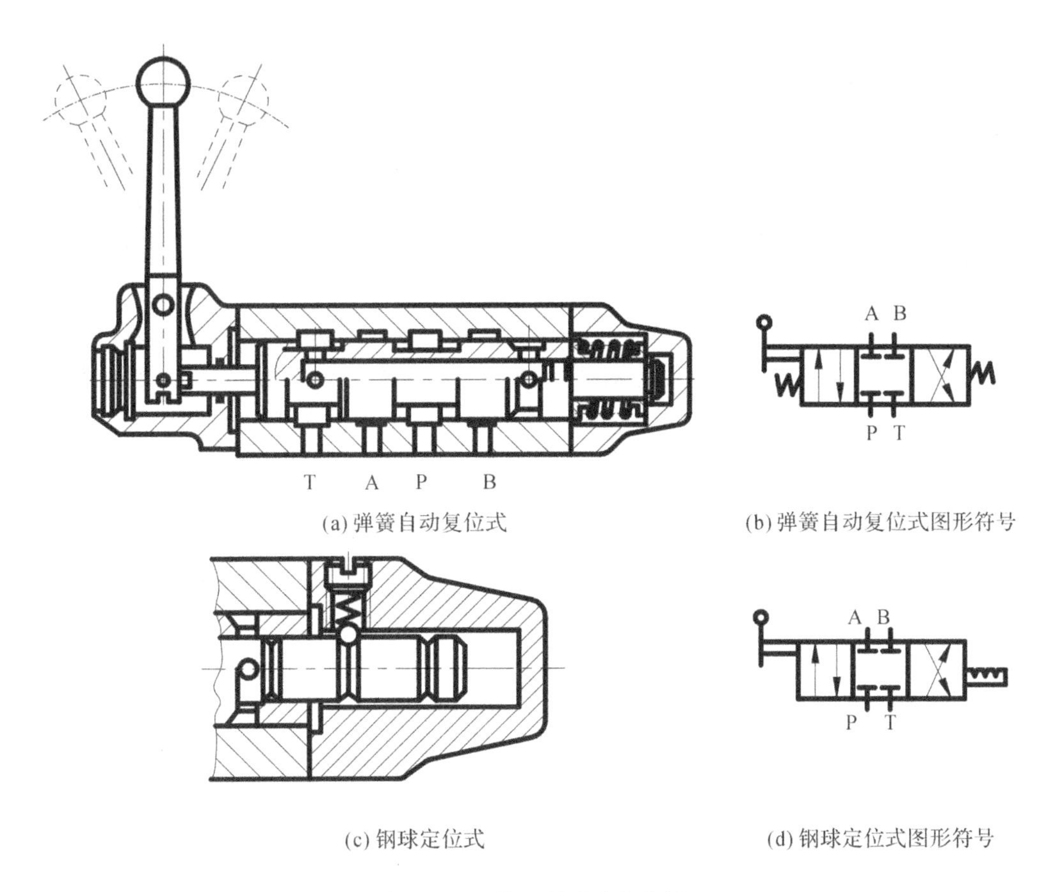

(a) 弹簧自动复位式　　(b) 弹簧自动复位式图形符号

(c) 钢球定位式　　(d) 钢球定位式图形符号

图 4-11　三位四通手动换向阀

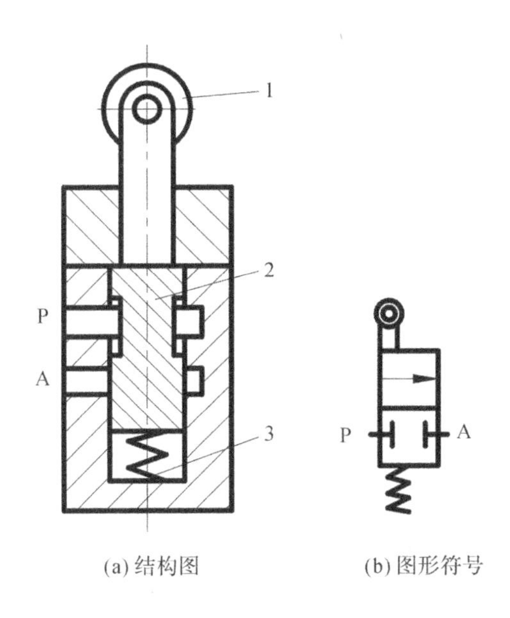

(a) 结构图　　(b) 图形符号

1—滚轮;2—阀芯;3—弹簧。

图 4-12　二位二通机动换向阀

位二通机动换向阀的图形符号。

3. 电磁换向阀

电磁换向阀利用电磁铁通电后产生的吸力推动阀芯移动，实现换向。它是电气系统与液压系统之间的信号转换元件，它的电气信号由液压设备中的按钮开关、限位开关、行程开关等电气元件发出。电磁换向阀控制方便，布置灵活，易于实现自动化，应用比较广泛，但由于液压油通过阀芯时所产生的液动力使阀芯移动受到阻碍。受到电磁铁吸合力的限制，电磁换向阀只能用于小流量的场合。

电磁铁按所用电源的不同，分为交流和直流两种。按电磁铁的衔铁是否能泡在油里，又分为干式和湿式。交流电磁铁使用方便，启动力较大，不需专门的电源，吸合、释放快，动作时间约为 0.01～0.03s，但工作时冲击和噪声较大，寿命低。直流电磁铁工作可靠，吸合、释放动作时间约为 0.05～0.08s，允许使用的切换频率较高，一般可达 120 次/min，最高可达 300 次/min，冲击小，体积小，寿命长，但启动力比交流电磁铁小，且需要专门的直流电源，成本较高。

图 4-13 所示为二位三通交流电磁阀，在图 4-13(a)所示位置时，油口 P 和 A 相通，油口 B 被堵上。当电磁铁 1 通电吸合时，推杆 2 将阀芯 3 推到右端，这时油口 P 和 B 相通，油口 A 被堵上。当电磁铁断电时，弹簧 4 推动阀芯 3 自动复位。图 4-13(b)所示为其对应的图形符号。

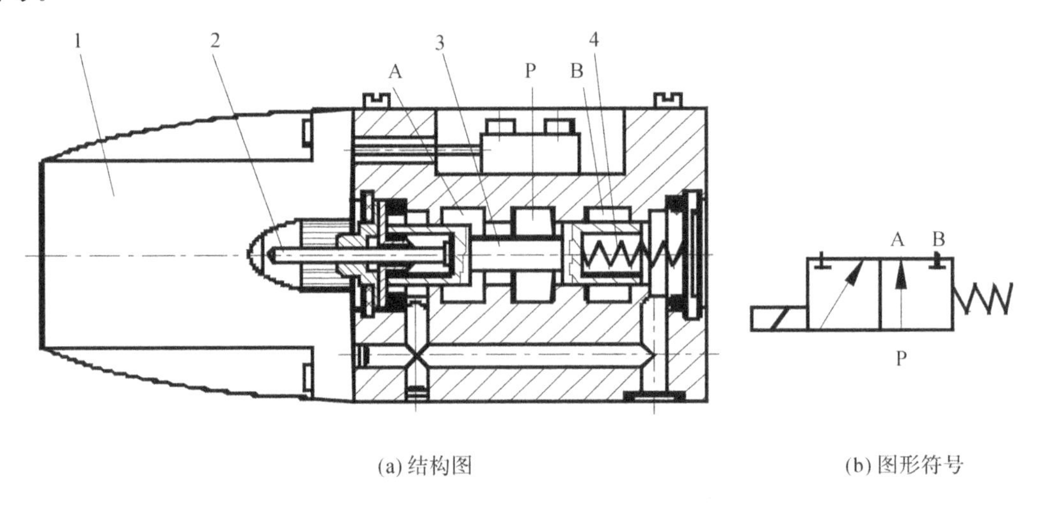

(a) 结构图　　(b) 图形符号

1—电磁铁；2—推杆；3—阀芯；4—弹簧。

图 4-13　二位三通电磁换向阀

4. 液动换向阀

液动换向阀是利用控制油路的压力油来改变阀芯位置的换向阀。液压力对阀芯的推力较大，一般应用于高压、大流量的场合。图 4-14 所示为液动换向阀的结构及图形符号。阀体上的割槽分别与油口 P、A、B、T 相通，阀芯两端的两个控制油口 K_1、K_2 分别与控制油路相连。当控制油口 K_1 和 K_2 均无压力油时，阀芯在两端弹簧和定位套作用下处于中位，即图示位置，四个油口 P、A、B、T 互不相通；当控制油路的压力油从控制油口 K_1 进入滑阀左腔，滑阀右腔经控制油口 K_2 接通回油时，阀芯在两端压差作用下向右移动，使油口 P 和 A 相通，B 与 T 相通；反之，当 K_2 接压力油、K_1 接回油时，阀芯向左移动，使油口 P 和 B 相通，

A与T相通。

打开液压与气压传动CAI软件，进入仿真库自己动手演示各种换向阀的工作原理，学习和巩固知识点。

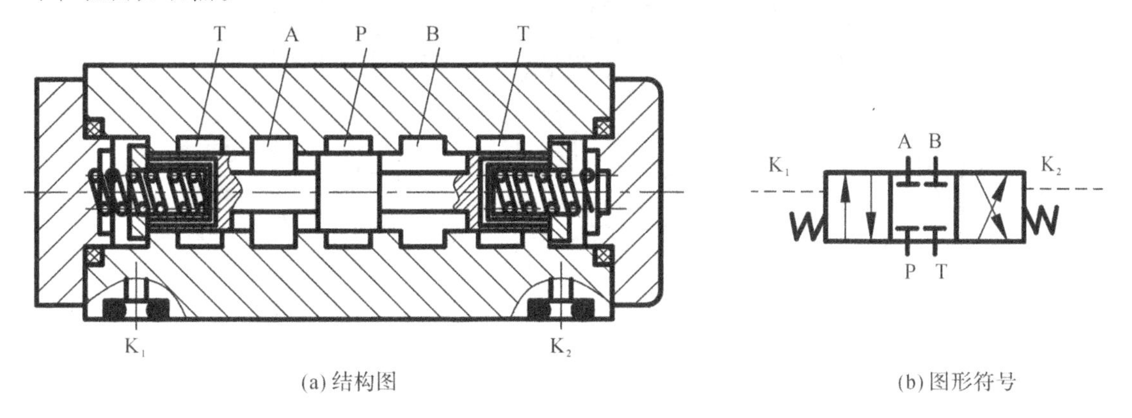

(a)结构图　　(b)图形符号

图4-14　液动换向阀

思考题：电液换向阀是如何工作的？

5. 电液换向阀

电液换向阀

电磁换向阀受到电磁铁吸合力的限制，只能用于小流量的场合。在大流量液压系统中，需要用电液换向阀来代替电磁换向阀。

电液换向阀结构如图4-15(a)所示，由电磁换向阀和液动换向阀组成。常态下(即两电磁铁都断电)，电磁阀阀芯5处于中位，液动阀阀芯1两端没有控制油，也处于中位，四个油口P、B、A、T互不相通，如图示位置。当左边电磁铁4通电，电磁阀阀芯5向右移动，压力油经单向阀2流入主阀芯1左端，推动主阀芯1向右移动，主阀芯右端的油液经节流阀7和电磁换向阀流回油箱，此时主阀即液动换向阀状态是P口和A口相通，B口和T口相通，主阀芯的运动速度由节流阀7的开口大小调节。反之，当右侧电磁铁6通电时，电磁阀阀芯5向左移动，压力油经单向阀8流入主阀芯1右端，推动主阀芯1向左移动，主阀芯1左端的油液经节流阀3流回油箱，此时主油路状态是P口和B口相通，A口和T口相通，主阀芯1移动速度由节流阀3调节。电液换向阀的图形符号如图4-15(b)所示。

由上面工作过程可以看出，电液换向阀的主阀芯不是靠电磁铁的吸力直接推动的，而是利用上方电磁铁操纵控制油路上的压力油液推动主阀芯换向，因此推力可以很大，适用于大中型液压设备中，通过阀的流量较大的场合。此外，电液换向阀主阀芯的移动速度由两端节流阀调节，这样可使换向平稳并且没有冲击，故电液换向阀的换向性能较好。

打开液压与气压传动CAI软件，进入仿真库自己动手演示电液换向阀的工作原理，学习和巩固知识点。

(四)滑阀式换向阀换向实例

下面以二位四通滑阀式换向阀为例来说明液压回路中换向阀的换向过程。

如图4-16(a)所示，当电磁铁断电时，换向阀右位工作，P、B相通，A、T相通，泵流出的高压油经换向阀P、B口进入液压缸右腔，液压缸左腔的油经换向阀A、T口回油箱，活塞向左移动。当换向阀电磁铁通电时，如图4-16(b)所示，换向阀左位工作，P、A相通，B、T相

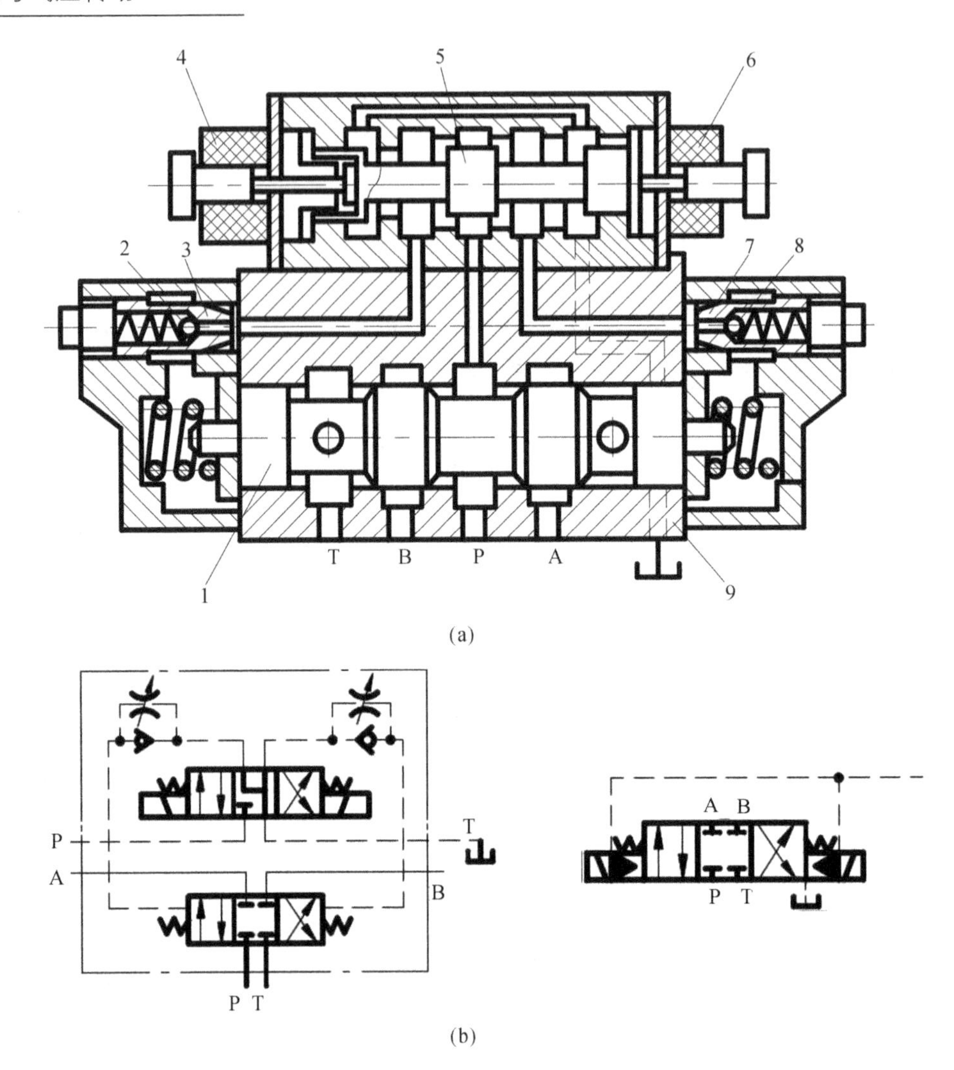

1—液动阀阀芯(主阀芯);2、8—单向阀;3、7—节流阀;4、6—电磁铁;5—电磁阀阀芯;9—阀体。

图 4-15　电液换向阀

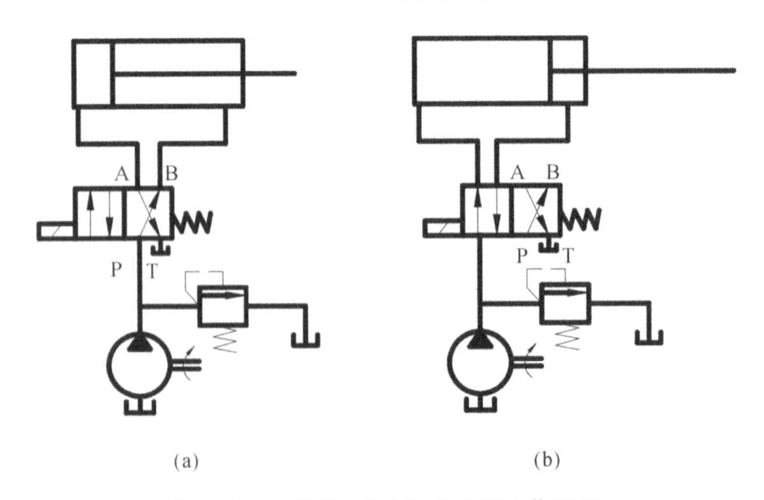

图 4-16　电磁式二位四通换向阀工作原理

通，泵流出的高压油经换向阀左位 P、A 口进入液压缸左腔，右腔的油经换向阀 B、T 口回油箱，活塞向右移动，实现换向。由此可见，在液压系统中想要实现执行元件液压缸的换向，只需加一个换向阀即可。

(五)滑阀的中位机能

三位换向阀的阀芯在中间位置时，各通口间有不同的连通方式，可满足不同的使用要求，这种连通方式称为换向阀的中位机能。不同的中位机能是通过改变阀芯的形状和尺寸得到的。下面主要以三位四通换向阀为例介绍常见的几种中位机能，如表 4-2 所示。

表 4-2　三位换向阀中位机能

滑阀机能代号	滑阀中位状态	图形符号	中位性能特点
O	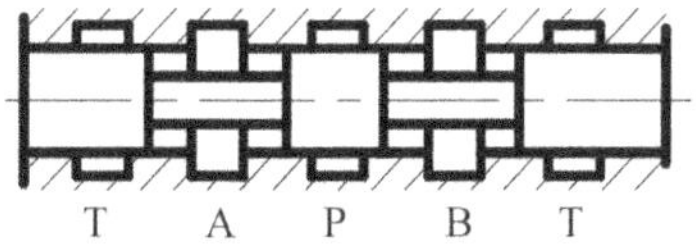 T A P B T	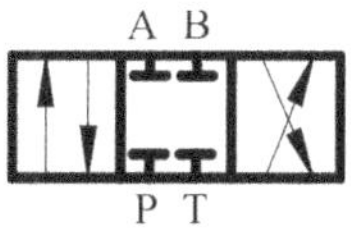 A B P T	各油口全部封闭，液压缸两腔闭锁，系统保压。
H	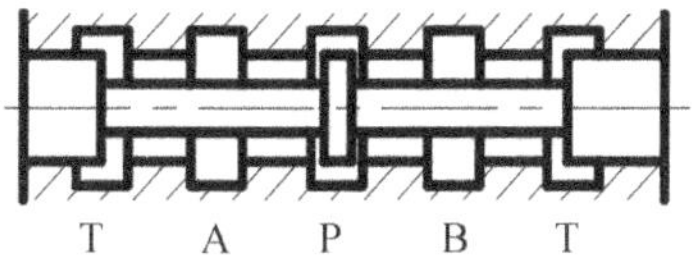 T A P B T	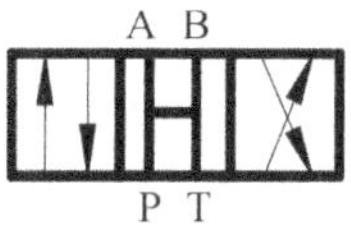 A B P T	各油口互通，液压缸活塞浮动，系统卸荷。
Y	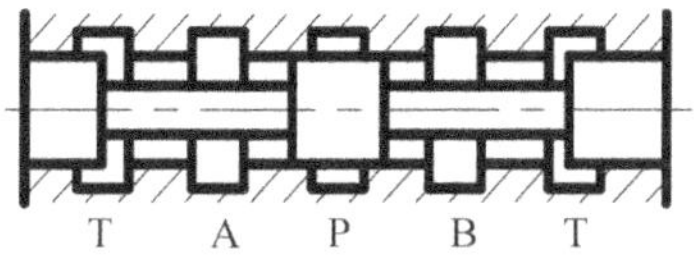 T A P B T	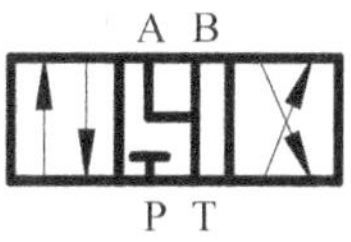 A B P T	P 口封闭保压，系统不卸荷，活塞浮动。
J	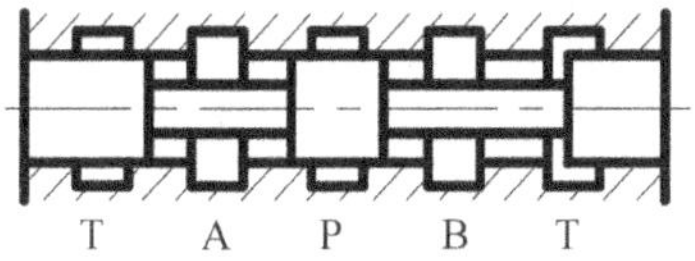 T A P B T	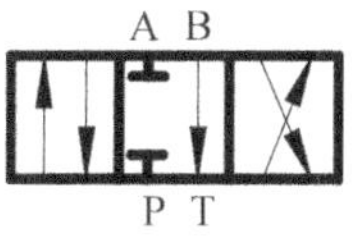 A B P T	系统不卸荷，缸一腔封闭，一腔与油箱相通。
C	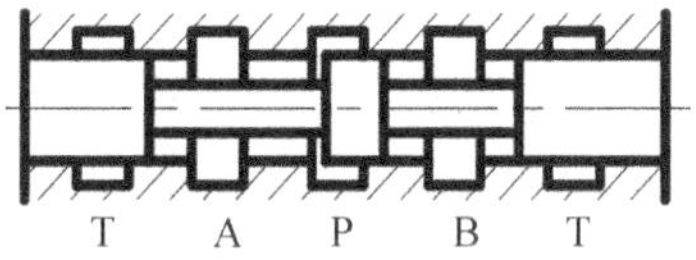 T A P B T	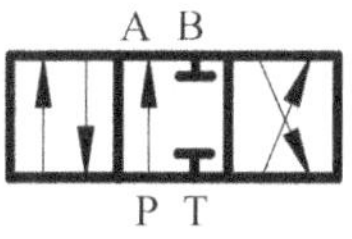 A B P T	系统不卸荷，液压缸一腔闭锁。
P	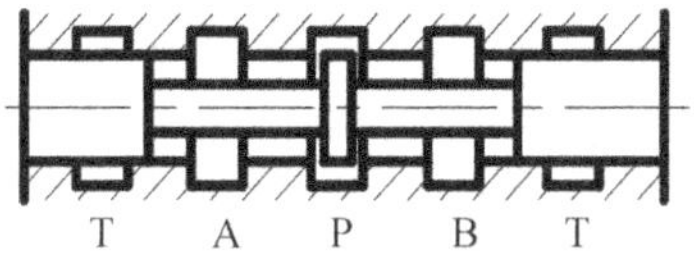 T A P B T	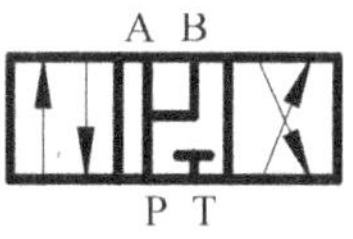 A B P T	压力油与缸两腔相连，可组成差动回路。
K	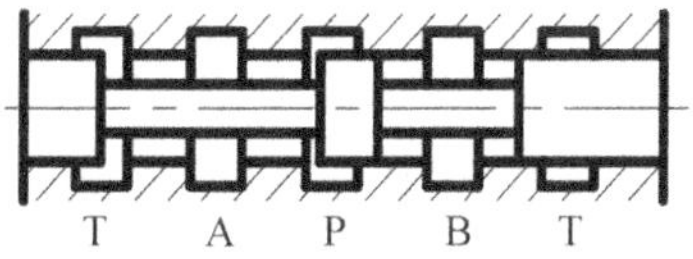 T A P B T	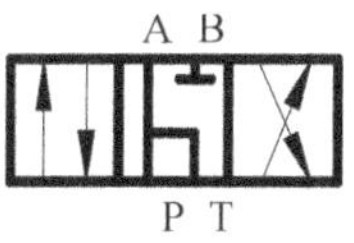 A B P T	液压缸一腔闭锁，系统卸荷。

续表

滑阀机能代号	滑阀中位状态	图形符号	中位性能特点
X	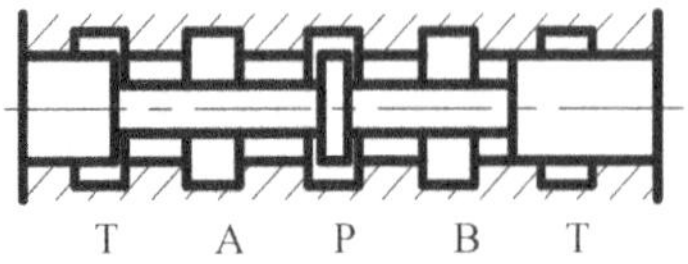 T A P B T	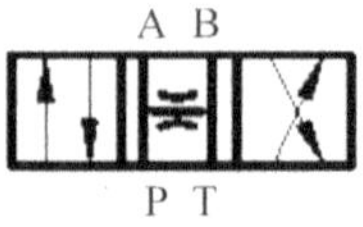 A B P T	各油口半开启接通，P 口保持一定压力。
M	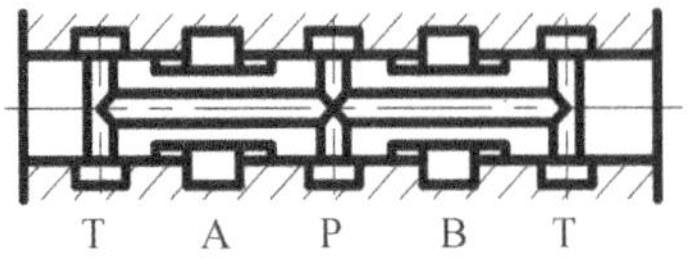 T A P B T	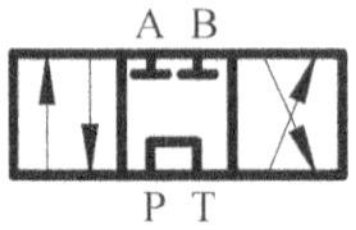 A B P T	系统卸荷，缸两腔闭锁。
U	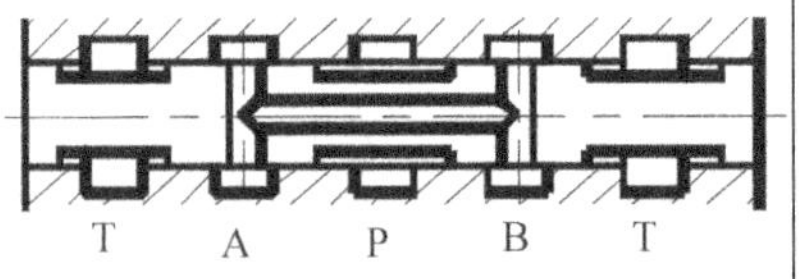 T A P B T	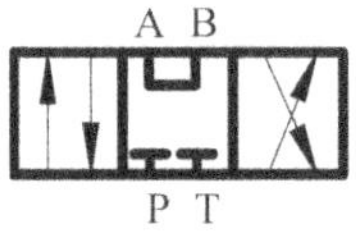 A B P T	系统不卸荷，缸两腔连通，回油封闭。
N	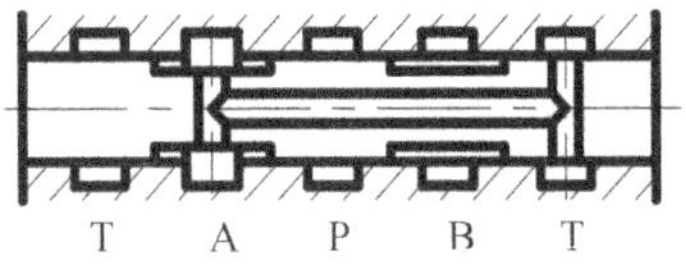 T A P B T	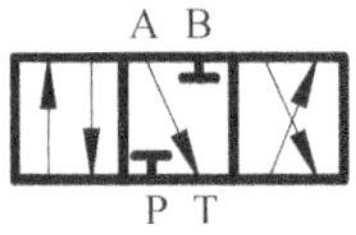 A B P T	系统不卸荷，缸一腔与回油连通，另一腔封闭。

换向阀的中位机能不仅在换向阀阀芯处于中位时对系统工作状态有影响，在换向阀换向时对液压系统的工作性能也有影响。在分析和选择阀的中位机能时，通常考虑以下几点：

(1)系统保压。当 P 口关闭，系统保压，液压泵能用于多缸系统；当 P 口不太流畅地与 T 口接通时，系统能保持一定的压力供控制油路使用。

(2)系统卸荷。当 P 口与 T 口畅通，泵输出的液压油直接流回油箱，泵输出压力为 0，系统卸荷。

(3)换向平稳性和精度。当 A、B 两口都封闭时，换向过程易产生液压冲击，换向不平稳，但换向精度高；当 A、B 口均与 T 口相通时，换向过程中不易产生液压冲击，换向平稳，但工作部件不易制动，换向精度低。

(4)启动平稳性。当阀处于中位时，液压缸的某腔与油箱接通，则启动时工作腔中无油，不能形成缓冲，液压缸启动不太平稳。

(5)液压缸浮动和在任意位置停止。当换向阀位于中位，A、B 两口互通时，卧式液压缸呈浮动状态，可利用其他机构移动工作台，调整其位置；当 A、B 两口均封闭或与 P 口连通时(非差动情况)，则可使液压缸在任意位置处停下来。

(六)转阀

转阀是通过手柄或撞块来操纵阀芯转动实现油路的通断和换向的。图 4-17 所示为三位四通转阀的原理图和图形符号。当阀芯位于图 4-17(a)所示的位置时，油口 P、A 相通，B、T 相通。当阀芯转到图 4-17(b)所示的位置时，四个油口 P、A、B、T 互不相通。当阀芯转到图 4-17(c)所示位置时，油口 P、B 相通，A、T 相通。图 4-17(d)所示为转阀对应的图形符号。

转阀结构简单、紧凑，能实现多通多位换向。缺点是密封容易失效，阀芯上有不平衡径向力，操纵转矩大，只能用于低压、小流量场合，一般作先导阀用。

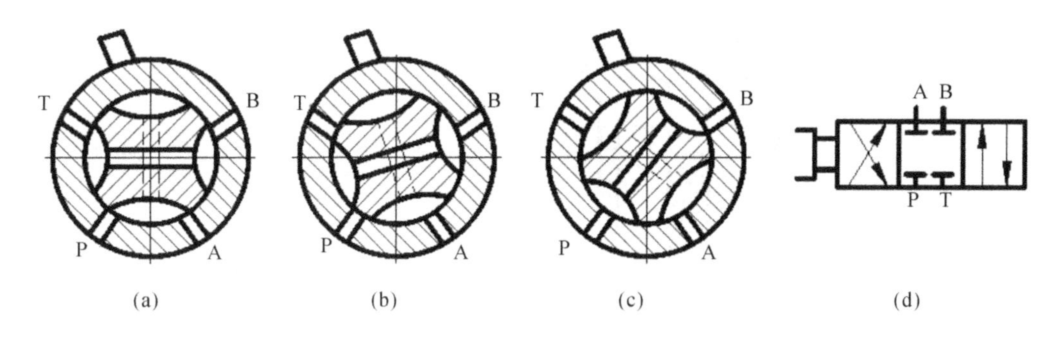

图 4-17　转阀(三位四通)

第三节　液压压力控制阀

液压系统中控制液体压力的阀称为压力控制阀,以后简称为压力阀。其工作原理是利用阀芯上的液压力和弹簧力保持平衡来进行工作。压力阀按其功能可分为溢流阀、减压阀、顺序阀和压力继电器等。本节主要介绍压力阀的工作原理、调压性能、典型结构和主要用途。

一、溢流阀

(一)功用和性能

溢流阀在液压设备中主要起稳压溢流作用和安全保护作用,几乎在所有的液压系统中都需要用到它,其性能好坏对整个液压系统能否正常工作有很大影响。常用的溢流阀按其结构形式分为直动式和先导式两种。

对溢流阀的主要性能要求有:

(1)调压范围要大,定压精度高,当流过溢流阀的流量发生变化时,系统中的压力变化要小,启闭特性要好;

(2)动作灵敏度要高;

(3)工作平稳,并且没有振动和噪声;

(4)当阀关闭时,密封要好,泄漏小。

(二)溢流阀的结构和工作原理

1. 直动式溢流阀

直动式溢流阀

直动式溢流阀结构如图 4-18(a)所示。进油口 P 接系统压力油,回油口 T 接油箱。常态下,即阀不工作时,阀芯 4 在弹簧 2 的弹力作用下位于最下端,进油口 P 与回油口 T 关闭,互不相通。当压力油从进油口 P 流入,经孔 f 和阻尼孔 g 后进入阀芯 4 的底面 c 上,给阀芯向上的液压力。当此液压力小于弹簧弹力时,阀口依然关闭;当此液压力上升到大于弹簧弹力时,推动阀口上移打开,进油口 P 与回油口 T 相通,使油液溢流回油箱,此时,由于溢流阀的作用,当流量变化时,进口压力能基本保持恒定。图 4-18(b)所示为其对应的图

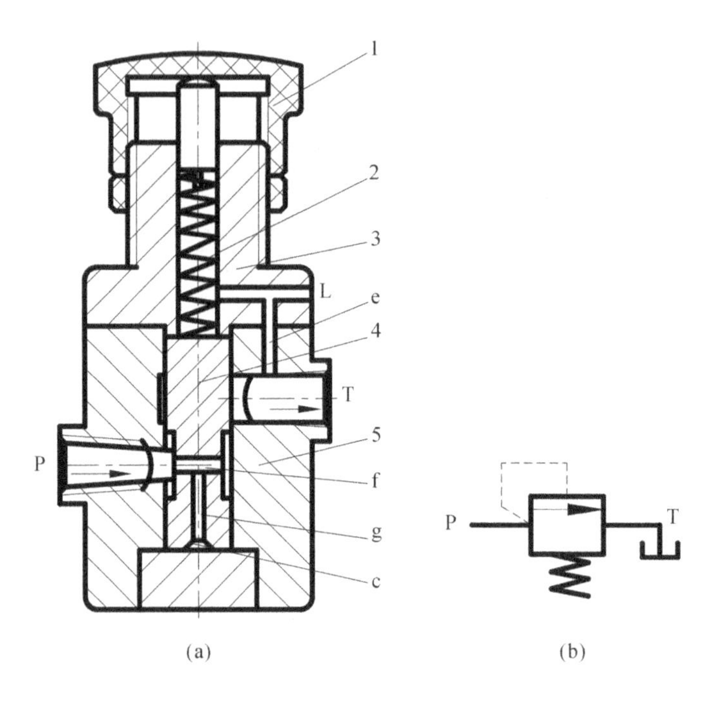

(a) (b)

1—调节螺母；2—弹簧；3—上盖；4—阀芯；5—阀体。

图 4-18　直动式溢流阀结构及图形符号

形符号。

当溢流阀稳定工作时，作用在阀芯上的液压力、弹簧的预紧力 F_s、稳态液动力 F_{bs}、阀芯的自重 F_g 和摩擦力 F_f 是平衡的，即

$$pA=F_s+F_{bs}+F_g+F_f \tag{4-4}$$

一般情况下，阀芯的自重、摩擦力以及稳态液动力比较小，可以忽略，则受力平衡方程变为

$$pA=F_s=k_s(x_c+x_R)$$

进口压力为

$$p=\frac{k_s(x_c+x_R)}{A} \tag{4-5}$$

式中：p——进口压力；

A——阀芯受压面积；

k_s——弹簧的刚度；

x_c——弹簧的预压缩量；

x_R——阀口开度。

由于阀口开度 x_R 相对于预压缩量 x_c 来说很小，一般可忽略，所以当阀芯处于平衡状态时，可认为阀进口压力 p 基本保持不变。

由式(4-5)可见，直动式溢流阀的进口压力由弹簧力决定，调节螺母 1 可以改变弹簧的预压缩量，从而改变溢流阀的溢流压力，改变弹簧的刚度，便可改变调压范围。阀芯上的阻尼孔 g 用来对阀芯的动作产生阻尼，以提高阀的工作平衡性。L 为泄漏油口，泄漏到弹簧腔的油液经此孔流回油箱，L 是从内部通道 e 与回油口 T 相通，这种泄漏方式称为内泄式。若

将通道 e 堵塞，L 口打开，直接将泄漏油引回油箱，这种连接方式称为外泄。

直动式溢流阀结构简单，灵敏度高，其工作原理是进口压力油直接作用于阀芯上与弹簧力平衡，以控制阀芯的启闭动作。当阀芯通过压力高或流量较大的油液时，作用于阀芯上的液压力增大，需要匹配刚度很大的弹簧，使阀的结构增大，调节性能变差，因此直动式溢流阀一般用于低压小流量的场合。

直动式溢流阀若采取适当的措施，也可用于高压大流量的场合。图 4-19 所示为直动式锥形阀溢流阀，其最高压力和流量分别可达 40MPa 和 300L/min。

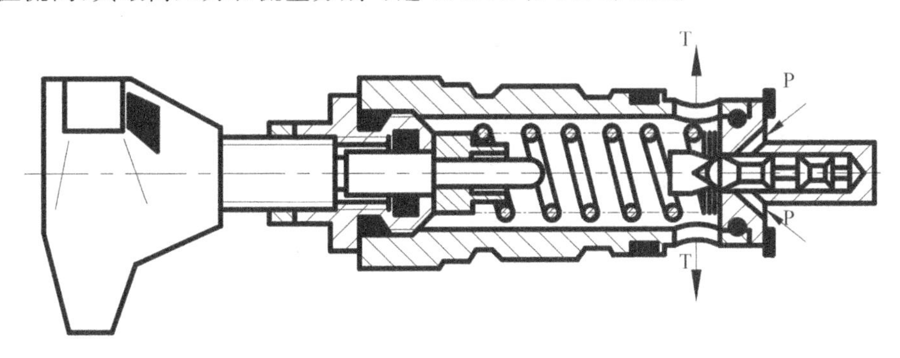

图 4-19　高压大流量直动式溢流阀

思考题：直动式溢流阀存在的主要问题是什么？如何解决？

打开液压与气压传动 CAI 软件，进入仿真库自己动手演示直动式溢流阀的工作原理，学习和巩固知识点。

2. 先导式溢流阀

先导式溢流阀

先导式溢流阀结构如图 4-20 所示，由先导阀和主阀两部分组成。先导阀为锥阀，实际上是直动式溢流阀。常态下，即阀不工作时，主阀芯 2 和导阀阀芯 4 均在弹簧力的作用下靠在阀座上，进油口 P 与回油口 T 互不相通，阀口关闭。当压力油由进油口 P 进入时，油液经主阀芯 2 的下腔及阻尼孔 3 进入主阀芯上腔，到达先导阀锥阀的前腔。当进油口压力 p 小于先导阀锥阀上的弹簧力时，先导阀阀口关闭，阀内无油液流动，阻尼孔 3 不起作用，主阀芯 2 上下两腔所受液压力相同，主阀口保持关闭；当进油口压力 p 上升大于先导阀锥阀上的弹簧力时，先导锥阀阀芯右移，导阀阀口打开，油液从导阀阀口经主阀弹簧腔、回油口 T 流回油箱，此时，油液流经阻尼孔 3 时产生压力损失，主阀芯上腔压力 p_1 小于下腔压力 p，产生压差，主阀芯受向上的液压力，当此液压力克服主阀弹簧力 F_s、摩擦力 F_f、稳态液动力 F_{bs} 和阀芯自重 F_g 时，推动主阀芯上移，阀口打开，进油口 P 与回油口 T 相通，实现溢流，即

$$\Delta p=p-p_1\geqslant\frac{F_s+F_g+F_f+F_{bs}}{A} \tag{4-6}$$

若忽略主阀芯的自重、摩擦力和所受的稳态液动力等，则有

$$\Delta p=p-p_1\geqslant\frac{k_s(x_c+x_R)}{A} \tag{4-7}$$

式中：p——进口压力；

p_1——主阀芯上腔压力；

A——主阀芯受压面积；

k_s——主阀弹簧刚度；

x_c——主阀弹簧预压缩量；

x_R——主阀阀口开度。

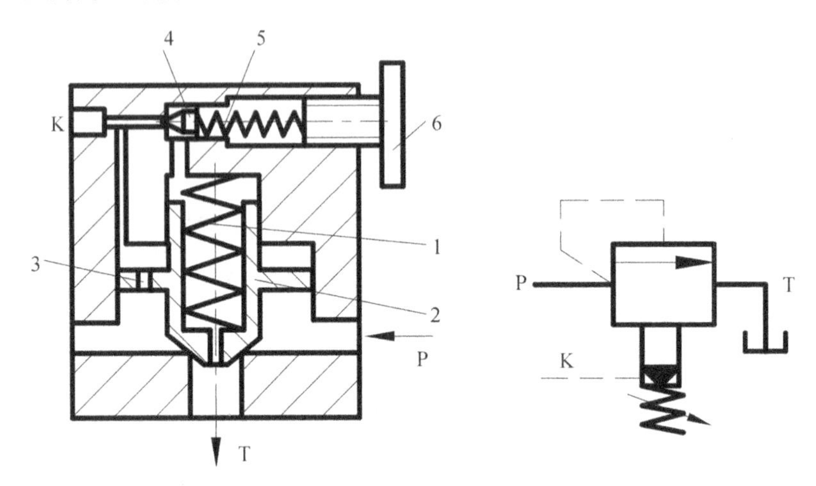

1—主阀弹簧；2—主阀芯；3—阻尼孔；4—导阀阀芯；5—导阀弹簧；6—调压手轮。

图 4-20　先导式溢流阀及图形符号

由式(4-7)可知，由于油液通过阻尼孔产生的压差不太大，所以先导式溢流阀的主阀芯只需要一个较小刚度的软弹簧即可，当溢流阀开口大小变化时，主阀弹簧力变化较小，故调压偏差较小。作用在导阀 4 上的液压力，即阻尼孔 3 后压力与先导阀阀芯面积的乘积即为导阀弹簧 5 的调定力，导阀阀芯一般为锥阀，受压面积较小，用一个刚度不太大的弹簧就可调整较高的开启压力，所以先导式溢流阀可以用在高压的场合。

由上述工作原理可知，先导式溢流阀的调定压力由导阀的弹簧弹力决定，调节导阀手轮 6，即可改变先导阀弹簧的预压缩力，从而改变先导式溢流阀的进口压力 p。先导式溢流阀上有一个远程控制口 K，如图 4-20 所示，根据先导式溢流阀的工作原理，只要作用于导阀锥阀上的液压力能克服导阀上弹簧力的作用，先导式溢流阀即可打开，实现溢流，所以，如果将先导式溢流阀的远程口 K 打开，接远程调压阀，由远程口 K 流入的油液的压力能大于导阀弹簧弹力时，先导式溢流阀也可实现溢流，从而对溢流阀实现远程调压。当远程控制口 K 接油箱时，主阀芯上端压力(阻尼孔 3 后压力)近似为零，系统的油液可在低压下通过溢流阀流回油箱，系统卸荷。

(三)溢流阀的性能指标

溢流阀的性能包括静态特性和动态特性。

1. 静态性能指标

溢流阀的静态特性是指溢流阀稳定溢流时，溢流阀的流量压力特性。

(1)压力调节范围

压力调节范围是指调压弹簧在规定的范围内调节时，系统压力平稳地上升或下降，且压力无突跳及迟滞现象时的最高和最低调定压力。如果压力调整过小，压力执行元件不能动作或动作迟缓，就达不到使用要求；如果压力调整过大，超过了系统压力，会损坏压力元件，从而导致泄压，发生危险。

(2)最小和最大稳定流量

最小和最大稳定流量决定了溢流阀的流量调节范围。溢流阀的最大流量即公称流量。当溢流阀通过流量很小时，阀芯容易发生振动和噪声，同时进口压力也不稳定，最小稳定流量一般规定为额定流量的15%。

(3)压力流量特性

当直动式溢流阀稳定工作时，阀口全开，完全溢流，阀芯受力平衡，之前的受力平衡方程忽略了阀芯的自重、摩擦力和液动力，若将稳态液动力考虑在内，则阀芯的受力平衡方程为

$$pA=F_s+F_{bs} \tag{4-8}$$

将稳态液动力公式 $F_{bs}=2C_dC_v\omega\sqrt{c_r^2+x_v^2}\Delta p\cos\varphi$ 代入上式，则有

$$p=\frac{k_s(x_c+x_R)}{A-2C_d\omega x_R\cos\varphi} \tag{4-9}$$

当阀口将开启还未开启时，阀口开度 x_R 为零，此时的压力称为开启压力，用 p_c 表示，则有

$$p_c=\frac{k_s x_c}{A} \tag{4-10}$$

溢流阀溢流时通过阀口的流量 q 为

$$q=\frac{C_dA\omega}{k_s+2C_d\omega\cos\varphi p}(p-p_c)\sqrt{\frac{2p}{\rho}} \tag{4-11}$$

这就是直动式溢流阀的压力一流量特性方程。根据它画出来的曲线称为溢流特性曲线。

对先导式溢流阀来说

$$p=\frac{F_s+p_1A}{A-2C_d\omega x_R\cos\varphi} \tag{4-12}$$

溢流阀的特性曲线如图4-21所示。

由于溢流阀在工作过程中受到摩擦力作用，阀口开大和关小时摩擦力方向刚好相反，使阀的开启特性和闭合特性产生差异，如图4-21所示。直动式溢流阀反应快，波动大。先导式溢流阀反应慢，稳定性好，波动小。

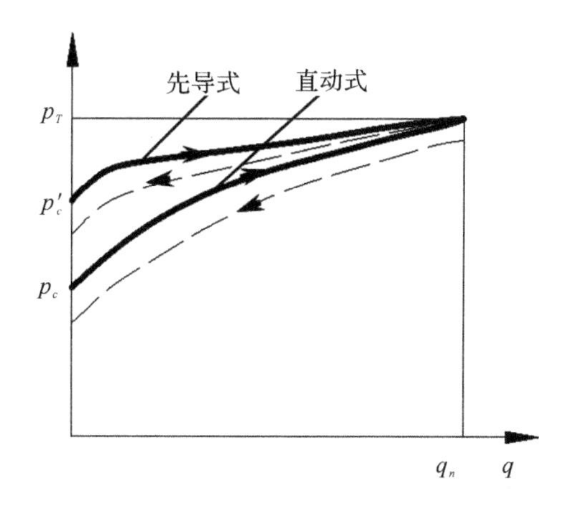

图4-21　溢流阀特性曲线

(4)溢流阀的启闭特性

启闭特性是溢流阀从开启到闭合的过程中，通过溢流阀的流量与其控制压力之间的关系。它是衡量溢流阀性能好坏的一个重要指标。

①开启压力。先把溢流阀调到全流量时的额定压力，在开启过程中，当溢流量加大到额定流量的1%时系统的压力称为开启压力。

②闭合压力。闭合压力是指阀在闭合过程中，当溢流量减小到额定流量的1%时系统的压力。

③开启比。开启压力与全流压力之比称为开启比。

为了保证溢流阀具有良好的静态特性，一般来说，阀的开启压力和闭合压力对额定压力之比分别不应低于85%和80%。

④静态调压偏差。全流量压力与开启压力之差称为静态调压偏差，它表示溢流量变化对进口压力的影响程度，调压偏差越小，溢流阀的稳压性能越好。

(5)压力损失与卸荷压力

压力损失是指溢流阀的旋钮完全放松，即调压弹簧的预压缩量为零时，溢流阀流过额定流量所产生的压力降。一般不超过0.4MPa。

卸荷压力是指当溢流阀的远程控制口K与油箱相连时，额定流量下溢流阀进、出口压力之差。它反映了卸荷状态下系统的功率损失。显然，卸荷压力越小越好。卸荷压力的大小与阀的结构形式及阀口尺寸大小有关。一般不超过0.2MPa。

2. 动态性能指标

溢流阀的动态特性是指溢流阀被控参数在发生瞬态变化的情况下，某些参数之间的关系。当溢流阀的溢流量由零阶跃变化至额定流量时，其进口压力按图4-22所示迅速升高并超过调定压力值，然后逐步衰竭到稳定压力，这一过程就是溢流阀的动态响应过程。其动态性能指标主要有：

(1)压力超调量

当溢流阀的溢流量一瞬间猛增时，立刻产生一个很高的瞬间峰值压力，峰值压力高于调定压力，超过的部分，称为压力超调量Δp，如图4-22所示。

(2)响应时间

响应时间是指从起始稳态压力p_0到最终稳态压力之差的10%上升到90%的时间Δt_1。Δt_1越小，溢流阀的响应越快。

(3)过渡时间

过渡时间指溢流阀压力开始升高到稳定在最终的调定压力所需的时间Δt_2。过渡时间越短，阀的灵敏度越高。

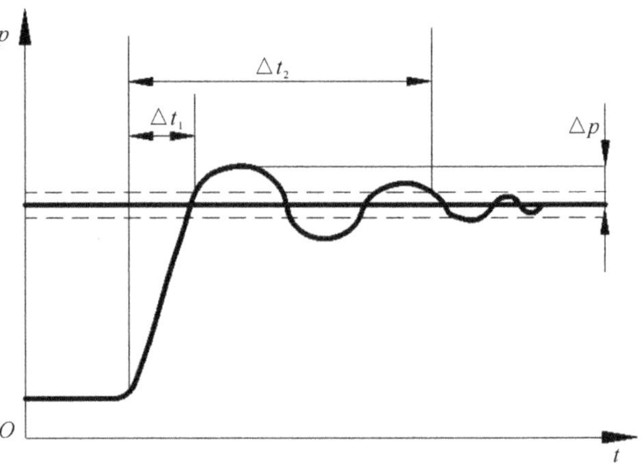

图4-22 流量阶跃变化时溢流阀进口压力响应特性

思考题：溢流阀在工程实际中可以应用于哪些场合？

(四)溢流阀的应用

溢流阀的应用

1. 作溢流阀，维持系统压力恒定，起溢流稳压作用

在图4-23所示的定量泵的节流调速回路中，泵的流量大于节流阀允许通过的流量，多余的流量通过溢流阀流回油箱，维持泵进口压力恒定。

2. 作安全阀，对系统起过载保护作用

如图4-24所示的变量泵组成的液压系统中，当回路正常工作时，溢流阀不打开，当系统超载时溢流阀才打开，起安全保护作用。

3．作背压阀，以改善执行元件的运动平稳性

如图 4-25 所示，溢流阀装在系统的回油路上，产生一定的回油压力，用来改善执行元件的运动平稳性。

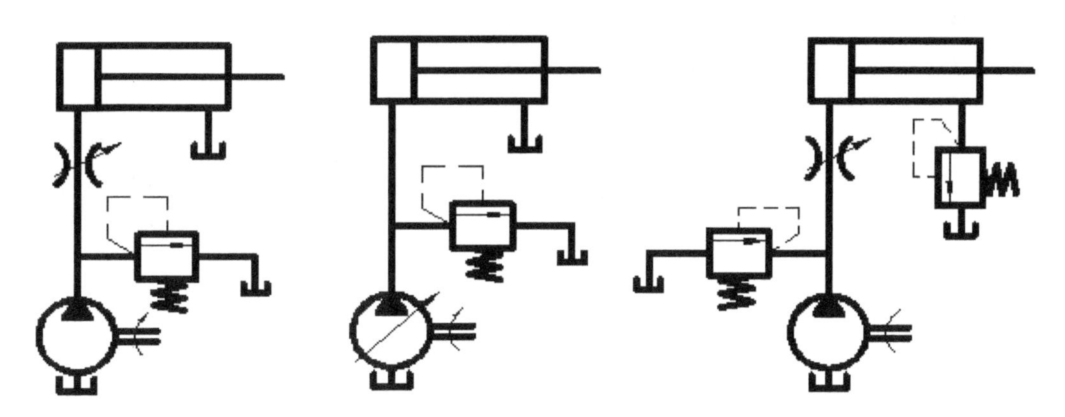

图 4-23　溢流阀起溢流作用　　图 4-24　溢流阀作安全阀　　图 4-25　溢流阀作背压阀

4．利用先导式溢流阀实现远程调压及卸荷

如图 4-26(a)所示，溢流阀 2 的调定压力小于溢流阀 1 的调定压力，当电磁铁通电时，通过溢流阀 1 的远程控制口实现远程调压，泵出口压力为溢流阀 2 的调定值。

如图 4-26(b)所示，当电磁铁通电时，先导式溢流阀远程口通油箱，系统卸荷。

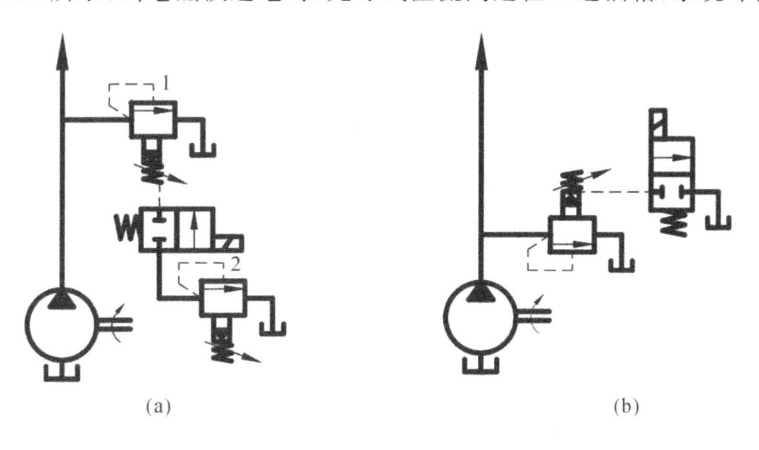

图 4-26　溢流阀远程调压及卸荷回路图

打开液压与气压传动 CAI 软件，进入仿真库自己动手演示各溢流阀应用回路的工作原理，学习和巩固知识点。

二、减压阀

减压阀是一种利用液流流过隙缝产生压降的原理，使出口压力低于进口压力的压力控制阀。在液压回路中，减压阀的作用是降低液压系统中某一回路的油液压力，使用一个油源能同时提供两个或几个不同压力的输出。减压阀用于液压系统中某支油路的减压、调压和稳压。按调节要求不同，减压阀可分为定值减压阀、定比减压阀和定差减压阀。我们常说的

减压阀是指定值减压阀，可维持出口压力恒定。定比减压阀用来维持进、出口之间的压力比恒定。定差减压阀用来维持进、出油口之间的压力差不变。下面我们主要介绍常用的定值减压阀的工作原理，以下就简称为减压阀。减压阀从结构上也分为直动式减压阀和先导式减压阀两种。

(一)直动式减压阀

1. 直动式减压阀结构和工作原理

减压阀 1

直动式减压阀结构如图 4-27(a)所示，P_1 是进油口，P_2 是出油口。常态下，即阀不工作时，阀芯 5 在弹簧 3 的作用下位于最下端，减压阀阀口 a 开口最大，进、出油口互相畅通，也就是图示的状态。当压力油从进油口 P_1 流入时，经出油口 P_2 流出，同时出油口的压力油经孔道流回作用于阀芯 5 的下端，阀芯受向上的液压力，当此液压力小于弹簧 3 的弹力时，阀芯不动，减压阀依旧处于畅通状态，不起减压作用。当液压力大于弹簧的弹力时，阀芯 5 上移，阀口开度 x_R 减小，阀口处的阻力增大，经过阀口后的压力下降，减压阀起减压作用。阀处于工作状态，如果忽略其他阻力，只考虑作用在阀芯上的液压力和弹簧力相平衡的条件，则可认为出口压力基本上维持在由弹簧预压缩量调定的一个定值上。这时，如果出口压力减小，阀芯下移，阀口开度 x_R 增大，阀口处阻力减小，压降减小，使出口压力又回升到调定值。由此可见，减压阀是以出口压力为控制信号，自动调节主阀阀口开度，改变液阻，保证出口压力的稳定。图中 L 是外泄油口，由于减压阀的出油口接系统工作回路，所以减压阀的泄油口必须单独接油箱，即为外泄式。图 4-27(b)所示为减压阀图形符号。

思考题：直动式减压阀与直动式溢流阀的区别有哪些？

打开液压与气压传动 CAI 软件，进入仿真库自己动手演示直动式减压阀的工作原理，学习和巩固知识点。

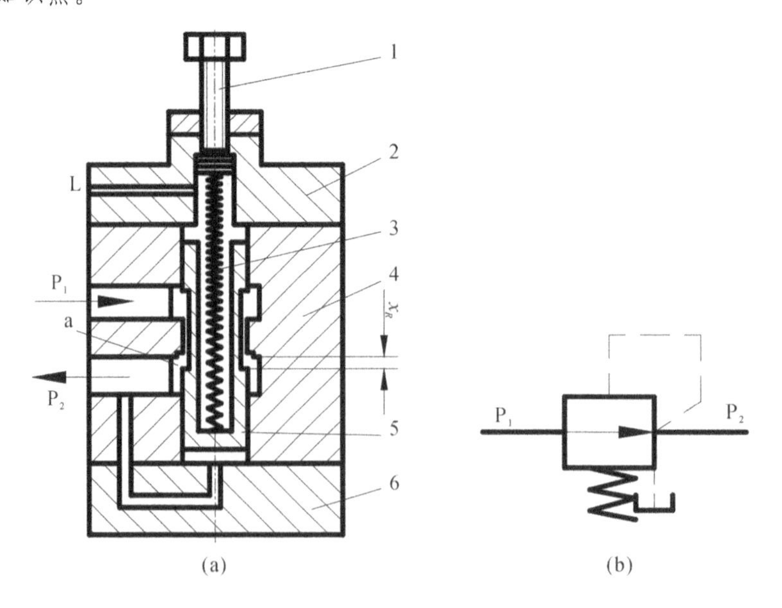

1—调节螺钉；2—上盖；3—弹簧；4—阀体；5—阀芯；6—下盖。

图 4-27 直动式减压阀

2. 直动式减压阀受力分析

当减压阀起减压作用时，阀芯受力平衡，其平衡方程为

$$p_2A=F_s+F_g+F_f+F_{bs} \tag{4-13}$$

忽略阀芯自重、摩擦力和液动力后，受力平衡方程为

$$p_2A=F_s=k_s(x_c-x_R) \tag{4-14}$$

式中：p_2——出口压力；

A——主阀芯受压面积；

k_s——弹簧刚度；

x_c——弹簧预压缩量；

x_R——阀口开度。

一般情况下，x_R 远小于 x_c，可以忽略不计，则出口压力 p_2 大小为

$$p_2=\frac{k_s(x_c-x_R)}{A}=\text{const} \tag{4-15}$$

由上述分析可知，减压阀的出口压力基本恒定，若出口压力 p_2 上升(或下降)，减压阀阀芯对应上移(下移)，阀口开度减小(增大)，阀口处压降上升(下降)，则出口压力 p_2 下降(上升)，最后维持出口压力 p_2 基本不变。

(二)先导式减压阀

减压阀 2

先导式减压阀结构如图 4-28 所示，由先导阀和主阀两部分组成，P_1 是进油口，P_2 是出油口。常态下，即阀不工作时，主阀芯在弹簧力作用下位于最下端，阀口打开，进、出油口畅通。当压力油从进油口 P_1 流入时，经出油口 P_2 流出，同时油液经 P_2 口、主阀芯下端油口和阻尼孔 e 流回到主阀芯上腔和先导阀前腔，导阀阀芯受出油口液压力的作用，当此液压力小于导阀弹簧弹力时，导阀阀口关闭，主阀芯上下腔压力相等，在主阀弹簧的作用下，主阀芯位于最下端，进油口和出油口之间开度 a 最大，这时减压阀全开，不起减压作用，进出油口压力相等。当减压阀出口压力 p_2 上升到能克服导阀弹簧弹力时，导阀阀芯右移，阀口打开，导阀阀芯内油液流动，液体流经阻尼孔 e 时产生一定压降，主阀芯上腔压力小于下腔压力，

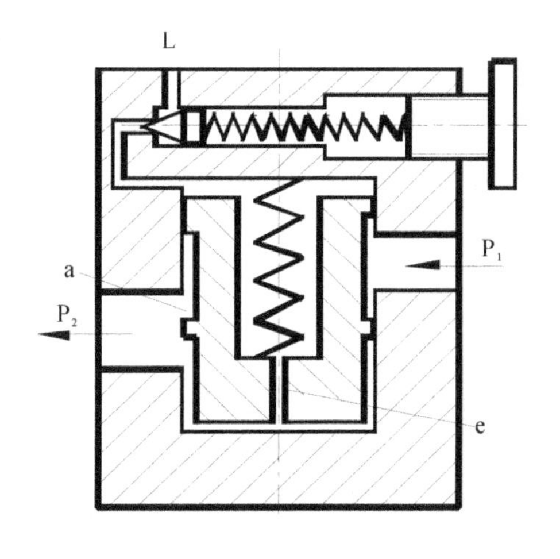

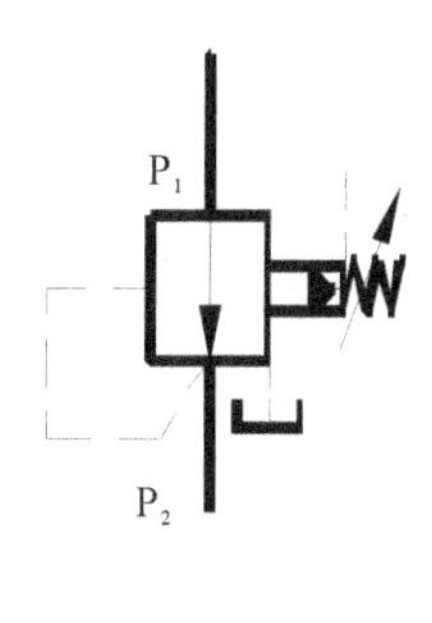

图 4-28 先导式减压阀结构及图形符号

阀芯受向上的液压力作用，克服主阀弹簧的弹力，推动主阀芯上移，阀口 a 减小，产生压降，使出口压力减小，减压阀起减压作用，并维持出口压力基本恒定。由上述工作原理可以看出，先导式减压阀的调定压力是由导阀弹簧决定的，调节导阀上的手轮，即可改变导阀弹簧预压缩量，从而改变先导式减压阀的调定压力。

先导式减压阀受力分析与直动式减压阀类似，在此省略。在液压回路中使用减压阀的基本要求是出口压力维持恒定，不受入口压力、通过流量大小的影响。减压阀主要用在系统的夹紧、润滑等回路中。用减压阀一定会有压力损失，这将增加功耗和使油发热；当分支油路压力比主油路压力低很多，且流量又比较大时，常采用高、低压泵分别供油，而不宜采用减压阀。

思考题：先导式减压阀与先导式溢流阀在结构和工作原理上的区别有哪些？

先导式减压阀与先导式溢流阀在结构和工作原理上有很多相似之处，但也存在以下一些区别：

(1)溢流阀维持进口压力恒定，而减压阀维持出口压力恒定。

(2)常态下，即阀不工作时，溢流阀阀口常闭，而减压阀阀口是常开的。

(3)溢流阀由于回油口是接油箱的，故泄漏油可以通过阀体内的孔道接回油口流回油箱，即内泄方式，也可以采用外泄的方式；而减压阀的出口接工作油路，为保证出口压力调定值恒定，泄漏油必须单独外接油箱，即外泄式。

三、顺序阀

顺序阀是以压力为控制信号，自动接通或断开某一支路的液压阀。其用来控制多个执行元件的顺序动作，也可作背压阀、平衡阀、卸荷阀等使用。顺序阀为使执行元件准确地实现顺序动作，要求阀的调压偏差小，故调压弹簧的刚度宜小。阀在关闭状态下的内泄漏也要小。

顺序阀按其控制方式不同，可分为内控式和外控式两种；按其结构形式也有直动式和先导式两种，直动式顺序阀一般用于低压系统，先导式顺序阀用于中高压系统。

思考题：如何实现多个液压缸的顺序动作？

(一)直动式顺序阀

1. 直动式内控顺序阀

顺序阀工作原理 1

直动式内控顺序阀结构如图 4-29 所示，P_1 是进油口，P_2 是出油口。常态下，即阀不工作时，主阀芯在弹簧弹力的作用下位于最下端，阀口关闭，进、出油口互不相通。当进油口 P_1 通压力油，经阀体内孔道流入阀芯底端，使阀芯受向上的液压力。当此液压力较低、小于弹簧弹力时，阀芯依然在弹簧弹力作用下紧压在阀体底端，阀口关闭，油源压力 p_1 克服负载使液压缸 Ⅰ 运动。当作用在阀芯底部的液压力升高到能克服弹簧弹力时，推动阀芯上移，阀口打开，进、出油口相通，油液经顺序阀出油口后克服液压缸 Ⅱ 的负载使活塞运动，从而实现两液压缸的顺序动作。打开顺序阀所需的开启压力由弹簧控制，调节上方调压螺钉即可调节弹簧预压缩力，从而改变顺序阀调定压力。图中 L 为外泄油口，因为顺序阀出油口要接工作回路，所以泄漏油要单独外泄。这种结构的顺序阀与弹簧力相平衡的液压力是从阀内部通道反馈而来的，故称为内控式。

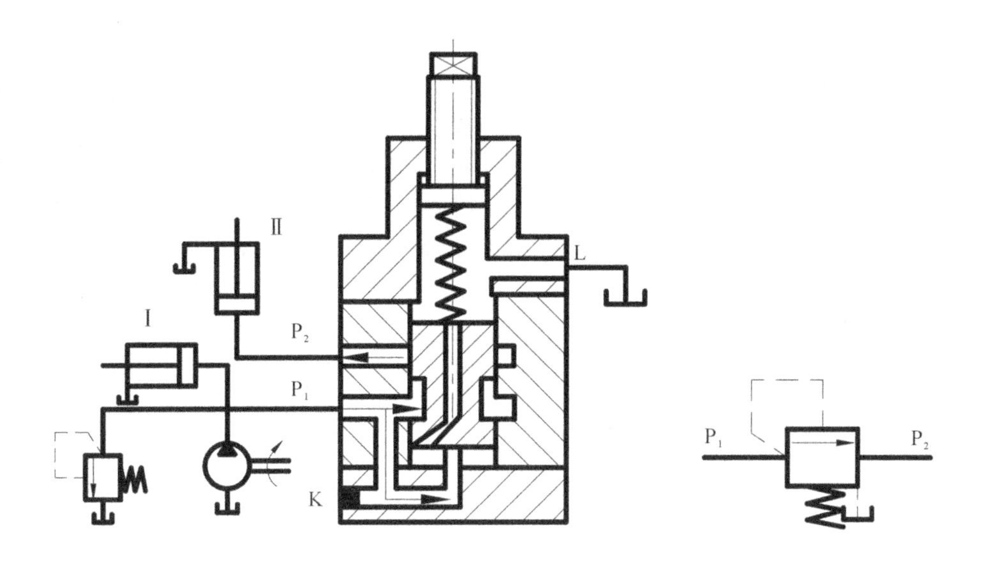

图 4-29　直动式内控顺序阀及图形符号

2. 直动式外控顺序阀

直动式外控顺序阀结构如图 4-30 所示，与内控式顺序阀的区别是控制油由 K 口从外面油路引入，而不是由进油口引入，故称为外控式顺序阀。外控式顺序阀阀口的开启与否和一次油路处来的进口压力没有关系，仅取决于控制压力的大小。

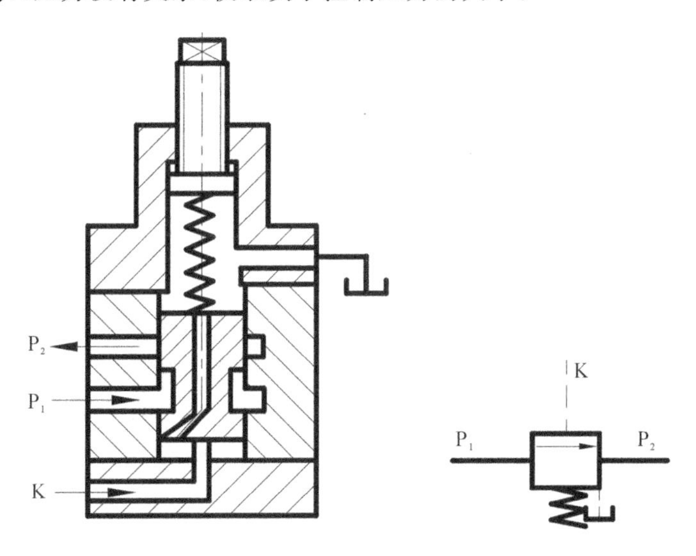

图 4-30　直动式外控顺序阀及图形符号

如果将图 4-30 改为内部泄油，出油口接油箱，则为外控内泄式顺序阀，相当于一个卸荷阀，当外控口 K 压力小于弹簧调定值时，顺序阀关闭，当外控口 K 压力大于弹簧调定值时，阀口打开，油泵卸荷，减小功率损耗。

直动式顺序阀结构简单，动作灵敏，但由于弹簧和结构设计的限制，弹簧刚度较大，因此调压偏差大且限制了压力的提高，压力较高时宜采用先导式顺序阀。

（二）先导式顺序阀

顺序阀工作原理 2

先导式顺序阀结构如图 4-31 所示，其由主阀和先导阀两部分组成。P_1 是进油口，P_2 是出油口，常态下，即阀不工作时，主阀芯在弹簧弹力的作用下位于最下端，阀口关闭，进、出油口互不相通。当进油口 P_1 通压力油，经阀体内阻尼孔流入阀芯上腔，并作用于导阀阀芯上时，导阀阀芯受向右的液压力。当此液压力较低、小于导阀弹簧弹力时，导阀阀芯在弹簧弹力作用下紧压在导阀阀座上，阀口关闭，此时主阀芯上、下两腔所受液压力相等，主阀芯在主阀弹簧力作用下紧压在底端，阀口关闭，进出油口不通；当进口液压力升高到能克服导阀弹簧弹力时，推动阀芯右移，导阀阀口打开，油液流动，压力油流经阻尼孔时产生压降，主阀芯上腔压力小于下腔压力，阀芯受向上的液压力，克服主阀弹簧力推动主阀芯上移，主阀口打开，进油口与出油口相通。先导式顺序阀的调定压力是由导阀弹簧决定的，调节导阀手轮，即可改变顺序阀调定压力，图中 L 为外泄油口。

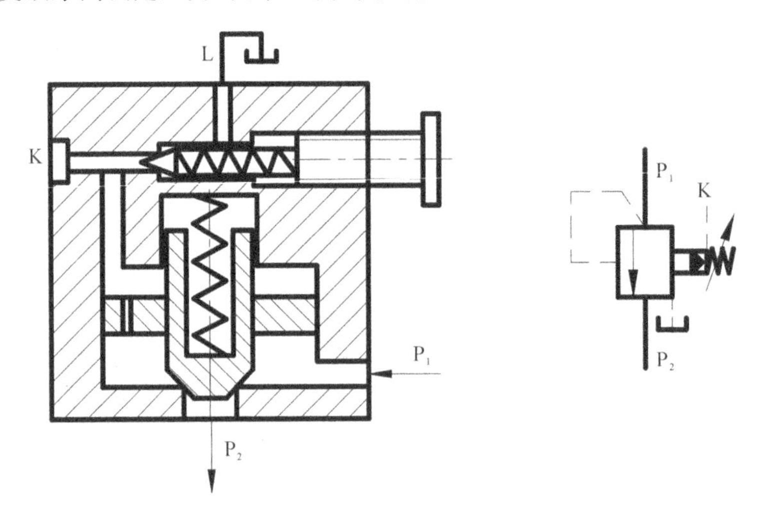

图 4-31　先导式顺序阀及图形符号

由以上分析可知，顺序阀在结构和性能上与溢流阀十分相似，主要区别如下：顺序阀的出油口不与油箱相接，而是与某一执行元件相连，故弹簧腔泄漏油口 L 必须单独接回油箱；溢流阀的进口压力调定后是不变的，而顺序阀并不维持出口或进口压力恒定，而是用作开关阀，相当于开关的作用，它是一种利用压力的高低控制油路通断的“压控开关”，其进口压力在阀开启后随出口压力负载改变而改变。

（三）顺序阀的应用

1. 控制多个执行元件的顺序动作。

2. 起平衡阀的作用，与单向阀并联组成，使垂直放置的液压缸不因自重而下落。

3. 外控顺序阀可用在双泵供油系统中。当系统所需流量较小时，使大流量泵卸荷。

4. 内控顺序阀可接在液压缸回油路上，产生背压，以使活塞的运动速度稳定。

打开液压与气压传动 CAI 软件，进入仿真库自己动手演示顺序阀应用回路的工作原理，学习和巩固知识点。

四、压力继电器

压力继电器是一种将油液的压力信号转换成电信号的电液控制元件。压力继电器又称压力控制开关。当输入油液压力达到压力继电器的调定值时，通过微动开关发出电信号，以此来控制电器元件（如电磁铁、继电器、电磁离合器等）的动作，实现执行元件的顺序动作、油路的换向、卸荷或系统遇到故障的自动保护等功能。

压力继电器按结构可分为柱塞式、薄膜式、弹簧管式、波纹管式等。比较常用的是柱塞式，下面主要介绍柱塞式压力继电器的工作原理。

图 4-32 所示为柱塞式压力继电器，压力油从下方 P 口流入，作用在柱塞 1 的下端，当液压力升高达到调定压力（由弹簧力决定）时，柱塞 1 上移，通过顶杆 2 合上微动开关 4，发出电信号。当压力小于调定压力时，在弹簧力的作用下，微动开关触头复位。压力调定值由调节螺帽 3 调节。

需要注意的是压力继电器必须放在压力有明显变化的地方才能输出电信号。若将压力继电器放在回油路上，由于回油路直接接回油箱，压力没有变化，所以压力继电器也不会工作。

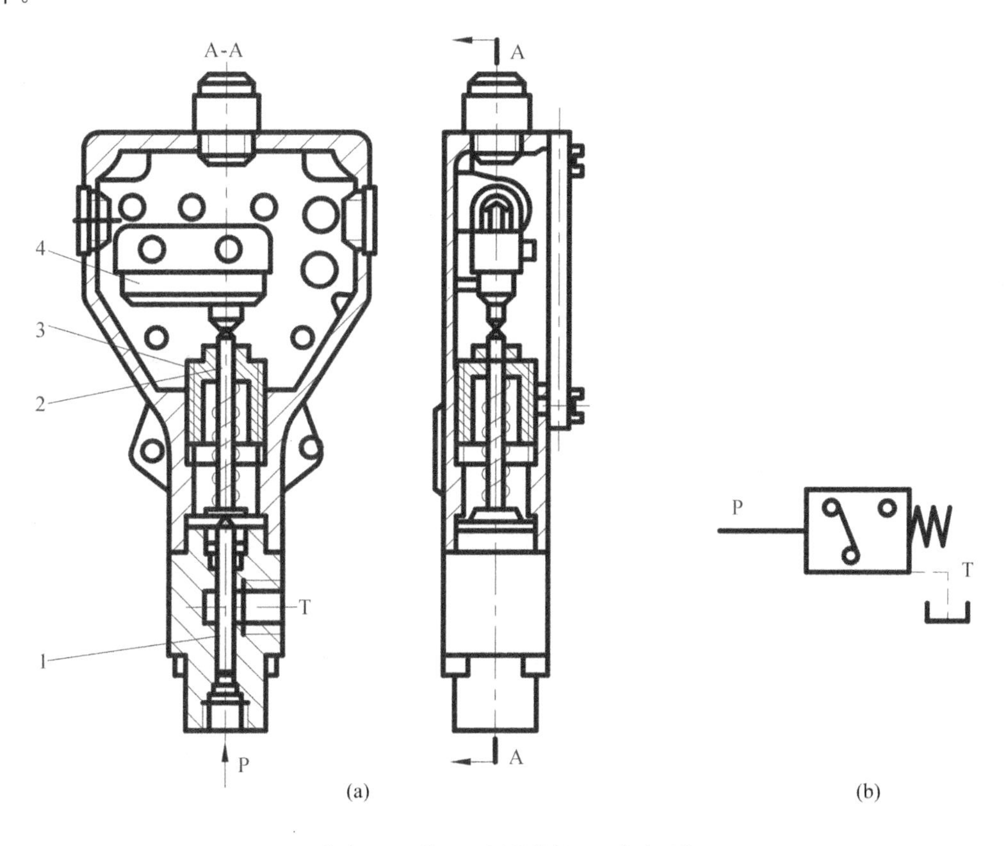

1—柱塞；2—顶杆；3—调节螺帽；4—微动开关。

图 4-32　柱塞式压力继电器结构及图形符号

第四节　液压流量控制阀

流量控制阀是依靠改变阀口通流截面积大小，即改变液阻的大小来控制节流口的流量，从而调节执行元件（液压缸或液压马达）运动速度的液压阀。常见的流量阀有节流阀、调速阀、溢流节流阀和分流集流阀等。

流量控制阀应满足的要求有：有足够的流量调节范围；有较好的流量稳定性，即当阀的两端压差发生变化时，流量变化要小；流量受温度和压力的影响要小；节流口应不易堵塞，能保证稳定的最小流量；调节方便，泄漏要小。

思考题：如何调节流量的大小？

一、节流口概述

（一）流量控制原理及节流口特性

流量控制阀是利用小孔节流原理工作的。常用的节流口的形式有薄壁小孔、短孔和细长孔三种，不同节流口的流量特性通用表达式为

$$q = KA_T\Delta p^m \tag{4-16}$$

式中：q——通过节流口的流量；

K——节流系数，由节流口形状、液体流态、油液性质等因素决定；

A_T——节流口通流截面积；

Δp——节流口前后压力差；

m——由节流口形状决定的节流阀指数，由试验确定，$0.5 \leqslant m \leqslant 1$。一般地，薄壁小孔时 m 取 0.5，细长孔时 m 取 1。

由上式可知，通过节流口的流量与节流口形状、压差、油液自身的性质等有关。

（二）影响流量稳定性因素

1. 压差 Δp 对流量稳定性的影响

当节流口通流截面积 A_T 一定时，若负载 F 上升，则节流阀前后的压差 Δp 下降，导致流量 q 下降，活塞运动速度 v 下降。反之则结果相反。指数 m 越大，压差 Δp 对流量的影响也越大，因此节流口制成薄壁小孔（$m=0.5$）比制成细长孔（$m=1$）好。

2. 温度对流量稳定性的影响

温度变化对油液黏度有影响。对于薄壁小孔，黏度对流量基本没有影响，这是由于流体流过薄刃式节流口时为湍流状态，其流量与雷诺数无关，即不受油液黏度变化的影响，节流口形式越接近于薄壁孔，流量稳定性就越好；而对于细长孔，流量影响较大，油温上升，黏度下降，流量上升，反之则相反。所以节流通道较长时温度对流量的稳定性影响较大。

3. 最小稳定流量和流量调节范围

一般节流阀，只要保持油液足够清洁，就不会出现阻塞现象。有的系统要求缸的运动速度很慢，节流阀的开口只能很小，就会导致阻塞现象的出现。此时，通过节流阀的流量时大时小甚至断流。节流阀的阻塞造成系统工作速度不均匀，因此节流阀需要有一个能正常工作（指无断流且流量变化不大于10%）的最小流量限制值，称之为节流阀的最小稳定流量。

通过阀最小稳定流量的大小是衡量流量阀性能的一个重要指标。一般流量控制阀的最小稳定流量为 0.05L/min。

流量调节范围是指通过阀的最大流量和最小流量之比，一般在 50 以上。

节流阀口发生堵塞的主要原因是油液中的杂质、油液高温氧化后析出的胶质、沥青等附在节流阀口表面上。附着层达到一定厚度就造成断流。适当加大水力半径，选择稳定性好的油液，精心过滤可有效防止节流阀的堵塞。

（三）节流口的形式

由上述可知，为保证稳定流量，节流口的形式以薄壁小孔较为理想。阀的节流口形式将直接影响流量阀的性能，常见节流口的形式主要有图 4-33 所示的几种。

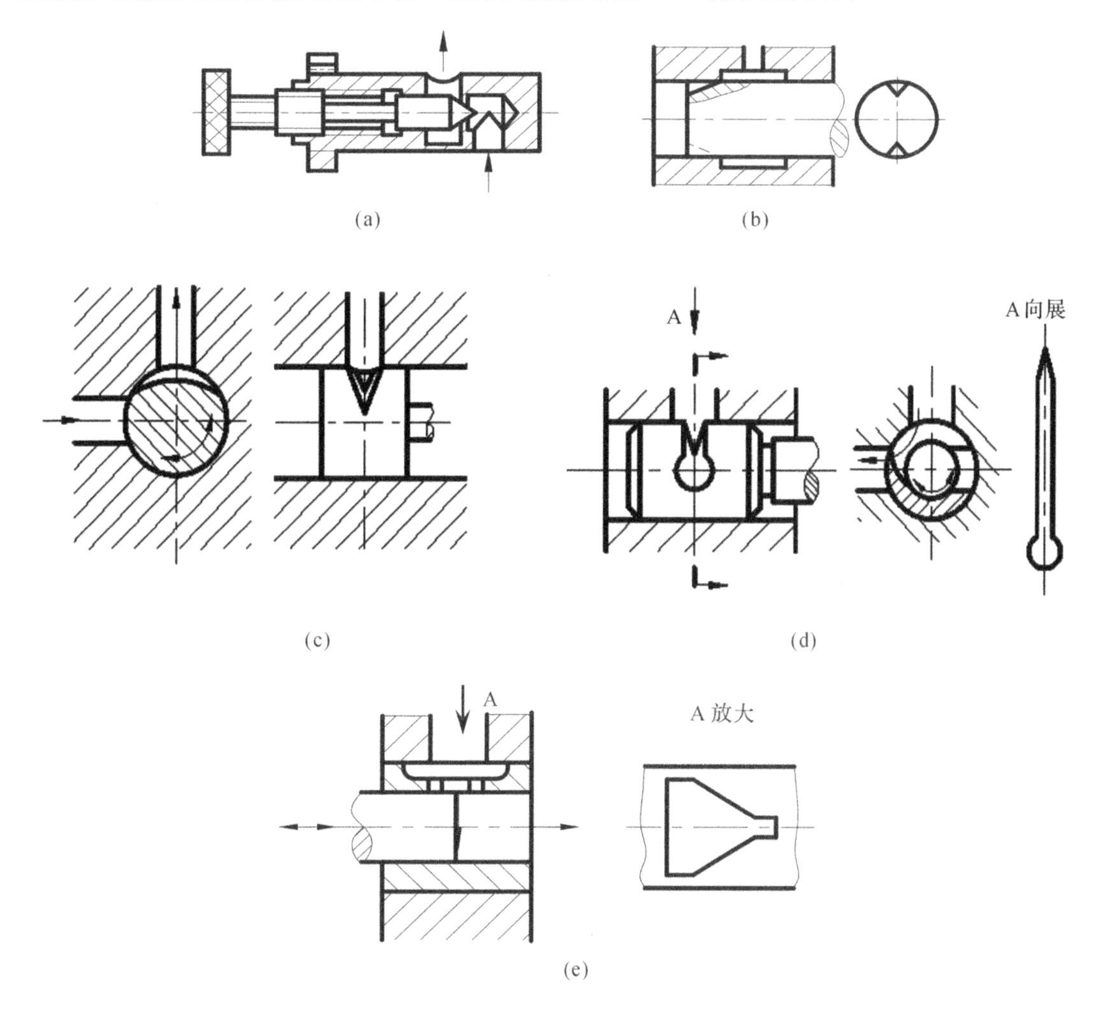

图 4-33 常见节流口形式

图 4-33(a)所示为针阀式节流口，它通道长，湿周大，易堵塞，流量受油温影响较大。一般用于对性能要求不高的场合。

图 4-33(b)所示为轴向三角槽式节流口，其结构简单，水力半径较大，可得到较小的稳定流量，且调节范围较大，但节流通道有一定的长度，油温变化对流量有一定的影响，目前广

泛应用于各种流量阀中。

图 4-33(c)所示为周向三角槽式节流口。在阀芯上开有周向偏心槽,其截面为三角槽,转动阀芯可改变通流面积。其性能与针阀式节流口相同,但容易制造,其缺点是阀芯上的径向力不平衡,旋转阀芯时较费力,一般用于压力较低、流量较大和流量稳定性要求不高的场合。

图 4-33(d)所示为周向缝隙式节流口。为得到薄壁孔的效果,在阀芯内孔局部铣削出一薄壁区域,然后在薄壁区域开出一周向缝隙。转动阀芯就可改变开口大小。阀口做成薄刃形,通道短,水力直径大,不易堵塞,油温变化对流量影响小,其性能接近于薄壁小孔,适用于低压小流量场合。

图 4-33(e)所示为轴向缝隙式节流口,在阀孔的衬套上加工出图示薄壁阀口,阀芯做轴向移动即可改变开口大小。由于更接近薄壁小孔,通流性能较好,这种节流口为目前最好的节流口之一,用于要求较高的流量阀上。

思考题:流量阀阀口为什么制成薄壁小孔比制成细长孔好?

二、普通节流阀

流量控制阀

普通节流阀是一种比较简单的流量控制阀,在液压系统中主要与定量泵、溢流阀和执行元件等组成节流调速系统。调节其开口,便可调节执行元件运动速度的大小。普通节流阀结构如图 4-34(a)所示,其节流通道呈轴向三角槽式。P_1 是进油口,P_2 是出油口,当油液从进油口 P_1 流入后,经孔道 a、三角沟槽、孔道 b,由出油口 P_2 流出。调节螺母 2 可由推杆 3 推动阀芯 4 左右移动,从而改变节流口的开口大小,调节流量。

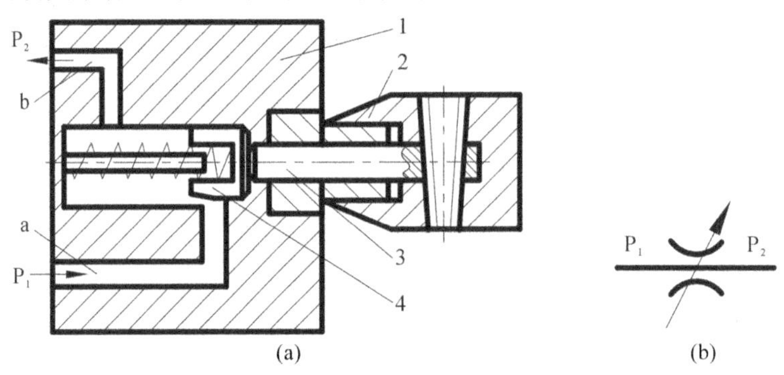

1—阀体;2—调节螺母;3—推杆;4—阀芯。

图 4-34　普通节流阀结构及图形符号

节流阀的流量调节仅靠一个节流口来调节,其流量稳定性受压差和温度的影响较大。此外,节流阀前后压力差随负载的变化而变化,也会影响流量的稳定性,所以普通节流阀适用于负载变化较小的场合。节流阀常与定量泵、溢流阀一起组成节流调速回路,调节执行元件的运动速度,有时也用在变量泵的系统中。此外,节流阀在液压系统中还可以用作背压阀及节流缓冲。

思考题:普通节流阀存在的主要问题是什么?

打开液压与气压传动 CAI 软件,进入仿真库自己动手演示普通节流阀的工作原理,学习和巩固知识点。

三、调速阀

调速阀

普通节流阀在开口一定的情况下，节流口前后压差受负载变化影响，不能保持执行元件运动速度的稳定。工作负载的变化是不可避免的，在执行元件速度稳定性要求较高的场合，节流阀不能满足要求。为使流经节流阀的流量不受负载变化的影响，必须对节流阀前后压差进行压力补偿，使其保持在一个定值上，从而达到流量稳定。这种带压力补偿的流量控制阀称为调速阀。

（一）调速阀的结构及工作原理

调速阀结构如图 4-35(a)所示，其由定差减压阀 1 和节流阀 2 串联而成。图中 p_1 为液压泵出口压力，由溢流阀调定维持恒定；油液经减压阀 1 减压后，压力降为 p_m，然后经节流阀 2 的节流口流出，带动负载工作，压力为 p_2，其大小由负载 F 决定。减压阀阀芯上端的油腔 b 通过孔道 a 和节流阀后的油腔相通，压力为 p_2，减压阀 c 腔和下端油腔 d 相通，通过孔道 e、f 与节流阀前的油腔相通，压力为 p_m。当减压阀在上下腔压力、弹簧力、稳态液动力的作用下受力平衡时，调速阀处于工作状态，经过调速阀的流量由节流阀决定。此时，若负载增加，则调速阀出口压力 p_2 随之增加，定差减压阀上腔 b 的压力也增加，减压阀阀芯下移，阀口增大，减压阀减压作用减小，出口压力 p_m 上升，直到压差 $\Delta p = p_m - p_2$ 恢复原来的数值，阀芯重新达到受力平衡，反之同理。所以通过调速阀的流量不随负载的变化而变化，只要节流阀开口一定，通过调速阀的流量就是固定的。这是调速阀区别于普通节流阀的一个重要特点。调速阀也可先节流后减压，工作原理基本相同。

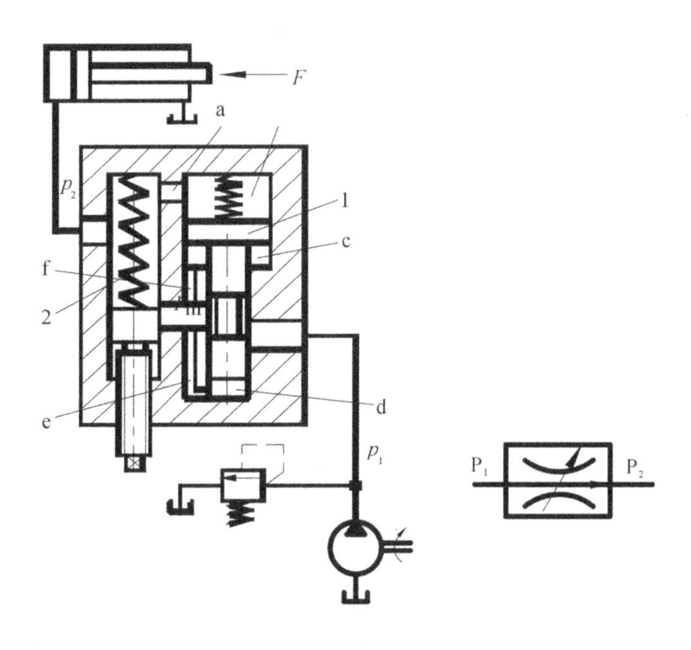

1—定差减压阀；2—节流阀。

图 4-35　调速阀结构及图形符号

调速阀在液压系统中的应用和节流阀相仿，它适用于执行元件负载变化大而运动速度要求稳定的系统中，也可用在容积—节流调速回路中。

思考题：调速阀采用怎样的结构解决了通过普通节流阀的流量随压力变化的问题？

打开液压与气压传动CAI软件，进入仿真库自己动手演示调速阀的工作原理，学习和巩固知识点。

（二）调速阀的静态特性

调速阀具有保持流量稳定的功能，主要是由于定差减压阀的压力补偿作用，若忽略减压阀阀芯的自重、摩擦力，设减压阀 b、c、d 三腔的有效面积分别为 A_3、A_2、A_1，且 $A_3=A_1+A_2$，则阀芯的受力平衡方程式为

$$p_mA_1+p_mA_2+F_{bs}=p_2A_3+F_s \tag{4-17}$$

如用 k_s 表示弹簧刚度，弹簧预压缩量用 x_c 表示，减压阀阀芯的移动量用 x_R 表示，将稳态液动力 $F_{bs}=2C_dC_v\omega\sqrt{c_r^2+x_V^2}\Delta p\cos\phi$ 代入上式，则可表示为

$$(p_m-p_2)A_3+2C_dC_v\omega\sqrt{c_r^2+x_V^2}\Delta p\cos\phi=k_s(x_c-x_R) \tag{4-18}$$

节流阀和减压阀的开口为薄壁小孔的形式，故通过减压阀和节流阀的流量分别为

$$q_R=C_{dR}\omega_Rx_R\sqrt{\frac{2}{\rho}(p_1-p_m)}$$

$$q_T=C_{dT}\omega_Tx_T\sqrt{\frac{2}{\rho}(p_m-p_2)}$$

于是

$$q_T=C_{dT}\omega_Tx_T\sqrt{\frac{2k_sx_c}{\rho A_R}}\left[\frac{1-\frac{x_R}{x_c}}{1+\frac{2C_{dT}^2\omega_T^2x_T^2}{A_RC_{dR}\omega_Rx_R}\cos\phi}\right]^{\frac{1}{2}} \tag{4-19}$$

考虑到

$$\frac{x_R}{x_c}\ll1,\ \frac{2C_{dT}^2\omega_T^2x_T^2}{A_RC_{dR}\omega_Rx_R}\cos\phi\ll1 \tag{4-20}$$

则

$$q_T\approx C_{dT}\omega_Tx_T\sqrt{\frac{2k_sx_c}{\rho QA_R}} \tag{4-21}$$

由式(4-19)可见，通过调速阀的流量是变化的，但在满足式(4-20)的条件下，由式(4-21)得知，通过调速阀的流量可以基本上保持不变。

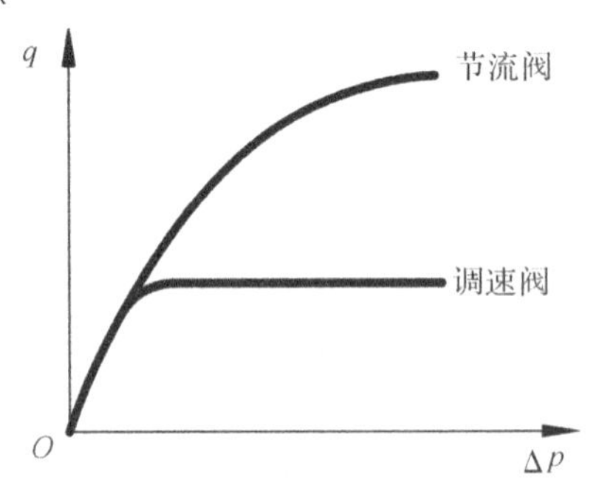

图 4-36　调速阀和节流阀的流量特性曲线

图 4-36 所示为调速阀与普通节流阀相比较的特性曲线，即阀两端压差 Δp 与通过阀的流量 q 之间关系的曲线。由图 4-36 可知，在压差较小时，调速阀的特性与普通节流阀相同，此时，由于压差较小，调速阀中的减压阀不工作，没有压力补偿作用，故调速阀和节流阀的这部分曲线重合。当阀两端压差大于某一值时，减压阀工作，通过调速阀的流量不受阀两端压差的影

响，而通过节流阀的流量仍然随压差的变化而变化，两者的曲线出现明显差别。调速阀因有减压阀和节流阀两个液阻串联，所以它在正常工作时，至少要有 0.4～0.5MPa 的压差。

四、溢流节流阀

（一）溢流节流阀结构及工作原理

溢流节流阀也称旁通式调速阀，结构如图 4-37(a)所示，其由定差溢流阀与节流阀并联而成，也是一种压力补偿型节流阀。溢流阀 3 的进口接液压泵压力油，压力用 p_1 表示，此部分油液一部分经溢流阀出油口流回油箱，一部分经环形腔流入节流阀 4，经节流阀后由出口流出，出口压力用 p_2 表示，带动负载工作。出口压力油经过孔道同时作用于溢流阀的上腔 a 腔、溢流阀的 b 腔和下端 c 腔与节流阀 4 的进油口相通，压力为 p_1。节流阀的前后压力差为 $\Delta p=p_1-p_2$，此压力差经过压力补偿可以保持恒定，其工作过程如下：当负载增加时，出口压力 p_2 随之增加，溢流阀上腔压力也增加，推动阀芯下移，溢流阀口关小，溢流量减小，进口压力 p_1 上升，使节流阀前后压差 Δp 基本不变。当负载减小时，工作过程刚好相反，出口压力 p_2 下降，由于溢流阀 3 阀芯的相应动作，p_1 也下降，压差 p_1-p_2 基本保持不变。这样当节流阀开口一定时，通过溢流节流阀的流量不随负载变化而变化。这种溢流节流阀一般附带一个安全阀 2，以避免系统过载，当负载压力 p_2 超过其调定压力时，安全阀开启，流过安全阀的流量在节流阀口处的压差增大，使溢流阀阀芯克服弹簧力向上运动，溢流阀阀口开大，泵通过溢流阀阀口的溢流加大，进口压力 p_1 得到限制。

思考题：溢流节流阀是如何解决通过普通节流阀的流量随压力变化的问题？

打开液压与气压传动 CAI 软件，进入仿真库自己动手演示溢流节流阀的工作原理，学

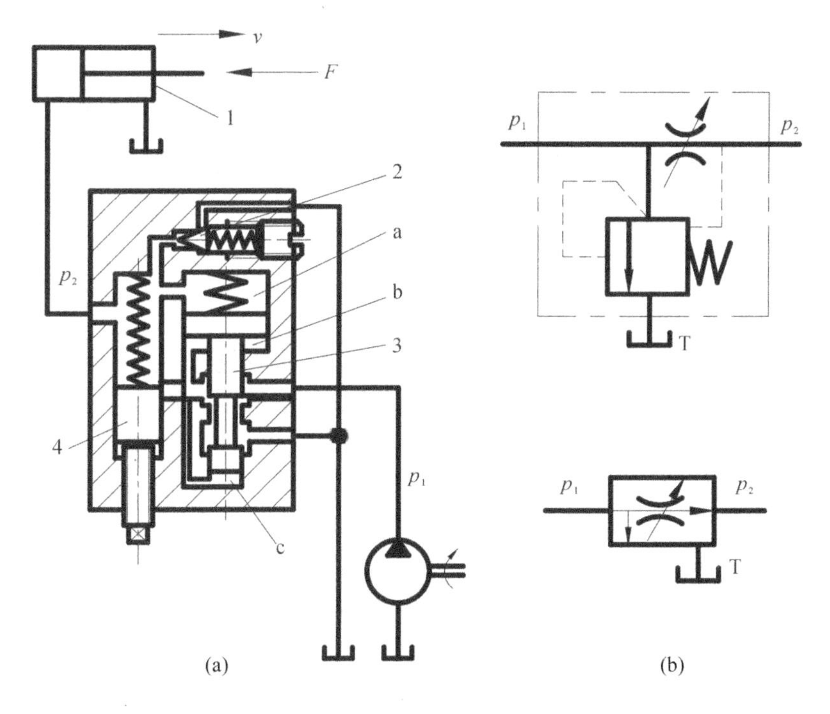

1—液压缸；2—安全阀；3—溢流阀；4—节流阀。

图 4-37　溢流节流阀原理及图形符号

习和巩固知识点。

(二)溢流节流阀特点

溢流节流阀与调速阀相同,都是通过压力补偿作用保证通过节流阀的流量基本恒定,不受负载变化影响。但它们组成的调速系统是有区别的,具体表现在:

(1)调速阀无论装在进油路或是回油路上,泵的出口压力都由溢流阀保持恒定,泵在恒压下工作;而溢流节流阀只能装在执行元件的进油路上,泵的出口压力即溢流节流阀的进口压力 p_1 随负载的变化而变化,不是恒定的。因此,使用溢流节流阀具有功率损耗低、发热量小的优点。

(2)溢流节流阀组成的调速回路系统压力随负载变化,所以需要接入一个安全阀以避免系统过载。

(3)溢流节流阀通过的流量比调速阀大(一般是系统的全部流量)。阀芯运动时的阻力较大,弹簧较硬,其结果使节流阀前后压差加大,因此它的稳速性稍差。

第五节　液压叠加阀、插装阀

由于液压阀安装形式的不同,装拆和维修保养不太方便,故叠加式连接阀(简称叠加阀)和插装式连接阀(简称插装阀)日益占有优势。

一、叠加阀

叠加阀是近 10 来年在板式阀集成化的基础上发展起来的,其以阀体本身作为连接体,不需要另外的连接体。同一通径的叠加阀,其油口和螺栓孔大小、位置及数量都与相匹配的板式换向阀相同,只要将同一通径的叠加阀按照一定的顺序叠加起来,再加上电磁阀或电液换向阀,然后用螺栓固定,即可组成各种典型的液压系统。由叠加阀组成的叠加阀系统如图 4-38所示。

叠加阀额定压力一般是 20MPa,额定流量范围在 10～200L/min。叠加阀与一般的液压阀分类一样,也分为压力控制阀、流量控制阀、方向控制阀。其中方向控制阀只有单向阀,换向阀不属于叠加阀。

叠加阀是将方向、压力、流量等类阀件或将方向、压力、流量等液压回路制成单元液压块的液压阀,与传统液压阀相比,叠加阀最大的特点在于不必使用配管即可达到系统安装的目的,因此减小了系统的泄漏、振动和噪声。相比传统的管路连接,叠加阀不需要特殊安装技能,并且非常方便更改液压系统的功能。由于不需要配管,增强了系统整体的可靠性,且便于日常检查与维修。缺点是灵活性差,同一组回路中的元件一般要用同样通径的阀。

叠加阀可适用于各种工业液压系统,如注塑机液压系统、数控机床液压系统、冶金设备液压系统等。目前,叠加阀常见的标准通径规格有 6mm、10mm、16mm、20mm、32mm 等几种,基本上与传统板式液压阀相同,可适用于不同流量工作环境的场合。

思考题:在高压大流量场合,普通液压阀无法满足工作要求,该如何解决?

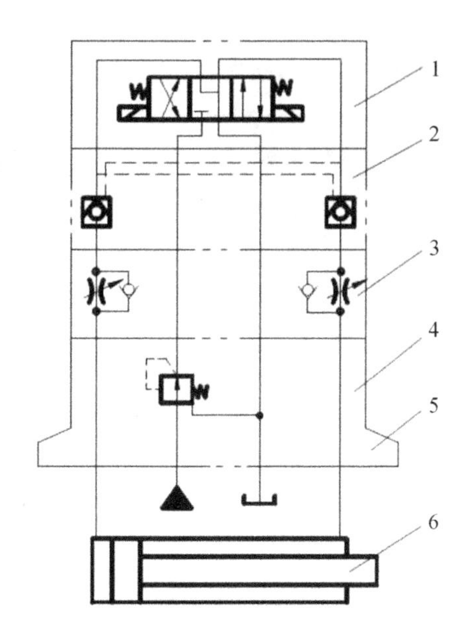

1—电磁换向阀;2—液控单向阀;3—单向节流阀;4—减压阀;5—底板;6—液压缸。

图 4-38　叠加阀组成的系统

二、插装阀

插装阀

插装阀是一种结构紧凑、集成化的液压阀,其主流产品是盖板式二通插装阀,它是在 20 世纪 70 年代,根据各类控制阀阀口在功能上是固定、可调或是可控液阻的原理,发展起来的一类覆盖压力、流量、方向以及比例控制等的新型控制阀类,在高压大流量的液压系统中应用广泛,其元件已标准化,将几个插装式元件组合在一起便可组成复合阀。插装阀根据用途不同可分为方向插装阀、压力插装阀和流量插装阀,按通口数量不同可分为二通、三通和四通插装阀。

(一)插装阀的结构和工作原理

盖板式二通插装阀结构如图 4-39 所示,其主要由控制盖板 1、阀套 2、弹簧 3、阀芯 4、阀体 5 和密封件组成。主阀芯上腔作用着由 C 口流入的油液的液压力和弹簧弹力,A、B 两个油口的油液压力作用于阀芯的下锥面,也是插装阀的主通道。C 口油液的压力控制主通道 A、B 的通断。盖板的作用是既可以用来固定插装件及密封,又起着连接插装件与先导件的作用,在盖板上可装嵌各种微型先导控制元件及其他元件。内嵌的各种微型先导控制元件与先导控制阀结合可以控制插装阀的工作状态,还可安装位移传感器等电器附件,以便构成某种控制功能的组合阀。

二通插装阀原理上相当于一个液控单向阀,A、B 为两个工作油口,形成主通路,C 为控制油口,起控制作用。通过控制油口 C 使阀芯上腔卸荷或加压实现阀口的开启、关闭来控制油路的通断。锥阀阀芯受 A、B、C 三个油口的液压力及弹簧的弹力作用,若 A、B、C 三个油口的压力分别用 p_a、p_b、p_c 表示,有效作用面积用 A_a、A_b、A_c 表示,且 $A_c=A_a+A_b$,忽略阀芯的自重、摩擦力及液动力的影响,阀芯所受合力 F 为

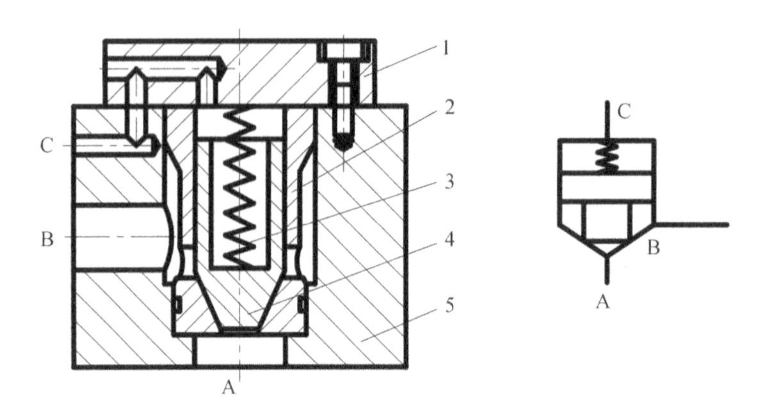

1—控制盖板；2—阀套；3—弹簧；4—阀芯；5—阀体。

图 4-39　盖板式二通插装阀

$$F = p_c A_c + F_s - p_a A_a - p_b A_b \tag{4-22}$$

式中：F_s——弹簧的弹力；

F_{bs}——稳态液动力。

由式(4-22)可见：当 $F>0$，即 $p_c A_c + F_s > p_a A_a + p_b A_b$ 时，阀口关闭，油口 A、B 不通；当 $F<0$，即 $p_c A_c + F_s < p_a A_b$ 时，阀口打开，油口 A、B 互通，液流的方向视 A、B 口压力的大小而定。可见，插装阀的工作原理是依靠控制口 C 的压力大小来启闭阀口的。因此，插装阀通过不同的控制盖板和各种先导阀组合，便可构成液压方向阀、压力阀和流量阀等。

打开液压与气压传动 CAI 软件，进入仿真库自己动手演示二通插装阀的工作原理，学习和巩固知识点。

(二)插装阀应用

1. 插装阀用作方向控制阀

(1)插装式单向阀

如图 4-40 所示，将插装阀控制口 C 与 A 口相连，可成为只能由 B 口流向 A 口的单向阀，若将控制口 C 与 B 口相连，则可成为只能由 A 口流向 B 口的单向阀。

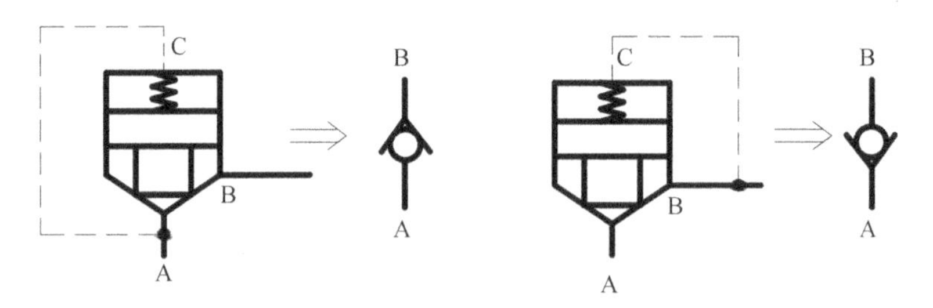

图 4-40　插装阀组成的单向阀

(2)插装式二位二通换向阀

如图 4-41 所示，其相当于一个二位二通换向阀，电磁阀断电时，A、B 两口互通，电磁阀通电时，由 B 口向 A 口接通。

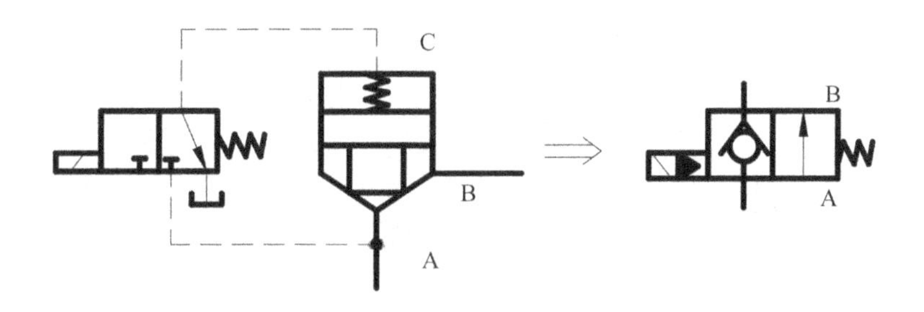

图 4-41　插装式二位二通换向阀

(3)插装式二位三通换向阀

插装式二位三通换向阀如图 4-42 所示：电磁阀断电时，A、T 油口互通，P 口堵上；电磁阀通电时，T 口堵上，P 口和 A 口相通。

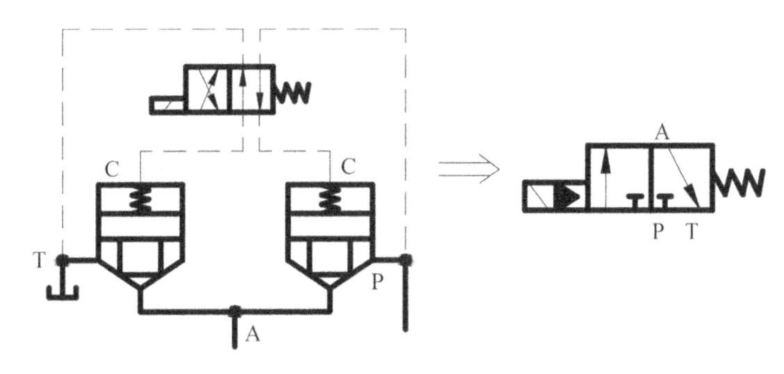

图 4-42　插装式二位三通换向阀

(4)插装式二位四通换向阀

插装式二位四通换向阀如图 4-43 所示：电磁阀断电时，P、B 相通，A、T 相通；电磁阀通电时，P、A 相通，B、T 相通。

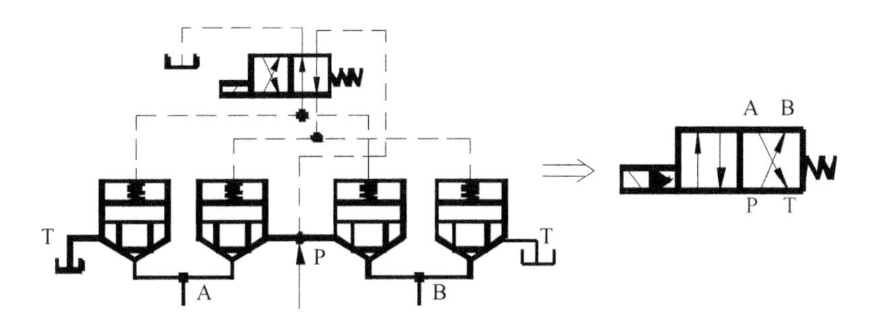

图 4-43　插装式二位四通换向阀

2. 插装阀用作压力控制阀

插装阀用于压力控制阀时，在控制腔 C 接入直动式溢流阀作为先导阀，就可以组成压力控制阀。

如图 4-44(a)所示，A 腔压力油经阻尼小孔进入控制腔 C，并与先导压力阀进口相通，若 B 口接油箱，则插装阀起溢流阀作用，若 B 口接负载，就是一个顺序阀。图 4-44(b)中，若在控制

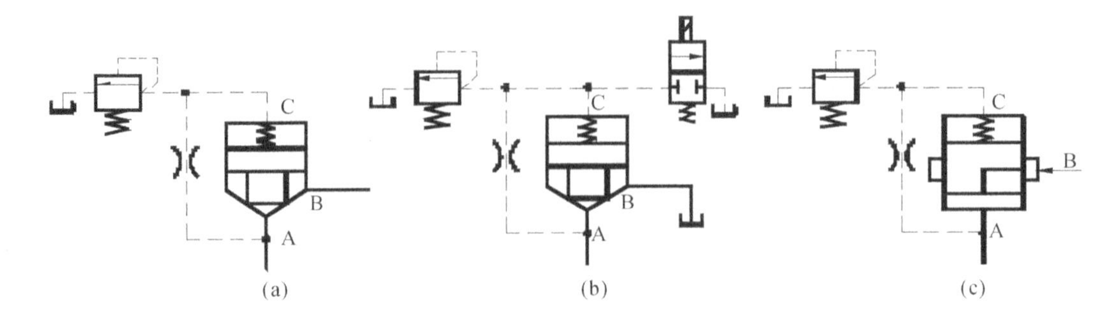

图 4-44 插装阀用作压力控制阀

腔 C 接一个二位二通换向阀，电磁铁通电时，插装阀 A、B 口相通，起卸荷作用。图 4-44(c)中，用常开式滑阀阀芯作减压阀，B 为一次压力油进口，A 为出口，A 腔的压力油经阻尼小孔后与控制腔 C 相通，并与先导压力阀进口相通，工作原理和普通先导式减压阀相同，所以这里的插装阀作减压阀用。

3. 插装阀用作流量控制阀

插装阀在盖板上安装阀芯行程调节器控制阀口开度以控制流量，就可起流量控制阀的作用。图 4-45(a)中插装阀用作普通节流阀，图 4-45(b)为插装式调速阀，它是在节流阀前串接一减压阀，减压阀阀芯两端分别与节流阀进出油口相通，利用减压阀的压力补偿功能来保证节流阀两端的压差不随负载的变化而变化。

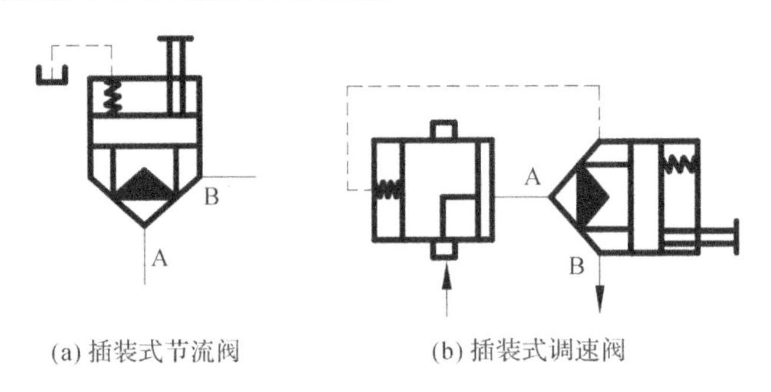

(a) 插装式节流阀　　(b) 插装式调速阀

图 4-45 插装阀用作流量控制阀

（三）插装阀优点

与普通液压阀相比，插装阀具有以下优点：

(1)适用于高压、大流量场合，目前其控制压力可达 42～60MPa，通流能力大，它的最大通径可达 200～250mm，通过的流量可达 10000L/min 以上。

(2)阀芯动作灵敏。因为它靠锥面切断油路，阀芯稍抬起，油路便马上接通，阀芯行程较短，所以动作灵敏，特别适用于高速开启的场合。

(3)密封性好，泄漏小，油液流经阀口的压力损失小。

(4)结构简单，易于实现标准化、系列化。

(5)适用于各种工作介质，包括水基介质。

(6)有利于高度集成化，且具有集成块结构紧凑、内部流道短、弯道少、阻力损失少以及安装维修方便等优点。

(7)通过先导控制可以实现各种不同的控制功能，同时由于先导控制容易复合，因此一个主级单元可以具有多种功能，且有利于采用比例控制、数字控制等各种复杂的控制形式。

第六节　电液伺服阀

电液伺服阀是电液伺服控制系统中的放大转换元件，它能将输入的微小模拟电气信号转换为大功率的液压信号（流量和压力）输出，实现电液信号的转换与放大。电液伺服阀具有动态响应快、控制精度高、使用寿命长等优点，是一种高性能的电液控制元件，已广泛应用于航空、航天、舰船、冶金、化工等领域的电液伺服控制系统中。根据输出液压信号的不同，可分为电液流量伺服阀和电液压力伺服阀，电液流量伺服阀应用比较广泛，本节只介绍流量伺服阀。

一、电液伺服阀结构及工作原理

图 4-46 所示为一喷嘴挡板式电液伺服阀，它由电-机械转换装置（力矩马达或力马达）和液压放大器两部分组成。电-机械转换装置将输入的电信号转换为转角或直线位移输出。输出转角的装置称为力矩马达，输出直线位移的装置称为力马达。液压放大器接收小功率的电-机械转换装置输入的转角或直线位移信号，实现控制功率的转换和放大。

力矩马达由导磁体 1、线圈 2、永久磁铁 3、衔铁 4 和弹簧管 5 等组成。永久磁铁把上下两块导磁体磁化为 N 极和 S 极，形成一个固定磁场。衔铁和挡板 7 连在一起，支撑在弹簧管上。挡板下端为一球头，嵌在滑阀的中间凹槽内。当线圈没有电流通过时，衔铁与固定在一起的挡板处于中间位置，力矩马达没有输出。主滑阀 10 阀芯也位于中位。液压泵输出的高压油由 P 口流入后分为四路，其中两路经左右节流口后到达阀芯左右两端，然后由左右喷嘴 6 喷出，经回油口 T 流出。另外两路高压油被阀芯两凸肩挡住，不能流入负载油路 A 口和 B 口。因为挡板位于中位，两喷嘴与挡板的间隙相等，所以油液流经喷嘴的液阻相等，则喷嘴左右两边压力 p_1 和 p_2 相等，主阀芯两端压力相等，阀芯处于中位。当线圈通电时，控制线圈中产生磁通，衔铁上产生磁力矩，使其倾斜，衔铁倾斜的方向由电压极性来确定，倾斜程度则取决于电流大小。当磁力矩为顺时针方向时，衔铁连同挡板一起绕弹簧管中的支点顺时针偏转。这样使得左喷嘴间隙减小，右喷嘴间隙增大，作用于滑阀左端的压力 p_1 增大，右端压力 p_2 减小，滑阀阀芯在两端压差作用下向右移动，阀口打开，P 口和 B 口相通，A 口和 T 口相通。在主滑阀阀芯向右移动的同时，带动挡板，使挡板逆时针方向偏转，当滑阀向右移动到某一位置时，滑阀左右两端的压力差所产生的液压力与反馈弹簧管作用于挡板上的力矩，喷嘴液压力作用于挡板上的力矩之和与力矩马达产生的电磁力矩相等时，滑阀受力平衡，停止移动，稳定在一定的开口下工作。

显然，通过改变输入电流的大小，可成比例地调节电磁力矩，从而得到不同的主阀开口大小。若改变线圈的通电方向，可使主滑阀阀芯运动方向反向，实现液流的反向控制。从上述工作原理可知，主滑阀阀芯的工作位置是通过挡板弹性反力反馈作用达到平衡的，因此称为力反馈式电液伺服阀。

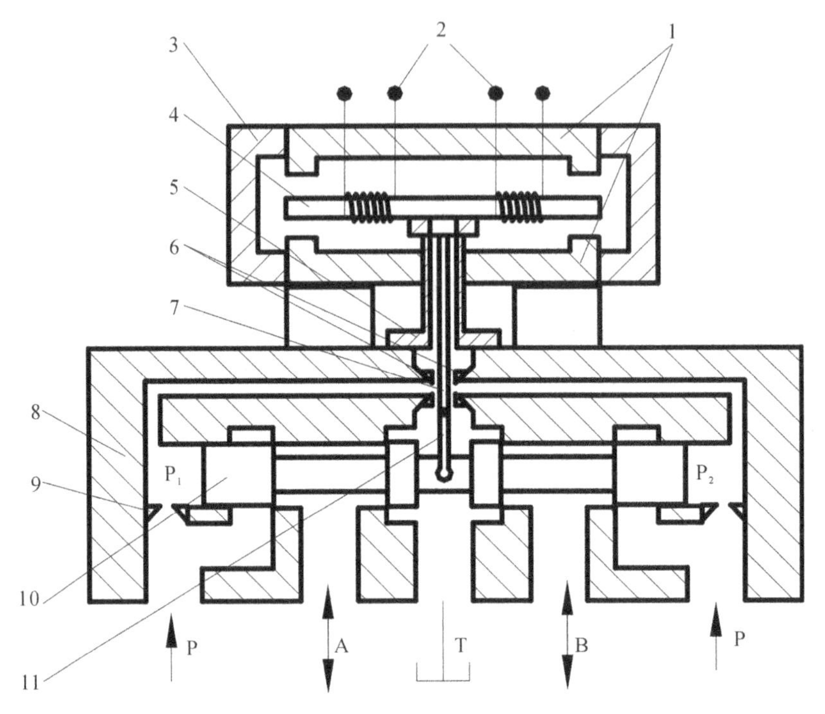

1—导磁体；2—线圈；3—永久磁铁；4—衔铁；5—弹簧管；
6—左右喷嘴；7—挡板；8—阀体；9—固定节流口；10—主滑阀；11—反馈弹簧杆。

图 4-46　喷嘴挡板式电液伺服阀

二、电液伺服阀分类

1. 伺服阀分类

按照放大器的级数可分为单级伺服阀、两级伺服阀和三级伺服阀。单级伺服阀结构简单，价格低廉，输入流量小，稳定性差。两级伺服阀比较常用。三级伺服阀是在两级伺服阀基础上加功率滑阀。

按照前置级的结构形式可分为单喷嘴挡板式、双喷嘴挡板式、射流管式和偏转板射流式。

按照反馈形式可分为位置反馈、力反馈和流量反馈。按照输出流量形式可分为流量伺服阀和压力控制伺服阀。

按照输入信号形式可分为连续控制式和脉宽调制式。

2. 力矩马达分类及要求

按照运动形式力矩马达可分为直线位移式（力马达）、角位移式（力矩马达）。

按照动件结构形式可分为动铁式（衔铁）和动圈式（控制线圈）两种。

对力矩马达的要求是能够产生足够的力或行程，体积小，重量轻；动态性能好，响应速度快；直线性好，死区小，灵敏度高；特殊情况下，要求抗震，抗冲击，不受环境温度和压力影响。

三、常用的液压伺服控制元件

常见的液压伺服控制元件有滑阀、射流管和喷嘴挡板等，下面介绍它们的结构原理和特点。

1. 滑阀

根据滑阀的控制边数(起控制作用的阀口数)的不同,滑阀有单边控制、双边控制和四边控制三种类型,如图 4-47 所示。

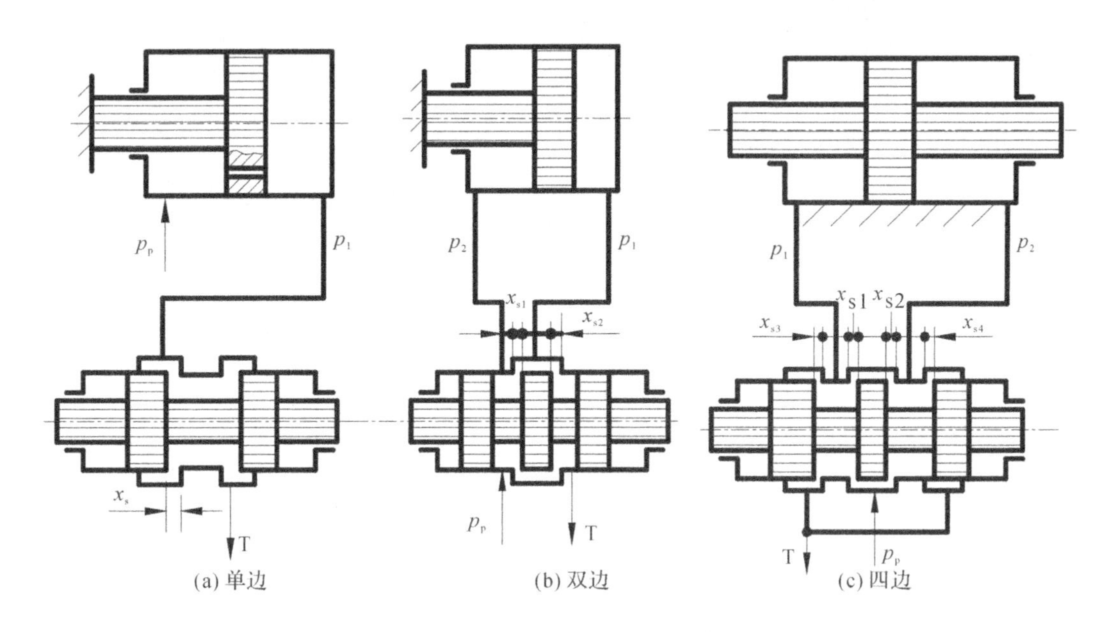

图 4-47　单边、双边和四边滑阀

图 4-47(a)所示为单边滑阀控制原理。滑阀控制边的开口量控制液压缸右腔的压力和流量,从而控制液压缸的运动速度和方向。

图 4-47(b)所示为双边滑阀控制原理。它有两个控制边,一部分液压油进入液压缸左腔,另一部分液压油经左控制边 x_{s1} 的开口和液压缸右腔相通,并经滑阀右控制边 x_{s2} 的开口流回油箱。当滑阀向右移动时,x_{s1} 增大,x_{s2} 减小,液压缸左腔压力 p_2 减小,两腔受力不平衡,缸体向右移动。反之缸体向左移动。双边滑阀比单边滑阀的调节灵敏度高,工作精度高。

图 4-47(c)所示为四边滑阀控制原理。它有四个控制边,开口 x_{s1} 和 x_{s2} 是控制进入液压缸两腔的压力油,开口 x_{s3} 和 x_{s4} 是控制液压缸两腔的回油。当滑阀向右移动时,液压缸右腔的进油口 x_{s2} 减小,回油口 x_{s4} 增大,p_2 迅速减小,同时,液压缸左腔的进油口 x_{s1} 增大,回油口 x_{s3} 减小,p_1 迅速增大,使得活塞迅速右移。反之同理。这样就控制了进入液压缸左、右两腔的油液压力和流量,从而控制了液压缸的运动速度和方向。与双边滑阀相比,四边滑阀能同时控制液压缸两腔的压力和流量,故调节灵敏度更高,工作精度也更高。

由此可知,单边、双边和四边滑阀的控制作用是相同的。单边和双边控制式只用于控制单出杆液压缸;四边控制式既可控制单出杆液压缸,也可控制双出杆液压缸。控制边数越多,控制质量越好,但结构工艺性也越差。一般来说,四边式控制用于精度和稳定性要求较高的系统,单边、双边控制式则用于一般精度的系统。

根据滑阀阀芯在中位时阀口的预开口量不同,滑阀又分为负开口、零开口和正开口三种形式。负开口在阀芯开启时存在一个死区且流量特性为非线性,因此很少采用;正开口在阀芯处于中位时存在泄漏且泄漏较大，故一般不用于大功率控制的场合；具有零开口的滑阀，其工作精度最高，但工艺难以达到。比较而言，正开口应用最广。

2. 射流管

图 4-48 所示为射流管的工作原理。它由接收板 1 和射流管 2 组成。射流管可绕轴左右摆动一个不大的角度，接收板上有两个并列的接收孔 a 和 b。压力油进入射流管后从锥形喷嘴射出，经接收孔 a 和 b 与液压缸两腔相通。当喷嘴处于两接收孔中间位置时，两接收孔内油液的压力相等，液压缸不动。当有输入信号使射流管向左偏转很小的一个角度时，进入孔 a 的油液压力大于进入孔 b 的油液压力，液压缸向左移动。接收板与缸体连在一起也随着左移，形成负反馈，直到喷嘴恢复至中间位置。反之亦然。

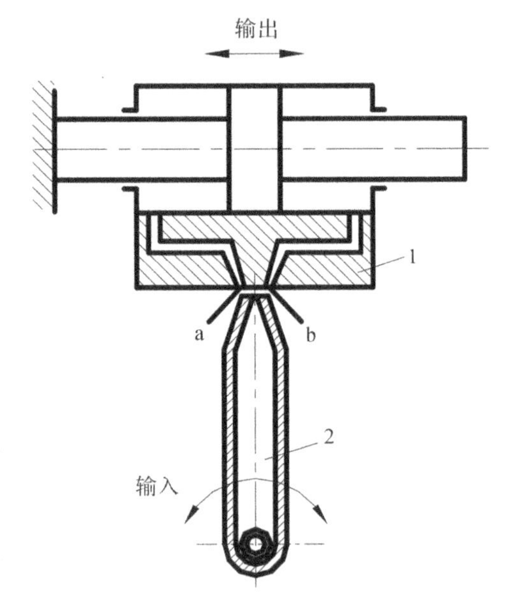

1—接收板；2—射流管。

图 4-48 射流管

射流管的优点是结构简单，动作灵敏，工作可靠。射流管出口处面积大，抗污染能力强，压力效率和容积效率高。它的缺点是射流管运动部件惯性较大，工作性能较差；射流能量损耗大，效率较低；供油压力高时易引起振动。这种阀只适用于低压小功率场合，主要用于多级伺服阀的第一级场合。

3. 喷嘴挡板

喷嘴挡板有单喷嘴式和双喷嘴式两种，两者的工作原理基本相同。图 4-49 所示为单喷嘴挡板的工作原理。它由挡板 2、喷嘴 3 组成。液压泵出来的压力油 p_p 一部分进入液压缸 1 右腔，另一部分经节流孔 a 进入中间油室 4，再进入液压缸左腔，并有一部分经喷嘴挡板的间隙 δ 流回油箱。当输入信号使挡板 2 的位置即 δ 改变时，喷嘴挡板间的节流阻力发生变化，中间油室 4 及液压缸左腔的压力 p_1 也发生变化，液压缸产生相应的运动。

图 4-50 所示为双喷嘴挡板的工作原理，它主要由挡板 5、喷嘴 3 和 4、节流小孔 1 和 2 等组成。挡板和喷嘴之间形成两个可变截面的节流缝隙 δ_1 和 δ_2。当挡板处于中间位置时，两缝隙所形成的节流阻力相等，两喷嘴腔内油液压力相等，液压缸不动。压力油经喷嘴 3 和 4、缝隙 δ_1 和 δ_2 流回油箱。当输入信号使挡板向左偏转时，缝隙 δ_1 减小，δ_2 增大，压力 p_1 上升，p_2 下降，液压缸左移。因负反馈作用，当喷嘴跟随缸体移动到挡板两边对称位置时，液压缸停止运动。

喷嘴挡板式控制的优点是结构简单，加工方便，运动部件惯性小，反应快，精度和灵敏度高。缺点是无功功率损耗大，对油液清洁度要求高，抗污染能力较差，常用于多级放大伺服元件中的前置级。

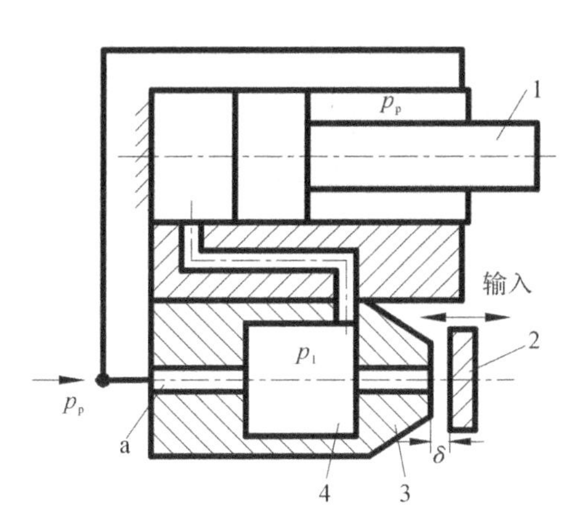

1—液压缸；2—挡板；3—喷嘴；4—中间油室。

图 4-49 单喷嘴挡板的工作原理

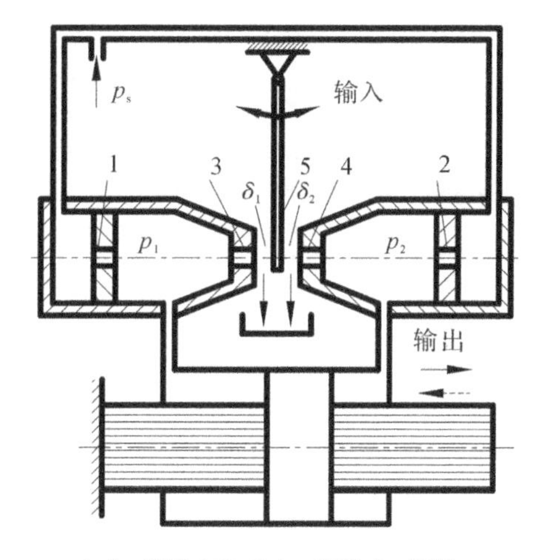

1、2—节流小孔；3、4—喷嘴；5—挡板。

图 4-50 双喷嘴挡板的工作原理

第七节 电液比例阀

电液比例阀是介于普通液压阀和电液伺服阀之间的一种液压控制阀，可以按给定的输入电信号连续地、按比例地远距离控制液流的压力、流量和方向。它是集开关式电液控制元件和伺服式电液控制元件的优点于一体的一种新型液压控制元件。

普通的方向、压力和流量控制阀属于开关式定值控制阀。由它们组成的系统属于传统的开关阀液压系统，仅能满足一般液压设备的性能要求。对于一些自动化程度较高的液压设备，要求对压力、流量等参数实现连续控制或远程控制，则需要采用比例阀或伺服阀，其既可提高系统的自动化程度和精度，又简化了系统。相对于伺服阀，比例阀的控制精度和响应速度较低，但比例阀价格较便宜，对油液清洁度要求较低，动、静态性能可以满足大多数工业需求。比例阀主要应用于既要求能连续控制压力、流量和方向，又不需要很高的控制精度的场合。比例阀按用途分为比例换向阀、比例压力阀和比例流量阀。

比例阀控制系统实质上是一种模拟式开关控制系统，使用各种比例阀和相配套的电子放大器，根据给定的模拟电信号，按比例地对液体的压力、流量和方向进行有效的、连续的控制。

比例阀结构主要包括电-机械转换器（比例电磁铁）和液压阀两部分。多数比例阀是开环控制的，原理如图 4-51 所示，但也有闭环控制的，原理如图 4-52 所示。

一、比例电磁铁

比例电磁铁属于直流电磁阀。比例电磁铁的吸力或位移与输入电流成正比。图 4-53(a)为比例电磁铁的结构原理图。图中线圈 2 安装在壳体 4 内，固连在极靴 1 上，隔磁环 3 将磁路内的磁力线集中在衔铁 7、气隙和极靴 1 之间，使极靴对衔铁产生较大的吸合力。衔铁 7 在导套 10 内可以自由滑动，调节螺钉 5 用以调整调节弹簧 6 的推力，以调整衔

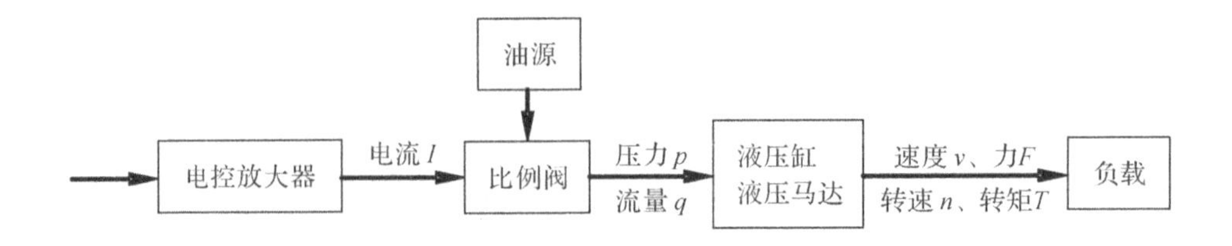

图 4-51 开环控制原理框图

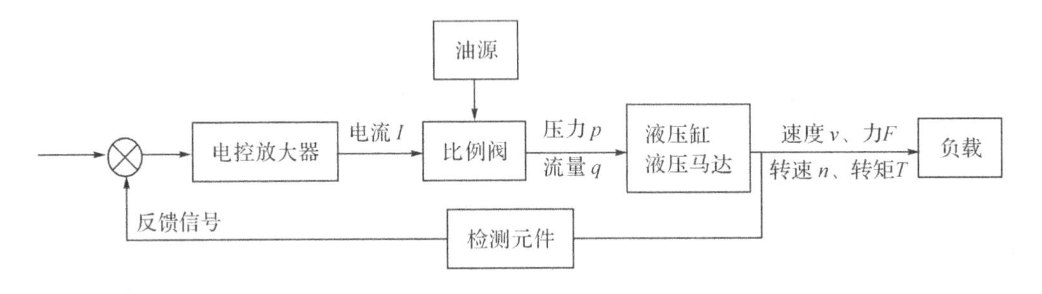

图 4-52 闭环控制原理框图

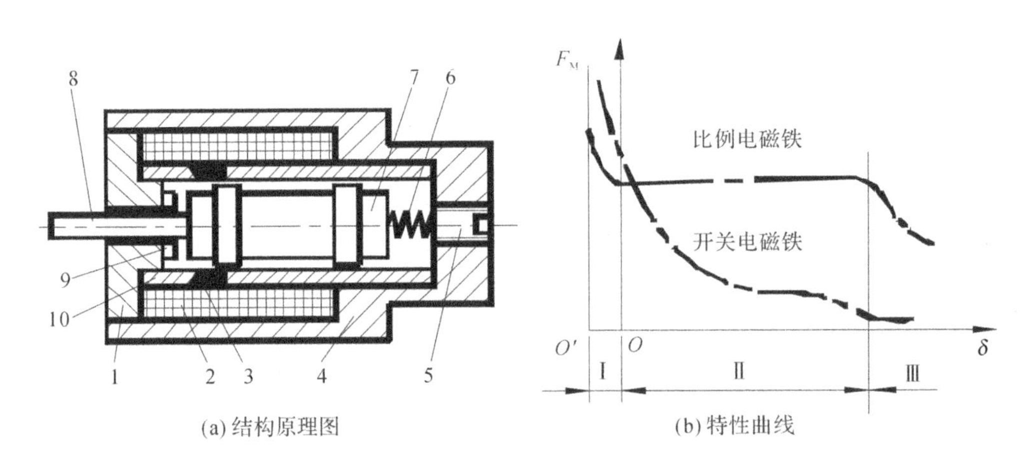

1—极靴；2—线圈；3—隔磁环；4—壳体；5—调节螺钉；6—调节弹簧；
7—衔铁；8—推杆；9—限位片；10—导套。

图 4-53 比例电磁铁结构与特性

铁 7 的输出特性，衔铁产生的电磁力通过推杆 8 推动阀芯。衔铁 7 产生的电磁力与线圈 2 内输入的电流成正比。当比例电磁铁工作时，衔铁的吸力与极靴间的气隙呈较为平缓的关系，线圈内通入不同大小的电流，在衔铁上就可得到不同大小的吸力。图 4-54(b)所示是比例电磁铁的特性曲线，由图可看出其电磁力-行程特性是几乎水平的。

二、比例方向阀

比例方向阀分直动式和先导式两种。直动式比例方向阀由比例电磁铁推杆直接推动换向阀阀芯换向，控制的流量较小。其结构与普通电磁换向阀完全相似，只是用比例电磁铁代替了普通电磁铁，阀芯的位移量与输入电信号成比例变化，输出流量也就与输入电信号大小成比例变化，实现了对液流方向和流量的同时控制。

图 4-54 所示为一先导式开环比例方向阀（节流阀），其先导阀及主阀都是四边滑阀，先导阀是一双向控制的直动式比例减压阀，主阀采用单弹簧对中式滑阀。P 口接油源，A、B 口分别接执行元件两腔，T 接油箱，X 口为外控制油口，Y 口为回油口。当没有电信号输入时，先导阀芯在两端对中弹簧（图中未画）作用下处于中间位置，所有阀口均关闭。当比例电磁铁 3 通电时，先导阀芯右移，先导控制压力油从 X 口经先导阀开口进入主阀芯右腔，压缩主阀对中弹簧使主阀芯左移，主阀口 P 和 A 接通，B 和 T 口接通。主阀芯左腔回油经先导阀芯流到先导回油口 Y。若忽略摩擦力、液动力等干扰力的影响，先导比例减压阀输出的控制油压力与输入电信号成正比，主阀芯的移动受控于两端油压作用力的大小，所以主阀芯的开口量与输入先导阀的电信号成正比，主阀的输出流量也就是可控的，是连续地按比例变化的。这种阀的特点是主阀芯采用单弹簧对中方式，弹簧有压缩量，当先导阀无电信号输入时，主阀芯对中，单弹簧对中简化了阀的结构，使制造和装配无特殊要求，调整方便。但这种阀主阀芯的移动位置精度会受到摩擦力、液动力等干扰力的影响，输出流量的控制精度不可能很高。

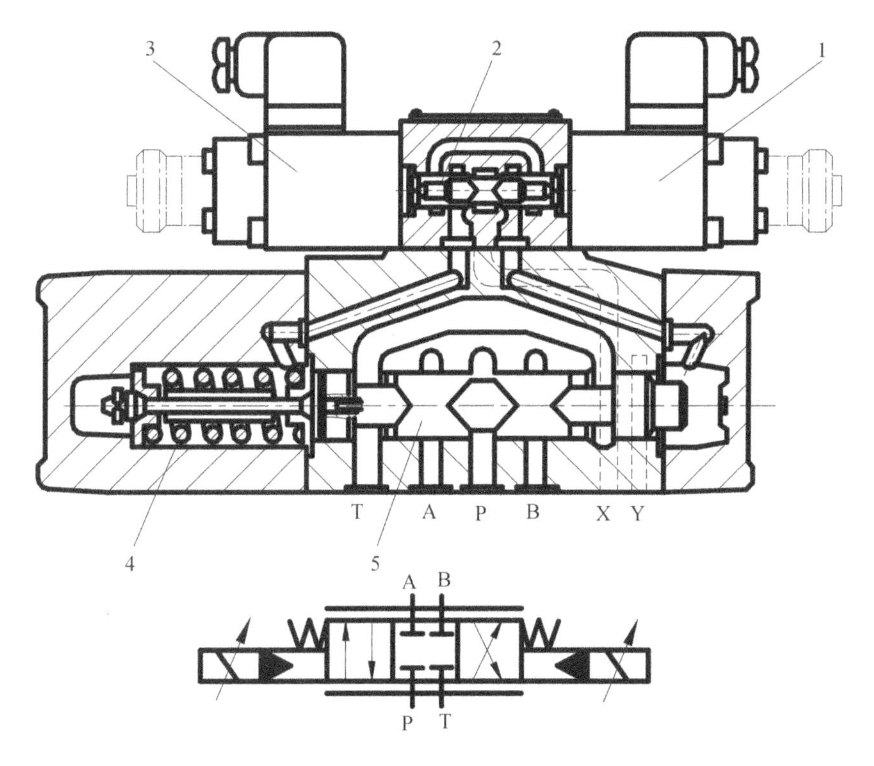

1、3—比例电磁铁；2—先导减压阀阀芯；4—主阀对中弹簧；5—主阀芯。

图 4-54 先导式比例方向（节流）阀

三、比例压力阀

比例压力阀用来实现压力控制，压力的升降随时可以通过电信号加以改变。根据在液压系统中的作用不同，比例压力阀可分为比例溢流阀、比例减压阀和比例顺序阀，根据控制功率大小的不同,可分为直动式和先导式两种。

(一)直动式比例压力阀

直动式比例压力阀与传统的开关型压力阀相比,只是用比例电磁铁取代了手动调压手柄,由输入电信号调控阀的输出压力,而且输出压力与输入电信号成正比。

直动式比例溢流阀使用方便,重复精度高,滞环小,响应速度快。但由于受到电磁推力的限制,其输出流量不能太大。因此,直动式比例溢流阀主要作先导控制级使用。与开关型压力控制阀的先导阀不同的是,弹簧在整个工作过程中,不是用来调压而是用来传递推力的,故称为传力弹簧。传力弹簧由于没有预压缩量,因此无弹簧力作用在锥阀上。

直动式比例溢流阀的工作原理如图 4-55 所示。比例电磁铁 1 接收电信号以后,产生推力经过推杆 2 和弹簧 3 作用在锥阀上。它是依靠阀芯上的液压作用力与弹簧力相平衡的原理而工作的,当阀芯上的液压力大于弹簧弹力时,锥阀开启而溢流。若按比例连续地改变输入电流大小,就可按比例连续地调控阀的开启压力,获得所需的压力调定值。

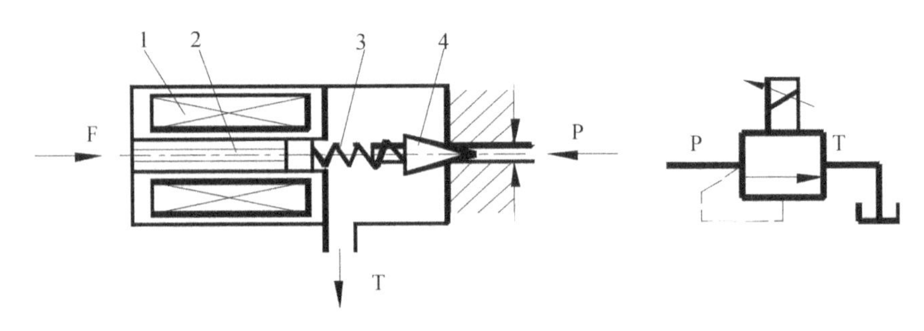

1—比例电磁铁;2—推杆;3—弹簧;4—阀芯。

图 4-55　直动式比例溢流阀

这种阀可用作小流量时的直动溢流阀,也可取代先导式溢流阀和先导式减压阀中的先导阀,组成先导式比例溢流阀和先导式比例减压阀。

(二)先导式比例溢流阀

先导式比例溢流阀在结构上主要由比例电磁铁、先导阀、主阀和限压阀组成。其结构如图 4-56所示。主阀结构与传统先导溢流阀相同,不同的是先导阀上没有调压弹簧,比例电磁铁的推杆 2 直接作用在先导阀芯 3 上,对阀芯施加电磁力。系统压力 p 作用在主阀芯 4 的下端,流经阻尼孔 R_1 后作用在先导阀芯 3 上。当系统工作压力达到比例电磁铁的调整压力时,先导阀芯开启形成先导溢流。主阀芯 4 上端的油液压力降低,主阀芯开启而溢流。限压阀 5 是一个开关型直动式微量溢流阀,主要起安全阀作用,限制最高压力,以免因电子设备故障使系统超压,保护系统不受峰值压力的损坏。

(三)先导式比例减压阀

先导式比例减压阀的主阀结构与传统先导式减压阀相同,如图 4-57 所示。构成主阀减压口的是主阀芯上对称布置的若干小孔。一次压力油 p_1 由 A 口进入,经减压小孔后减压,压力降为 p_2,从 B 油口流出。减压后的出口压力 p_2 经阻尼小孔 R_1、R_2 后作用在先导阀芯 3 上,同时经阻尼孔 R_3 作用在主阀芯 4 上。当出口压力 p_2 低于输入电信号的调定压力时,先导阀关闭,三个阻尼孔 R_1、R_2 和 R_3 中没有油液流动,不起阻尼作用,主阀芯 4 上下两端的油压相等,主阀芯在弹簧力的作用下位于最下端位置,减压小孔完全打开,阀不起减压作用。

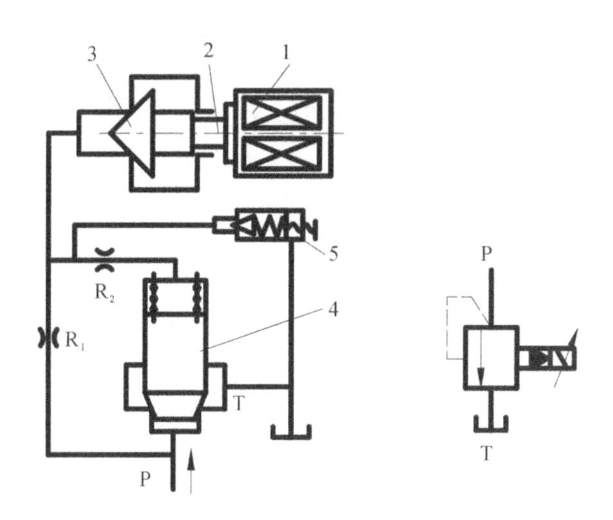

1—比例电磁铁；2—推杆；3—先导阀芯；4—主阀芯；5—限压阀。

图 4-56　先导式比例溢流阀

当出口压力 p_2 上升到调定压力时，先导锥阀被打开，阻尼孔起阻尼作用，产生压降，主阀芯上腔压力减小，主阀芯上移，主阀上腔的油经阻尼孔 R_3，通过锥阀由卸油口流回油箱，减压阀起减压作用，出口压力 p_2 维持在调定值上。

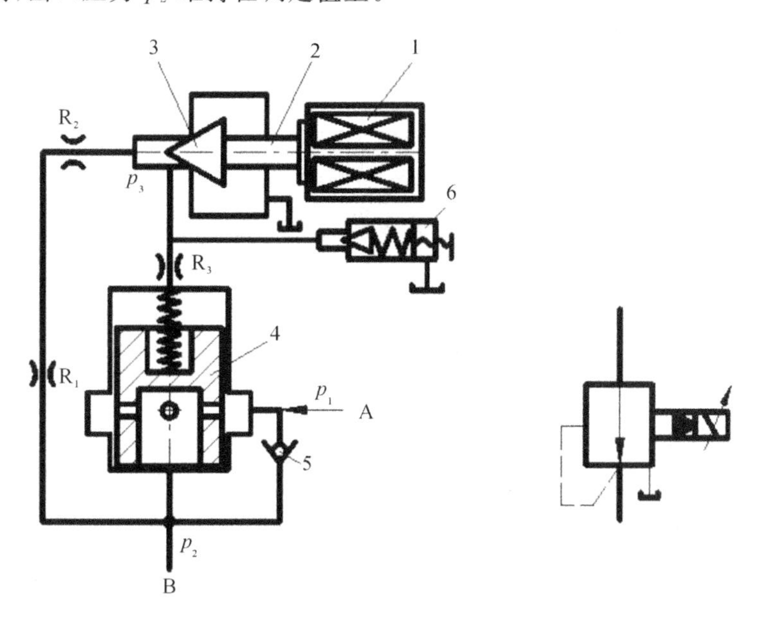

1—比例电磁铁；2—推杆；3—先导阀芯；4—主阀芯；5—单向阀。

图 4-57　先导式比例减压阀

比例电磁铁输入电流变化，则输出二次压力也随着变化，电流越大二次压力越大。远距离控制先导式比例减压阀的电流输入信号，就可以控制液压系统某一支路的二次压力。

第八节 常用气动控制阀

一、概述

气动控制阀是指在气动系统中控制气体的压力、流量和方向，并保证气动执行元件或机构正常工作的各类气动元件。

气动控制阀的功用、工作原理和液压控制阀相似，仅在结构上有些不同。同液压阀一样，气动阀按功能也可分为方向控制阀、压力控制阀和流量控制阀。从阀的结构上分类，气动阀与液压阀有所区别，可分为截止式、滑柱式和滑板式三类。从控制方式分类可分为断续控制和连续控制两种。此外，气动系统还有能实现一定逻辑功能的逻辑元件，包括元件内部无可动部件的射流元件和有可动部件的气动逻辑元件。

思考题：气动控制阀与液压控制阀有何区别？

二、气动控制阀与液压控制阀的区别

1. 两者使用的能源不同

气动元件和装置可采用空压站集中供气的方法，通过排气口直接把压缩空气向大气排放。液压阀一般利用液压泵供油，需要设置回油管路，收集用过的液压油。

2. 对泄漏的要求不同

液压阀对泄漏要求严格，而对元件内部的少量泄漏却是允许的。对气动控制阀来说，除间隙密封的阀外，原则上不允许内部泄漏。气动阀的内部泄漏有导致事故的危险。对气动管道来说，允许有少许泄漏；而液压管道的泄漏将造成系统压力下降和对环境的污染。

3. 对润滑的要求不同

液压系统的工作介质为液压油，液压阀不存在对润滑的要求；气动系统的工作介质为空气，空气无润滑性，因此许多气动阀需要油雾润滑，阀的零件应选择不易受水腐蚀的材料，或者采取必要的防锈措施。

4. 压力范围不同

气动阀的工作压力范围比液压阀低。气动阀的工作压力通常为10MPa以内。但液压阀的工作压力都很高(通常在50MPa以内)。若气动阀在超过最高容许压力下使用，往往会发生严重事故。

5. 使用特点不同

一般气动阀比液压阀结构紧凑、重量轻，易于集成安装，阀的工作频率高、使用寿命长。

三、气动方向控制阀

气动方向控制阀是控制气动系统中压缩空气的流动方向和气流通断的阀类。它是气动系统中应用最多的一种控制元件。按阀内气体流动方向可分为单向型控制阀和换向型控制阀；按阀芯的结构形式可分为截止式换向阀和滑阀式换向阀；按控制方式可分为手动控制换向阀、电磁控制换向阀、气压控制换向阀和行程控制换向阀。

（一）单向型控制阀

单向型控制阀允许气流向一个方向流动，其包括单向阀、梭阀、双压阀和快速排气阀四种。

单向型方向控制阀

1. 单向阀

气动单向阀工作原理与液压单向阀相同，控制气流使其只能沿一个方向流动，反向不能流动。气控单向阀结构如图 4-58(a)所示，其有两个口，P 为进气口，A 为出气口。若气体由 P 口进入，作用于阀芯上的气压力克服弹簧力，推动阀芯左移，阀口打开，A 口和 P 口相通；若气体由 A 口进入，在气压力和弹簧力作用下，阀芯紧压在阀体上，P 口和 A 口不通。气压系统中，单向阀常用于需要防止空气倒流的场合。密封性是单向阀的重要性能，一般采用平面弹性材料密封。

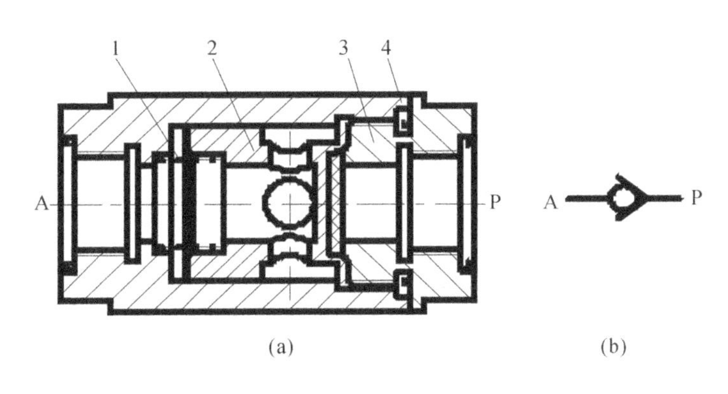

1—弹簧；2—阀芯；3—阀座；4—阀体。

图 4-58　单向阀结构及图形符号

2. 梭阀

梭阀在气动回路中起逻辑“或”的作用，又称或门型梭阀。梭阀结构简图如图 4-59(a)(b)所示，其有两个输入口 P_1、P_2，一个输出口 A，阀芯在两个方向上起单向阀的作用。当 P_1 口进气，P_2 口通大气时，将阀芯推到右侧，P_2 口被关闭，气流从 P_1 口进入 A 口，如图 4-59(a)所示；反之，当 P_2 口进气，P_1 口通大气，阀芯被推向左侧，气流仍然进入 A 口，如图 4-59(b)所示。若 P_1 和 P_2 口都有输入信号，则压力高的一侧经 A 口输出气体，若两侧压力相等，则先加入的一侧与 A 口相通。为保证梭阀可靠工作，P_1 和 P_2 口在工作时不允许串气现象发生。图 4-59(c)所示为梭阀的图形符号。

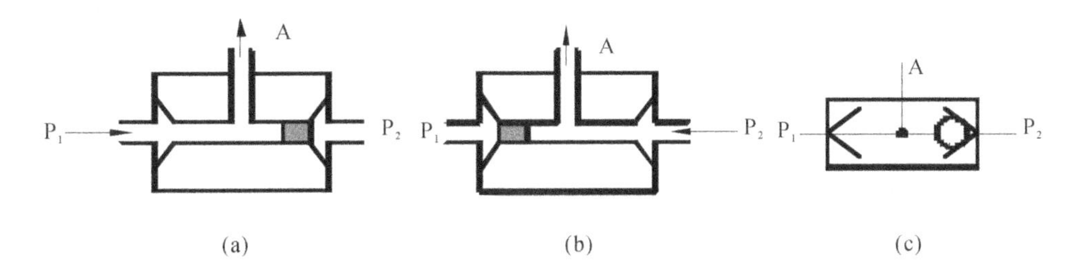

图 4-59　梭阀结构简图及图形符号

梭阀体积小，安装方便，广泛应用于逻辑回路和程序控制回路中，图 4-60 所示为梭阀用于手动-自动换向回路中。当电磁铁（自动控制）通电或按钮（手动控制）按下，梭阀都有输出，实现手动、自动的转换。

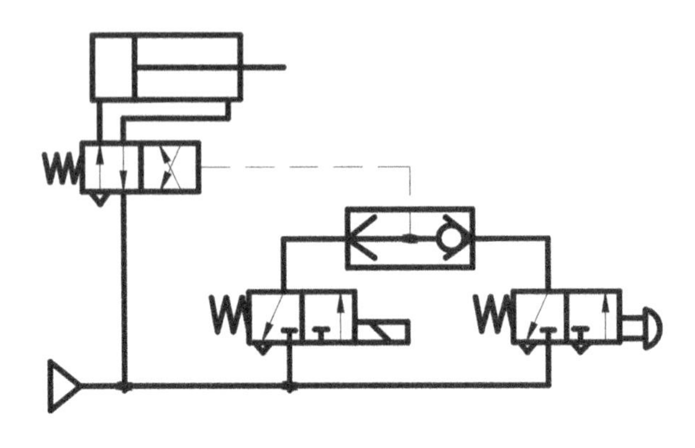

图 4-60　手动-自动换向回路

3. 双压阀

双压阀又称与门型梭阀，有两个输入口 P_1、P_2，一个输出口 A，只有两个输入口同时进气，A 口才有输出，起逻辑“与”的作用，其结构简图如图 4-61 所示。当 P_1 口进气，P_2 口通大气时，阀芯被推向右侧，阀口关闭，A 口没有输出，如图 4-61(a)所示。反之，当 P_2 口进气，P_1 口通大气时，阀芯被推向左侧，阀口关闭，A 口仍然没有输出，如图 4-61(b)所示。只有当 P_1 和 P_2 同时有输入时，A 口才有输出，如图 4-61(c)所示。当 P_1 和 P_2 气体压力不等时，则气压低的通过 A 口输出。图 4-61(d)所示为双压阀图形符号。

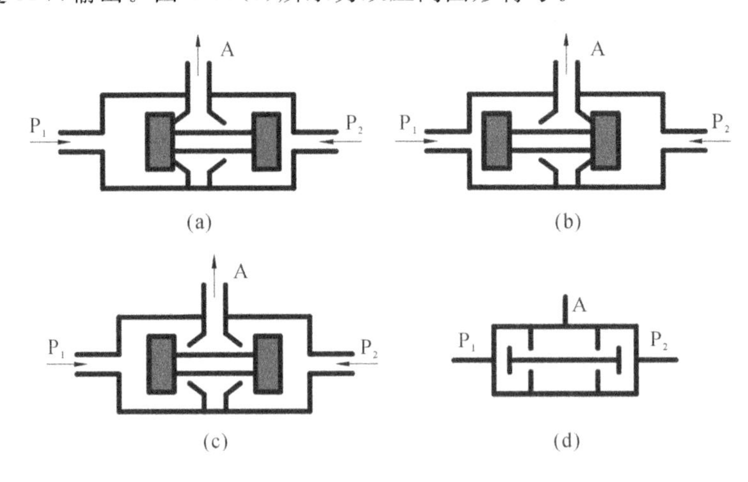

图 4-61　双压阀结构简图及图形符号

双压阀应用比较广泛，图 4-62 所示为该阀在互锁回路中的应用。行程阀 1 为工件的定位信号，行程阀 2 为工件夹紧信号。只有当两个信号同时存在，即工件被定位并夹紧后，双压阀 3 才有输出，使单气控换向阀 4 切换，气缸 5 进给，钻孔开始。

4. 快速排气阀

快速排气阀主要用于气缸排气，以加快气缸动作速度。快速排气阀结构简图如图 4-63

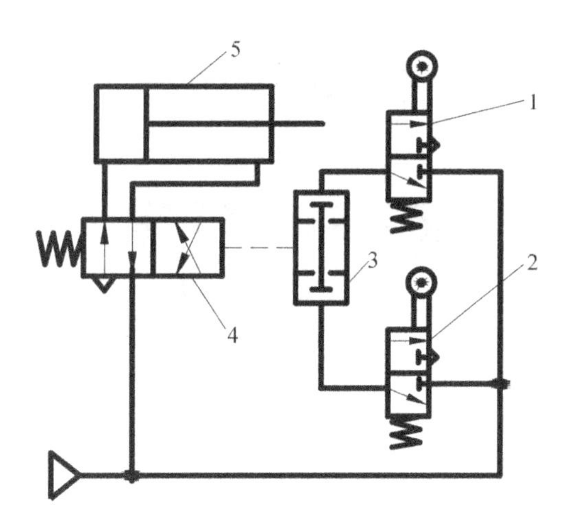

1、2—行程阀；3—双压阀；4—单气控换向阀；5—气缸。

图 4-62　双压阀应用回路

所示。当进气口 P 进入压缩空气，将密封活塞迅速上推，开启阀口，同时关闭排气口 O，使进气口 P 和工作口 A 相通，如图 4-63(a)所示；当 P 口没有压缩空气进入时，在 A 口和 P 口压差作用下，密封活塞迅速下降，关闭 P 口，使 A 口通过 O 口快速排气，如图 4-63(b)所示。图 4-63(c)所示为其图形符号。

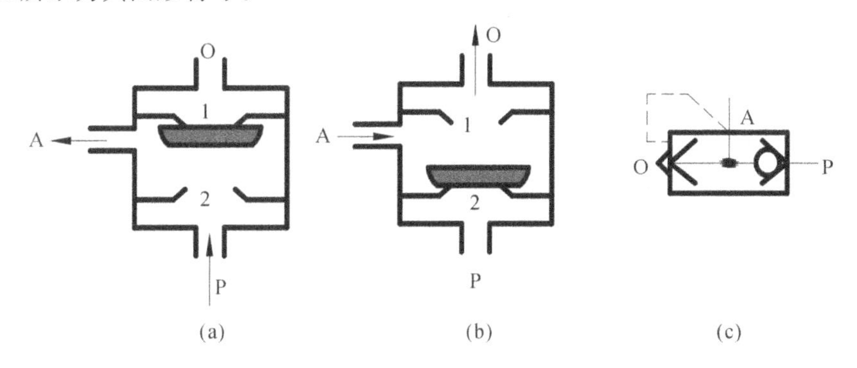

图 4-63　快速排气阀结构及图形符号

通常气缸的排气是从气缸的腔室经管路及换向阀而排出的，若气缸到换向阀的距离较长，排气时间亦较长，气缸的动作速度缓慢。采用快速排气阀后，气缸内的气体就直接从快速排气阀排向大气，加速了气缸往复的运动速度。快速排气阀通常安装在换向阀和气缸之间，如图 4-64 所示。

打开液压与气压传动 CAI 软件，进入仿真库自己动手动态演示各单向型控制阀的工作原理，学习和巩固知识点。

(二)换向型控制阀

换向型控制阀的功能是改变气体通道，使气体流动方向发生变化，从而改变气动执行元件的运动方向，以完成规定的操作。它包括气压控制换向阀、电磁控制换向阀、行程控制换向阀、人力控制换向阀和时间控制换向阀等。

换向型方向控制阀

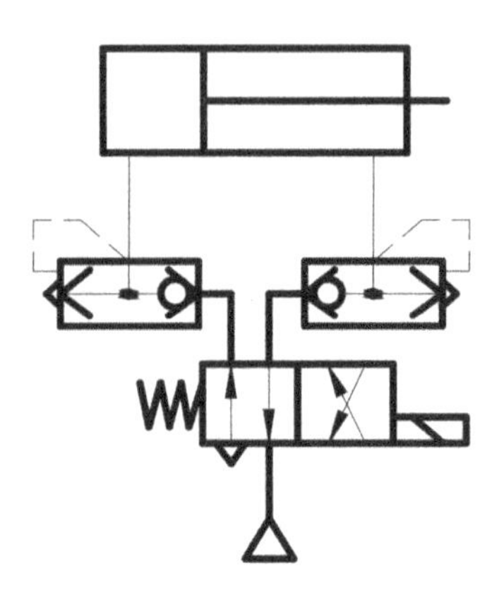

图 4-64　快速排气阀应用回路

1. 气压控制换向阀

气压控制换向阀依靠压缩气体压力来推动阀芯移动，改变气流方向。按主阀结构不同，其可分为截止式和滑阀式两种形式。滑阀式气控换向阀结构和工作原理与液压换向阀基本相同。

(1)单气控截止式换向阀

单气控截止式换向阀结构如图 4-65 所示，P 口通压缩气体，A 口接负载，O 口排大气，K 口为控制口。当控制口 K 没有压缩气体时，阀芯在弹簧力和 P 腔气体压力的作用下位于上端，A 口与 O 口相通，P 口堵上，如图 4-65(a)所示；当控制口 K 有压缩气体时，克服弹簧力推动阀芯下移，P 口与 A 口接通，O 口被堵上，如图 4-65(b)所示。此阀为常闭型二位三通阀，若将 P 口与 O 口换接，则成为常通型二位三通阀。图 4-65(c)为对应的图形符号。单气控截止式换向阀当气控信号消失后，由弹簧自动复位。

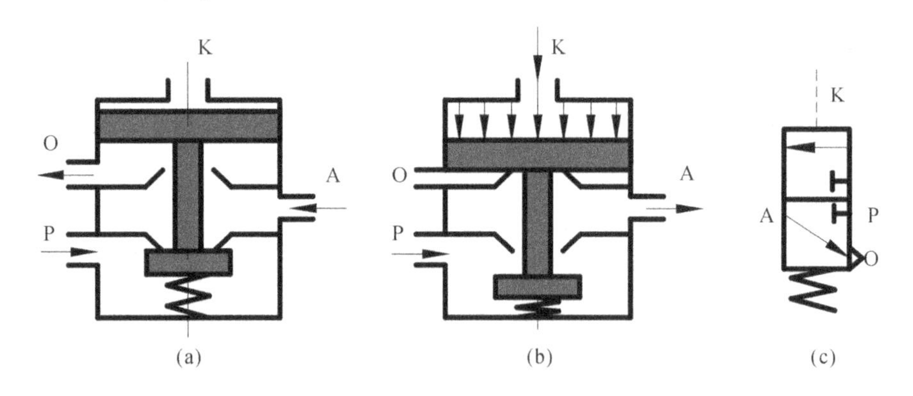

图 4-65　单气控截止式换向阀结构及图形符号

截止式换向阀和滑阀式换向阀一样，可组成二位三通、二位四通、二位五通、三位四通和三位五通等多种形式，与滑阀相比，截止式换向阀阀芯行程短，故换向迅速，流阻小，通流能力强，便于设计成结构紧凑的大通径阀。截止式阀一般采用软质材料密封，且阀芯始终受气源压力的作用，故密封性能好，但在高压或大流量时，所需的换向力大，换向时冲击力也较大，故不宜用在灵敏度要求较高的场合。

(2)双气控滑柱式换向阀

双气控滑柱式二位五通换向阀工作原理如图 4-66 所示。其有两个控制口 K_1 和 K_2。当 K_1 口有压缩气体信号时，推动阀芯右移，A、O_1 相通，P、B 相通，O_2 口被堵上，如图 4-66(a)所示；当 K_2 口有压缩气体信号时，推动阀芯左移，O_1 口被堵上，P、A 相通，B、O_2 相通，如图 4-66(b)所示。图 4-66(c)为其图形符号。双气控滑阀具有记忆功能，即气控信号消失后，阀仍能保持在有信号时的工作状态，直到另一控制信号到来才换向。

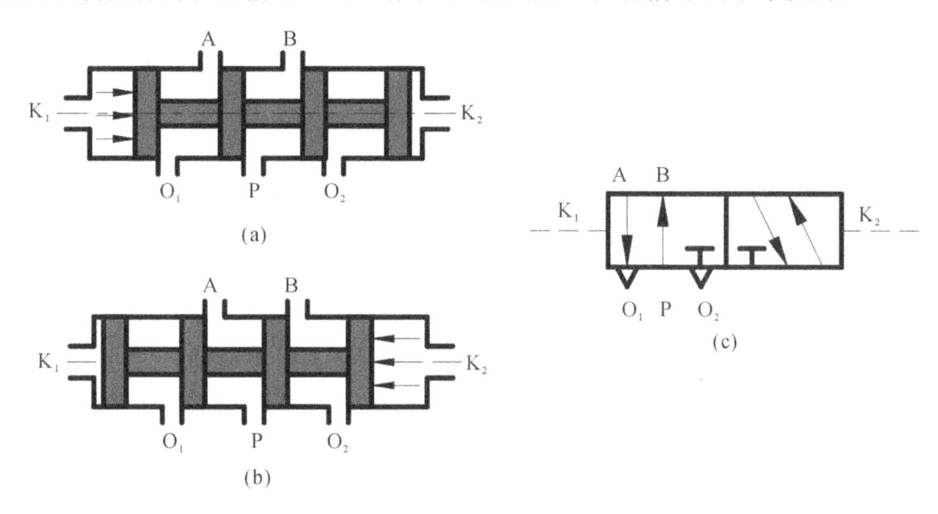

图 4-66 双气控滑柱式换向阀

思考题：为什么双气控滑柱式换向阀具有记忆功能？

2. 电磁控制换向阀

电磁控制换向阀是利用电磁力的作用来推动阀芯换向，从而改变气流方向的换向阀。与液压传动中的电磁控制换向阀一样，也由电磁铁控制部分和主阀两部分组成。按照电磁控制部分对换向阀的推动方式，分为直动式和先导式两种。它们的工作原理分别与液压阀中的电磁换向阀和电液换向阀相似，只是二者的工作介质不同。

(1) 直动式电磁阀

直动式电磁阀是利用电磁力直接推动阀芯换向，其分为单电磁控制和双电磁控制两种。图 4-67 所示为单电磁控制换向阀的工作原理。电磁铁断电时，如图 4-67(a)所示，P、A 断开，A、O 相通，阀排气；电磁铁通电时，如图 4-67(b)所示，电磁铁将阀芯推向下位，P、A 相通，隔断 A、O 通路，阀进气；图 4-67(c)所示为该阀的图形符号。从图中可知，这种阀阀芯的移动靠电磁力，复位靠弹簧力，因而换向冲击较大，故一般只制成小型的阀，若将阀中的复位弹簧改成电磁铁，就成为双电磁控制换向阀。

图 4-68 所示为双电磁控制换向阀工作原理。图 4-68(a)为电磁铁 1 通电、3 断电时的状态，阀芯 2 被推到右侧，P、A 相通，A 腔进气，B、O_2 接通，B 腔排气。图 4-68(b)为电磁铁 3 通电、1 断电时的状态，A、O_1 相通，A 腔排气，P、B 相通，B 腔进气。图 4-68(c)所示为其图形符号。这种阀的两个电磁铁只能交替通电工作，不能同时通电，否则会产生误动作，但可同时断电。在两个电磁铁均断电的中间位置，通过改变阀芯的形状和尺寸，可形成三种气体流动状态(类似于液压阀的中位机能)，即中间封闭(O 型)，中间加压(P 型)和中间泄压

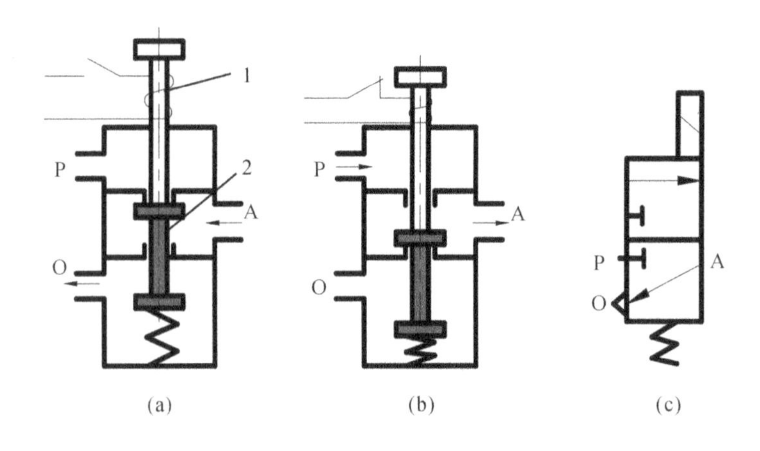

1—电磁铁；2—阀芯。

图 4-67　直动式单电磁控制换向阀工作原理

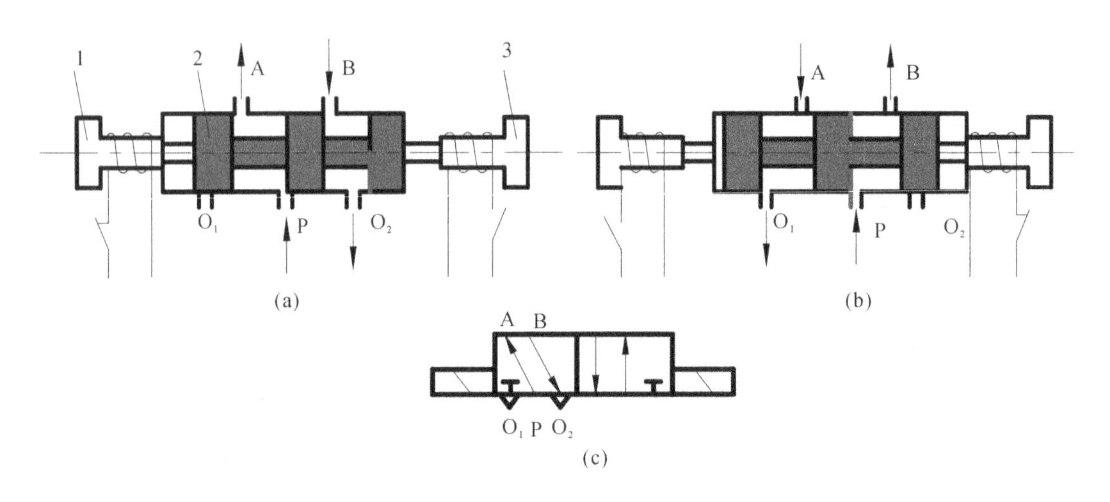

1、3—电磁铁；2—阀芯。

图 4-68　双电磁控制换向阀工作原理

（Y 型），以满足气动系统的不同要求。

直动式电磁铁的特点是结构简单、紧凑，换向频率高，但当用于交流电磁铁时，如果阀杆卡死就有烧坏线圈的可能。阀杆的换向行程受电磁铁吸合行程的限制，只能适用于小型阀。

（2）先导式电磁阀

先导式电磁阀是由小型直动式电磁阀输出的先导气压去控制主阀阀芯换向，分为单电磁气控先导式换向阀和双电磁气控先导式换向阀两种。图 4-69 所示为单电磁气控的先导式换向阀工作原理图，图 4-69(a)是断电状态，P 截止，A、O 相通，A 腔排气。通电时，如图 4-69(b)所示，电磁铁被吸合，先导压力作用在主阀芯的右侧，推动主阀芯左移，使主阀换向，此时，P、A 相通，O 截止。图 4-69(c)为其图形符号。

图 4-70 所示为双电磁气控先导式换向阀的工作原理图，图 4-70(a)所示为左侧电磁先导阀的线圈通电，右侧断电的状态，此时主阀左端进气、右端排气，主阀芯向右移动，P、A 接通，B、O_2 接通。图 4-70(b)所示为右侧电磁先导阀的线圈通电、左侧断电的状态，主阀右端

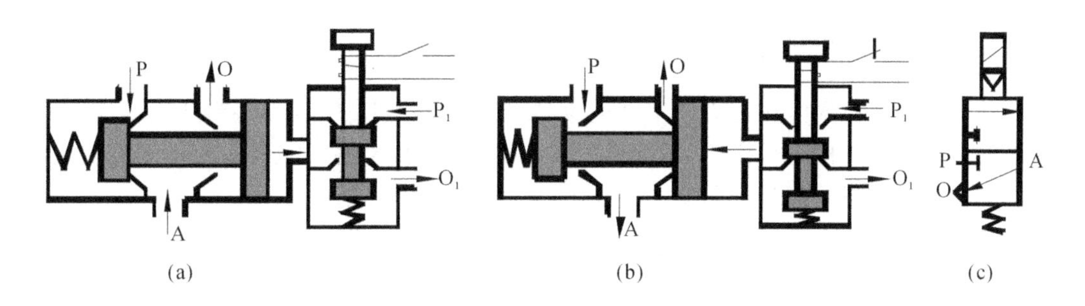

图 4-69　单电磁气控的先导式换向阀工作原理

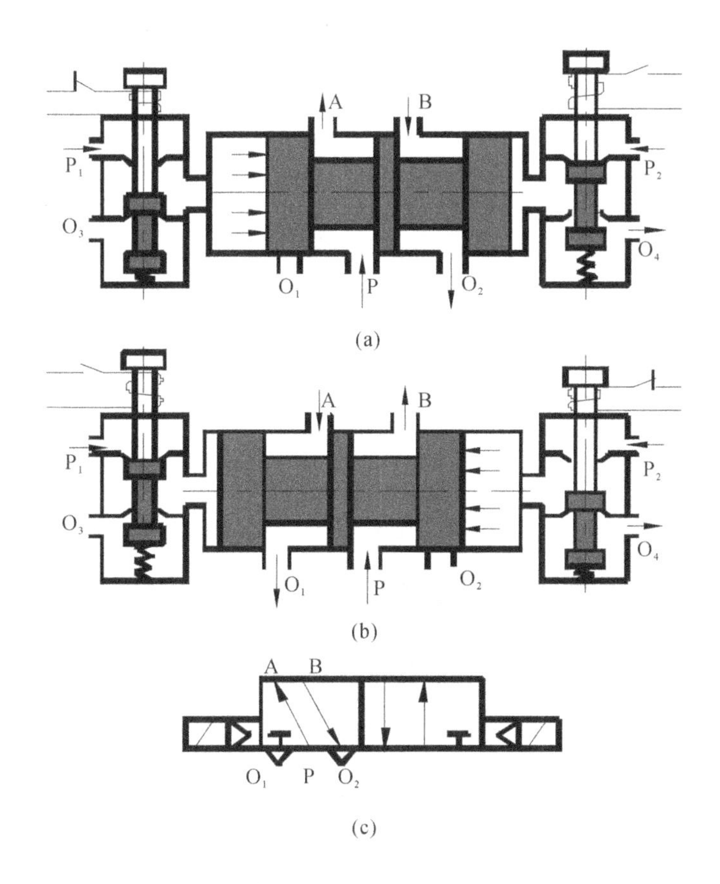

图 4-70　双电磁气控先导式换向阀工作原理

进气，左端排气，主阀芯向左移动，A、O_1 接通，P、B 接通。这种阀具有记忆功能，通电时换向，断电时不会返回原位，而是保持在当前的状态，需要注意的是两边电磁铁不能同时通电，否则会产生误动作。图 4-70(c)所示为其图形符号。

机动换向阀和手动换向阀是通过机动(凸轮、滚轮、挡块等)和人力(手动或脚踏)来控制换向阀换向的，其工作原理与液压阀中的阀类似，在此不再重复。

打开液压与气压传动 CAI 软件，进入仿真库自己动手动态演示各换向型控制阀的工作原理，学习和巩固知识点。

四、气动压力控制阀

气动压力控制阀同液压压力控制阀类似，控制压缩空气压力，满足各种压力要求或用于节能。气动压力控制阀可分为三类：起稳压作用的减压阀；起限压安全保护作用的安全阀；根据气路压力不同进行某种控制的顺序阀。

（一）减压阀

气压系统中，减压阀作用是调节或控制气压的变化，并保持降压后的压力值稳定在需要的值上，确保系统压力的稳定性。减压阀按照压力调节的方式分为直动式和先导式两种，一般先导式减压阀的流量特性比直动式好。

图 4-71 所示为直动式减压阀的结构原理图。在初始状态时，进气阀 8 在复位弹簧 9 的作用下是关闭状态，输入口和输出口不通。若顺时针方向旋转手柄 1，调压弹簧 3 被压缩，在弹簧弹力作用下推动膜片 5 和阀杆 7 下移，进气阀 8 被打开，压缩空气从左端输入，经阀口节流减压后从右端输出，同时，输出气压经反馈导管 6 进入膜片气室，对膜片 5 产生一个向上的推力，此推力促使阀口开度关小，使输出压力下降。当该推力和调压弹簧力相平衡时，阀便有稳定的输出压力。当压力变化时，减压阀可自动调整阀口的开度以保证输出压力的稳定。当输入压力增高时，输出压力也随之增高，作用在膜片上的推力也随之增大，原来

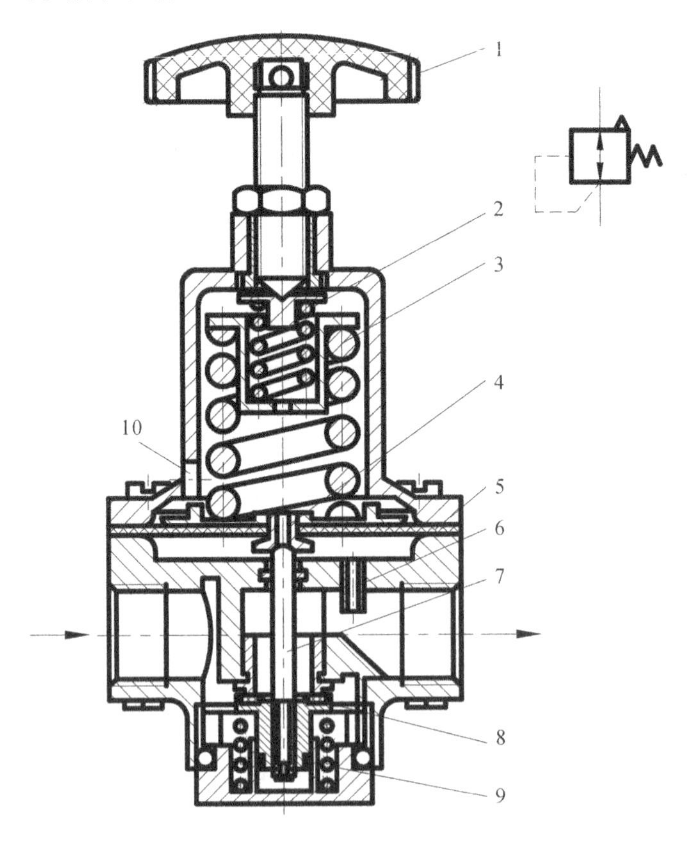

1—手柄；2、3—调压弹簧；4—溢流阀口；5—膜片；6—反馈导管；
7—阀杆；8—进气阀；9—复位弹簧；10—溢流口。

图 4-71　直动式减压阀

的平衡被破坏，膜片上移，多余的气体由溢流口 10 排入大气，同时进气阀阀口开度减小，节流作用增强，使输出压力下降，直到达到调定值。反之，若输入压力下降，输出压力也随之下降，膜片下移，阀口开度增大，节流作用降低，使输出压力回升到调定值，维持压力恒定。因为这种减压阀在使用时，有少量气体从溢流口排出，故称之为溢流式减压阀。

调节手柄就可控制输出压力的大小。反馈导管的作用是为了提高减压阀的稳压精度，也可改善减压阀的动态特性。当负载突然改变时，反馈导管起阻尼作用，避免振荡现象发生。减压阀在使用时，气流方向应和阀体上箭头方向一致，按照过滤器→减压阀→油雾器的顺序进行安装，不能装反。

思考题：气动溢流阀与液压溢流阀的区别有哪些？

（二）安全阀（溢流阀）

气压系统中安全阀也是溢流阀，用于限制系统中的最高压力，起过压保护作用。图 4-72 所示为安全阀的工作原理图。当进口压力低于调压弹簧 2 的弹力，阀芯 3 在弹簧弹力作用下位于下端，阀口关闭，安全阀处于关闭状态，P、O 口不通，如图 4-72(a)所示。当进口压力上升到大于调压弹簧 2 的预压缩力时，阀芯 3 上移，阀门开启，P、O 口相通，进行排气，如图 4-72(b)所示，直到系统压力下降到低于弹簧的调定值时，阀口又重新关闭。安全阀开启压力的大小由弹簧的预压缩量决定，大小可由调节手轮 1 调节。图 4-72(c)所示为其图形符号。

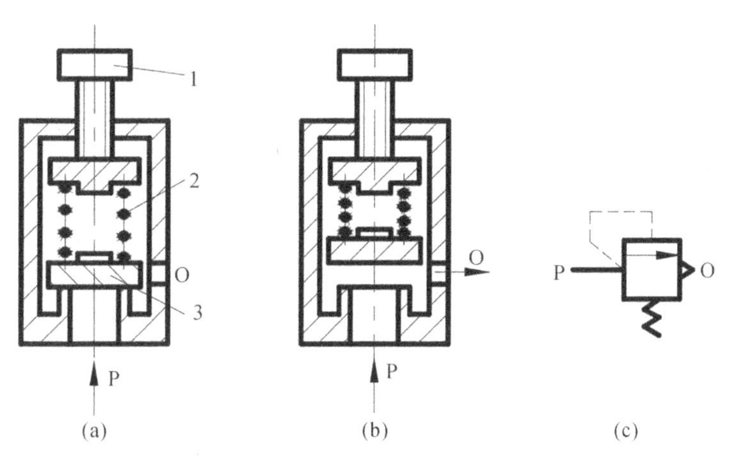

1—调节手轮；2—调压弹簧；3—阀芯。

图 4-72　安全阀

（三）顺序阀

顺序阀是依靠气动回路中压力的变化来控制顺序动作的一种压力控制阀。图 4-73 所示为顺序阀的示意图。常态下，阀中的活塞在上方弹簧力的作用下位于下端，P、A 不通，阀关闭。当输入口 P 有气体进入，对活塞有向上的气压力作用，这个力小于上方弹簧弹力的时候，阀依然关闭，如图 4-73(a)所示状态。当气体压力上升到大于弹簧的调定值时，阀开启，P、A 接通，气体输向下一个执行元件，实现顺序动作，如图 4-73(b)所示状态。图 4-73(c)所示为其图形符号。

顺序阀常和单向阀组合成单向顺序阀，图 4-74 所示为单向顺序阀工作原理图。当压缩空气由 P 口进入时，单向阀 4 在自身弹簧力及 P 口气体压力作用下处于关闭状态，P 口气体

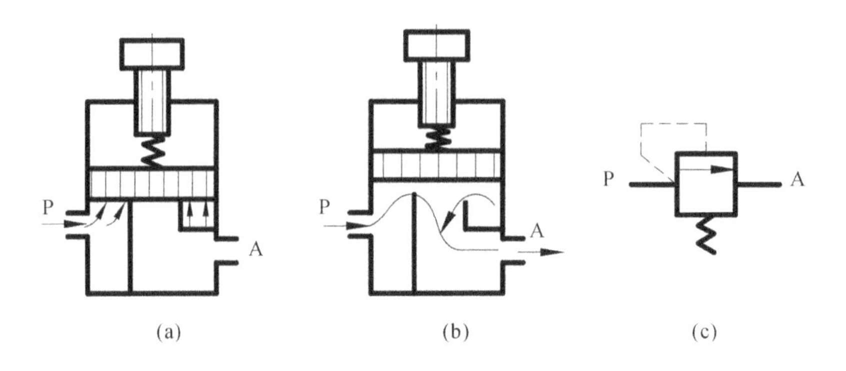

图 4-73　顺序阀

压力同时作用在活塞 3 上。当这个力大于弹簧 2 对活塞向下的弹力时，活塞上移，顺序阀打开，气体由 A 口输出，如图 4-74(a)所示；反之，当压缩空气由 A 口进入时，顺序阀关闭，进气压力将单向阀 4 打开，由 O 口排气，如图 4-74(b)所示。调节手柄 1 可改变单向顺序阀弹簧的预压缩量，即可改变开启压力。图 4-74(c)所示为其图形符号。

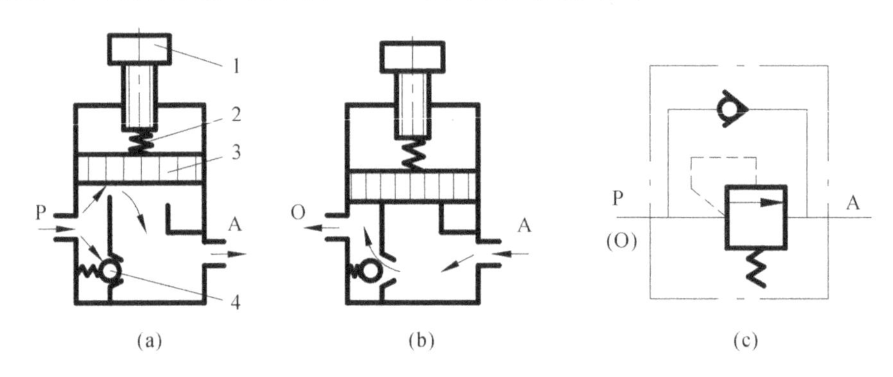

1—调节手柄；2—弹簧；3—活塞；4—单向阀。

图 4-74　单向顺序阀

五、气动流量控制阀

流量控制阀是指通过改变阀的通流面积来调节压缩空气流量的元件。气动流量控制阀一般是设置在回路中，对回路所通过的空气流量进行控制的阀，主要有节流阀、单向节流阀、柔性节流阀；另外也有连接在换向阀的排气口处，对换向阀的排气量进行控制的阀，这类阀称为排气节流阀。由于节流阀和单向节流阀的工作原理与液压阀中同类型阀相似，在此不再重复。本节只对柔性节流阀和排气节流阀做简要介绍。

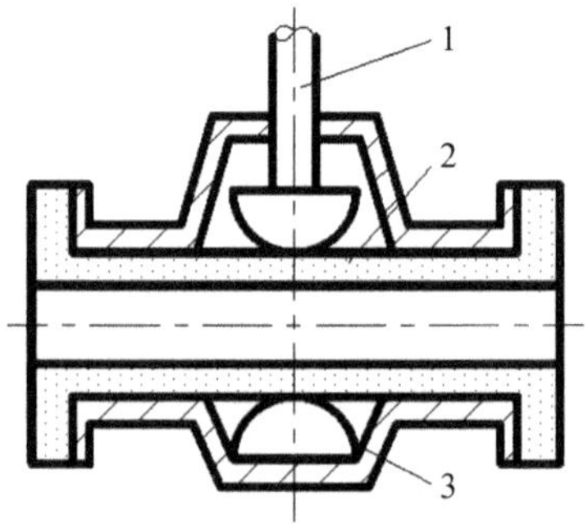

1—上阀杆；2—橡胶管；3—下阀杆。

图 4-75　柔性节流阀

(一)柔性节流阀

图 4-75 所示为柔性节流阀的原理图，其节流作用主要是依靠上下阀杆夹紧柔韧的橡胶管而产生的。也可以利用气体压力来代替阀杆压缩橡胶

管。柔性节流阀结构简单，压力降小，动作可靠性高，对污染不敏感，通常工作压力范围为0.3～0.63MPa。

（二）排气节流阀

排气节流阀的工作原理与节流阀相同，也是靠调节通流截面积来调节阀的流量的，区别是排气节流阀只能安装在元件的排气口，调节排入大气的流量来控制气缸的运动速度。

图4-76所示为一种排气消声节流阀的工作原理。气流从A口进入，经节流口1后再经消声套2排出，因此，它不仅可以调节执行元件的运动速度，还可以起到降低排气噪声的作用。排气节流阀通常直接拧在换向阀的排气口，由于其结构简单，安装方便，能简化回路，故应用比较广泛。

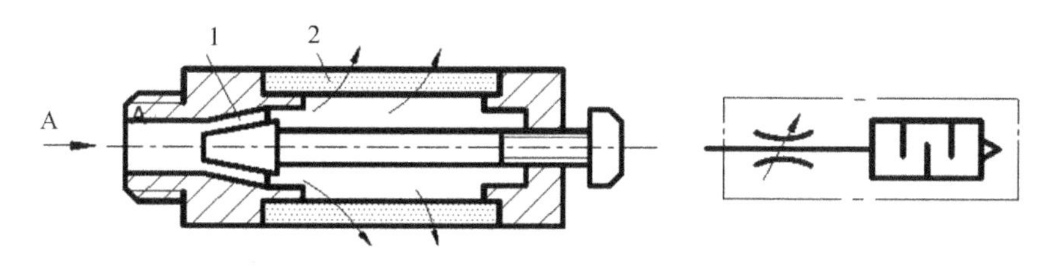

1—节流口；2—消声套。

图4-76　排气消声节流阀

应用气动流量控制阀对气动执行元件进行调速，比用液压流量控制阀调速要困难，精度不如液压流量控制阀高。用气动流量控制阀调速应注意以下几点，以防止产生爬行现象：

（1）管道上不能有漏气现象；

（2）气缸、活塞间的润滑状态要好；

（3）流量控制阀应尽量安装在气缸或气马达附近；

（4）尽可能采用出口节流调速方式；

（5）外加负载应当稳定。若外负载变化较大，应借助液压或机械装置（如气液联动）来补偿由于载荷变动造成的速度变化。

打开液压与气压传动CAI软件，进入仿真库自己动手动态演示流量控制阀的工作原理，学习和巩固知识点。

*第九节　气动逻辑控制元件

气动逻辑控制元件是通过元件内部的可动部件的动作改变气流方向来实现一定逻辑功能的气动控制元件，它属于开关元件。其特点是元件孔径较大，抗污染能力强，对气源的净化程度要求较低，带负载能力强，可带多个同类型元件。通常元件在完成动作后，具有关断能力，因此，耗气量小，在气动控制系统中广泛采用各种形式的气动逻辑元件。

在实际生产中，经常能够遇到这样的问题，例如需要各执行机构按一定的顺序进、退或者开、关。从逻辑关系上看，“进和退”“开和关”“是和非”“有和无”都是表示两个对立的状

* 加*为选学内容，下同。

态。这两个对立的状态可以用两个数字符号“1”和“0”来表示。通常,“1”表示“进、开、有、是”,“0”表示“退、关、无、非”。一个复杂的控制线路就是保证各执行机构按一定规律处于“1”或“0”的状态。这样,问题就可以归入逻辑关系的范畴里进行研究。总之,逻辑控制即是将具有不同逻辑功能的元件,按不同的逻辑关系组配,以实现输入、输出口状态的变换。

一、气动逻辑元件分类

1. 按工作压力分类

(1)高压元件。工作压力 p 为 0.2MPa$<p\leqslant$0.8MPa。

(2)低压元件。工作压力 p 为 0.05MPa$<p\leqslant$0.2MPa。

(3)微压元件。工作压力 p 为 0.005$<p\leqslant$0.05MPa。

2. 按逻辑功能分类

按逻辑功能,气动元件可分为是门元件、或门元件、与门元件、非门元件、禁门元件和双稳元件等。

3. 按结构形式分类

(1)截止式。气路的通断依靠可动件的端面(或平面)与气嘴构成的气口的开启或关闭来实现。

(2)滑柱式。气路的通断依靠滑柱(或滑块)的移动,实现气口的开启或关闭。

(3)膜片式。气路的通断依靠弹性膜片的变形来开启或关闭阀口。

二、常用气动逻辑单元

常用气动逻辑单元如表 4-4 所示。

表 4-4 常用气动逻辑单元

逻辑门	逻辑符号	逻辑函数	逻辑阀
是门	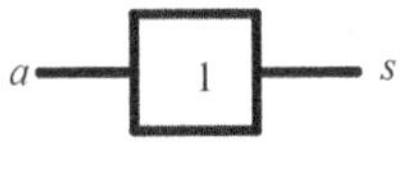 1	$s=a$	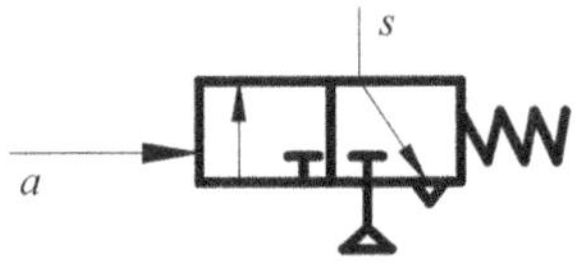
非门	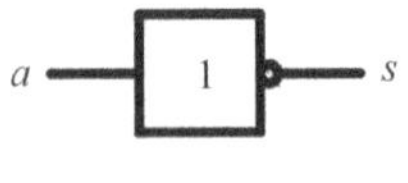 1 (with output circle)	$s=\bar{a}$	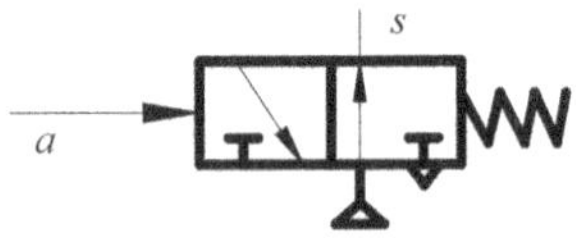
与门	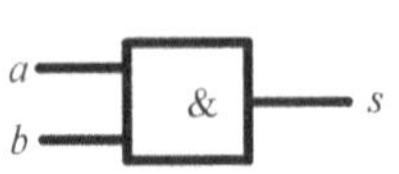 &	$s=a\cdot b$	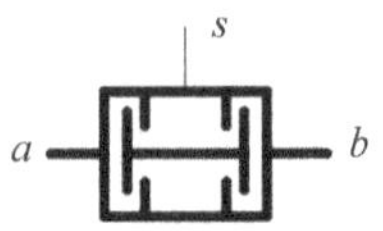
或门	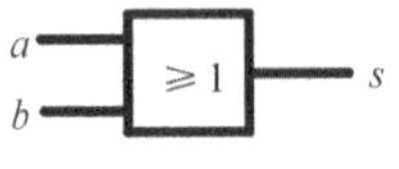 ≥1	$s=a+b$	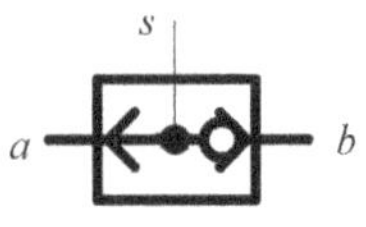

续表

逻辑门	逻辑符号	逻辑函数	逻辑阀
与非门		$s=\overline{a\cdot b}$	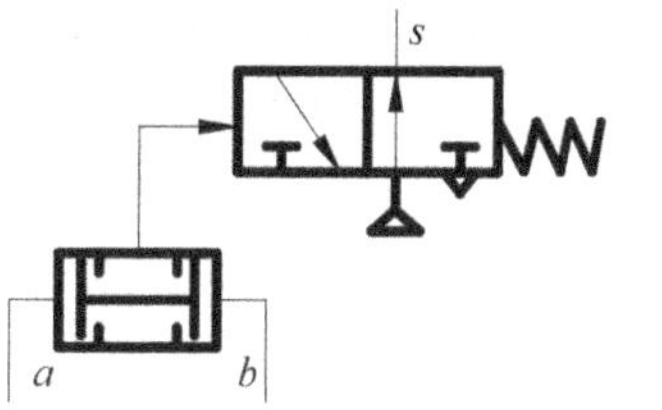
或非门		$s=\overline{a+b}$	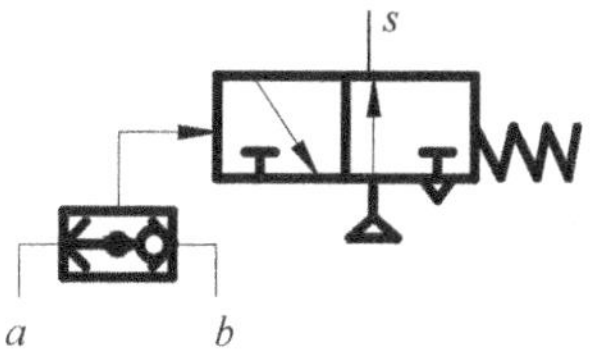
禁门		$s=a\cdot\bar{b}$	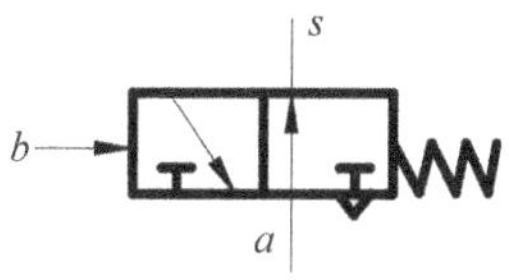
蕴含门	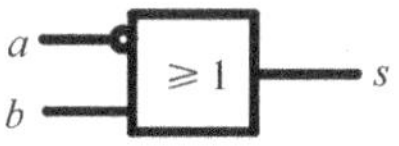	$s=\bar{a}+b$	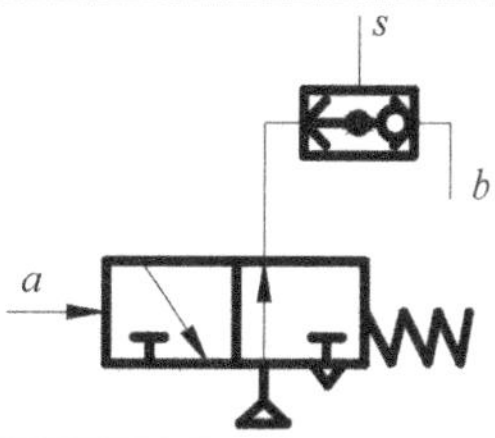

三、逻辑元件的使用

1. 气动逻辑元件的适用范围及特点

由可动部件的气动逻辑元件组成的气动逻辑控制系统常用于一般工厂的设备中。高压逻辑元件输出功率比较大，气源要求净化条件不高；低压逻辑元件用于气动仪表配套的控制系统；微压逻辑元件用于与射流系统、气动传感器配套的系统。

气动逻辑元件特点如下：

(1)元件孔径较大，抗污染能力较强，对气源的净化程度要求较低。

(2)元件在完成切换动作后，能切断气源和排气孔之间的通道，无功耗气量低。

(3)带负载能力较强，可带多个同类型元件。

(4)在组成系统时，元件连接方便，调试简单。

(5)适应能力较强，可在各种恶劣环境下工作。

(6)运算速度较慢，在强烈冲击和振动条件下，可能出现误动作。

2. 使用中的注意事项

(1)使用中需提供合适的气源和环境条件,必须保证各类元件的工作条件的要求。

(2)逻辑元件的带载能力是有限的,一个元件不能直接带动过多的元件。

(3)应考虑主控回路中可能出现的延迟,必要时可采用是门元件隔离和增加流量放大元件。

(4)系统中应尽量减少或避免使用延时及脉冲元件,这类元件延时精度较低,运行中的气压波动更容易引起故障。

(5)对于有橡胶可动件的元件,必须同需要润滑的气动系统分开,以避免橡胶件污损。

(6)气源压力波动允许范围较大,一般可达20%。当压力波动范围大于20%,又以较高频率出现压力波动时,系统的正常运行会受到影响。

(7)元件不宜在强烈振动下工作。

(8)实际系统中应考虑气压信号在系统中的传输速度。逻辑元件的响应时间比较短,均在10ms以下,有的仅1~2ms,而气压信号在管道中的传输时间一般要大于元件响应时间许多倍。传输速度取决于管道的尺寸、长度和两端压差,因此应选取合适的管径和尽可能短的长度。避免使用短脉冲信号切换元件。

(9)逻辑元件是一种外购元件,大批量生产。当使用中发现某个元件损坏时,应采取更换的办法;也可以请有资格的逻辑元件调试人员修理后使用,但修理后元件的性能参数不易保证,容易因匹配不好而出现误动作。

打开液压与气压传动CAI软件,进入仿真库自己动手动态演示各气动逻辑元件的工作原理,学习和巩固知识点。

习　题

4-1　举例说明单向阀的用途。

4-2　何谓换向阀的“位”和“通”?请举例说明。

4-3　什么是三位滑阀的中位机能?有什么用处?

4-4　滑阀的控制方式有几种?各自的特点及适用场合是什么?

4-5　电液换向阀适用于什么液压系统中?它的先导阀的中位机能为什么一般选用“Y”型?

4-6　哪些阀可以作背压阀?区别是什么?

4-7　先导式溢流阀的远程控制油口分别接入油箱或另一远程调压阀时,会出现什么现象?

4-8　顺序阀有哪几种控制方式和泄油方式?请举例说明。

4-9　图4-77所示的回路中,各个溢流阀的调定压力分别为 $p_A=5\text{MPa}$,$p_B=4\text{MPa}$,$p_C=3\text{MPa}$。问:外负载无穷大时,泵的出口压力各为多少?

4-10　如图4-78所示,当溢流阀的调定压力分别为 $p_A=3\text{MPa}$,$p_B=3.5\text{MPa}$,$p_C=2\text{MPa}$,系统的外负载趋于无限大时,泵输出压力为多少?如果将溢流阀的远程控制口堵塞,泵输出的压力为多少?

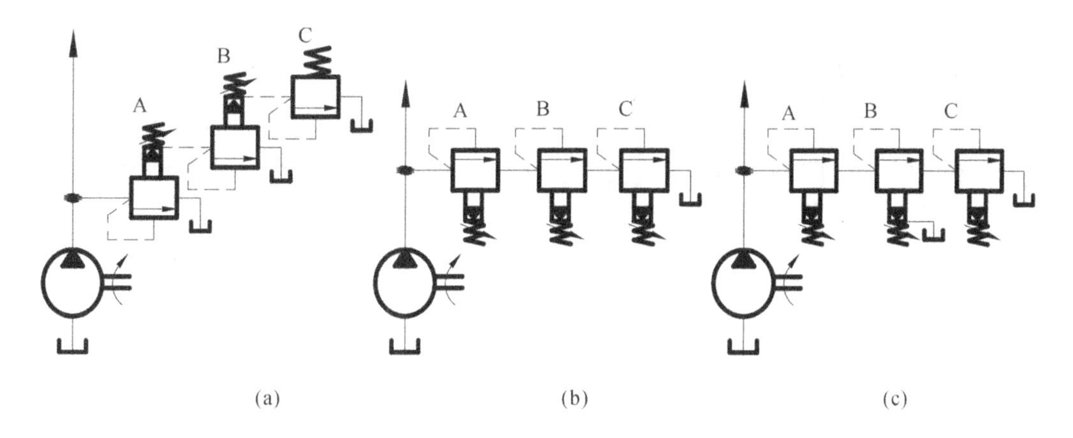

图 4-77　题 4-9 图

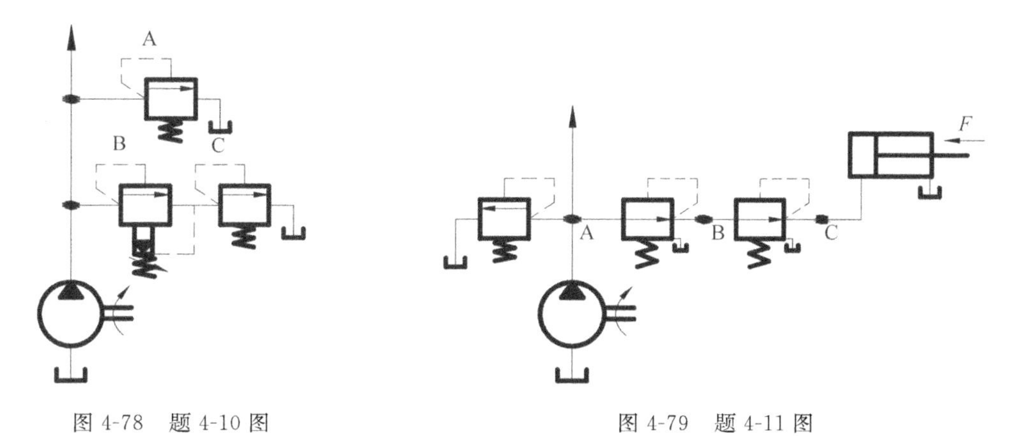

图 4-78　题 4-10 图

图 4-79　题 4-11 图

4-11　如图 4-79 所示回路，已知活塞运动时的负载 $F=1000\text{N}$，活塞面积为 $10\times10^{-4}\text{m}^2$，溢流阀调定压力为 4MPa，两个减压阀的调定值分别为 $p_1=3\text{MPa}$ 和 $p_2=2\text{MPa}$，若油液流过减压阀及管路时的损失忽略不计，试确定活塞在运动时和停在终端位置处时，A、B、C 三点的压力值。

4-12　如图 4-80 所示溢流阀的调定压力为 5MPa，减压阀的调定压力为 2.5MPa，液压缸的无杆腔面积为 50cm^2，液流通过单向阀和非工作状态下的减压阀时，压力损失分别为 0.2MPa 和 0.3MPa。问：当负载分别为 0、7.5kN 和 30kN 时，液压缸能否运动？A、B、C 三点的压力各为多少？

4-13　如图 4-81 所示，溢流阀的调定压力为 5MPa，顺序阀调定压力为 3MPa，液压缸无杆腔面积为 50cm^2，当负载 F 分别为 10000N 和 20000N 时，求活塞运动和到终点时，A、B 点的压力为多少。

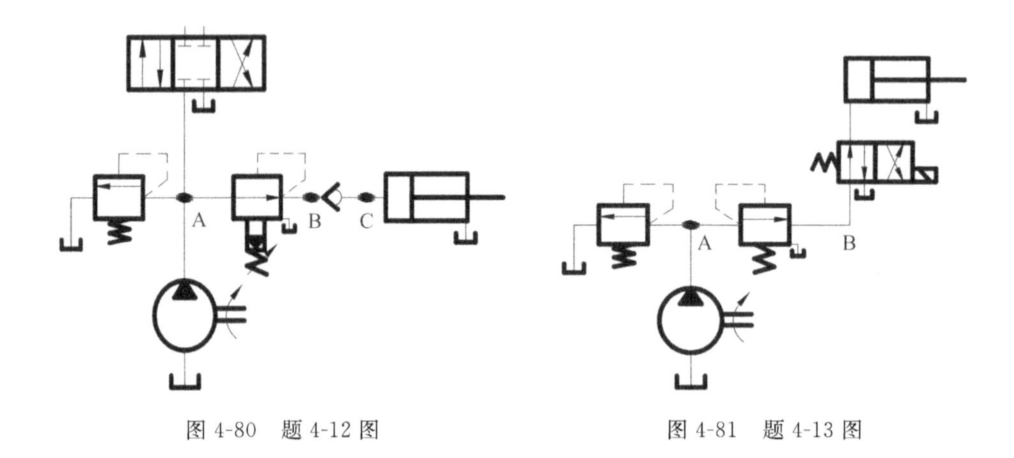

图 4-80　题 4-12 图　　　　图 4-81　题 4-13 图

4-14　如图 4-82 所示回路中，两个液压缸无杆腔面积均为 100cm^2，溢流阀调定压力为 8MPa，减压阀调定压力为 3MPa，顺序阀调定压力为 5MPa，试确定下列负载条件下，A、B、C 三处的压力为多少。

(1) $F_1=0$，$F_2=10000\text{N}$；

(2) $F_1=20000\text{N}$，$F_2=40000\text{N}$。

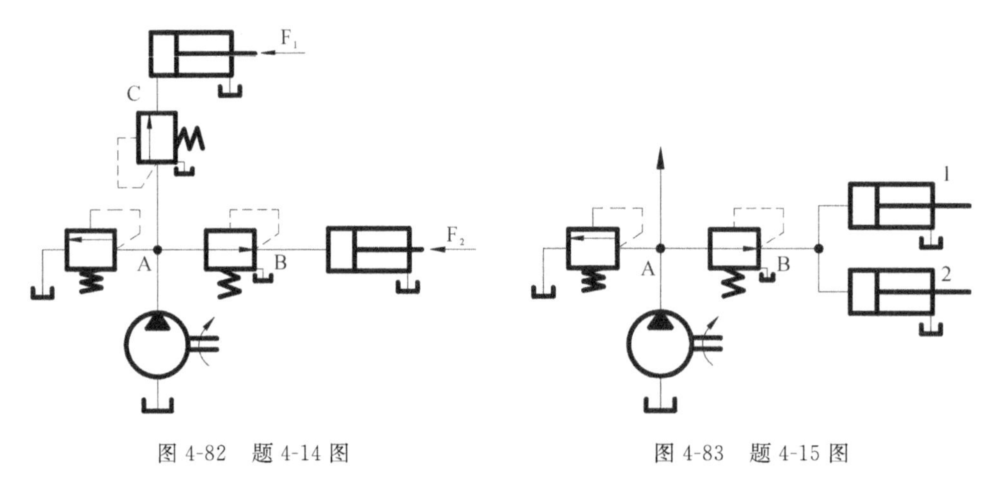

图 4-82　题 4-14 图　　　　图 4-83　题 4-15 图

4-15　在图 4-83 所示的回路中，溢流阀调定压力为 5MPa，减压阀的调定压力为 2MPa，通过减压阀的压力损失为 0.2MPa，缸 1 无杆腔面积为 5cm^2，负载为 1000N，缸 2 无杆腔面积为 20cm^2，负载为 3000N。问：液压缸如何动作？A、B 两点压力各为多少？

4-16　影响节流阀流量稳定性的因素是什么？为何通常将节流口做成薄壁小孔？

4-17　调速阀的流量稳定性为什么比节流阀好？

4-18　叠加阀有什么特点？

4-19　插装阀由哪几部分组成？与普通阀比有何特点？

4-20　按用途比例阀可分为几种？各有何功能？

4-21　在气压传动中，减压阀如何安装？当进出口接反时后果如何？

4-22　在气动控制元件中，哪些元件具有记忆功能？记忆功能是如何实现的？

4-23　快速排气阀为什么能快速排气？在使用和安装快速排气阀时应注意哪些问题？

4-24　有一气缸，当信号 A、B、C 中任一信号存在时都可使其活塞返回，试设计其控制回路。

4-25　什么是气动逻辑元件？

讨论题

1. 可以作为背压阀使用的阀有哪几种？

2. 具有记忆功能的气动阀有哪些？

3. 为什么几乎每个液压系统都需要一个溢流阀，而几乎每一个气动系统都需要气动三联件？

本章测试题

第五章　基本回路

本章重点：本章要求掌握各种常用的液压基本回路和气动基本回路所具有的功能、功能的实现方法、回路的元件组成以及工程应用。

任何一个液压或气压传动系统，无论多么复杂，都是由一些最基本的回路组成的。所谓基本回路，是指能够完成某种特定控制功能的一些液压或气压传动元件和管道的最简单组合。

第一节　液压基本回路

一、压力控制回路

压力控制回路是利用压力控制阀来控制或调节整个液压系统或某一部分的压力，以满足液压执行元件对工作压力要求的回路。这类回路有调压回路、减压回路、增压回路、卸荷回路和平衡回路等。

思考题：如何调节液压回路的压力？

（一）调压回路

调压回路的功用是使液压系统整体或部分的压力保持恒定或不超过某个数值。这一功能一般通过溢流阀实现，常用的调压回路主要有单级调压回路、二级调压回路、多级调压回路和比例调压回路等。

1. 单级调压回路

如图 5-1(a)所示，单级调压回路是在液压泵出口处并联了一个溢流阀 2，系统压力由溢流阀 2 调定。

调压回路与减压回路

2. 二级调压回路

如图 5-1(b)所示，二级调压回路是在液压泵的出口处并联了一个先导式溢流阀 2，并在溢流阀 2 的远程控制口处连接了一个二位二通电磁换向阀 3 和远程调压阀 4，由先导式溢流阀 2 和远程调压阀 4 分别实现两种不同的压力控制。当电磁换向阀 3 的电磁铁断电即处于图示位置时，系统压力由先导式溢流阀 2 调定；当电磁换向阀 3 的电磁铁通电使其右位接入回路时，系统压力由远程调压阀 4 调定，但要求阀 4 的调定压力必须小于阀 2 的调定压力，否则远程调压阀 4 起不到远程调压的作用,也就无法实现二级调压。

3. 多级调压回路

如图 5-1(c) 所示的多级调压回路由液压泵 1、溢流阀 2、三位四通电磁换向阀 3、溢流阀 4 和溢流阀 5 等液压元件组成,溢流阀 2、4、5 分别控制系统的压力,组成了一个三级调压回路。当三位四通电磁换向阀 3 的两个电磁铁均不通电,也就是换向阀处于中位时,系统压力由阀 2 调定;当左电磁铁通电,换向阀左位接入回路时,系统压力由阀 4 调定;当右电磁铁通电,换向阀右位接入回路时,系统压力由阀 5 调定。但在这种调压回路中,要求阀 4 和阀 5 的调定压力必须小于阀 2 的调定压力,而阀 4 和阀 5 的调定压力之间不受约束。

4. 比例调压回路

如图 5-1(d)所示的比例调压回路是在液压泵 1 的出口处并联了一个先导式比例电磁溢流阀 2,调节输入先导式比例电磁溢流阀的电流,即可实现对系统压力的无级调节。

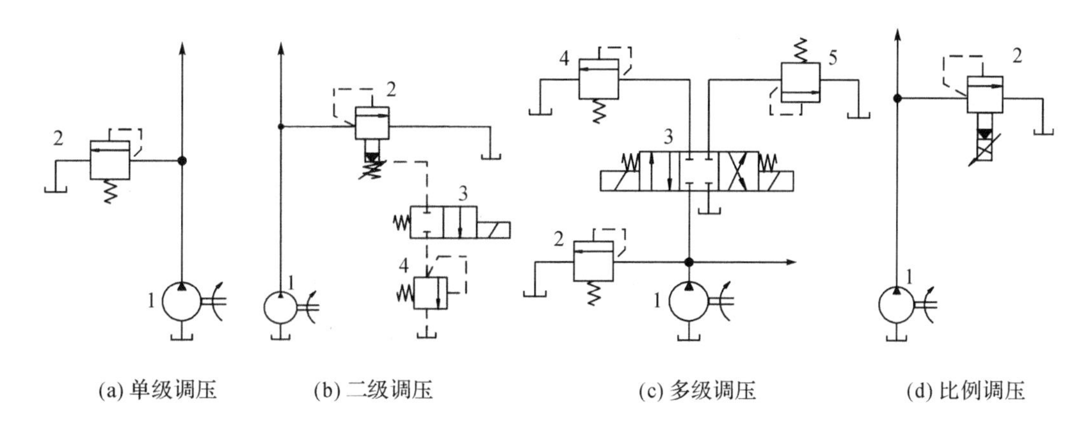

图 5-1 调压回路

打开液压与气压传动 CAI 软件,进入仿真库自己动手仿真各调压回路的工作原理,也可打开绘图窗体,自己设计调压回路进行仿真,学习和巩固知识点。

思考题:如何使回路中的某一部分油路具有较低的稳定压力?

(二)减压回路

减压回路的功用是使系统中的某一部分油路具有较低的稳定压力。如图 5-2(a)所示,这是一种最常见的减压回路,采用定值减压阀 3 与主油路相连方式实现支路的减压。回路中单向阀 4 的作用是当主油路压力由于某种原因低于减压阀 3 的调整压力时防止油液倒流,起短时保压作用。图 5-2(b)所示二级减压回路,回路由液压泵 1、溢流阀 2、先导式减压阀 3、二位二通电磁换向阀 4 和溢流阀 5 等液压元件组成,先导式减压阀 3 的远程控制口经换向阀 4 与溢流阀 5 连接,可由阀 3 和阀 5 各调得一种低压。图示位置即阀 4 的电磁铁断电时,支路的压力由阀 3 调定,当阀 4 的电磁铁通电,阀 4 右位接入回路时,支路的压力由阀 5 调定,但要求阀 5 的调定压力值必须小于阀 3 的调定压力值。

为了确保减压回路的正常工作,减压阀的最高调整压力至少应比液压系统的压力低 0.5MPa,最低调整压力应不低于 0.5MPa。由于减压阀工作时存在着油液的泄漏,所以为避免减压阀泄漏对执行元件的速度产生影响,调速元件应放在减压阀的后面。

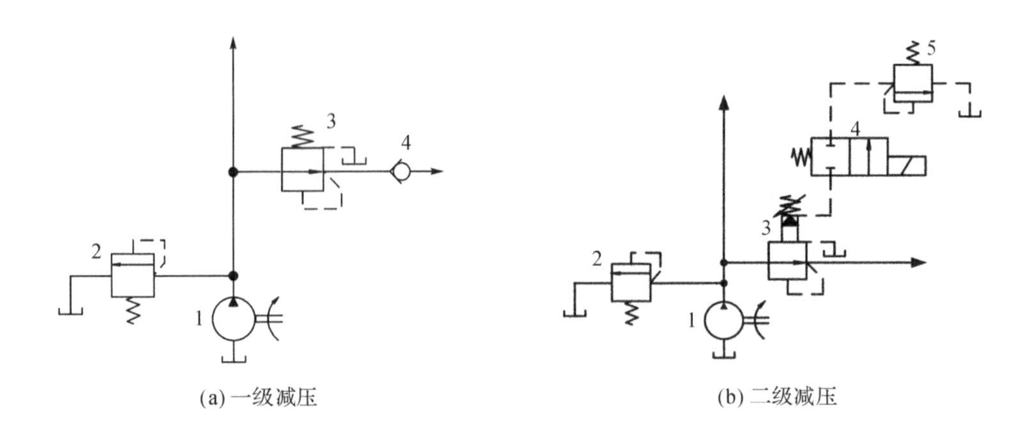

(a) 一级减压　　(b) 二级减压

图 5-2　减压回路

打开液压与气压传动 CAI 软件，进入仿真库自己动手仿真各减压回路的工作原理，也可打开绘图窗体，自己设计减压回路进行仿真，学习和巩固知识点。

思考题：如何在不使用高压泵的情况下获得高压？

（三）增压回路

增压回路的功用是使系统中某一支路获得比系统压力更高的压力油源。采用增压回路可节省能源，而且工作可靠、噪声小。下面介绍两种增压回路：单作用增压缸的增压回路和双作用增压缸的增压回路。

增压回路与卸荷回路

1. 单作用增压缸的增压回路

图 5-3(a)所示为单作用增压缸的增压回路，它由液压泵 1、溢流阀 2、二位四通电磁换向阀 3、单作用增压缸 4、单向阀 5 和补油箱 6 等液压元件组成。当电磁铁通电换向阀 3 左位接入回路时，液压泵 1 输出压力值 p_1 的液压油进入增压缸 4 的大活塞左腔，此时在小活塞右腔输出较高压力值 p_2 的液压油。当电磁铁断电换向阀 3 右位接入回路时，增压缸的活塞返回，补油箱 6 中的油液经单向阀 5 进入增压缸 4 小活塞的右腔，此时不输出高压油。采用这种增压回路只能间断增压，不能获得连续稳定的高压油源。

2. 双作用增压缸的增压回路

图 5-3(b)所示为采用双作用增压缸的增压回路，它由液压泵 1、溢流阀 2、二位四通电磁换向阀 3、单向阀 4、5、6、7 和双作用增压缸 8 等液压元件组成，能连续输出高压油。当电磁铁通电换向阀 3 左位接入回路时，液压泵 1 输出的压力油经电磁换向阀 3 进入增压缸 8 大活塞腔的左腔，经电磁换向阀 3 和单向阀 5 进入增压缸 8 左端小活塞腔的左腔，大活塞右腔的回油通油箱，右端小活塞右腔增压后的高压油经单向阀 7 输出，此时单向阀 4、6 被关闭。当增压缸 8 的活塞移到右端时，换向阀 3 的电磁铁断电，阀 3 右位接入回路，增压缸 8 的活塞向左移动，左端小活塞左腔输出的高压油经单向阀 6 输出，此时单向阀 5、7 被关闭。采用这种增压回路能获得连续稳定的高压油源。

思考题：如何在泵不停止转动时，卸掉系统的压力？

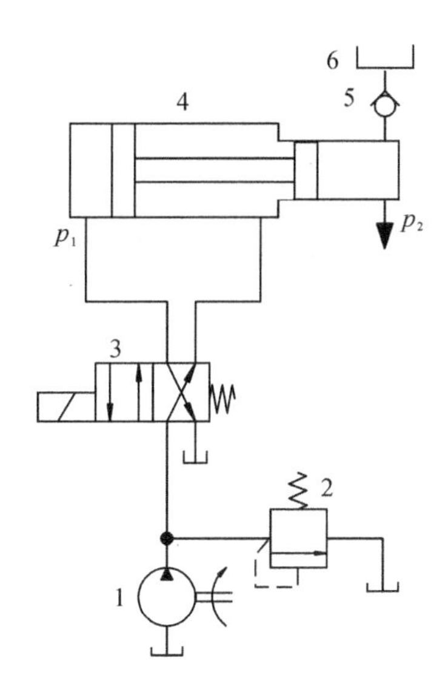

(a) 单作用增压缸增压回路

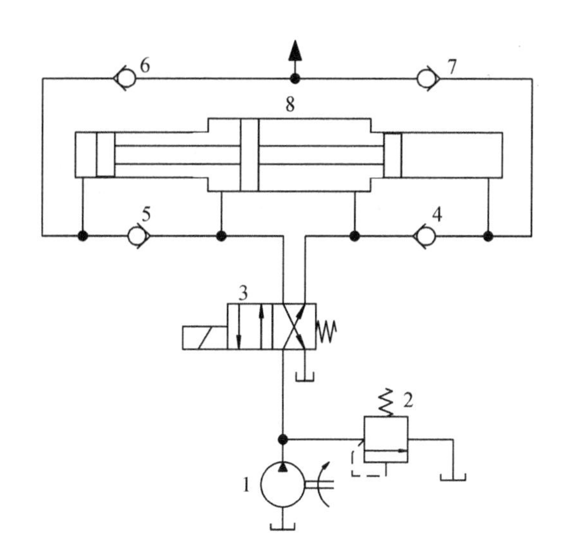

(b) 双作用增压缸增压回路

图 5-3　增压回路

（四）卸荷回路

卸荷回路的功用是使液压泵在接近零压的工况下运转，以减少功率损耗，降低系统发热，减轻泵和电动机的负荷及延长其寿命。这种卸荷方式称为压力卸荷。

常见的压力卸荷回路有以下几种：换向阀卸荷回路、先导式溢流阀卸荷回路和二通插装阀卸荷回路。

1. 换向阀卸荷回路

图 5-4(a)所示为采用 M 型中位机能的电液换向阀的卸荷回路，它由液压泵 1、溢流阀 2、单向阀 3、三位四通电液换向阀 4 和液压缸 5 等液压元件组成。电液换向阀 4 是一个带 M 型中位机能的三位换向阀，当换向阀 4 处于中位时，泵 1 即卸荷，这种回路切换时压力冲击小，但回路中必须设置单向阀，这是因为电液换向阀中电磁阀是先导阀，主阀是液动阀，主阀芯是由液压力来驱动的，当系统卸荷的时候，通过单向阀使系统能保持 0.3MPa 左右的压力，供驱动阀芯之用。除了 M 型中位机能的三位换向阀，H 和 K 型中位机能的三位换向阀处于中位时也能实现中位卸荷。

2. 先导式溢流阀卸荷回路

图 5-4(b)所示为采用先导式溢流阀的卸荷回路，它由液压泵 1、溢流阀 2 和二位二通电磁换向阀 3 等液压元件组成。其在先导式溢流阀 2 的远程控制口连了一个二位二通电磁换向阀 3，当换向阀 3 的电磁铁通电时，先导式溢流阀 2 的远程控制口通过换向阀 3 直接与油箱相连，溢流阀 2 在低压下开启，实现卸荷，这种卸荷回路切换时冲击小。

3. 二通插装阀卸荷回路

图 5-4(c)所示为二通插装阀的卸荷回路，它由液压泵 1、二通插装阀 2、溢流阀 3、二位二通电磁换向阀 4 等液压元件组成。由于二通插装阀通流能力大，因此这种卸荷回路适用于大流量的液压系统。正常工作时，液压泵 1 的压力由溢流阀 3 调定。当换向阀 4 的电磁铁通电后，二通插装阀 2 上腔接通油箱，主阀口全部打开，泵卸荷。

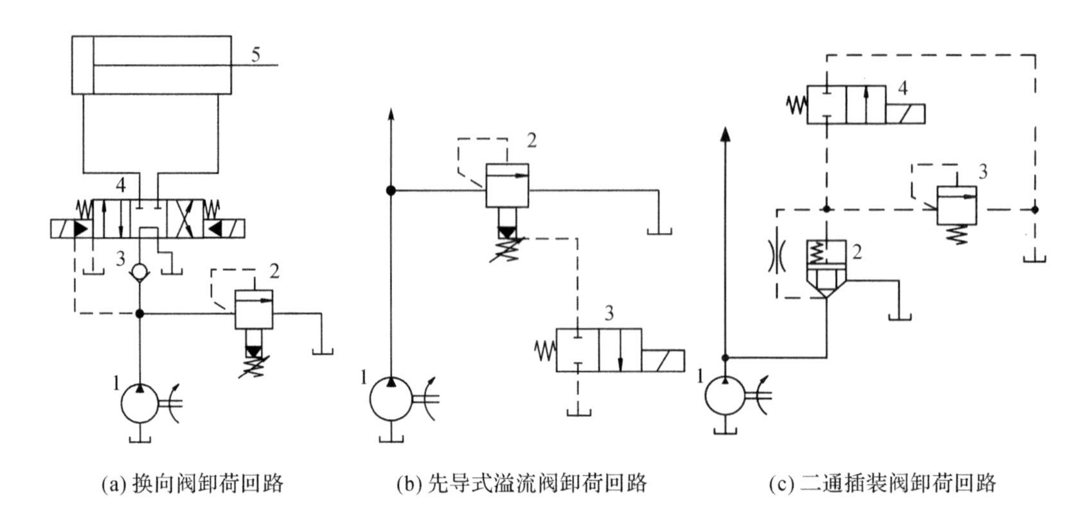

(a) 换向阀卸荷回路　(b) 先导式溢流阀卸荷回路　(c) 二通插装阀卸荷回路

图 5-4　卸荷回路

需要注意的是,在限压式变量泵供油的回路中,当执行元件不工作,没有流量输入时,泵的输出压力最高,输出流量接近于零,故驱动泵所需的功率接近于零,系统也实现了卸荷。所以,卸荷实为卸功率之荷。

打开液压与气压传动 CAI 软件,进入仿真库自己动手仿真各增压回路和卸荷回路的工作原理,也可打开绘图窗体,自己设计卸荷回路进行仿真,学习和巩固知识点。

思考题:如何防止垂直或倾斜放置的液压缸和与之相连的工作部件因自重而自行下落?

(五)平衡回路

平衡回路

平衡回路的功用,在于防止执行机构不工作时,能因受负载重力作用而使执行机构自行下落,或在下行运动中由于自重而造成超速运动。图 5-5(a)所示为采用单向顺序阀的平衡回路,它由液压泵 1、溢流阀 2、三位四通电磁换向阀 3、单向顺序阀 4 和竖直安装的液压缸 5 等液压元件组成。顺序阀的调定值应稍大于由活塞和与之相连的工作部件自重在液压缸下腔产生的压力值。当 1YA 通电时,换向阀 3 左位接入回路,活塞下行,液压缸 5 下腔的油液顶开单向顺序阀 4 中的顺序阀回油箱,回油路上存在一定的背压。当换向阀 3 处于中位时,液压缸的运动部件被顺序阀锁住并停止运动,但由于单向顺序阀 4 和换向阀 3 的泄漏,运动部件仍会缓慢下落。这种回路在活塞向下快速运动时功率损失较大,因此只适用于工作部件重量不大、活塞锁住时定位要求不高的场合。

图 5-5(b)所示为采用液控顺序阀的平衡回路,它由液压泵 1、溢流阀 2、三位四通电磁换向阀 3、单向液控顺序阀 4 和竖直安装的液压缸 5 等液压元件组成。图中顺序阀的控制口与液压缸 5 上腔的进油路连通,通过上腔油液的压力来控制顺序阀的打开和关闭,这样,顺序阀的开启不受重物重力大小的影响。当换向阀 3 处于中位时,不论重物多重都不会使顺序阀打开,液压缸停止运动。当 1YA 通电,换向阀 3 左位接入回路时,顺序阀打开,液压油进入液压缸 5 的上腔,液压缸下行。当 2YA 通电,换向阀 3 右位接入回路时,油液通过单向阀进入液压缸 5 的下腔,液压缸上行。这种回路具有良好的密封性,能起到对活塞长时间的定位作用,而且顺序阀阀口的大小能自动适应不同载荷对背压压力的要求,保证了活塞下降

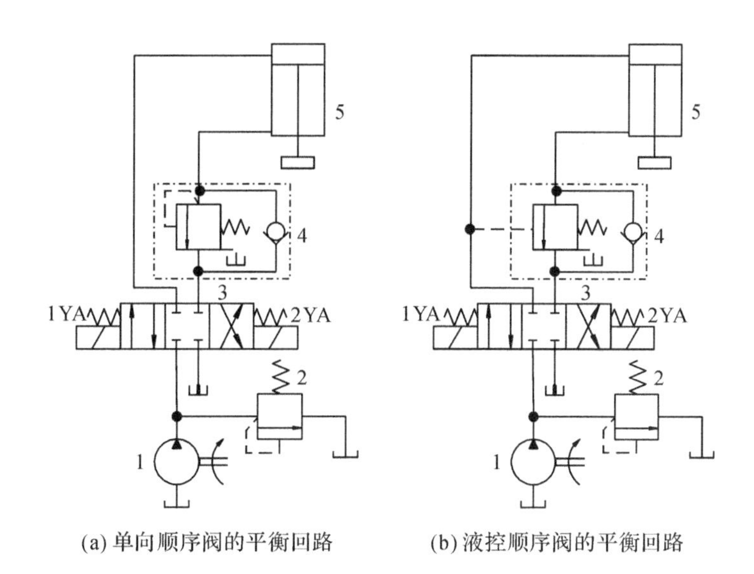

(a) 单向顺序阀的平衡回路　　(b) 液控顺序阀的平衡回路

图 5-5　平衡回路

速度的稳定性不受载荷变化的影响。

打开液压与气压传动 CAI 软件，进入仿真库自己动手仿真平衡回路的工作原理，也可打开绘图窗体，自己设计平衡回路进行仿真，学习和巩固知识点。

思考题：当执行元件停止运动时，如何保持系统的压力？

（六）保压回路

保压回路

保压回路是当执行元件停止运动或仅有工件变形产生微动时，使系统压力基本上保持不变的回路。保压回路需要满足保压时间长、压力稳定、工作可靠和经济性等方面的要求。最简单的保压回路是采用液控单向阀的回路，但是液控单向阀的泄漏使得这种回路的保压时间不能维持太久。常用的保压回路有以下几种。

1. 利用液压泵的保压回路

利用液压泵的保压回路有定量泵的保压回路和限压式变量泵的保压回路两种形式。采用定量泵的保压回路在保压时，溢流阀工作，油液通过溢流阀回油箱，使系统保持一个稳定的压力。这种回路，系统功率全部从溢流阀处损耗掉，发热严重，只能在小功率且保压时间较短的场合使用。采用限压式变量泵的保压回路在保压时，由限压式变量泵向系统供油，维持系统压力稳定，此时泵的压力虽较高，但输出流量很小。

2. 利用蓄能器的保压回路

如图 5-6(a)所示为利用蓄能器的保压回路，它由液压泵 1、溢流阀 2、单向阀 3、蓄能器 4、压力继电器 5、三位四通电磁换向阀 6、液压缸 7 和二位二通电磁阀 8 等液压元件组成。当 1YA 通电，换向阀 6 左位接入回路时，液压缸 7 的活塞及活塞杆向右运动，假如活塞杆向右运动过程中压紧了工件，此时进油路压力升高至溢流阀 2 的调定值，压力继电器 5 发出电信号使 3YA 通电，二位二通电磁阀 8 换向上位接入回路，泵 1 卸荷，单向阀 3 自动关闭，液压缸 7 则由蓄能器 4 保压。缸压不足时，压力继电器复位发出电信号使 3YA 断电，二位二通电磁阀 8 复位下位接入回路使泵重新向系统供油。图 5-6(b)所示为一种支路保压回路，这

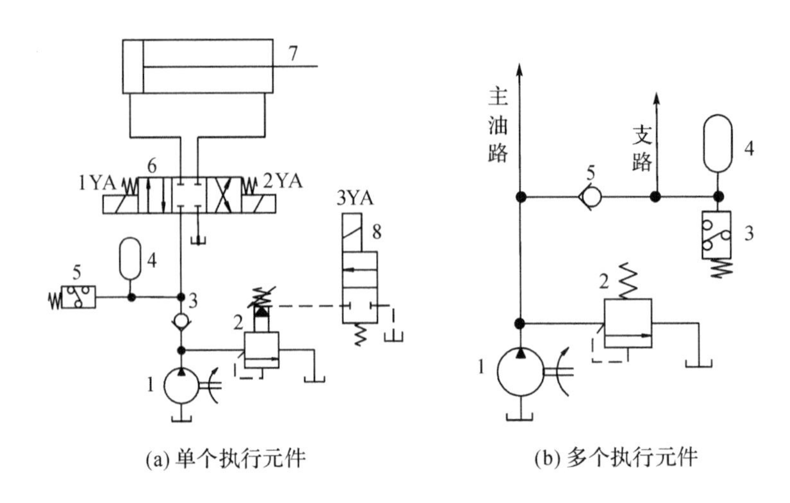

(a) 单个执行元件

(b) 多个执行元件

图 5-6 利用蓄能器的保压回路

种回路将蓄能器安装在支路上，可用于多个执行元件系统中支路的保压。它由液压泵 1、溢流阀 2、压力继电器 3、蓄能器 4、单向阀 5 等液压元件组成。泵 1 通过单向阀 5 向支路输油，当支路压力达到压力继电器 3 的调定值时，压力继电器发出电信号，使换向阀换向，泵向主油路输油，驱动另一个执行元件开始动作，此时单向阀 5 关闭，支路由蓄能器 4 保压并补偿泄漏。

3. 自动补油保压回路

图 5-7 所示为采用液控单向阀和电接点压力表的自动补油保压回路，它由液压泵 1、溢流阀 2、三位四通电磁换向阀 3、液控单向阀 4、电接点压力表 5 和液压缸 6 等液压元件组成。当 2YA 通电，换向阀 3 右位接入回路时，液压油经换向阀 3 的右位、液控单向阀 4 进入液压缸 6 的上腔，当液压缸 6 上腔的压力上升至电接点压力表 5 的调定压力上限值时，压力表触点通电，发出电信号使 2YA 断电，换向阀 3 处于中位，液压泵 1 通过换向阀 3 的中位卸荷，液压缸 6 由液控单向阀 4 保压。当液压缸 6 上腔压力下降到电接点压力表 5 的调定压力下限值时，压力表又发出电信号，使 2YA 通电，换向阀 3 右位接入回路，液压泵 1 再次向系统供油，使压力上升。因此，该回路能长期自动地保持液压缸的压力在所需的范围内。

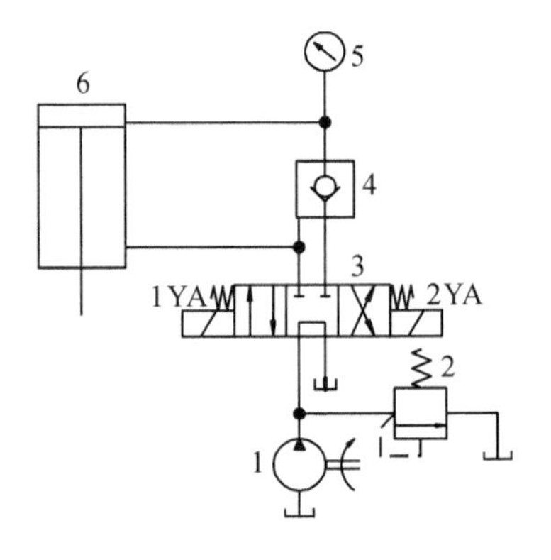

图 5-7 自动补油保压回路

打开液压与气压传动 CAI 软件，进入仿真库自己动手仿真保压回路的工作原理，学习和巩固知识点。

*(七)释压回路

液压系统在保压时，由于油液被压缩以及机械部分产生的弹性变形，使系统储存了相当大的能量，如果立即换向，就会产生液压冲击。因而对容量大的液压缸以及压力大于 7MPa 的液压系统，在保压以后换向之前需释压。

图 5-8 所示为释压回路。图 5-8(a)为采用节流阀的释压回路，它由液压泵 1、溢流阀 2、三位四通电磁换向阀 3、二位二通电磁换向阀 4、节流阀 5、液控单向阀 6 和液压缸 7 等液压

元件组成。当加压或保压结束后，首先使3YA通电，换向阀4右位接入回路并使换向阀3切换至中位，缸7上腔高压油经节流阀5释压。泵短期卸荷后再使1YA通电，换向阀3左位接入回路，并使3YA断电，阀4复位，活塞向上快速回程。图5-8(b)所示为采用节流阀、液控单向阀和换向阀的释压回路，它由液压泵1、溢流阀2、三位四通电磁换向阀3、液控单向阀4、二位三通电磁换向阀5、液控单向阀6、节流阀7和液压缸8等液压元件组成。当1YA、2YA断电，3YA通电，换向阀3处于中位、换向阀5右位接入回路时，液控单向阀6打开，液压缸8左腔高压油经节流阀7释压；然后使2YA通电、3YA断电，阀5复位、阀3换向右位接入回路，液压缸8的活塞便快速退回。图5-8(c)为用溢流阀释压的回路，它由液压泵1、溢流阀2、三位四通电磁换向阀3、单向阀4、节流阀5、先导式溢流阀6和液压缸7等液压元件组成。当换向阀3处于中位时，先导式溢流阀6的远程控制口通过节流阀5、单向阀4和换向阀3回油箱。调节节流阀5的开口大小就可以改变先导式溢流阀6的开启速度，也即调节液压缸7上腔高压油的释压速度。先导式溢流阀6的调节压力应大于溢流阀2的调整压力，因此先导式溢流阀6在此回路中还起到安全阀的作用。

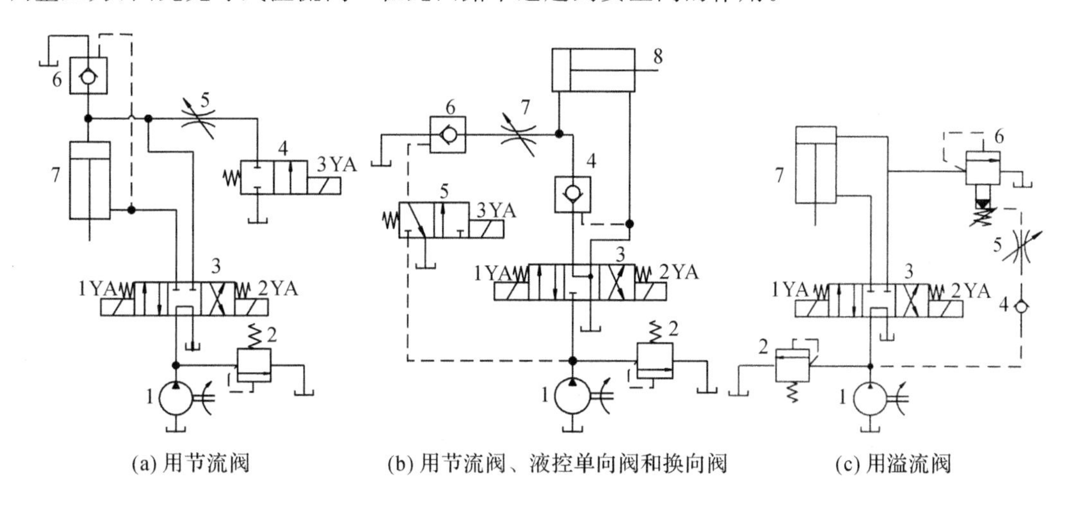

(a) 用节流阀　(b) 用节流阀、液控单向阀和换向阀　(c) 用溢流阀

图5-8　释压回路

打开液压与气压传动CAI软件，进入仿真库自己动手仿真释压回路的工作原理，学习和巩固知识点。

思考题：如何调节液压回路中液压执行元件的运行速度？

二、速度控制回路

速度控制回路是液压回路的核心内容，是研究液压系统速度调节和变换的理论基础。常用的速度控制回路包括调节液压执行元件速度的调速回路、使之获得快速运动的快速运动回路和工作进给速度以及工作进给速度之间的速度换接回路等。调速是为了满足液压执行元件对工作速度的要求，在液压传动中执行元件主要是液压缸和液压马达。在不考虑液压油的压缩性和泄漏的情况下，液压缸的运动速度为

$$v=\frac{q}{A} \tag{5-1}$$

液压马达的转速为

$$n_M=\frac{q}{V_M} \tag{5-2}$$

由以上两式可知，要想改变液压缸的运动速度 v 或液压马达的转速 n_M，可通过改变输入液压执行元件的流量 q 或改变液压缸的有效面积 A（或液压马达的排量 V_M）来实现。但在实际工作中改变液压缸的工作面积是很困难的，因此，只能通过改变进入液压执行元件的流量或改变变量液压马达的排量来进行调速。要改变进入液压执行元件的流量，既可采用改变通过流量阀流量的方法实现，也可采用改变变量泵或变量马达排量的方法实现。因此调速方式主要有以下三种。

(1)节流调速：采用定量泵供油，用流量阀调节进入或流出液压执行元件流量来实现调速的方式。

(2)容积调速：用调节变量泵或变量马达的排量来实现调速的方式。

(3)容积节流调速：采用变量泵供油，同时用变量泵和流量阀来实现调速的方式。

根据调速方式的不同，可以将调速回路分为节流调速回路、容积调速回路和容积节流调速回路三种。

(一)节流调速回路

节流调速回路的工作原理是通过调节回路中流量阀通流截面积的大小来控制流入执行元件或自执行元件流出的流量，以调节其运动速度。根据流量阀在回路中所处位置的不同可以分为进油节流调速、回油节流调速和旁路节流调速三种回路。所谓进油节流调速，是指流量阀安装在执行元件的进油路上，回油节流调速是指流量阀安装在执行元件的回油路上，旁路节流调速是指流量阀安装在与执行元件进油路并联的支油路上。进油节流调速回路和回油节流调速回路由于在工作过程中回路的供油压力不随负载变化而变化，故又称为定压式节流调速回路；而旁路节流调速回路，由于回路的供油压力随负载的变化而变化，故又称为变压式节流调速回路。

1. 进油节流调速回路

进油节流调速回路

如图 5-9(a)所示为进油节流调速回路，节流阀串联在回路中液压泵和液压缸之间。液压泵输出的油液一部分经节流阀进入液压缸工作腔，推动活塞运动，多余的油液经溢流阀流回油箱，即

$$q_p=q_1+q_y$$

式中：q_p——泵的输出流量；

q_1——进入液压缸的流量；

q_y——溢流阀的溢流量。

这种调速回路在正常工作时溢流阀开启溢流，所以泵的工作压力 p_p 为溢流阀的调整压力，并基本保持恒定。调节节流阀的通流面积 A_T，即可调节通过节流阀的流量 q_1，从而调节液压缸的运动速度 v。

(1)速度负载特性

对于液压缸来说，在其稳定工作时，运动过程中的力平衡关系是

$$p_1A_1=F+p_2A_2$$

式中：p_1、p_2——分别为液压缸进油腔和回油腔的压力，由于液压缸回油腔直接与油箱相

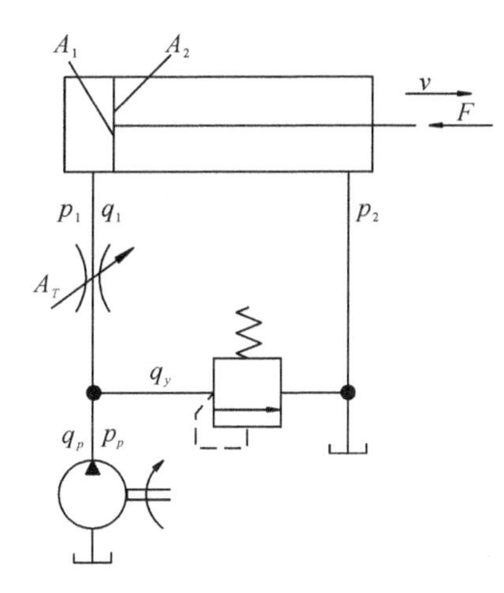

(a)回路图

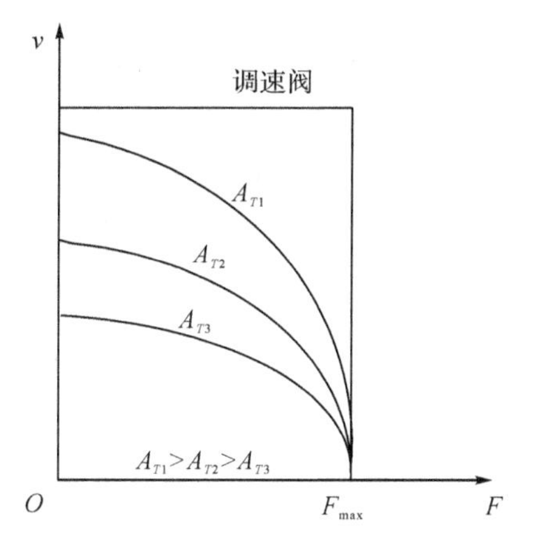

(b)速度负载特性

图 5-9　进油节流调速回路

通，所以 $p_2 \approx 0$；

F——液压缸的负载；

A_1、A_2——分别为液压缸无杆腔和有杆腔的有效面积。

所以

$$p_1 = \frac{F}{A_1}$$

故节流阀两端的压差为

$$\Delta p = p_p - p_1 = p_p - \frac{F}{A_1}$$

根据流量公式，流经节流阀进入液压缸的流量为

$$q_1 = KA_T \Delta p^m = KA_T \left(p_p - \frac{F}{A_1}\right)^m$$

式中：A_T——节流阀的通流面积。

故液压缸的运动速度为

$$v = \frac{q_1}{A_1} = \frac{KA_T}{A_1}\left(p_p - \frac{F}{A_1}\right)^m \tag{5-3}$$

式(5-3)即为进油节流调速回路的速度负载特性方程，它表达出了液压缸的速度 v 跟节流阀的开口面积 A_T、液压泵的出口压力 p_p 以及液压缸负载 F 之间的关系。从公式中可以看出，液压缸的运动速度 v 和节流阀通流面积 A_T 成正比。调节 A_T 可实现无级调速，当 A_T 调定后，速度随负载的增大而减小。

速度 v 和负载 F 之间的关系，可以通过曲线来分析，若按式(5-3)选用不同的 A_T 值作 v-F 坐标曲线图，可得一组曲线，即为该回路的速度负载特性曲线，如图 5-9(b)所示。从速度负载特性曲线可以看出速度受负载影响的程度，这种程度可以用速度刚度来评价，速度刚度 k_v 的定义为

$$k_v = -\frac{\partial F}{\partial v} = -\frac{1}{\tan\alpha} \tag{5-4}$$

k_v 表示速度抵抗负载变化的能力，曲线越陡，说明负载变化对速度的影响越大，即速度刚性越差。从图 5-9(b)还可看出：当 A_T 一定时，负载越小，速度刚度越大，显然轻载区域比

重载区域的速度刚性好；在相同负载条件下，A_T 大时，速度刚度小，亦即速度高时速度刚性差。所以这种调速回路适用于低速轻载的场合。

(2)最大承载能力

由式(5-3)可知，无论 A_T 取什么值，当 $F=p_pA_1$ 时，节流阀两端压差为零，活塞运动也就停止，此时液压泵输出的流量全部经溢流阀回油箱。因此 $F_{max}=p_pA_1$ 是进油节流回路所能承受的最大负载。不管 A_T 值的大小如何变化，F_{max} 的值是固定不变的。

(3)功率和效率

在节流阀进油节流调速回路中，液压泵的输出功率为

$$P_p=p_pq_p=\text{常量}$$

液压缸的输出功率为

$$P_1=Fv=F\frac{q_1}{A_1}=p_1q_1$$

所以该回路的功率损失为

$$\Delta P=P_p-P_1=p_pq_p-p_1q_1=p_p(q_1+q_y)-(p_p-\Delta p)q_1=p_pq_y+\Delta pq_1$$

由上式可知，这种调速回路的功率损失由两部分组成，即溢流损失和节流损失。由于存在两部分功率损失，故这种调速回路的效率较低。

$$\eta_c=\frac{P_1}{P_p}=\frac{Fv}{p_pq_p}=\frac{p_1q_1}{p_pq_p} \tag{5-5}$$

溢流阀有溢流是这种回路能够正常工作的必要条件。

打开液压与气压传动CAI软件，进入仿真库自己动手仿真进油节流调速回路的工作原理，也可打开绘图窗体，自己设计进油节流调速回路进行仿真，学习和巩固知识点。

思考题：节流阀安装在回油路上，回路的调速性能会有什么变化？

2. 回油节流调速

回油节流调速回路

图5-10所示为回油节流调速回路，该回路把节流阀连接在液压缸的回油路上，利用节流阀控制液压缸的排油量 q_2 和进流量 q_1 来实现速度调节，溢流阀将液压泵输出的多余油液溢回油箱，液压泵的工作压力 p_p 就是溢流阀的调整压力并基本保持稳定。

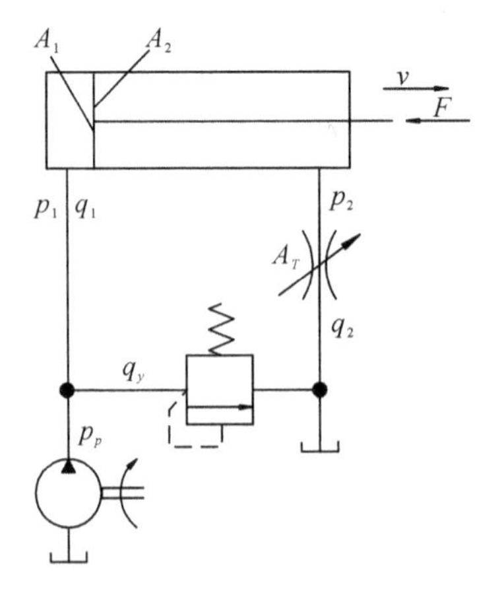

图5-10　回油节流调速

(1) 速度负载特性

类似于式(5-3)的推导过程,此时液压缸的力平衡关系是

$$p_1A_1=F+p_2A_2$$

$$p_2=\frac{p_pA_1-F}{A_2}$$

回油路上节流阀前后的压差为

$$\Delta p=p_2=\frac{p_pA_1-F}{A_2}$$

故

$$v=\frac{q_2}{A_2}=\frac{KA_T\left(p_p\frac{A_1}{A_2}-\frac{F}{A_2}\right)^m}{A_2} \tag{5-6}$$

由式(5-6)和式(5-3)可知,回油节流调速和进油节流调速的速度负载特性以及速度刚性相似,因此对回油节流调速回路的分析可以参照进油节流调速回路进行分析。

(2)最大承载能力

回油节流调速的最大承载能力与进油节流调速相同,$F_{max}=p_pA_1$。

(3)功率和效率

在回油节流调速回路中,液压泵的输出功率为

$$P_p=p_pq_p=常量$$

液压缸的输出功率为

$$P_1=Fv=F\frac{q_2}{A_2}=(p_1A_1-p_2A_2)\frac{q_2}{A_2}=p_pq_1-p_2q_2$$

所以该回路的功率损失为

$$\Delta P=P_p-P_1=p_pq_p-p_pq_1+p_2q_2=p_p(q_p-q_1)+p_2q_2=p_pq_y+p_2q_2$$

$$\eta_c=\frac{Fv}{p_pq_p}=\frac{p_pq_1-p_2q_2}{p_pq_p}=\frac{\left(p_p-p_2\frac{A_2}{A_1}\right)q_1}{p_pq_p} \tag{5-7}$$

当进油节流调速回路和回油节流调速回路使用的液压缸和节流阀相同,且负载 F 和活塞运动速度 v 也相同时,则式(5-7)和式(5-5)的计算结果相同,因此可以认为进、回油节流调速回路的效率是相同的。但是需要注意的是,在回油节流调速回路中,液压缸进油腔和回油腔的压力都比进油节流调速回路高,在负载变化大,特别是当 F 接近于零时,回油腔的背压有可能比液压泵的供油压力还要高,就会使得节流功率损失大大提高,且使泄漏增大,因而其效率实际上比进油调速回路低。

思考题:进、回油节流调速回路之间有什么不同之处?

比较进油节流调速回路和回油节流调速回路,在速度负载特性、最大承载能力、功率特性等方面都有许多相同之处,但是,它们也有如下几个方面的不同之处。

(1)承受负值负载的能力。所谓负值负载是指和运动方向相同的负载。回油节流调速回路的节流阀安装在回油路上,使液压缸回油腔形成一定的背压,在负值负载时,背压能阻止工作部件的前冲,所以能够承受负值负载。而进油节流调速由于回油腔直接连油箱没有背压力,因而不能承受负值负载。

(2)停车后的启动性能。液压系统长期停止运行后,液压缸内的油液会流回油箱,当液压泵重新向液压缸供油时:在回油节流调速回路中,由于回油路上的节流阀不能马上形成背压,液压缸进油路上没有节流阀控制流量,即使回油路上节流阀关得很小,也会使泵的输出流量全部进入液压缸,造成活塞前冲;在进油节流调速回路中,由于进油路上安装有节流阀可以控制进入液压缸的流量,所以活塞前冲很小,甚至没有前冲。

(3)实现压力控制的方便性。在进油节流调速回路中,液压缸进油腔的压力随负载的变化而变化,当工作部件碰到死挡块而停止运动后,节流阀两端的压差降为零,进油腔的压力升高到溢流阀的调定压力,利用这一压力变化规律来实现压力控制比较方便。但在回油节流调速回路中,液压缸进油腔的压力不随负载变化,只有回油腔的压力才会随着负载变化,当工作部件碰到死挡块而停止运动后,回油腔的压力降为零,利用这一压力变化规律来实现压力控制比较麻烦,故一般较少采用。

(4)发热及泄漏的影响。在回油节流调速回路中,经过节流阀发热后的液压油流回油箱进行冷却;而在进油节流调速回路中,经过节流阀发热后的液压油直接进入液压缸,这会增加泄漏。因此,发热和泄漏对进油节流调速回路的影响比回油节流调速回路的影响大。

(5)运动平稳性。在回油节流调速回路中,由于安装在回油路上的节流阀产生的背压对液压缸的运动有阻尼作用,同时也可以阻止空气的渗入,获得更为稳定的运动。当执行元件采用单杆液压缸时,由于无杆腔的通流截面积大于有杆腔的通流截面积,在缸径、缸速均相同的情况下,且采用相同的节流阀,当节流阀通过最小稳定流量时,进油节流调速回路能获得更低的稳定速度。

为了提高回路的综合性能,一般常采用进油节流调速,并在回油路上加背压阀的回路,使其兼备两者的优点。

打开液压与气压传动 CAI 软件,进入仿真库自己动手仿真回油节流调速回路的工作原理,也可打开绘图窗体,自己设计回油节流调速回路进行仿真,学习和巩固知识点。

旁路节流调速回路

思考题:节流阀安装在旁油路上,回路的调速性能会有什么变化。

3. 旁路节流调速回路

图 5-11 所示为旁路节流调速回路,节流阀安装在与液压缸的进油路

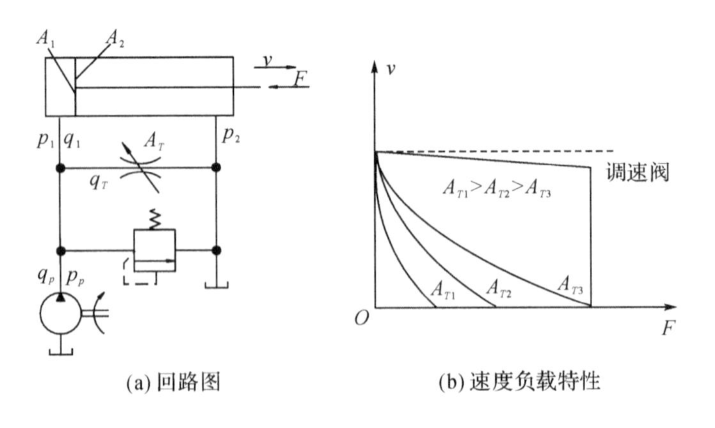

(a) 回路图　(b) 速度负载特性

图 5-11　旁路节流调速回路

并联的一个分支油路上。回路中的节流阀用来调节液压泵溢回油箱的流量，从而调节进入液压缸的流量，故改变节流阀的通流面积，即可实现调速。回路正常工作时，溢流阀处于关闭状态，当回路过载时，溢流阀打开溢流，故溢流阀实际上是安全阀，其调定压力为最大工作压力的 1.1～1.2 倍。

(1)速度负载特性

与式(5-3)的推导过程类似，液压泵输出的流量一部分流入液压缸，一部分通过节流阀流回油箱，即

$$q_p = q_1 + q_T$$

因为溢流阀不溢流，液压泵的输出压力 p_p 等于进油腔压力，即 $p_p = p_1$；因为液压缸的回油腔压力 p_2 等于零，所以

$$p_p = p_1 = \frac{F}{A_1}$$

在前面所述的进油节流调速回路和回油节流调速回路中，由于溢流阀都溢流，液压泵出口压力恒定，液压泵内部泄漏值可以认为是固定的，液压泵的输出流量也是固定的。但在旁路节流调速回路中，由于液压泵的出口压力随负载变化，正比于压力的泄漏量也随着负载变化，所以泵的输出流量随负载变化，即泵的输出流量为

$$q_p = q_t - k_1 p_p = q_t - k_1 (\frac{F}{A_1})$$

进入液压缸的流量为

$$q_1 = q_p - q_T = (q_1 - \Delta q_p) - KA_T \Delta p^m = q_t - K_1 \left(\frac{F}{A_1}\right) - KA_T \left(\frac{F}{A_1}\right)^m$$

液压缸的运动速度为

$$v = \frac{q_1}{A_1} = \frac{q_t - K_1 \left(\frac{F}{A_1}\right) - KA_T \left(\frac{F}{A_1}\right)^m}{A_1} \tag{5-8}$$

根据式(5-8)，选取不同的 A_T 值可作出一组速度负载特性曲线，如图 5-11(b)所示。图中有三个节流阀开口面积分别为 A_{T1}、A_{T2} 和 A_{T3} 对应的曲线，A_T 值越大，从节流阀流过的流量越大，对应的进入液压缸的流量就越小，所以在相同的负载条件下，A_T 越大，速度越小。从曲线的变化趋势看，旁路节流调速回路的速度随负载的变化非常显著，A_T 一定时，负载增加，速度显著下降，即速度刚度相对较小。当负载一定时，A_T 越小，活塞运动速度越高，速度刚度越大。

(2)最大承载能力

由图 5-11(b)可知，旁路节流调速回路的速度负载特性曲线在横坐标上没有相交于一点，从图中也可以看出，其最大承载能力随 A_T 的变化而变化，当 A_T 增大时最大承载能力减小，所以旁路节流调速回路的低速承载能力很差，调速范围也小。

(3)功率与效率

在旁路节流调速回路中，液压泵的输出功率为

$$P_p = p_p q_p = p_1 q_p$$

液压缸的输出功率为

$$P_1 = p_1 q_1$$

回路的功率损失为

$$\Delta P = P_p - P_1 = p_1(q_p - q_1)$$

因为 $q_p - q_1 = q_T$，所以

$$\Delta P = P_p - P_1 = p_1(q_p - q_1) = p_1 q_T$$

这个损失是油液流过节流阀的损失，也就是说，在旁路节流调速回路中，只存在节流阀的节流损失，不存在溢流阀的溢流损失，且泵的输出压力随负载而变化，即节流损失和输入功率随负载而变化，所以相对于进油节流调速回路和回油节流调速回路，其效率更高。回路的效率就可以表示成

$$\eta_c = \frac{P_1}{P_p} = \frac{p_1 q_1}{p_1 q_p} = \frac{q_1}{q_p} \tag{5-9}$$

由于旁路节流调速回路的负载特性很软，低速承载能力差，故其应用比前两种回路少，只用于高速、负载变化较小、对速度平稳性要求不高而要求功率损失较小的系统中。

打开液压与气压传动 CAI 软件，进入仿真库自己动手仿真旁路节流调速回路的工作原理，学习和巩固知识点。

4. 采用调速阀的节流调速回路

前面所述的三种节流调速回路，速度负载特性都比较软，回路的速度刚度都比较小，变载荷下的运动平稳性都比较差。为了克服这些缺点，可采用调速阀代替回路中的节流阀。由于调速阀中的定差减压阀能在负载变化的情况下保证节流阀进出油口间的压差基本保持不变，使得节流调速回路在使用调速阀后，其速度负载特性得到较大改善，如图 5-9(b)和 5-11(b)所示。因为调速阀的工作压差一般最小需 0.5MPa，高压调速阀需 1.0MPa 左右，所以性能上的改进是以增加压力损失为代价的。

(二)容积调速回路

容积调速回路

容积调速回路是用改变液压泵或液压马达的排量来实现调速的。在容积调速回路中，液压泵输出的液压油全部进入液压缸或液压马达，没有溢流损失和节流损失，所以回路效率高，油液温升小，适用于大功率、高速的调速系统。但是变量泵和变量马达的结构较复杂，成本较高，且调速范围比节流调速小，微调性能也比节流调速差。

液压回路的油路循环方式可以分为开式回路和闭式回路两种。在开式回路中，液压泵从油箱吸油，执行元件的回油直接排回油箱。开式回路的主要优点是油液在油箱中能得到充分冷却，便于沉淀过滤杂质和析出气体；主要缺点是空气和其他污染物容易进入回路，且油箱的体积较大。在闭式回路中，执行元件的回油直接与泵的吸油腔相连。闭式回路的主要优点是结构紧凑，改变执行元件运动方向较方便，空气和其他污染物不容易进入回路；主要缺点是油液的冷却条件差，需附设辅助泵补油、冷却和换油，结构比较复杂。

1. 变量泵和定量液压执行元件的容积调速回路

变量泵和定量液压执行元件的容积调速回路根据执行元件的不同又有两种形式，即变量泵和液压缸组成的容积调速回路和变量泵和定量液压马达组成的容积调速回路。图 5-12(a)所示为变量泵和液压缸组成的容积调速回路，它是开式回路；图 5-12(b)为变量泵和定量液压马达组成的容积调速回路，它是闭式回路。

图 5-12(a)所示的变量泵和液压缸组成的容积调速回路，其由变量泵、溢流阀和液压缸

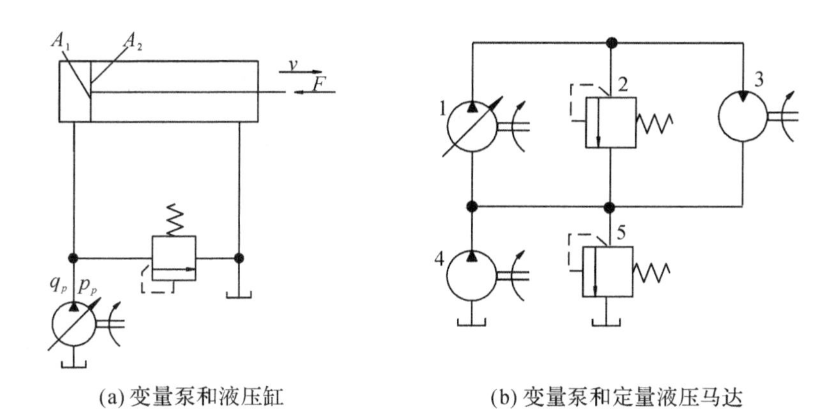

(a) 变量泵和液压缸

(b) 变量泵和定量液压马达

图 5-12 变量泵和定量液压执行元件的容积调速回路

等液压元件组成，在这个回路中溢流阀起安全作用，用以防止系统过载，改变变量泵的排量即可调节活塞的运动速度 v。若不考虑液压泵以外的元件和管道的泄漏，执行元件的运动速度为

$$v=\frac{q_p}{A_1}=\frac{q_t-k_l\dfrac{F}{A_1}}{A_1} \tag{5-10}$$

式中：q_t——变量泵的理论流量；

k_l——变量泵的泄漏系数。

其他符号意义同前。

将式(5-10)按不同的 q_t 值作图，可以得到一组平行直线，如图 5-13(a)所示。从图中可以发现，由于变量泵的泄漏，执行元件的运动速度会随负载 F 的增大而减小。当 F 增大至某值时，在低速下会出现执行元件停止运动的现象，这时变量泵的理论流量等于其泄漏量。可见这种回路在低速下的承载能力是很差的。

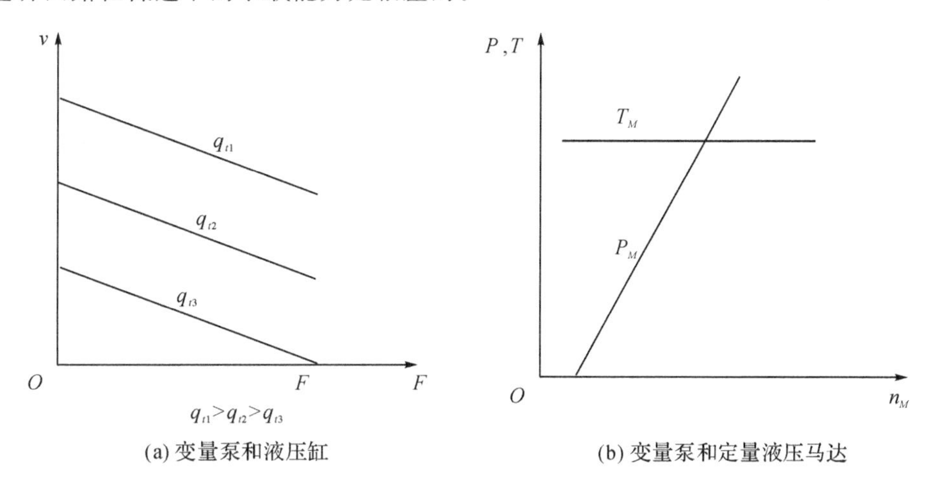

(a) 变量泵和液压缸

(b) 变量泵和定量液压马达

图 5-13 变量泵和定量液压执行元件调速特性

图 5-12(b)所示为变量泵和定量液压马达组成的调速回路，它由变量泵 1、安全阀 2、定

量马达 3、补油泵 4、溢流阀 5 等液压元件组成。补油泵 4 用于补充泵和马达的泄漏，同时置换部分已发热的油液，降低系统的温升。溢流阀 5 用来调节补油泵的压力。在这个回路中，若不计容积损失，马达的转速 $n_M=V_p n_p/V_M$。因液压马达的排量 V_M 和液压泵的转速 n_p 为常数，故调节变量泵的排量 V_p，即可对马达的转速 n_M 进行调节。马达的输出转矩（$T=\Delta p_M V_m/2\pi$）和回路的工作压力 p 取决于负载转矩，当负载转矩恒定时，马达的输出转矩和回路工作压力都恒定不变，马达的输出功率（$p=p_M V_M n_M$）与转速 n_M 成正比，故这种回路的调速方式又称为恒转矩调速。回路的调速特性如图 5-13(b)所示。

2. 定理泵和变量马达式容积调速回路

图 5-14(a)所示为由定量泵和变量马达组成的容积调速回路。它由定量泵 1、安全阀 2、变量马达 3、补油泵 4、溢流阀 5 等液压元件组成，溢流阀 5 用于调节补油压力，它也是一个闭式回路。在这个回路中，由于定量泵 1 输出的流量 q_p 不变，所以改变变量马达 3 的排量 V_M，就可以改变液压马达的转速（$n_M=q_p/V_M$）。

在这种调速回路中，由于液压泵的转速 n_p 和排量 V_p 均为常数，当负载功率恒定时，马达输出功率 P_M 和回路工作压力 p 都恒定不变，马达的输出转矩（$T=\Delta p_M V_m/2\pi$）与 V_M 成正比，输出转速 n_M 与 V_M 成反比。所以这种回路称为恒功率调速回路，其调速特性如图 5-14(b)所示。

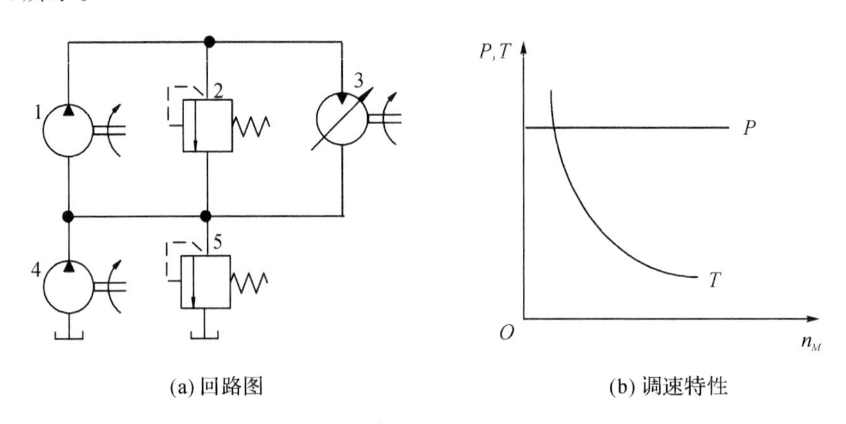

(a) 回路图　　(b) 调速特性

图 5-14　定量泵和变量马达的容积调速回路

由于这种回路调速范围很小，而且如果采用变量马达换向，在换向瞬间会经历从高转速到零转速再到反向高转速的突变过程，难以实现平稳的换向，所以很少单独使用。

思考题：要进一步扩大调速范围该怎么办？

3. 变量泵和变量马达式调速回路

图 5-15(a)所示为采用双向变量泵和双向变量马达的容积调速回路，它由双向变量泵 1、双向变量马达 2、安全阀 3、补油泵 4、溢流阀 5 和单向阀 6、7、8、9 等液压元件组成，单向阀 6 和 8 用于使补油泵 4 能双向补油，单向阀 7 和 9 使安全阀 3 在两个方向都能起过载保护作用。这种回路调速范围大（可达 100 左右），其调速特性曲线如图 5-15(b)所示。

一般机械设备往往要求低速时有较大的输出转矩，在高速时输出较大的功率。因此，该系统在低速段调速时，先将变量马达的排量 V_M 调到最大值保持不变，使马达获得最大的输出转矩，然后调节变量泵的排量 V_p，使其从小逐渐调大，直至调到最大值，液压马达的转速随之升高，输出功率线性增加，这一阶段的调速回路可以看成是变量泵和定量液压马达组成

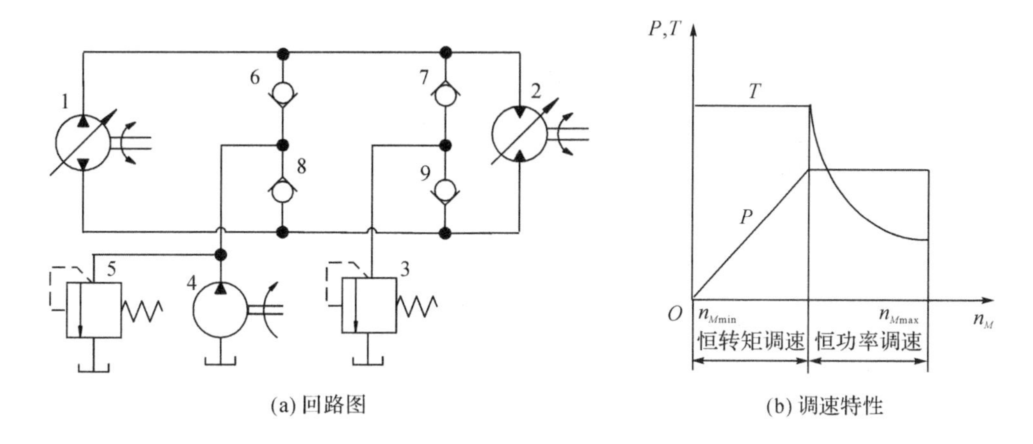

(a) 回路图　　(b) 调速特性

图 5-15　变量泵和变量马达式调速回路

的容积调速回路，处于恒转矩输出状态。

高速段调速时，将已调到最大值的变量泵的排量 V_p 保持不变，通过调节变量马达的排量 V_M 来进一步提高马达的转速，由大到小调节变量马达的排量 V_M，此时泵处于最大功率输出状态不变，马达的输出转矩随马达的排量 V_M 的减小而降低，而转速随之升高。这一阶段的调速回路可以看成是定量泵和变量液压马达组成的容积调速回路，处于恒功率输出状态。

思考题：回路中如采用变量泵供油，用流量控制阀调节进入液压缸或从液压缸流出的流量，回路的调速性能会有什么变化？

（三）容积节流调速回路

容积节流调速回路的工作原理是采用压力补偿型变量泵供油，用流量控制阀调节进入液压缸的流量或从液压缸流出的流量，并使泵的输出油量自动与液压缸所需流量相适应。这种调速回路没有溢流损失，效率较高，速度稳定性也比单纯的容积调速回路好，常用在速度范围大、中小功率的场合。

容积节流调速回路

1. 限压式变量泵和调速阀的调速回路

图 5-16(a)所示为由限压式变量泵和调速阀组成的容积节流调速回路，它由限压式变量泵 1、调速阀 2、液压缸 3、背压阀 4、压力继电器 5 和安全阀 6 等液压元件组成。回路由泵 1 供油，压力油经调速阀 2 进入液压缸 3 的工作腔，回油经背压阀 4 回油箱。液压缸的运动速度由调速阀来控制。设泵的输出流量为 q_p，液压缸无杆腔的输入流量为 q_1，则稳态工作时 $q_p=q_1$，也就是说无论调速阀调大还是调小，稳态工作时泵的输出流量都会自动适应调速阀的调定流量，使得 $q_p=q_1$。下面先来分析一下调速阀流量调小时的情况。在调小调速阀的一瞬间，q_1 减小，而此时液压泵的输油量还未来得及改变，于是 $q_p>q_1$，因回路中阀 6 为安全阀，没有溢流，故这时泵的出口压力升高，根据第二章限压式变量叶片泵工作原理(见图 2-20)可知，当泵的出口压力升高时，作用在反馈柱塞上的力就会增大，克服弹簧力定子左移，偏心减小，泵输出流量自动减小，直至 $q_p=q_1$。当调速阀流量调大时，在调大调速阀的一瞬间，q_1 增大，而此时液压泵的输油量还未来得及改变，于是 $q_p<q_1$，这时泵的出口压力降低，同样根据限压式变量叶片泵的工作原理，当泵的出口压力降低时，作

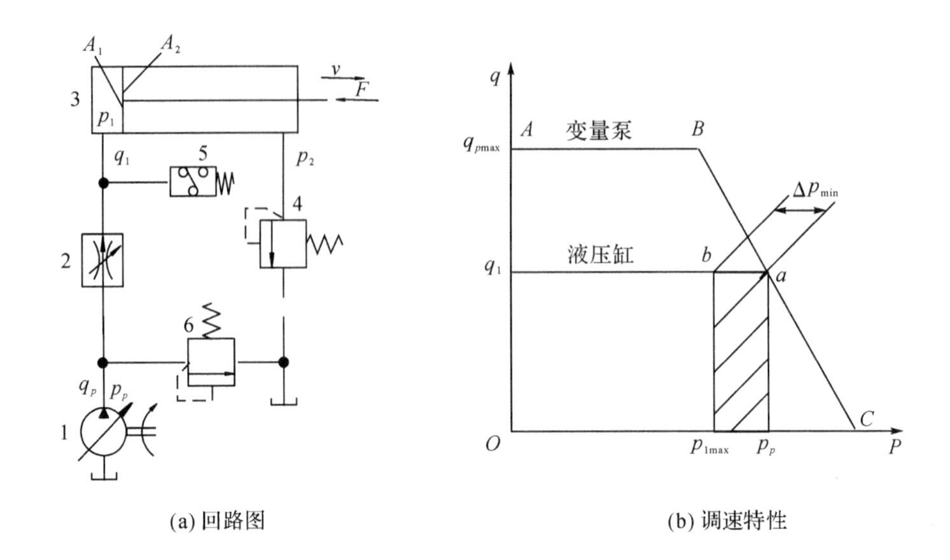

图 5-16　限压式变量泵和调速阀的调速回路

用在反馈柱塞上的力就会减小，在弹簧力作用下定子右移，偏心增大，泵输出流量自动增大，直至 $q_p=q_1$。

由此可见，这种调速回路可通过调速阀来改变限压式变量泵的输出流量，并使其与调速阀的调定流量相适应，同时也可使泵的供油压力基本稳定，该调速回路也称定压式容积节流调速回路。这种回路中的调速阀也可装在回油路上，它的承载能力、运动平稳性、速度刚性等与相应采用调速阀的节流调速回路相同。

图 5-16(b)所示为此回路的调速特性，从图中可以看出，回路中存在功率损失，是压力油流过调速阀的节流损失，其大小与液压缸工作腔压力 p_1 有关。液压缸工作腔压力的正常工作范围是

$$p_2\frac{A_2}{A_1}\leqslant p_1\leqslant(p_p-\Delta p) \tag{5-11}$$

式中 Δp 为保持调速阀中等差减压阀正常工作所需的压差，一般应在 0.5MPa 以上，其他符号意义同前。

由图 5-16(b)可知，当 $p_1=p_{1\max}$时，阴影部分面积最小，即回路中的节流损失为最小，若 p_1 减小(b 点向左移动)，节流损失加大。从图中还可以看出，泵的输出流量越小(a 点沿着 BC 段直线向下移动)，泵的压力 p_p 就越高。这种调速回路的效率可以用公式(5-12)来进行计算。

$$\eta_c=\frac{\left(p_1-p_2\dfrac{A_2}{A_1}\right)q_1}{p_pq_p}=\frac{p_1-p_2\dfrac{A_2}{A_1}}{p_p} \tag{5-12}$$

式(5-12)中没有考虑泵的泄漏损失，泵的泄漏量与压力的大小成正比，当限压式变量泵达到最高压力时，其泄漏量为 8%左右。负载越小，则 p_1 便越小，效率也就越低。可见在速度低、负载小的场合，这种调速回路的效率就很低。

2. *差压式变量泵和节流阀的调速回路*

图 5-17 所示为差压式变量泵和节流阀组成的容积节流调速回路，它由差压式变量泵 1、

节流阀 2、液压缸 3、背压阀 4、安全阀 5 等液压元件组成。回路中进入液压缸 3 的流量 q_1 由节流阀 2 控制，节流阀 2 同时控制泵 1 输出的流量 q_p，使其和进入液压缸 3 的流量 q_1 相适应。当 $q_p>q_1$ 时，泵 1 的输出压力 p_p 上升，作用在泵内左、右两个控制柱塞的液压力增大，进一步压缩弹簧，推动定子向右移动，使泵的偏心减小，从而使泵的输出流量减小到 $q_p=q_1$。当 $q_p<q_1$ 时，泵的输出压力 p_p 下降，作用在泵内左、右两个控制柱塞的液压力减小，在弹簧力的作用下，推动定子向左移动，使泵的偏心增大，从而使泵的输出流量增大到 $q_p=q_1$。

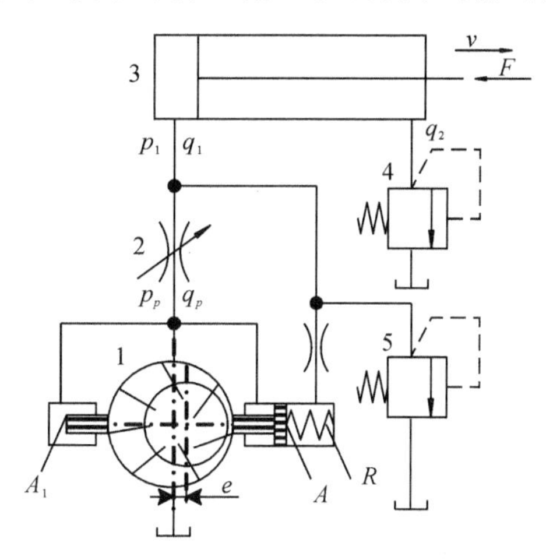

图 5-17　差压式变量泵和节流阀的调速回路

在这种调速回路中，作用在液压泵定子上的力的平衡方程为

$$p_pA_1+p_p(A-A_1)=p_1A+F_s$$

即

$$p_p-p_1=\frac{F_s}{A} \tag{5-13}$$

式中：A——控制缸无柱塞腔的面积；

A_1——控制缸柱塞的面积；

p_p——液压泵输出压力；

p_1——液压缸工作腔压力；

F_s——控制缸中的弹簧力。

由式(5-13)可知，液压油流过节流阀 2 的压差 $\Delta p=p_p-p_1$，由作用在泵 1 控制柱塞上的弹簧力 F_s 确定。由于弹簧刚度小，工作中弹簧伸缩量的变化值也很小，所以 F_s 基本恒定，则 Δp 也近似为常数，所以通过节流阀的流量就不会随负载而变化。因此，这种调速回路的性能和限压式变量泵和调速阀的调速回路不相上下。此外，这种回路供油压力随负载的变化而变化，当负载增加时，泵的供油也随之增加，泵的偏心距加大而使泵的输出流量增加以补偿因负载增大引起的泵的泄漏量的增大，反之亦然，因此它在低速小流量的场合使用性能特别好。这种调速回路的功率损失也只有节流阀处压降 Δp 所造成的节流损失一项，而且泵的供油压力随负载而变化，因而它的效率较前一种调速回路高，且发热少，其回路的效率表达式为

$$\eta_c=\frac{p_1q_1}{p_pq_p}=\frac{p_1}{p_1+\Delta p} \tag{5-14}$$

由式(5-14)可知，只要控制好 Δp(一般 $\Delta p \approx 0.3\text{MPa}$)，回路就可以获得较高的效率。该回路宜用在流量小，负载变化大的中、小功率场合，在某些组合机床的进给系统中得到了较好的应用。

(四)快速运动回路

思考题：如何提高液压执行元件的运动速度？

为了提高生产效率，缩短空程运动时间，许多液压执行元件在空行程时采用快速运动回路，快速运动回路又称增速回路。常用的快速运动回路有以下几种形式。

快速运动回路

1. 液压缸差动连接的快速运动回路

如图 5-18(a)所示是利用二位三通电磁换向阀实现液压缸差动连接的快速运动回路，它由液压泵 1、溢流阀 2、三位四通电磁换向阀 3、液压缸 4、二位三通电磁换向阀 5 和单向节流阀 6 等液压元件组成。当 1YA 通电，2YA、3YA 断电，即换向阀 3 和换向阀 5 都左位接入回路时，液压缸差动连接做快进运动。当 3YA 通电，即换向阀 5 右位接入回路时，差动连接即被切断，液压缸 4 的回油经过单向节流阀 6、换向阀 3 左位回油箱，实现工进，液压缸的运动速度由阀 6 中的节流阀进行调节。当 2YA 通电，换向阀 3 右位接入回路时，液压油经过单向节流阀 6 中的单向阀进入液压缸 4 的右腔，液压缸 4 左腔的液压油经换向阀 3 右位回到油箱，液压缸快速退回。这种回路只能用于单杆液压缸组成的回路，可在不增加液压泵流量的情况下提高执行元件的运动速度。此回路在实际使用时必须注意，液压泵输出的流量和液压缸有杆腔排出的流量合在一起流过的阀和管路应按合成流量来选择。

如图 5-18(b)所示，假如设液压缸无杆腔的面积为 A_1，有杆腔的面积为 A_2，液压泵出口至差动合成管路前的压力损失为 Δp_i，液压缸出口至差动合成管路前的压力损失为 Δp_0，差动合成管路的压力损失为 Δp_c，液压缸进油腔压力为 p_1，回油腔压力为 p_2，那么有

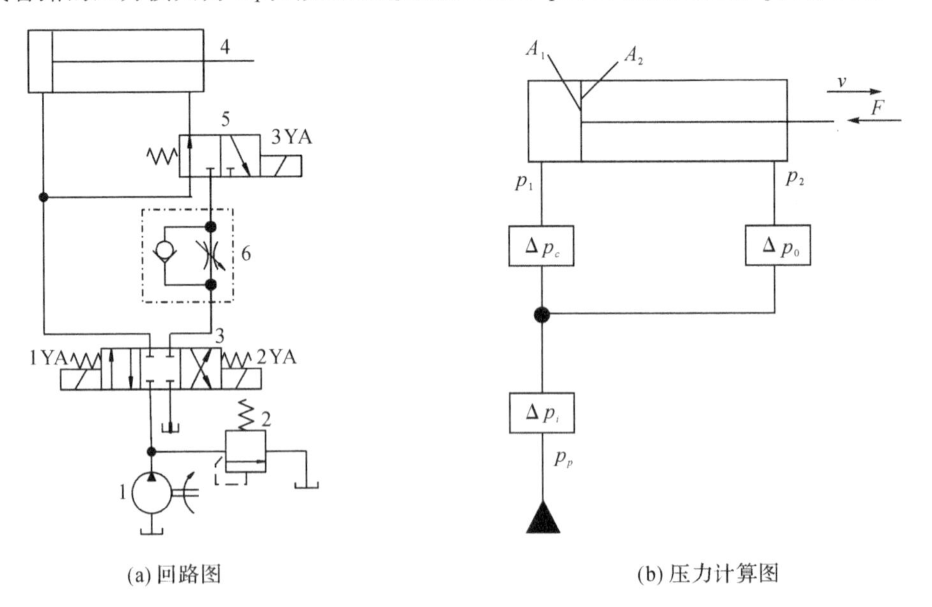

(a) 回路图　　(b) 压力计算图

图 5-18　液压缸差动连接回路

$$p_2 - \Delta p_0 = p_1 + \Delta p_c \qquad (5\text{-}15)$$

所以在差动连接回路中，实际上液压缸回油腔的压力比进油腔的压力还要高。液压缸的差动连接也可用P型中位机能的三位换向阀来实现。

2. 采用蓄能器的快速运动回路

如图5-19所示为采用蓄能器的快速运动回路，它由液压泵1、卸荷阀2、单向阀3、蓄能器4、三位四通电磁换向阀5和液压缸6等液压元件组成，采用蓄能器的目的是可以采用流量较小的液压泵供油。当1YA、2YA都断电，换向阀5处于中位时，液压泵1通过单向阀3向蓄能器4充油，使蓄能器储存能量，当充油压力达到卸荷阀2的调定压力时，它就打开，使液压泵1卸荷，单向阀3关闭，保持住蓄能器的压力。当1YA或2YA通电，换向阀5的左位或右位接入回路时，液压泵和蓄能器同时向系统供油，使液压缸快速运动。回路中卸荷阀的调整压力应该高于系统的工作压力，以保证液压泵的输出流量能够全部进入系统。这种快速运动回路适用于短时间内需要快速运动的场合，且系统在整个工作循环内有较长的停歇时间，以保证液压泵能对蓄能器充分地进行充油。

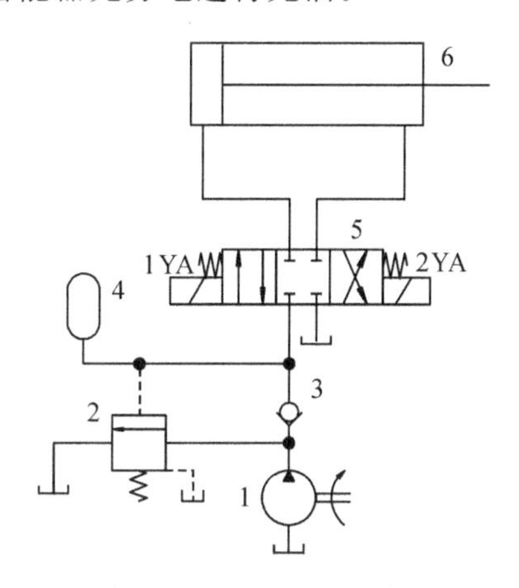

图5-19 采用蓄能器的快速运动回路

3. 双泵供油的快速运动回路

图5-20所示为双泵供油的快速运动回路，它由低压大流量泵1及高压小流量泵2组成的双联泵、液控顺序阀3、单向阀4和溢流阀5等液压元件组成。在快速运动时，低压大流量泵1输出的油液经单向阀4与高压小流量泵2输出的油液汇合后共同向系统供油；工作进给时，系统压力升高，液控顺序阀3打开、单向阀4关闭，泵1卸荷，由泵2单独向系统供油，系统的工作压力由溢流阀5调定。这种双泵供油回路具有功率损耗小、系统效率高的优点，在具有变幅或举升机构的工程机械中应用较多。

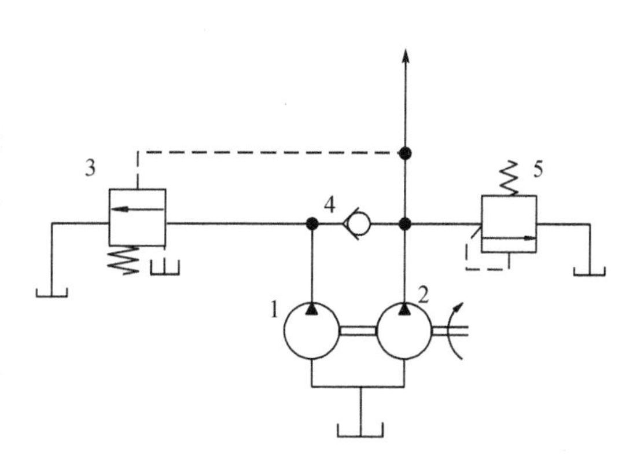

图5-20 双泵供油回路

4. 用增速缸的快速运动回路

图 5-21 所示为采用增速缸的快速运动回路，它由液压泵 1、溢流阀 2、三位四通电磁换向阀 3、液控单向阀 4、顺序阀 5 和增速缸 6 等液压元件组成。当 1YA 通电，换向阀 3 左位接入回路时，在快速运动阶段，由于负载小，系统压力低，顺序阀 5 关闭，压力油经增速缸 6 中柱塞的通孔进入 B 腔，由于液流的通流截面积小(通流截面积为柱塞的横截面积 $\pi d^2/4$，d 为柱塞外径)，使活塞快速伸出，速度为 $v=4q_p/\pi d^2$，A 腔中所需油液经液控单向阀 4 从辅助油箱吸入。当活塞杆伸出到工作位置时，由于负载加大，压力升高，顺序阀 5 打开，液控单向阀 4 关闭，液压油经顺序阀 5 进入增速缸 6 的 A 腔，使得液流的通流截面积加大，因而速度变慢而推力加大，液压缸的运动由快进转为工进。这种回路常被用于液压机的系统中。

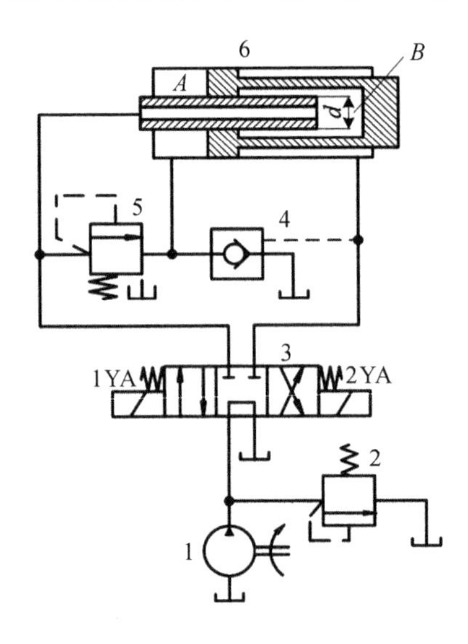

图 5-21　用增速缸的快速运动回路

打开液压与气压传动 CAI 软件，进入仿真库自己动手仿真各快速运动回路的工作原理，也可打开绘图窗体，自己设计快速运动回路进行仿真，学习和巩固知识点。

(五)速度换接回路

思考题：如何实现液压执行元件两种不同速度的换接？

速度换接回路

速度换接回路的功用是使液压执行元件在一个工作循环中从一种运动速度变换到另一种运动速度。实现这些功能的回路应该具有较高的速度换接平稳性，包括快速转慢速的换接和两个慢速之间的换接。

1. 快速转慢速的换接回路

能够实现快速转慢速换接的方法很多，前面学过的液压缸差动连接的快速运动回路、双泵供油的快速运动回路和用增速缸的快速运动回路都可以使液压缸的运动由快速换接为慢速。下面再介绍一种常用于组合机床液压系统的采用行程阀的快慢速换接回路。

图 5-22 所示为采用行程阀的快慢速换接回路，它由液压泵 1、溢流阀 2、二位四通电磁换向阀 3、单向阀 4、节流阀 5、行程阀 6 和液压缸 7 等液压元件组成。在图示状态下，1YA 断电，换向阀 3 右位接入回路，液压缸右腔的回油经行程阀 6 下位、换向阀 3 右位回油箱，由于回油路畅通无阻，液压缸 7 的活塞快速向右运动，当与活塞杆所连接的挡块压下行程阀 6

时，行程阀 6 关闭，液压缸 7 右腔的油液必须通过节流阀 5 才能流回油箱，活塞运动速度转变为慢速工进。当 1YA 通电，换向阀 3 换向左位接入回路，压力油经单向阀 4 进入液压缸 7 的右腔，活塞快速向左返回。这种回路的优点是速度换接过程比较平稳，换接点的位置精度高，缺点是行程阀的安装位置受到限制，管路连接较为复杂。若用电磁阀替换行程阀，将会使安装连接比较方便，但速度换接的平稳性以及换向精度都较差。

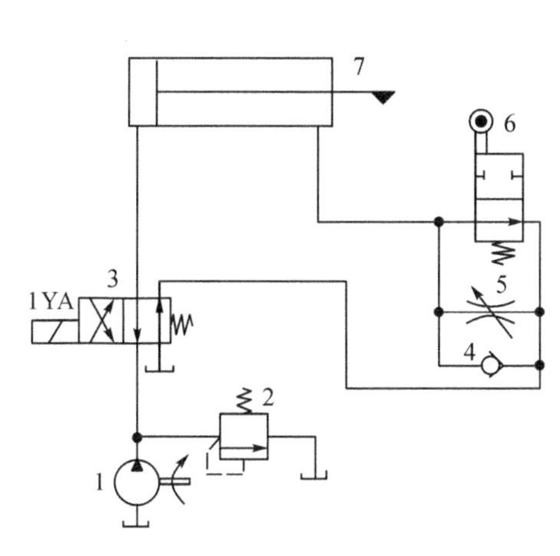

图 5-22　用行程阀的速度换接回路

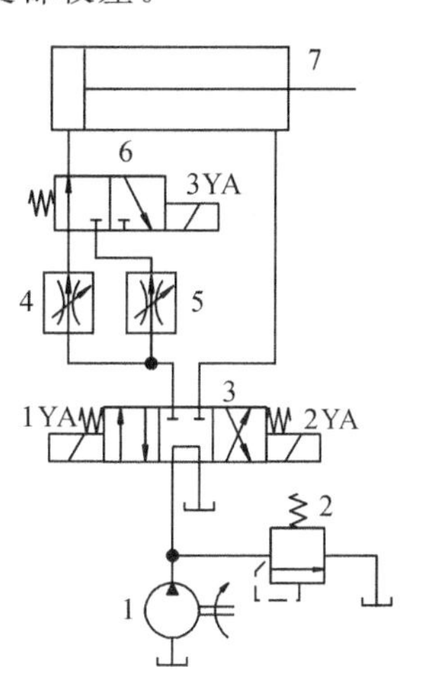

图 5-23　调速阀并联的速度换接回路

2. 两种慢速的换接回路

图 5-23、5-24 所示为用两个调速阀来实现不同工进速度的换接回路。图 5-23 所示回路是两个调速阀并联的两种慢速换接回路，它由液压泵 1、溢流阀 2、三位四通电磁换向阀 3、调速阀 4、调速阀 5、二位三通电磁换向阀 6 和液压缸 7 等液压元件组成，由换向阀 6 实现速度换接。当 1YA 通电、3YA 断电时，换向阀 3 和 6 均左位接入回路，液压油经泵 1、换向阀 3 的左位、调速阀 4 和换向阀 6 的左位进入液压缸 7 的左腔，此时进入液压缸的流量由调速阀 4 调节；当 1YA、3YA 通电时，换向阀 3 左位、换向阀 6 右位接入回路，液压油经泵 1、换向阀 3 的左位、调速阀 5 和换向阀 6 的右位进入液压缸 7 的左腔，此时进入液压缸的流量由调速阀 5 调节。这种回路两种工进速度分别由两个调速阀单独调节，互不影响。需要注意的是，由一个调速阀工作时另一个调速阀处于非工作状态，它的减压阀处于最大开口状态，所以速度换接瞬时，会有大量油液通过阀口，使工作部件产生前冲现象。故该回路不宜用在工作过程中的速度换接，只可用在速度预选的场合。

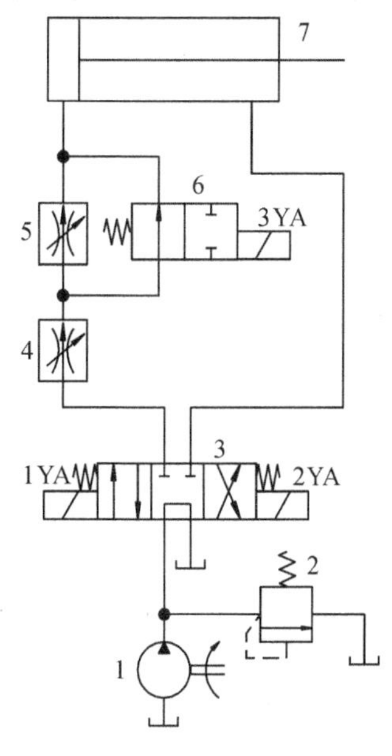

图 5-24　调速阀串联的速度换接回路

图 5-24 所示为两个调速阀串联的速度换接回路，它由液压泵 1、溢流阀 2、三位四通电磁换向阀 3、调速阀 4、调速阀 5、二位二通电磁换

向阀 6 和液压缸 7 等液压元件组成，由换向阀 6 实现速度换接。当 1YA 通电，换向阀 3 的左位接入回路时：如 3YA 断电，换向阀 6 也左位接入回路，因调速阀 5 被换向阀 6 短接，液压油经液压泵 1、换向阀 3 的左位、调速阀 4、换向阀 6 的左位进入液压缸 7 的左腔，输入液压缸的流量由调速阀 4 调节；如 3YA 通电，换向阀 6 右位接入，由于换向阀 6 的右位截止，液压油经液压泵 1、换向阀 3 的左位、调速阀 4、调速阀 5 进入液压缸 7 的左腔，这时液压油经过 2 个调速阀进入液压缸，由于通过调速阀 5 的流量调得比调速阀 4 的小，所以输入液压缸的流量由调速阀 5 调节。在该回路中调速阀 4 一直处于工作状态，在速度换接时它限制了进入调速阀 5 的流量，因此该回路的速度换接平稳性较好，但节流损失较大。

打开液压与气压传动 CAI 软件，进入仿真库自己动手仿真各速度换接回路的工作原理，也可打开绘图窗体，自己设计速度换接回路进行仿真，学习和巩固知识点。

三、方向控制回路

方向控制回路 1

方向控制回路是通过控制进入液压执行元件液压油的通断或变向来实现液压传动系统执行元件的启动、停止或改变运动方向的回路。常用的方向控制回路有换向回路、锁紧回路和缓冲回路等。

（一）换向回路

换向回路是用于改变执行元件运动方向的回路。系统对换向回路的基本要求是：换向可靠、灵敏、平稳以及换向精度合适。简单的换向回路可以通过采用各种换向阀或改变双向变量泵的输油方向来实现。

当需要频繁、连续、自动做往复运动，并对换向过程有很多附加要求时，则需采用复杂的连续换向回路。这类回路执行元件的换向过程一般包括执行元件的减速制动、短暂停留和反向启动三个阶段。按换向要求不同分为时间制动换向回路和行程制动换向回路。

1. 时间制动换向回路

所谓时间制动换向就是从发出换向信号到实现减速制动的过程，这一过程的时间基本上是一定的。

图 5-25 所示为一种比较简单的时间制动换向回路，回路中先导阀 1 控制液动换向阀 2 的换向，液动换向阀 2 控制主油路的换向。当先导阀 1 的阀芯处于右端位置时，控制油路的压力油经过单向阀 I_1 进入换向阀 2 的左端，换向阀 2 右端的油液经过节流阀 J_2 流回油箱，推动换向阀 2 的阀芯向右运动，阀芯上的锥面逐渐关闭回油通道，使得活塞的运动速度逐渐减小，换向阀关闭时其阀芯移动距离 l 所需要的时间（即活塞制动所需的时间）就确定不变，因此这种换向回路称为时间制动换向回路。时间制动换向回路的主要优点是换向时间短，制动时间可以根据机械部件运动速度的快慢、惯性的大小通过改变节流阀 J_1、J_2 的开口大小进行调节，以控制换向冲击，提高工作效率。其主要缺点是换向过程中的冲击量受运动部件的速度和其他因素影响，换向精度不高。所以这种换向回路适用于工作部件运动速度较大，换向频率高但对换向精度要求不高的场合，如平面磨床、牛头刨床、插床等的液压系统。

2. 行程制动换向回路

所谓行程制动换向是指从发出换向信号到实现减速制动，这一过程工作中部件所走过的行程基本上是一定的。

图 5-26 所示为行程制动换向回路。回路中主油路除受液动换向阀 5 控制外，还受先导

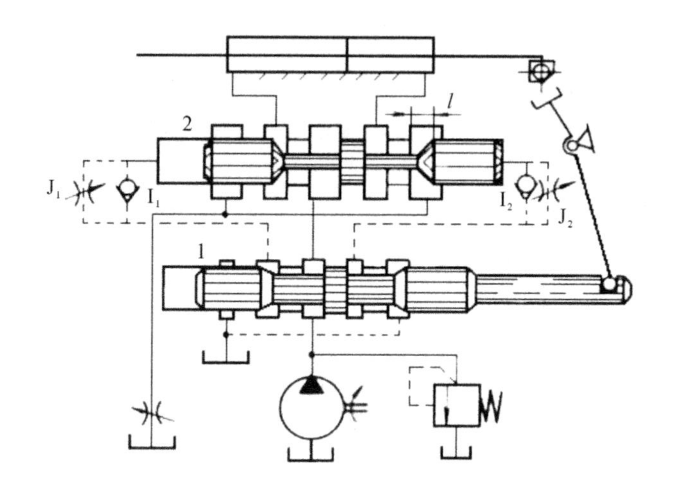

图 5-25 时间制动换向回路

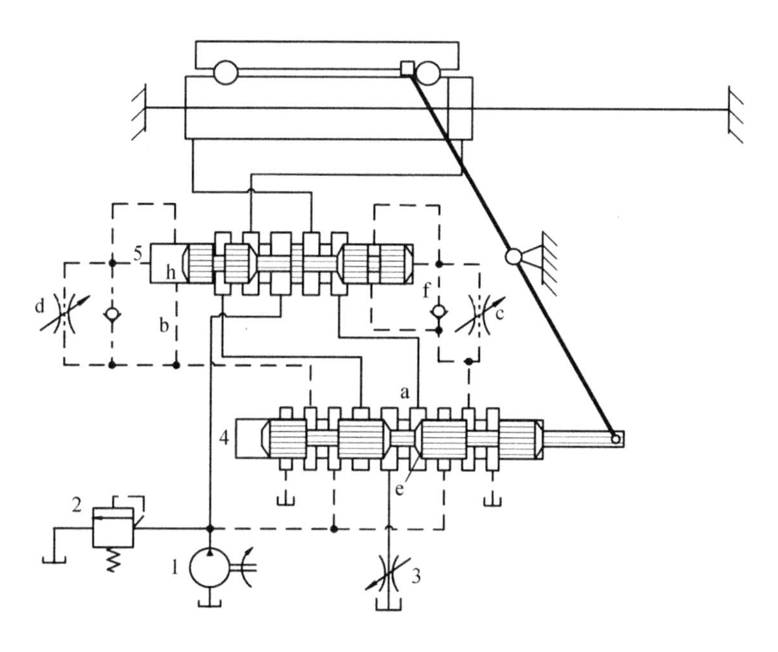

图 5-26 行程制动换向回路

阀 4 控制。当液压缸带动工作台向右运动到右端预定位置时，工作台上的挡铁就会拨动换向杠杆运动，使其带动先导阀芯左移，先导阀芯上的右制动锥 e 将液压缸左腔的回油通道逐渐关小，使活塞速度逐渐减慢，对活塞进行预制动。在先导阀芯上的右制动锥 e 完全关闭液压缸左腔的回油路之前，先导阀 4 右边到换向阀 5 右端的控制油路 f 和换向阀左端到先导阀左边的控制回油路 b 就已开始打开，使换向阀 5 以三种速度向左移动，实现工作台的换向。

开始时由于换向阀 5 左端的回油可经快跳孔 h 和先导阀 4 回油箱，所以换向阀 5 的阀芯就向左快跳到中间位置，由于换向阀 5 为 P 型中位机能，阀芯处于中位时液压缸左、右两腔同时与压力油相通，与此同时先导阀 4 的右制动锥 e 将液压缸左腔的回油路完全关闭，因此液压缸立即停止运动。

当换向阀 5 的阀芯快跳到中位时，将快跳孔 h 关闭，这时换向阀 5 左端的回油只能经节流阀 d、先导阀 4 回油箱，使换向阀 5 的阀芯慢速左移(由于阀芯的宽度小于槽的宽度，此时液压缸两腔仍通压力油)，实现液压缸在换向前的暂停。

当换向阀 5 的阀芯慢速左移至其上的凹槽与快跳孔 h 相通时，回油又可经快跳孔 h 和先导阀 4 回油箱，换向阀 5 的阀芯实现第二次快跳，此时液压缸的进、回油路迅速切换，工作台便快速向左运动(反向运动)，实现一次换向。

由上述分析可知，从工作台上的挡铁碰到换向杠杆带动先导阀芯左移，到工作台完全停止，先导阀芯移动的距离基本上是一定的，其移动的距离等于制动锥 e 的长度，由于先导阀的阀芯是由工作台通过换向杠杆带动的，所以工作台的运动行程也基本上是一定的，与工作台的运动速度无关。因此这种换向回路称为行程制动换向回路。

这种换向回路的换向精度较高，换向平稳性较好；但由于先导阀的制动行程固定不变，制动时间的长短和换向冲击的大小将受运动部件速度的影响，工作台换向前的速度越高，换向平稳性就越差。故这种换向回路主要用在工作部件运动速度不大，但换向精度要求较高的场合，如内、外圆磨床的液压系统中。

思考题：为了使液压缸能在任意位置上停留，且停留后不会因外力的作用产生位移，应该怎么办？

（二）锁紧回路

方向控制回路 2

锁紧回路的作用是使液压缸能在任意位置上停留，且停留后不会因外力的作用产生位移或窜动。图 5-27 所示为使用 2 个液控单向阀(又称双向液压锁)的锁紧回路。它由液压泵 1、溢流阀 2、三位四通电磁换向阀 3、液控单向阀 4、液控单向阀 5 和液压缸 6 等液压元件组成。

当 1YA 通电，换向阀 3 的左位接入回路时，压力油经换向阀 3 的左位、液控单向阀 4 进入液压缸 6 的左腔，同时通过控制口打开液控单向阀 5 的反向通道，使液压缸 6 右腔的回油可经液控单向阀 5 及换向阀 3 的左位流回油箱，液压缸 6 的活塞向右运动。当 2YA 通电，换向阀 3 右位接入回路时，压力油经换向阀 3 的右位、液控单向阀 5 进入液压缸 6 的右腔，同时通过控制口打开液控单向阀 4 的反向通道，使液压缸 6 左腔的回油可经液控单向阀 4 及换向阀 3 的右位流回油箱，液压缸 6 的活塞向左运动。到了需要停留的位置，让 1YA、2YA 都断电，使换向阀 3 处于中位，由于换向阀 3 的中位为 H 型中位机能(Y 型也可以)，所以液压泵 1 卸荷而两个液控单向阀均关闭，使活塞双向锁紧。由于液控单向阀的密封性好，回路锁紧的精度主要取决于液压缸的泄漏。故这种回路在工程机械、起重运输机械等有锁紧要求的场合应用广泛。

思考题：为了消除工作部件在突然停止或换向时产生的液压冲击，除了在液压缸上设计缓冲装置外，还可以怎么办？

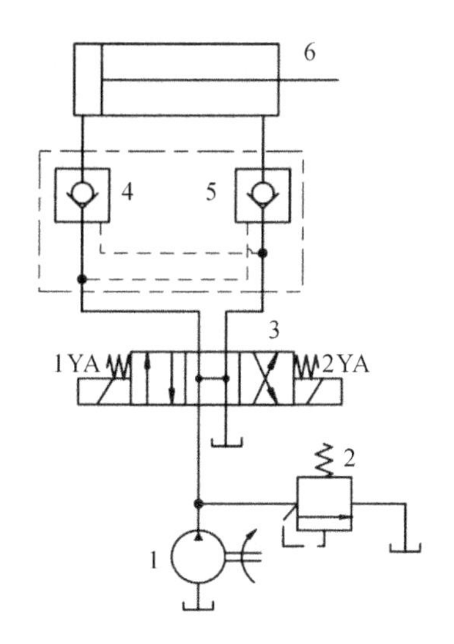

图 5-27　锁紧回路

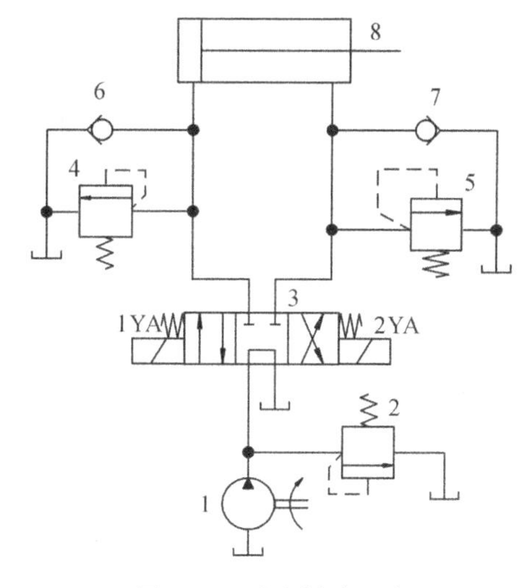

图 5-28　溢流缓冲回路

（三）缓冲回路

若工作部件在快速运动中突然停止或换向，就会引起液压冲击，影响机器的正常工作。为了消除工作部件在突然停止或换向时产生的液压冲击，除了在液压缸上设计缓冲装置外，还可在系统中设置缓冲回路。

图 5-28 所示为溢流缓冲回路，它由液压泵 1、溢流阀 2、三位四通电磁换向阀 3、溢流阀 4、溢流阀 5、单向阀 6、单向阀 7 和液压缸 8 等液压元件组成。其中溢流阀 4 和溢流阀 5 用于缓冲，它们的调节压力应比主溢流阀 2 的调节压力高 5%～10%。当 1YA 通电，换向阀 3 左位接入回路时，液压缸 8 的活塞向右运动，在运动过程中如果换向阀 3 中位接入回路，液压缸 8 的右腔会出现液压冲击，产生的冲击压力将溢流阀 5 打开，实现缓冲，缸的另一腔则通过单向阀 6 从油箱补油，以防止产生空穴现象，反向运动时也一样。

图 5-29 所示是采用单向行程节流阀的双向缓冲回路，它由液压泵 1、溢流阀 2、三位四通电磁换向阀 3、单向行程节流阀 4、单向行程节流阀 5 和液压缸 6 等液压元件组成。当液压缸 6 的活塞运动到行程末端前的预定位置时，活塞杆上的挡铁就会逐渐压下行程节流阀 4 或 5，使得回流流量逐渐减小，从而使运动部件减速缓冲直到停止。这种回路的缓冲效果可以通过改变挡铁的工作面形状实现。

图 5-30 所示是二级节流缓冲回路，它由液压泵 1、溢流阀 2、三位四通电磁换向阀 3、液压缸 4、节流阀 5、三位四通电磁换向阀 6、节流阀 7 等液压元件组成。当 1YA、3YA 通电，换向阀 3 和换向阀 6 都左位接入回路时，由于回油路畅通无阻，液压缸 4 的活塞快速向右运动，当活塞运动到行程末端前预定位置时，3YA 断电，使换向阀 6 处于中位，这时缸 4 的回油经节流阀 5 和 7 回油箱，回油路的流量是 2 个节流阀流量之和，获得一级减速缓冲；当活塞运动接近终点位置时，4YA 通电，使换向阀 6 右位接入回路，这时缸 4 的回油只经节流阀 7 回油箱，回油路的流量进一步减少，获得第二级减速缓冲。

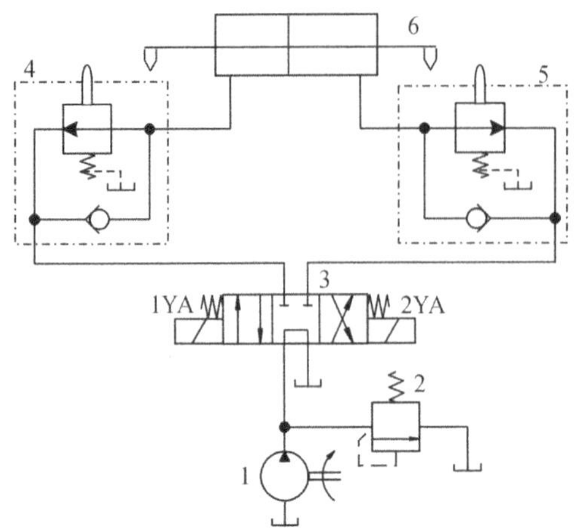

图 5-29 采用单向行程节流阀的双向缓冲回路

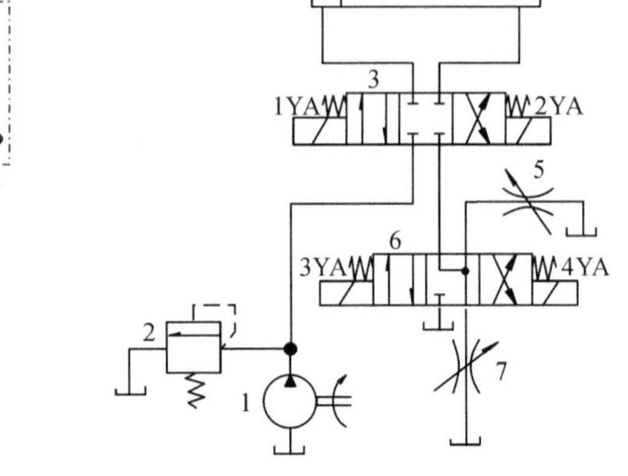

图 5-30 二级节流缓冲回路

图 5-31 所示是溢流节流联合缓冲回路，它由液压泵 1、溢流阀 2、三位四通电磁换向阀 3、液压缸 4、溢流阀 5、节流阀 6、二位二通电磁换向阀 7 等液压元件组成。当 1YA 通电、3YA 断电，换向阀 3 和换向阀 7 都左位接入回路时，由于回油路畅通无阻，液压缸 4 的活塞快速向右运动。在活塞右行过程中：当 3YA 通电，换向阀 7 右位接入回路时，回油经溢流阀 5 回油箱，实现以溢流阀为主的第一级缓冲；当回油压力降到溢流阀 5 的调节压力以下时，溢流阀 5 关闭，回油经节流阀 6 回油箱，转为节流阀的二级节流缓冲。当 2YA 通电、3YA 断电，换向阀 3 的右位和换向阀 7 的左位接入回路时，液压缸 4 的活塞快速向左运动。

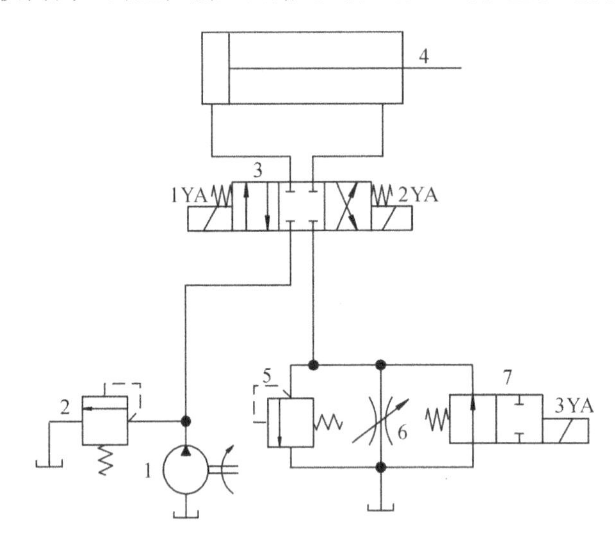

图 5-31 溢流节流联合缓冲回路

打开液压与气压传动 CAI 软件，进入仿真库自己动手仿真各方向换接回路的工作原理，学习和巩固知识点。

四、多执行元件控制回路

在液压系统中，当有多个执行元件需按一定的顺序或同步动作时，必须使用一些特殊的回路才能实现预定的动作要求。实现这些动作的回路有顺序动作回路、同步动作回路和多执行元件互不干扰回路。

多执行元件控制回路 1

思考题：如何实现多缸的顺序动作？

(一)顺序动作回路

顺序动作回路是为了让液压系统中的各个执行元件按规定的顺序动作的回路。按照控制方式，顺序动作回路一般分为行程控制顺序动作回路和压力控制顺序动作回路两大类。

1. 行程控制顺序动作回路

图 5-32(a)所示为行程阀控制的顺序动作回路，它由液压泵 1、溢流阀 2、手动换向阀 3、行程换向阀 4、液压缸 5 和液压缸 6 等液压元件组成。在图示状态下，缸 5、缸 6 两个液压缸的活塞均在右端。当推动手动换向阀 3 的手柄，使换向阀 3 左位接入系统时，压力油经换向阀 3 进入缸 6 的右腔，缸 6 的活塞向左运动，实现动作①。当活塞杆上的挡块压下行程换向阀 4 后，压力油经行程阀 4 进入缸 5 的右腔，缸 5 的活塞向左运动，实现动作②。当手动换向阀 3 复位后，压力油进入缸 6 的左腔，缸 6 的活塞先退回，实现动作③。随着挡块后移，行程换向阀 4 复位，压力油进入缸 5 的左腔，缸 5 的活塞退回，实现动作④。这种回路工作可靠，但要改变动作顺序比较困难，此外管路长，布置也比较麻烦。

图 5-32(b)所示为由行程开关控制的顺序动作回路，它由液压泵 1、溢流阀 2、二位四通电磁换向阀 3、二位四通电磁换向阀 4、液压缸 5、液压缸 6、单向阀 7 和 4 个行程开关等元件组成。当 1YA 通电，换向阀 4 换向左位接入回路时，液压油经换向阀 4 的左位进入液压缸 6 的右腔，缸 6 的活塞向左运动，实现动作①。当缸 6 的活塞向左运动至其活塞杆端的挡块触动行程开关 S_2 后，2YA 通电，换向阀 3 换向左位接入回路，液压油经换向阀 3 的左位进入液压缸 5 的右腔，缸 5 的活塞向左运动，实现动作②。当缸 5 的活塞左行至其活塞杆端的挡块触动行程开关 S_4 时，1YA 断电阀 4 复位，液压油进入缸 6 的左腔，缸 6 活塞返回，实现动作③。当缸 6 活塞返回至其活塞杆端的挡块触动行程开关 S_1 时，2YA 断电阀 3 复位，液压油进入缸 5 的左腔，缸 5 的活塞返回，实现动作④。最后，当缸 5 活塞运动至其活塞杆端的

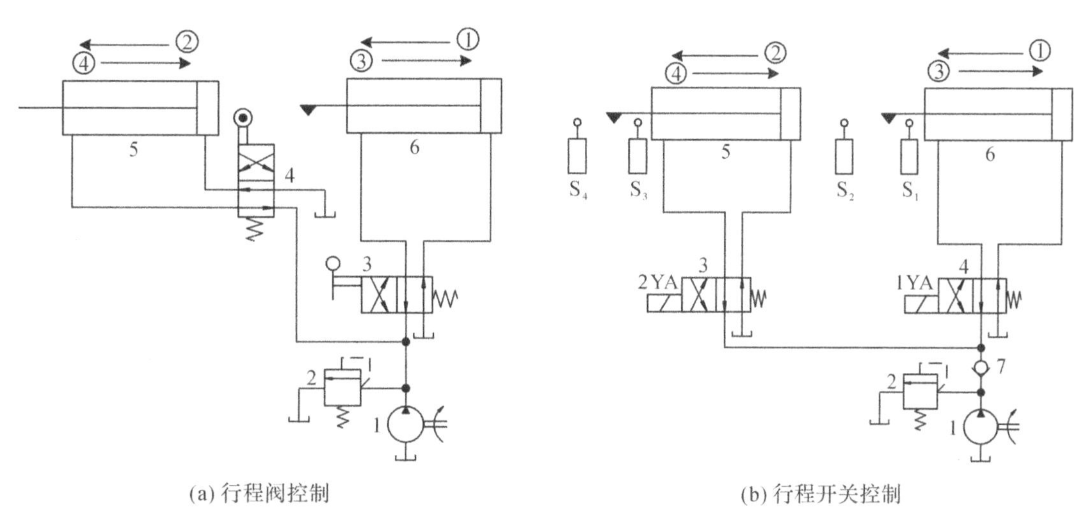

(a) 行程阀控制　　(b) 行程开关控制

图 5-32　行程控制顺序动作回路

挡块触动行程开关 S_3 时，泵卸荷或引起其他动作，完成一个工作循环。这种回路控制方便灵活，但其可靠程度主要取决于电气元件的质量。

2. 压力控制顺序动作回路

图 5-33 所示为使用顺序阀的压力控制顺序动作回路，它由液压泵 1、溢流阀 2、三位四通电磁换向阀 3、单向顺序阀 4、单向顺序阀 5、液压缸 6 和液压缸 7 等液压元件组成。当 1YA 通电，换向阀 3 左位接入回路时，如果单向顺序阀 5 中顺序阀的调定压力大于液压缸 6 的最大前进工作压力，则压力油先进入液压缸 6 的左腔，缸 6 活塞向右运动，实现动作①。当缸 6 活塞右行至终点后，压力上升，压力油打开单向顺序阀 5 中的顺序阀进入液压缸 7 的左腔，缸 7 活塞向右运动，实现动作②。同样地，当 2YA 通电，换向阀 3 右位接入回路时，如果单向顺序阀 4 中顺序阀的调定压力大于液压缸 7 的最大返回工作压力，则液压缸 7 的活塞首先向左返回，实现动作③。当缸 7 的活塞返回到终点后，压力上升，压力油打开单向顺序阀 4 中的顺序阀进入液压缸 6 的右腔，缸 6 活塞向左返回，实现动作④，完成一个工作循环。需要注意的是，回路中顺序阀的调定压力应比前一个动作的工作压力高出 0.8～1.0MPa，否则易在系统压力波动时造成误动作。这种回路适用于液压缸数目不多、负载变化不大的场合。

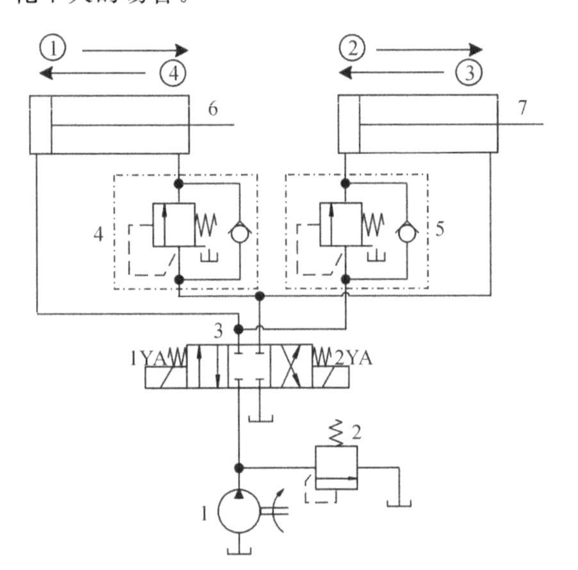

图 5-33　压力控制顺序动作回路

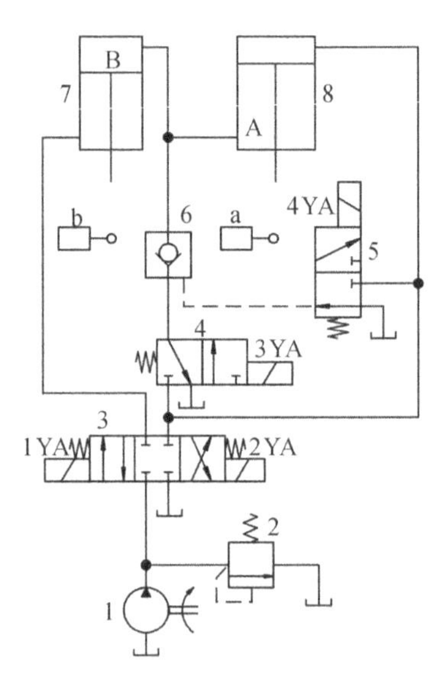

图 5-34　带补偿措施的串联液压缸同步回路

思考题：如何消除同步缸在运行过程中的累积误差？

(二)同步动作回路

同步动作回路的功用是使系统中多个液压执行元件在运动中保持同步，即以相同的位移量或相同的速度运动。影响同步误差的因素主要有摩擦力、外负载大小不等，液压缸的泄漏量、结构弹性变形量以及油液中空气混入量等的不一致，液压元件的制造误差等。同步动作回路要尽量克服或减少上述因素的影响，有时要采取补偿误差的措施。

多执行元件控制回路 2

1. 带补偿措施的串联液压缸同步回路

图 5-34 所示为带补偿措施的串联液压缸同步回路，它由液压泵 1、溢流阀 2、三位四通电磁换向阀 3、二位三通电磁换向阀 4、二位三通电磁换向阀 5、液控单向阀 6、液压缸 7、液压缸 8、行程开关 a 和行程开关 b 等元件组成。回路中液压缸 7 和液压缸 8 串联，由于液压缸 8 的有杆腔 A 与液压缸 7 的无杆腔 B 的有效面积相等，压力油从 A 腔排出进入 B 腔后，两个液压缸便同步下降。回路中的补偿措施能消除两个液压缸在每一次下行运动中的同步误差。当 2YA 通电，三位四通电磁换向阀 3 右位接入回路时，缸 7 和缸 8 的活塞同时向下运动，如果缸 8 的活塞先运动到底部，它就会触动行程开关 a 使 3YA 通电，换向阀 4 右位接入回路，压力油经换向阀 4 右位和液控单向阀 6 进入缸 7 的 B 腔，推动缸 7 的活塞继续运动到底部，同步误差被消除。如果液压缸 7 的活塞先运动到底部，触动行程开关 b 使 4YA 通电，换向阀 5 上位接入回路，控制压力油经换向阀 5 上位打开液控单向阀 6 的反向通道，缸 8 的 A 腔油液经液控单向阀 6 和换向阀 4 回油箱，使其活塞继续运动到底部，同步误差被消除。这种串联式同步回路只适用于负载较小的液压系统。

2. 同步缸或同步马达的同步回路

图 5-35(a)为同步缸的同步回路，它由液压泵 1、溢流阀 2、二位四通电磁换向阀 3、同步缸 4、液压缸 5、液压缸 6、单向阀 7 和背压阀 8 等液压元件组成。回路中缸 5 和缸 6 两个液压缸规格尺寸一致，其内腔面积相等，同步缸 4 的 A、B 两腔的有效面积相等，则缸 5、缸 6 能实现双向同步运动。当 1YA 通电，换向阀 3 左位接入回路时，液压泵 1 输出的液压油经换向阀 3 的左位进入同步缸 4 的左腔，同步缸中 A 腔的油液进入缸 5 的上腔，B 腔的油液进入缸 6 的上腔，由于同步缸 A、B 腔的有效面积相等，两液压缸的面积也相等，所以缸 5、缸 6 同步向下运动。当 1YA 断电，换向阀 3 复位时，缸 5、缸 6 同步向上运动。这种回路的同步精度主要取决于同步缸和液压缸的加工精度及其密封性能，由于同步缸的尺寸一般不宜做得过大，所以仅适用于小容量的场合。

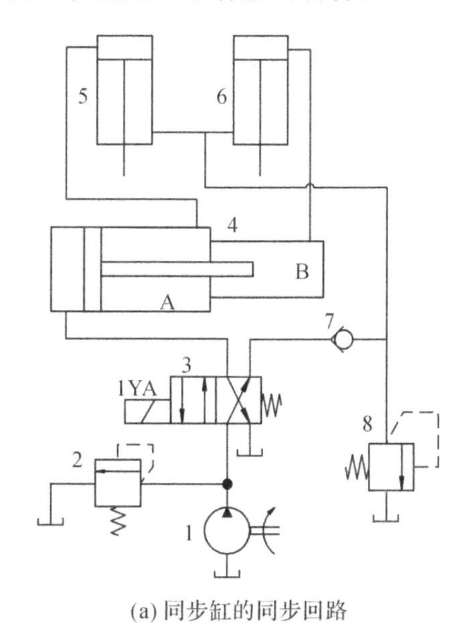

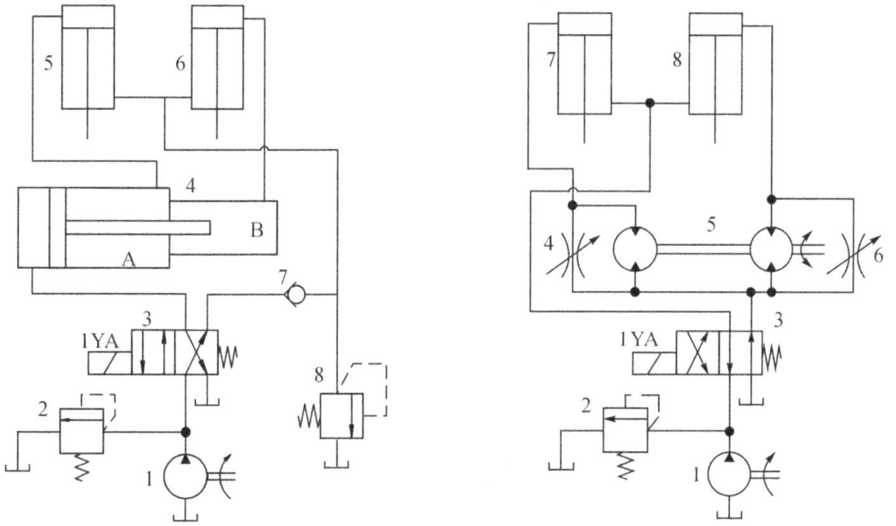

(a) 同步缸的同步回路

(b) 同步马达的同步回路

图 5-35　同步缸和同步马达的同步回路

图 5-35(b)为同步马达的同步回路，它由液压泵 1、溢流阀 2、二位四通电磁换向阀 3、节流阀 4、同步马达 5、节流阀 6、液压缸 7 和液压缸 8 等液压元件组成。回路中缸 7 和缸 8 两个液压缸规格尺寸一致，其内腔面积相等，同步马达 5 是由两个排量相同的液压马达的轴刚性连接而成。当 1YA 通电，换向阀 3 左位接入回路时，液压泵 1 输出的液压油经同步马达 5 将等量的油液分别输入缸 7、缸 8 的上腔，使缸 7、缸 8 的活塞同步向下运动。图中与马达并联的节流阀 4 和节流阀 6 用于修正同步误差。这种回路的同步精度比节流控制的同步回路高，同步精度主要取决于同步马达和液压缸的加工精度及其密封性能。由于回路一般采用柱塞式马达，所以费用较贵。

同步控制也可采用分流阀、集流阀或采用和机构连接等方式实现。对于同步精度要求较高的场合，可以采用由比例阀或电液伺服阀组成的同步回路。

3. 采用比例阀或电液伺服阀的同步回路

当液压系统有很高的同步精度要求时，必须采用比例阀或电液伺服阀的同步回路，图 5-36为采用电液伺服阀的同步回路，它由液压泵 1、溢流阀 2、三位四通电磁换向阀 3、电液伺服阀 4、伺服放大器 5、位移传感器 6、位移传感器 7、液压缸 8 和液压缸 9 等元件组成。电液伺服阀 4 根据装在液压缸 8、液压缸 9 活塞杆头部的两个位移传感器的反馈信号，持续不断调整电液伺服阀 4 的阀口开度，控制两个液压缸输入或输出油液的流量，使缸 8 和缸 9 获得双向同步运动。用电液伺服阀同步精度高，但价格昂贵，为了降低成本，也可用比例阀代替电液伺服阀，但同步精度也会相应降低。

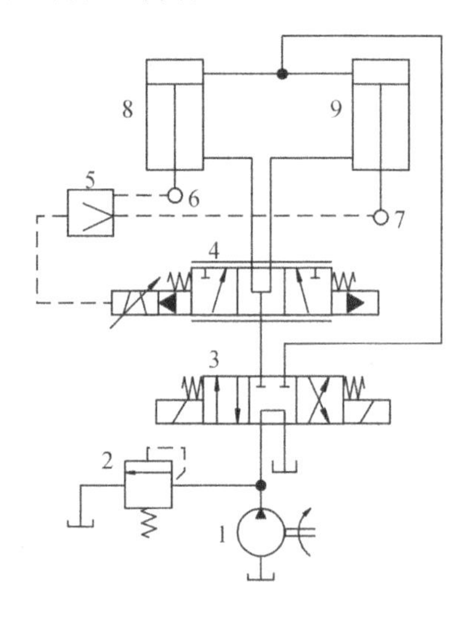

图 5-36　采用电液伺服阀的同步回路

思考题：如何实现液压系统中的几个执行元件在完成各自的工作循环时互不干扰？

(三)多执行元件互不干扰回路

多执行元件互不干扰回路的作用是使液压系统中的几个执行元件在完成各自的工作循环时互不干扰。

图 5-37 所示为采用双泵供油实现多缸快慢速互不干扰的回路，它由高压小流泵 1、低压大流量泵 2、调速阀 3、二位五通电磁换向阀 4、单向阀 5、二位五通电磁换向阀 6、液压缸 7、液压缸 8、二位五通电磁换向阀 9、单向阀 10、二位五通电磁换向阀 11、调速阀 12、溢流阀 13

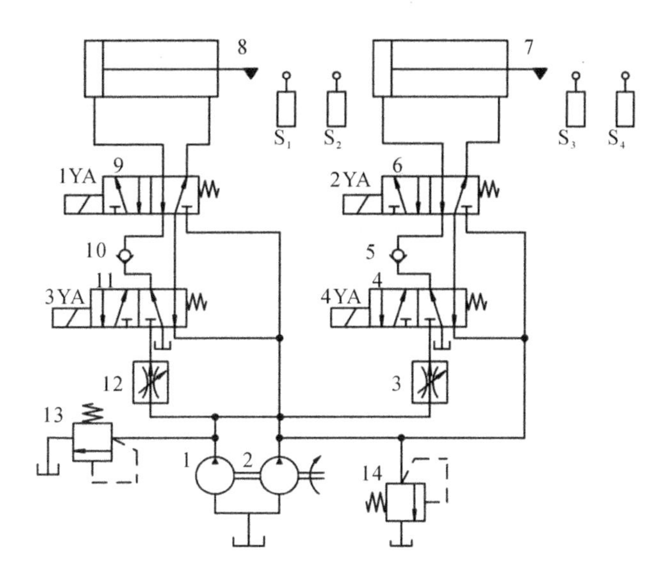

泵 1—高压小流量泵；泵 2—低压大流量泵。

图 5-37　双泵供油的互不干扰回路

和溢流阀 14 等元件组成。图中的液压缸 7 和 8 各自要完成“快进→工进→快退”的工作循环。当 1YA、2YA 均通电，换向阀 6、换向阀 9 的左位接入回路时，液压缸 7 和 8 均由双泵中的低压大流量泵 2 供油，两液压缸都做差动快进。如果液压缸 8 先完成快进动作，缸 8 活塞杆上的挡块触动行程开关 S_1 使 3YA 通电、1YA 断电，换向阀 11 左位、换向阀 9 右位接入回路，此时低压大流量泵 2 进入缸 8 的油路被切断，由高压小流量泵 1 经调速阀 12、单向阀 10 向缸 8 供油，缸 8 的速度由调速阀 12 调节实现工进。但此时缸 7 仍由低压大流量泵 2 供油做快进运动，互不影响。当两液压缸都转为工进后，全由高压小流量泵 1 供油。如果缸 8 先完成工进，缸 8 活塞杆上的挡块触动行程开关 S_2 使 1YA、3YA 均通电，换向阀 9、换向阀 11 均左位接入回路，缸 8 改由低压大流量泵 2 供油，缸 8 的活塞快速退回。当 4 个电磁铁均断电时，各换向阀均复位处于图示状态，两液压缸都停止运动。这种回路采用快速和慢速运动时分别由不同的液压泵供油，并由相应的电磁阀进行控制，从而保证两个液压缸快慢速运动互不干扰。

打开液压与气压传动 CAI 软件，进入仿真库自己动手仿真各多执行元件控制回路的工作原理，学习和巩固知识点。

第二节　气动基本回路

一、方向控制回路

气动方向控制回路是通过控制气缸进气方向，从而改变活塞运动方向的回路，包括换向回路和缓冲回路。

思考题：气动换向回路与液压换向回路相比会有哪些区别？

气动方向控制回路

（一）换向回路

换向回路可分为单控换向阀的换向回路、双控换向阀的换向回路和自锁式换向回路等。图 5-38 所示为采用无记忆作用的单控换向阀的换向回路，图 5-38(a)所示为采用单气控换向阀的换向回路，它由二位五通单气控换向阀 1、气缸 2 等气动元件组成。当加了气控信号以后，阀 1 换向，右位接入回路，气缸 2 的活塞向右运动；气控信号一旦消失，阀 1 复位，活塞无论运动到哪里都立即返回。图 5-38(b)所示为采用单电控换向阀的换向回路，它由二位五通单电控换向阀 1、气缸 2 等气动元件组成。当电磁铁通电后，阀 1 换向，右位接入回路，气缸 2 的活塞向右运动；当电磁铁断电后，阀 1 复位，活塞无论运动到哪里都立即返回。图 5-38(c)所示为采用手控换向阀的换向回路，它由二位三通手控换向阀 1、二位五通单气控换向阀 2、气缸 3等气动元件组成。当按下手控阀 1 的按钮后，阀 1 上位接入，阀 2 换向，气缸 3的活塞向右运动；当松开手控阀 1 的按钮后，阀 1 下位接入，阀 2 复位气，气缸 3 的活塞无论运动到何处都立即返回。在实际使用中气控信号必须要有足够的延续时间，否则会出现事故。

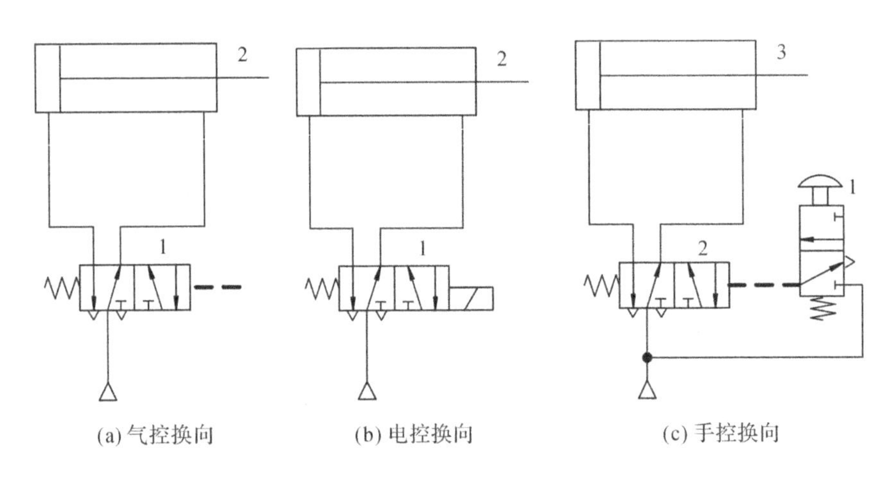

(a) 气控换向　　(b) 电控换向　　(c) 手控换向

图 5-38　用单控阀的换向回路

图 5-39 所示为采用有记忆作用的双控换向阀的换向回路，图 5-39(a)所示为采用双气控换向阀的换向回路，它由二位三通手控换向阀 1、二位三通手控换向阀 2、二位五通双气控换向阀 3 和气缸 4 等气动元件组成。当按下手控阀 1 的按钮后，阀 1 上位接入，阀 3 右位接入回路，气缸 4 的活塞杆向右伸出；当按下手控阀 2 的按钮后，阀 2 上位接入，阀 3 左位接入回路，气缸 4 的活塞杆向左退回。由于回路中所用的主控阀 3 具有记忆功能，故可以使用脉冲控制信号(如按下手控阀 1 的按钮，阀 3 右位接入后，就可以松开阀 1 的按钮，在按下手控阀 2 的按钮前，阀 3 始终处于右位，只有当按下手控阀 2 的按钮后，阀 3 才能换向)。图 5-39(b)所示为采用双电控换向阀的换向回路，它由二位五通双电控换向阀 1 和气缸 2 等气动元件组成。当换向阀 1 的右电磁铁通电后，换向阀 1 的右位接入回路，气缸 2 的活塞杆向外伸出，当换向阀 1 的左电磁铁通电后，换向阀 1 的左位接入回路，气缸 2 的活塞杆退回。同样这个回路也具有记忆功能，如在左电磁铁通电换向阀 1 换向后，左电磁铁就可以断电了，在右电磁铁通电前始终保持左电磁铁通电时的状态，只有当右电磁铁通电时换向阀 1 才换向。

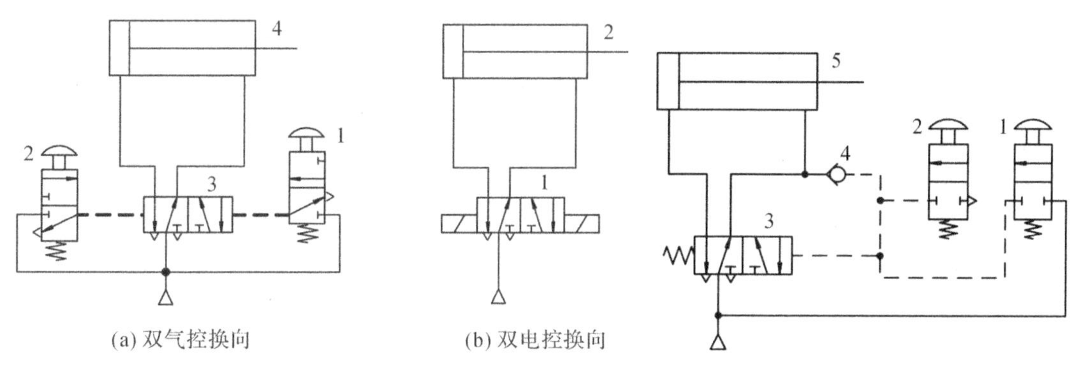

(a) 双气控换向　　(b) 双电控换向

图 5-39 用双控阀的换向回路

图 5-40 自锁式换向回路

图 5-40 所示为自锁式换向回路，它由二位二通手动换向阀 1、二位二通手动换向阀 2、主控阀 3、单向阀 4 和气缸 5 等气动元件组成。主控阀 3 采用无记忆功能的二位五通单气控换向阀，当按下手动阀 1 的按钮后，主控阀 3 右位接入回路，气缸 5 的活塞杆向外伸出。由于手动阀 2 的下位截止，所以这时即使手动阀 1 的按钮松开，主控阀 3 也不会换向。只有当手动阀 2 的按钮压下后，作用在主控阀 3 右端的压缩空气经手动阀 2 上位排向大气，主控阀 3 复位，左位接入回路，气缸 5 的活塞杆向左退回。这种回路要求控制管路和手动阀不能有漏气现象。

(二)缓冲回路

图 5-41 所示为一种用机控阀的缓冲回路，它由主控阀 1、单向节流阀 2、气缸 3 和机控阀 4 等气动元件组成。当主控阀 1 右位接入回路时，气缸 3 右腔的气体经机控阀 4 的下位、主控阀 1 的右位排向大气，气缸活塞杆快速向外伸出。当快速伸出的活塞杆上的挡块压下机控阀 4 的滚轮后，机控阀上位接入回路，气缸 3 右腔的气体只能经过单向节流阀 2 中的节流阀和主控阀 1 的右位排入大气，气缸活塞杆向外伸出的速度减小。改变节流阀阀口的开度，可以调节回路缓冲的速度，改变机控阀 4 的安装位置可选择回路缓冲的起点。

图 5-42 所示为利用快速排气阀、顺序阀和节流阀组成的缓冲回路，它由主控阀 1、节流阀 2、快速排气阀 3、气缸 4、顺序阀 5、节流阀 6 等气动元件组成。当主控阀 1 右位接入回路时，压缩空气经快速排气阀 3 进入气缸 4 的左腔，气缸活塞杆快速向右伸出。当主控阀 1 左位接入回路时，压缩空气进入气缸 4 的右腔，气缸活塞向左运动，开始时由于气缸左腔的排气压力较高，排气腔的气体经快速排气阀 3 打开顺序阀 5，再经节流阀 6 排入大气，此时气缸活塞的运动速度由节流阀 6 调节。当气缸活塞向左运动至接近行程终端时，因排气腔压力下降，顺序阀 5 关闭，排气腔的气体只能经节流阀 2 和主控阀 1 的左位排入大气，此时气缸活塞的运动速度由节流阀 2 调节，从而实现了气缸的外部缓冲。

打开液压与气压传动 CAI 软件，进入仿真库自己动手仿真各方向控制回路的工作原理，也可打开绘图窗体，自己设计方向控制回路进行仿真，学习和巩固知识点。

思考题：气动系统对压力和力的控制可以通过哪些方式来实现？

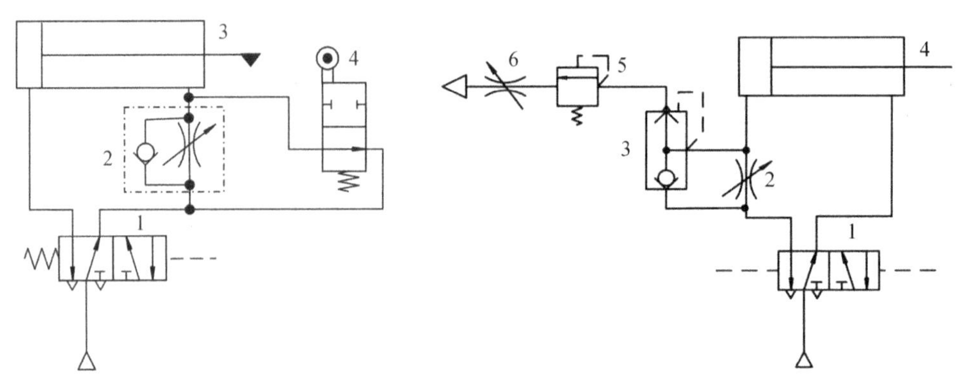

图 5-41　用机控阀的缓冲回路

图 5-42　用快速排气阀、顺序阀和节流阀的缓冲回路

二、压力与力控制回路

压力和力控制回路

(一)压力控制回路

压力控制回路在气动回路中应用很广，只要用到压缩空气的场合，都需要采用这类回路。图 5-43 所示为两级压力控制回路。图 5-43(a)所示的压力控制回路是由气动三大件(过滤器、减压阀和油雾器)组成的最基本的压力控制回路，图中 1 为过滤器，2、3 为减压阀，4、5 为油雾器。气路 a 输出的压力是 p_1，气路 b 输出的压力为 p_2。

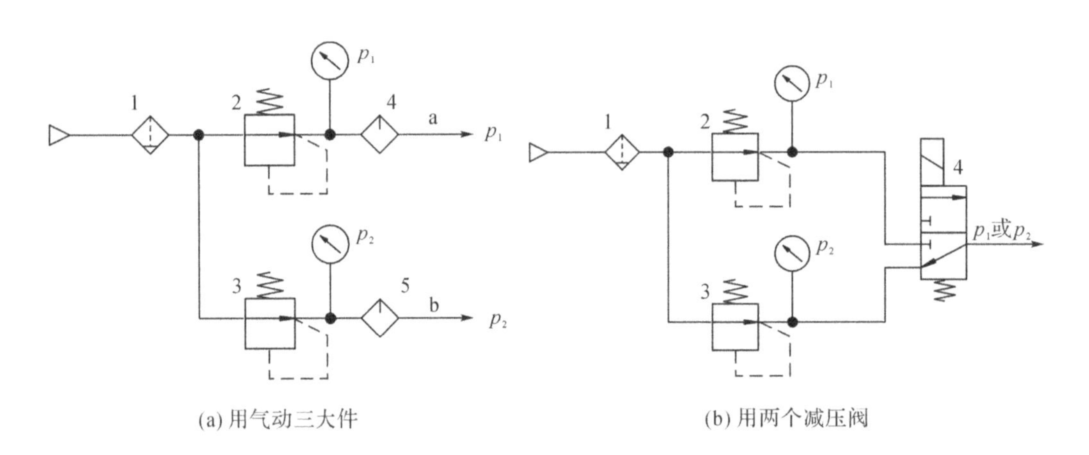

图 5-43　压力控制回路

图 5-43(b)所示的压力控制回路中，减压阀 2、减压阀 3 分别提供两种不同的压力，由二位三通电磁换向阀 4 选择输出的压力，当电磁铁断电、换向阀 4 下位接入回路，即处于图示位置时，输出压力 p_2，当电磁铁通电、换向阀 4 上位接入回路时，输出压力 p_1。

(二)力控制回路

图 5-44(a)所示为两种压力控制的力控制回路，它由减压阀 1、二位五通单电控电磁换向阀 2、气缸 3、二位五通单电控电磁换向阀 4 和减压阀 5 等气动元件组成。回路利用减压

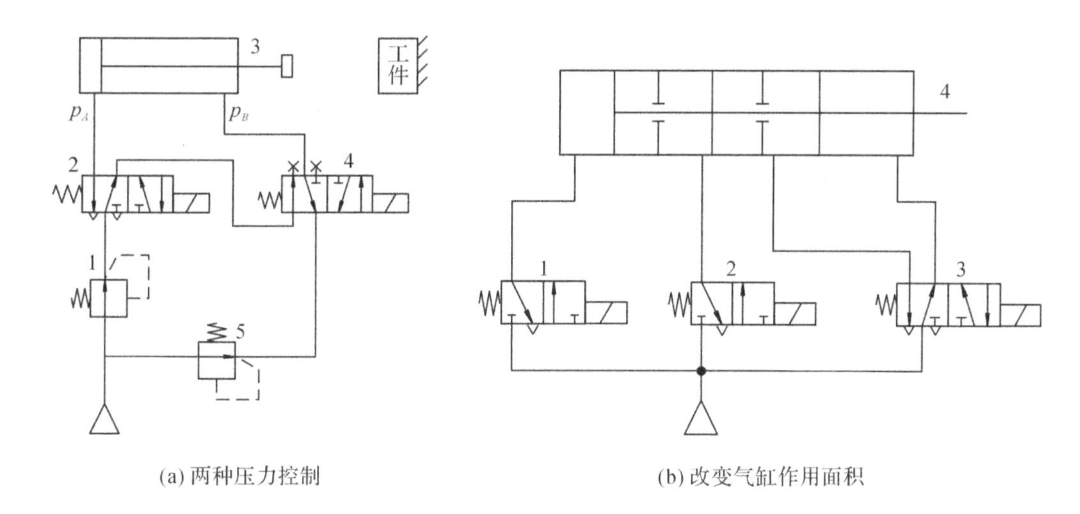

图 5-44　力控制回路

阀 1、减压阀 5 提供两种不同压力，改变气缸活塞两侧的压力差，实现对输出力的控制。当换向阀 2 的电磁铁通电，阀 2 右位接入回路时，气缸 3 无杆腔的压力 p_A 由减压阀 1 调定，气缸 3 有杆腔的压力 p_B 由减压阀 5 调定，且 $p_A > p_B$，气缸 3 活塞杆向外伸出，轻夹工件。当换向阀 4 的电磁铁通电，阀 4 右位接入回路时，气缸 3 有杆腔内压缩空气经阀 4、阀 2 排向大气，气缸 3 有杆腔的压力降低，气缸输出力增加，工件的夹紧力也随之增大。

图 5-44(b)所示为三活塞串联气缸的增力回路，它由二位三通单电控电磁换向阀 1、二位三通单电控电磁换向阀 2、二位五通单电控电磁换向阀 3、三活塞串联气缸 4 等气动元件组成。换向阀 3 用于串联气缸的换向，当换向阀 3 右位接入时，气缸活塞杆向外伸出；当换向阀 3 左位接入时，气缸活塞杆返回。换向阀 1、换向阀 2 用于串联气缸的增力控制。在换向阀 3 右位接入气缸活塞杆向外伸出过程中，如换向阀 2 右位接入，此时由于作用面积增大，在压力不变的情况下对外输出的力增大，如换向阀 1 右位也接入，作用面积进一步增大，对外输出的力也进一步增大。由此可见，这种回路是通过改变气缸作用面积的方法来实现对输出力的控制的。

速度控制回路

打开液压与气压传动 CAI 软件，进入仿真库自己动手仿真各压力与力控制回路的工作原理，学习和巩固知识点。

思考题：气动回路的速度控制与液压回路相比有哪些区别？

三、速度控制回路

(一)单作用气缸的速度控制回路

图 5-45 所示为单作用气缸的速度控制回路，它由二位三通单气控换向阀 1、单向节流阀 2、单向节流阀 3 和单作用气缸 4 等气动元件组成。当换向阀 1 上位接入回路时，压缩空气通过换向阀 1 的上位、单向节流阀 2 中的节

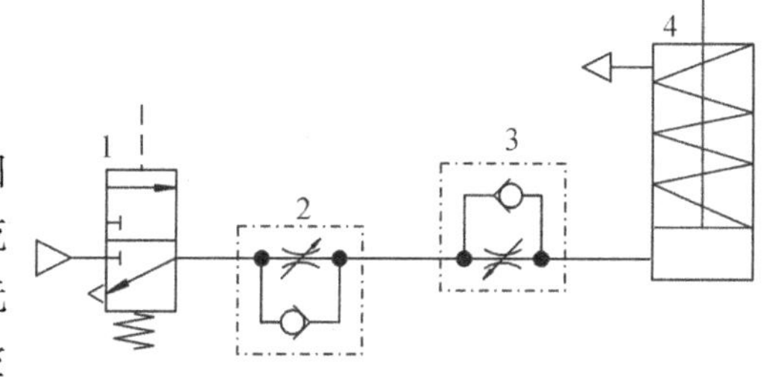

图 5-45　单作用气缸的速度控制回路

流阀、单向节流阀3中的单向阀进入气缸4的下腔，推动气缸4的活塞杆向外伸出，调节单向节流阀2中的节流阀开口大小就可以调节气缸活塞杆向外伸出的速度大小，节流阀开口调大气缸活塞杆向外伸出的速度增大，节流阀开口调小气缸活塞杆向外伸出的速度减小。当换向阀1下位接入回路时，在弹簧力的作用下气缸4下腔的气体经单向节流阀3中的节流阀、单向节流阀2中的单向阀、换向阀1下位排向大气，气缸活塞杆退回，调节单向节流阀3中的节流阀开口大小就可以调节气缸活塞杆退回速度的大小。

（二）排气节流调速回路

图5-46所示为排气节流调速回路。图5-46(a)所示为采用两个节流阀的排气节流调速回路，它由二位五通单气控换向阀1、单向节流阀2、单向节流阀3、气缸4等气动元件组成。当换向阀1有气控信号输入时，换向阀1换向，右位接入回路，压缩空气经换向阀1右位、单向节流阀2中的单向阀进入气缸4的左腔，气缸4右腔的气体经单向节流阀3中的节流阀、换向阀1右位排向大气，气缸4的活塞杆向外伸出，调节单向节流阀3中节流阀的开口大小就可调节气缸活塞杆伸出的速度大小。当输入换向阀1的气控信号消失时，换向阀1在弹簧作用下复位，左位接入回路，压缩空气经换向阀1左位、单向节流阀3中的单向阀进入气缸4的右腔，气缸4左腔的气体经单向节流阀2中的节流阀、换向阀1左位排向大气，气缸4的活塞杆退回，调节单向节流阀2中节流阀的开口大小就可调节气缸活塞杆退回的速度大小。图5-46(b)所示为采用两个带有消声器的排气节流阀的排气节流调速回路，它由二位五通单气控换向阀1、带有消声器的排气节流阀2、带有消声器的排气节流阀3、气缸4等气动元件组成。回路由带有消声器的排气节流阀实现排气节流的速度控制。

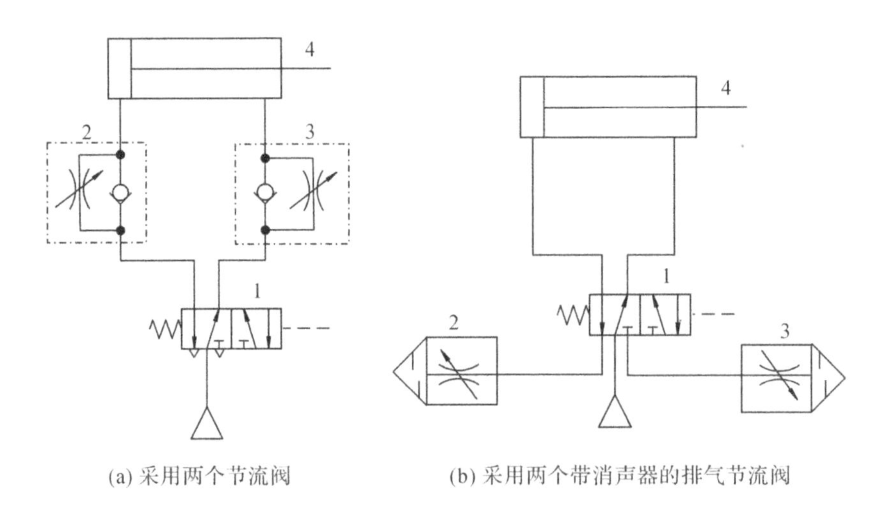

(a) 采用两个节流阀　　(b) 采用两个带消声器的排气节流阀

图5-46　排气节流调速回路

（三）气液联动调速回路

气液联动调速回路是以压缩空气为动力、液压缸为执行元件，利用气液转换器或气液阻尼缸把气压传动转变为液压传动，控制液压执行机构速度的回路。这种速度控制回路在气压传动中得到了广泛的应用。

图5-47所示为利用气液转换器的调速回路，它由二位五通双气控换向阀1、气液转换器2、单向节流阀3、液压缸4、单向节流阀5和气液转换器6等液压、气动元件组成，回路中由两

个气液转换器的活塞来分隔液压和气动部分，活塞以下为气动部分，活塞以上为液压部分。当换向阀 1 左位接入回路时，压缩空气进入气液转换器 6 的下部，推动其活塞向上运动，液压油经单向节流阀 5 中的单向阀进入液压缸 4 的左腔，右腔的液压油经单向节流阀 3 中的节流阀进入气液转换器 2 的上部，推动其活塞向下运动，将其下部的压缩空气通过换向阀 1 排向大气，液压缸的活塞向右运动。调节单向节流阀 3 中节流阀的开口大小，就可以改变液压缸活塞的运动速度。当换向阀 1 右位接入回路的时候，压缩空气进入气液转换器 2 的下部，推动其活塞向上运动，液压油经单向节流阀 3 中的单向阀进入液压缸 4 的右腔，左腔的液压油经单向节流阀 5 中的节流阀进入气液转换器 6 的上部，推动其活塞向下运动，将其下部的压缩空气通过换向阀 1 排向大气，液压缸的活塞向左运动。调节单向节流阀 5 中节流阀的开口大小，就可以改变液压缸活塞的运动速度。图 5-48 所示为利用气液阻尼缸的调速回路，它由二位五通双气控换向阀 1、气液阻尼缸 2、节流阀 3、贮油杯 4、单向阀 5 和单向阀 6 等液压、气动元件组成。当换向阀 1 右位接入回路时，压缩空气进入气缸的右腔，活塞杆向左运动，开始时液压缸左腔的液压油畅通无阻地进入液压缸的右腔，活塞杆快速向左运动，当液压缸中的活塞运动到通道 a 处将其堵住以后，液压缸左腔的回油只能通过通道 b 经节流阀 3 回到液压缸的右腔，这时活塞杆的运动速度由节流阀 3 调节，改变节流阀的开口大小就可以调节活塞杆的运动速度大小。

速度换接回路

安全保护回路

思考题：为了保护操作者的人身安全和保障设备的正常运转，可以采取什么措施？

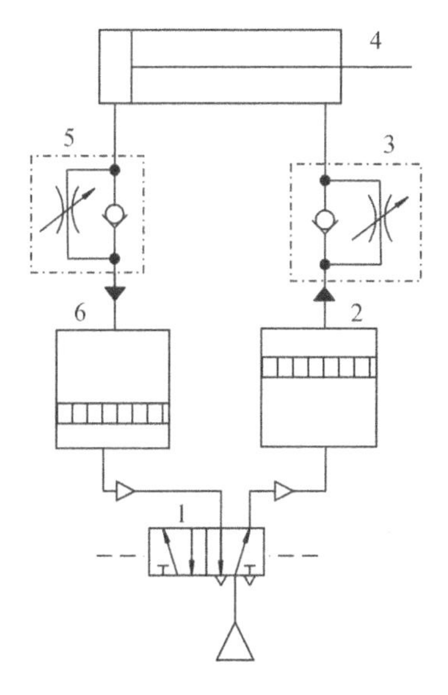

图 5-47 利用气液转换器的调速回路

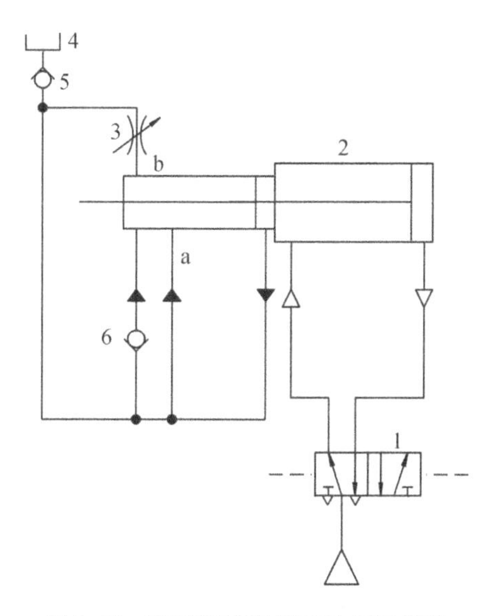

图 5-48 利用气液阻尼缸的调速回路

四、安全保护回路

安全保护回路是为了保护操作者的人身安全和保障设备的正常运转而采用的回路。

图 5-49 所示为双手操作回路，它是为了保护操作者的人身安全而采用的一种安全回路。图 5-49(a)所示为采用两个手动换向阀的双手操作回路，它由手动换向阀 1、手动换向阀 2、主控阀 3、单向节流阀 4、单向节流阀 5 和单杆双作用气缸 6 等气动元件组成。在图示状态中，由于与主控阀 3 左端气控信号连接的手动换向阀 2 与大气相通，无气控信号输入，主控阀 3 在其右端弹簧的作用下右位接入回路，压缩空气经过主控阀 3 的右位、单向节流阀 5 中的单向阀进入气缸 6 的右腔，气缸左腔的气体经过单向节流阀 4 中的节流阀、主控阀 3 排向大气，气缸处于退回状态。当只按下手动换向阀 1 时，手动换向阀 1 的左位接入控制回路，压缩空气经过手动换向阀 1 的左位进入手动换向阀 2 的右位，由于手动换向阀 2 的右位截止，压缩空气无法通过阀 2 作用到主控阀 3 上，主控阀 3 的气控端无控制信号输入，主控阀 3 无动作，气缸处于退回状态。当只按下手动换向阀 2 时，手动换向阀 2 的左位接入控制回路，由于手动换向阀 1 没有按下处于右位，压缩空气无法到达阀 2，主控阀 3 的气控端无控制信号输入，主控阀 3 仍然无动作，气缸处于退回状态。只有当 2 个手动阀都按下的时候，阀 1、阀 2 的左位接入控制回路，压缩空气经过阀 1 的左位、阀 2 的左位作用到主控阀 3 的阀芯左端，使主控阀 3 换向，左位接入回路，压缩空气经过主控阀 3 的左位、单向节流阀 4 中的单向阀进入气缸 6 的左腔，气缸 6 右腔的气体经单向节流阀 5 中的节流阀、主控阀 3 的左位排入大气，气缸 6 的活塞杆向外伸出。当松开任何一个手动换向阀时，气缸活塞杆马上退回。改变单向节流阀 5 中节流阀的开口大小就可以调节气缸活塞杆向外伸出的速度，改变单向节流阀 4 中节流阀的开口大小就可以调节气缸活塞杆退回的速度。需要注意的是，两个手动阀的安装位置应不能被一只手同时按下。如果阀 1 或阀 2 上的弹簧折断而不能复位时，则单手操作另一个阀时，主控阀 3 也能换向，但可能造成事故。

图 5-49(b)所示为采用两个手动换向阀和气容的双手操作回路，它由手动换向阀 1、手动换向阀 2、气容 3、主控阀 4 和气缸 5 等气动元件组成。利用气容充放气的特点，当只有手动阀 1 或手动阀 2 被按下时，气容 3 都与手动阀的排气口相通，主控阀 4 左端无气控信号输

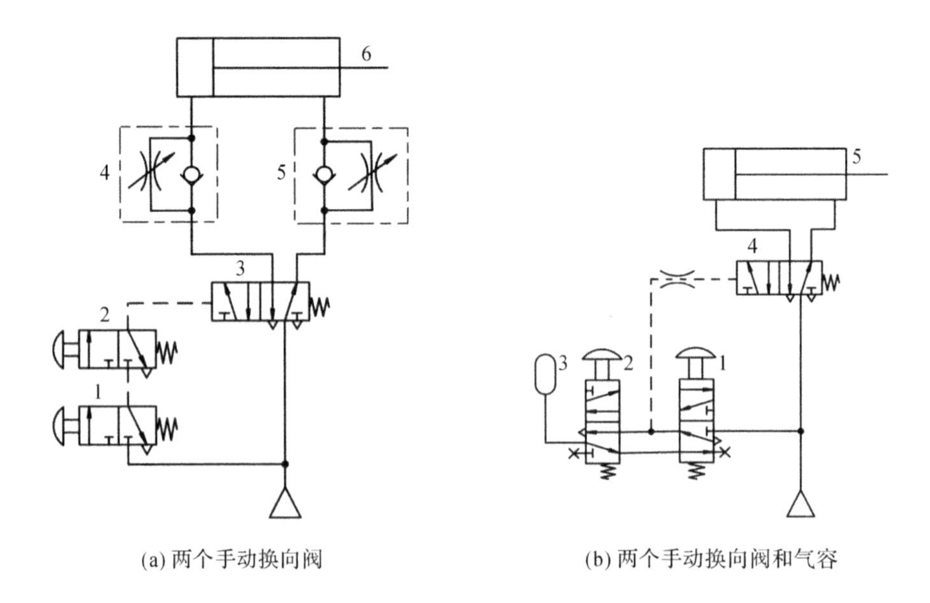

(a) 两个手动换向阀　　(b) 两个手动换向阀和气容

图 5-49　双手操作回路

入,从而使阀 4 始终右位接入回路,气缸 5 的活塞处于返回状态。只有当手动阀 1 和手动阀 2同时被按下时,气容充气并将气控信号输入到主控阀 4 的左端,主控阀 4 换向,左位接入回路,气缸 5 的活塞杆向外伸出。在活塞杆伸出途中,当松开任何一个手动换向阀时,气缸活塞杆马上退回。

图 5-50 所示为典型的过载保护回路,它由二位二通手动换向阀 1、二位二通单气控换向阀 2、顺序阀 3、主控阀 4、行程换向阀 5 和气缸 6 等气动元件组成。在正常工作时,按下手动阀 1,压缩空气作用到主控阀 4 的左端阀芯上,使阀 4 换向,左位接入回路,气缸 6 的活塞杆向外伸出。当气缸活塞杆端的挡块压下行程阀 5 时,作用在阀 4 左端阀芯上的压缩空气排向大气,阀 4 复位气缸活塞杆返回。当气缸活塞杆在向外伸出的过程中发生过载时,进气腔的压力升高打开顺序阀 3,使得换向阀 2 换向,上位接入控制回路,将作用在主控阀 4 左端阀芯上的压缩空气排向大气,阀 4 复位,气缸活塞杆退回,从而保护设备的安全。需要注意的是,在按下手动阀 1 时,必须保证主控阀 4 换向以后才能松开。

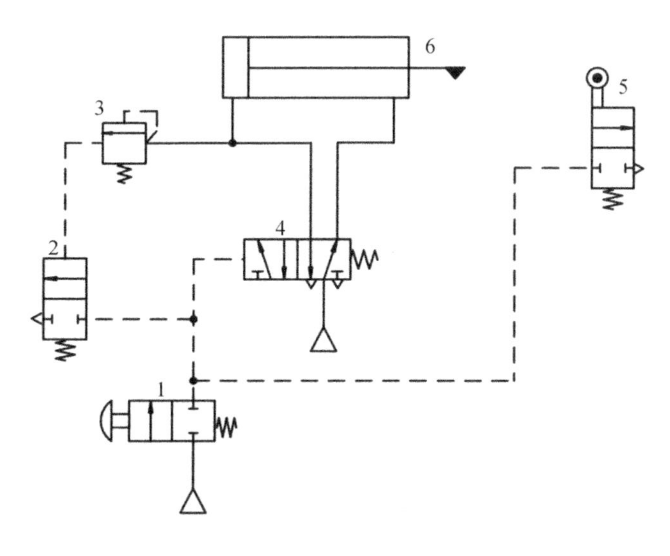

图 5-50 过载保护回路

图 5-51 所示为联锁回路,它由二位三通电磁换向阀 1、二位三通电磁换向阀 2、二位三通电磁换向阀 3、二位五通气控换向阀 4、二位五通气控换向阀 5、二位五通气控换向阀 6、梭阀 7、梭阀 8、梭阀 9、气缸 10、气缸 11 和气缸 12 等气动元件组成。回路利用了梭阀 7、8、9 及二位五通气控换向阀 4、5、6 换向进行联锁,保证只能有一个气缸动作。当 1YA 通电,换向阀 1 右位接入回路时,压缩空气经换向阀 1 右位作用到换向阀 6 的左端使其换向,左位接入回路,压缩空气经换向阀 6 左位进入气缸 10 的左腔,使气缸 10 的活塞杆向外伸出。同时压缩空气经梭阀 7 作用到换向阀 5 的右端,经梭阀 9 作用到换向阀 4 的右端,锁住换向阀 4 和 5,使它们不能换向,此时即使换向阀 2 和 3 的电磁铁通电,都无法使换向阀 4 和 5 换向,确保在气缸 10 的活塞伸出过程中,气缸 11、12 的活塞杆无法动作。2YA、3YA 通电时的情况跟 1YA 通电时的情况类似,在此不再赘述。如果要更改气缸的动作,必须提前使气缸的气控阀复位。

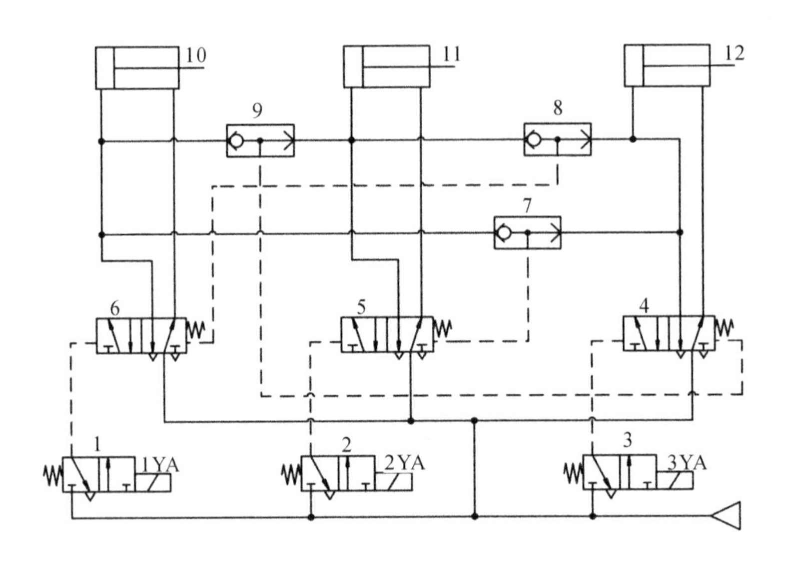

图 5-51　联锁回路

*五、计数回路

计数回路可以组成二进制计数器。图 5-52 所示为计数回路，它由二位三通手动换向阀 1、二位四通双气控换向阀 2、二位三通单气控换向阀 3、二位五通双气控换向阀 4、二位三通单气控换向阀 5 和气缸 6 等气动元件组成。当按下换向阀 1 的按钮时，气控信号经换向阀 2 作用至换向阀 4 的左端和换向阀 3 的右端，使阀 4 左位接入回路，阀 3 右位接入回路，气缸 6 的活塞杆向外伸出。当换向阀 1 复位后，阀 4 左端和阀 3 右端的控制气路经阀 2、阀 1 与大气相通，使阀 3 复位，压缩空气经阀 3 作用至阀 2 的左端，使阀 2 左位接入回路，等待阀 1 的下一次信号输入。当阀 1 第二次按下时，气控信号经阀 2 的左位作用至阀 4 右端和阀 5 的左端，使阀 4 右位接入回路，阀 5 左位接入回路，气缸 6 的活塞杆退回。待阀 1 复位后，阀 4 右端和阀 5 左端的控制气路经阀 2、阀 1 与大气相通，使阀 5 复位，压缩空气经阀 5 作用至阀 2 的右端使其右位接入回路，等待阀 1 的下一次信号输入。这样，当奇数次按下阀 1 时，气

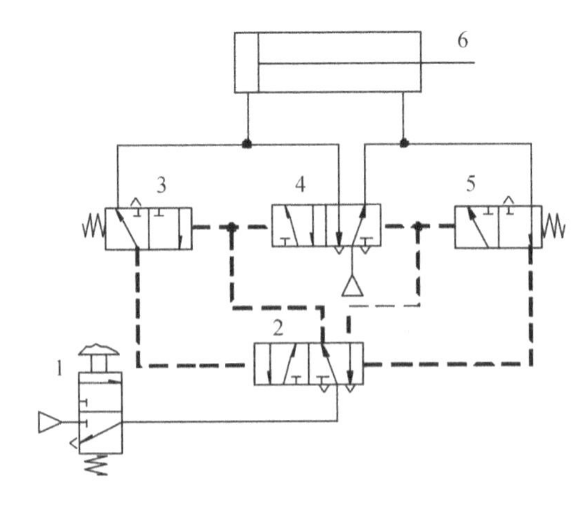

图 5-52　计数回路

缸 6 的活塞杆向外伸出；当偶数次按下阀 1 时，气缸 6 的活塞杆退回。

* 六、延时回路

图 5-53 所示为延时回路。图 5-53(a)所示是延时输出回路，它由二位三通单气控换向阀 1、单向节流阀 2、气容 3、二位三通单气控换向阀 4 等气动元件组成。当输入的气控信号使换向阀 1 的上位接入回路，压缩空气经单向节流阀 2 中的单向阀向气容 3 充气，当充气压力经延时升高至使换向阀 4 换向上位接入回路时，阀 4 才有输出。

图 5-53(b)所示是延时返回回路，它由二位三通手动换向阀 1、二位五通双气控换向阀 2、气容 3、节流阀 4、二位三通机动换向阀 5 和气缸 6 等气动元件组成。当按下手动换向阀 1 时，主控阀 2 换向左位接入回路，气缸 6 的活塞杆向外伸出。当伸出的活塞杆上的挡块压下阀 5 时，压缩空气经节流阀 4 向气容 3 充气，经气容 3 延时后将主控阀 2 切换，使其右位接入回路，气缸 6 的活塞杆退回。

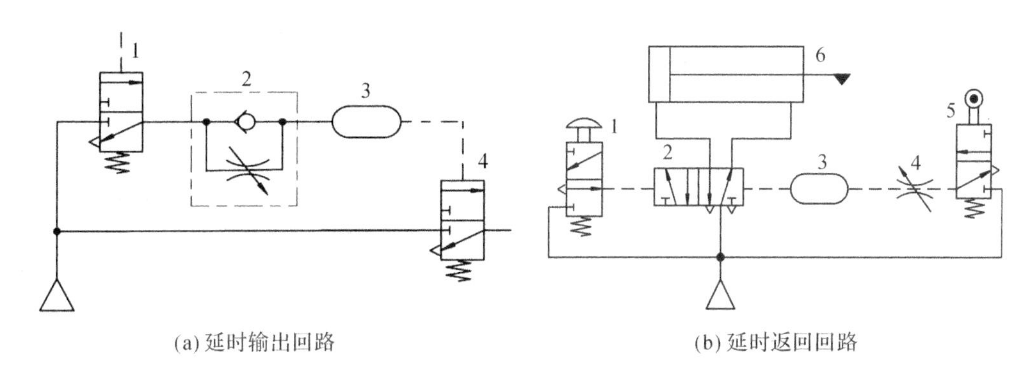

图 5-53　延时回路

* 七、往复运动回路

(一)单往复运动回路

图 5-54 所示回路都为单往复运动回路，当按下手动阀时，气缸的活塞杆完成一次往复运动。

图 5-54(a)所示为行程阀控制的单往复运动回路，它由手动换向阀 1、主控阀 2、行程换向阀 3 和气缸 4 等气动元件组成。当按下手动换向阀 1 的按钮时，压缩空气使主控阀 2 换向，左位接入回路，气缸 4 的活塞杆向外伸出。当气缸活塞杆上的挡块压下行程阀 3 时，主控阀 2 换向，右位接入回路，气缸 4 的活塞杆返回。

图 5-54(b)所示为气容延时控制的单往复运动回路，它由手动换向阀 1、主控阀 2、单向节流阀 3、行程阀 4、气容 5 和气缸 6 等气动元件组成。当按下手动换向阀 1 的按钮时，压缩空气使主控阀 2 换向，气缸 6 的活塞杆向外伸出。当气缸活塞杆上的挡块压下行程阀 4 后，压缩空气经单向节流阀 3 中的节流阀向气容 5 充气，经一定时间延时后，主控阀 2 换向，气缸 6 的活塞杆返回。

图 5-54(c)所示为压力控制的单往复运动回路，它由手动换向阀 1、主控阀 2、单气控换向阀 3、顺序阀 4 和气缸 5 等气动元件组成。当按下手动换向阀 1 的按钮时，压缩空气使主

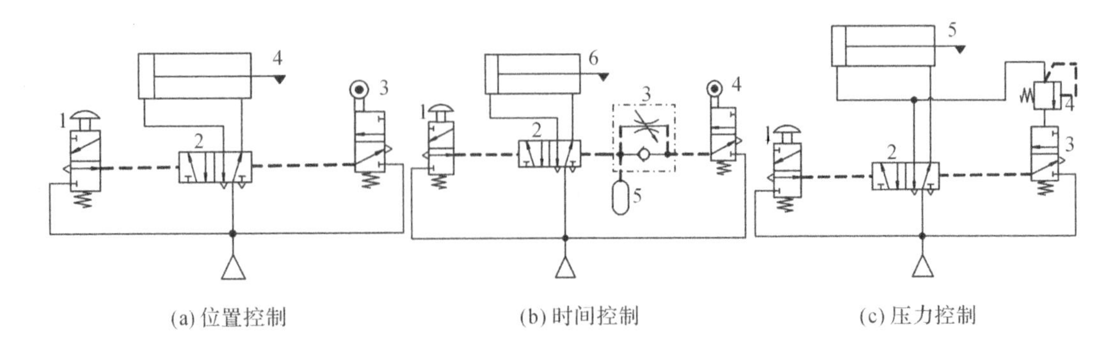

图 5-54　单往复运动回路

控阀 2 换向，左位接入回路，气缸 5 的活塞杆向外伸出。当气缸的活塞杆到达行程终点时，气压升高，打开顺序阀 4，使阀 3 换向，压缩空气经阀 3 的上位作用至主控阀 2 的右端，使主控阀换向，右位接入回路，气缸 5 的活塞杆返回。

（二）连续往复运动回路

图 5-55 所示为连续往复运动回路，其能完成连续的动作循环，它由手动换向阀 1、主控阀 2、行程阀 3、行程阀 4 和气缸 5 等气动元件组成。当按下手动阀 1 时，主控阀 2 换向，左位接入回路，气缸 5 的活塞杆向外伸出，此时行程阀 3 复位将控制气路封闭，使阀 2 不能复位，气缸 5 的活塞杆继续向外伸出。当活塞杆端的挡块压下行程阀 4 后，将作用于阀 2 左端的气路排空，阀 2 在其右端弹簧作用下复位，气缸 5 的活塞杆返回。当活塞杆返回至终点压下行程阀 3 时，阀 2 左位接入回路，气缸 5 的活塞杆向外伸出，又开始下一个工作循环，如此连续往复运动，直至提起手动阀 1 后，阀 2 复位，气缸活塞杆返回后停止运动。

*八、气液缸同步回路

图 5-56 所示为气液缸同步回路，它由主控阀 1、单向节流阀 2、单向节流阀 3、截止阀 4、气液缸 5 和气液缸 6 等液压、气动元件组成。此回路的特点是将液压油密封在回路中，气路

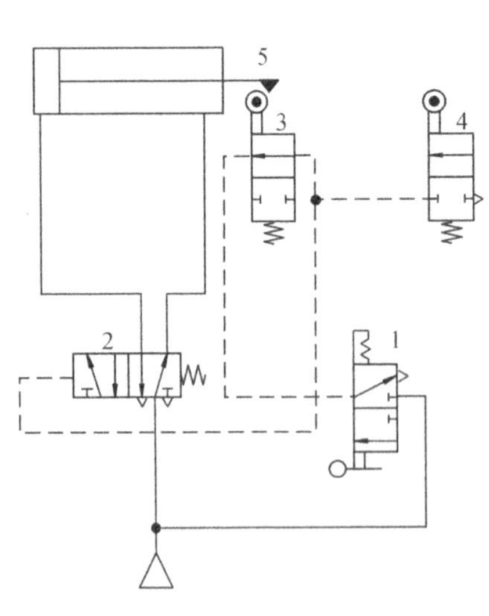

图 5-55　连续往复运动回路

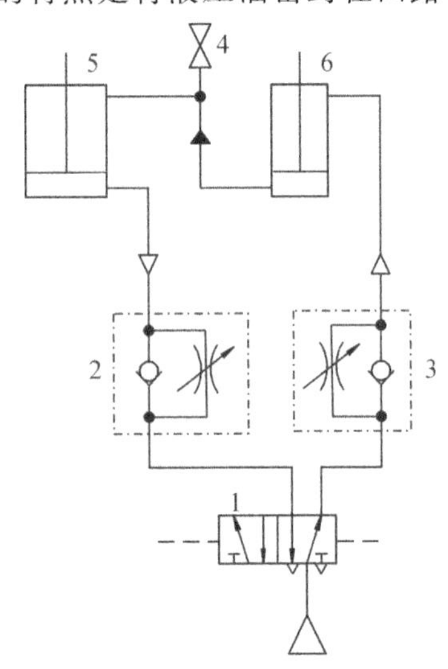

图 5-56　气液缸同步回路

和油路串联，气液缸 5 和 6 串联，当缸 5 的有杆腔面积与缸 6 的无杆腔面积相等时，就能实现两缸的同步运动。但在使用中要注意，如果发生液压油的泄漏或者油中混入空气就会产生同步误差，回路中的截止阀 4 用以放掉油液中混入的空气并补入油液。

习　题

5-1　如图 5-57 所示溢流阀的调定压力为 5MPa，若阀芯阻尼小孔造成的损失不计，试判断下列情况下 A、B 点的压力各为多少？

(1)电磁铁断电，负载为无限大时；

(2)电磁铁断电，负载压力为 3MPa 时；

(3)电磁铁通电，负载压力为 2MPa 时。

5-2　在图 5-58 所示回路中，液压泵的流量 $q_p=10\mathrm{L/min}$，液压缸无杆腔面积 $A_1=50\mathrm{cm}^2$，液压缸有杆腔面积 $A_2=25\mathrm{cm}^2$，溢流阀的调定压力 $p_y=2.4\mathrm{MPa}$，负载 $F=10\mathrm{kN}$。节流阀口为薄壁孔，流量系数 $C_d=0.62$，油液密度 $\rho=900\mathrm{kg/m}^3$，节流阀口通流面积 $A_T=0.05\mathrm{cm}^2$。试求：

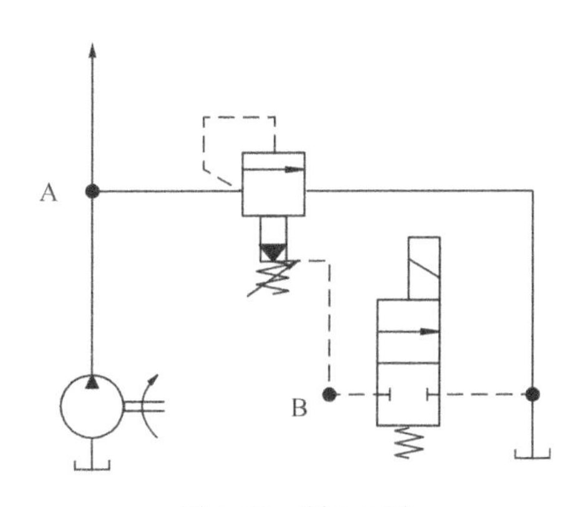

图 5-57　题 5-1 图

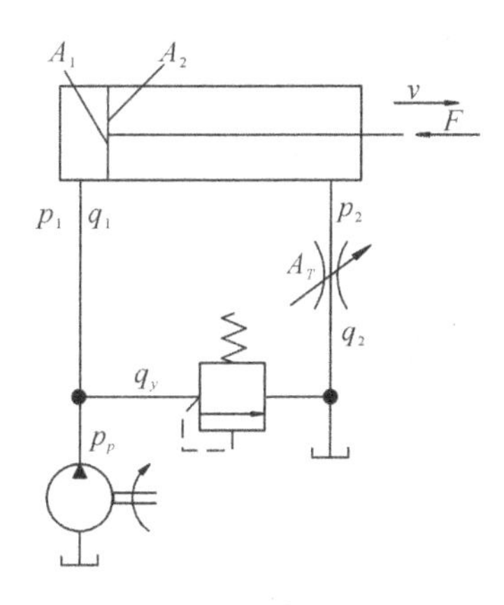

图 5-58　题 5-2 图

(1)液压缸的运动速度 v、液压泵工作压力 p_p、溢流功率损失 ΔP_y 和回路效率 η。

(2)当负载 $F=0$ 时，液压缸的运动速度 v 和回油腔的压力。

5-3　在回油节流调速回路中，在液压缸的回油路上，用减压阀在前、节流阀在后相互串联的方法，能否起到调速阀稳定速度的作用？如果将它们装在液压缸的进路或旁油路上，液压缸运动速度能否稳定？

5-4　在图 5-59 所示液压回路中，若液压泵输出流量 $q_p=15\mathrm{L/min}$，溢流阀的调定压力 $p_y=3\mathrm{MPa}$，两个薄壁孔式节流阀的流量系数都是 $C_d=0.62$，开口面积 $A_{T1}=0.02\mathrm{cm}^2$，$A_{T2}=0.01\mathrm{cm}^2$，油液密度 $\rho=900\mathrm{kg/m}^3$，在不考虑溢流阀的调压偏差时，求：

(1)液压缸无杆腔的最高工作压力；

(2)溢流阀的最大溢流量。

5-5　由变量泵和定量马达组成的调速回路，变量泵的排量可在 0～50cm³/r 范围内改变，泵转速为 1000r/min，马达排量为 50cm³/r，安全阀调定压力为 10MPa，泵和马达的机械效率都是 0.85，在压力为 10MPa 时，泵和马达泄漏量均是 1L/min，求：

(1)液压马达的最高和最低转速；

(2)液压马达的最大输出转矩；

(3)液压马达的最高输出功率；

(4)系统在最高转速下的总效率。

5-6　如图 5-60 所示的调速阀回油节流调速回路，已知 $q_p=15\text{L/min}$，液压缸无杆腔面积 $A_1=50\text{cm}^2$，液压缸有杆腔面积 $A_2=25\text{cm}^2$，F 由 0 增至 20000N 时活塞运动速度基本无变化，$v=0.25\text{m/min}$，若调速阀要求的最小压差 $\Delta p_{\min}=0.5\text{MPa}$，试求：

(1)溢流阀的调整压力和液压泵的工作压力；

(2)在不考虑液压冲击的情况下，液压系统可能达到的最高压力；

(3)回路的最高效率。

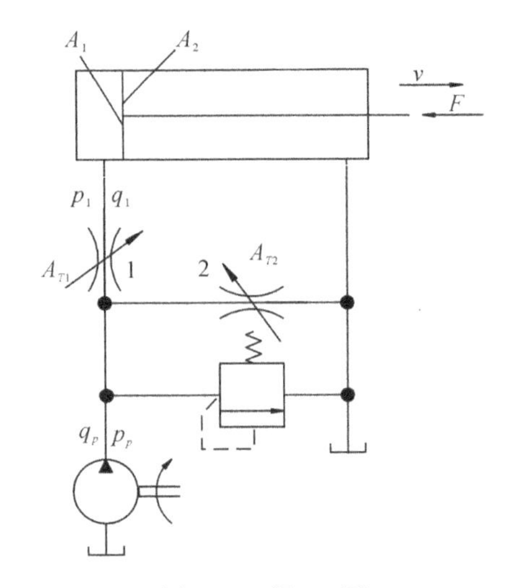

图 5-59　题 5-4 图

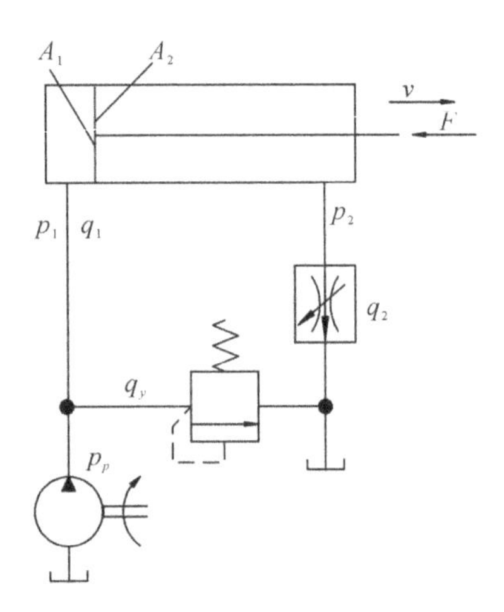

图 5-60　题 5-6 图

5-7　如图 5-61 所示的限压式变量泵和调速阀的容积节流调速回路，若变量泵的拐点坐标为(2.5MPa，12L/min)，且在 $p_p=3.2\text{MPa}$ 时，$q_p=0$，液压缸无杆腔面积 $A_1=50\text{cm}^2$，液压缸有杆腔面积 $A_2=25\text{cm}^2$，调速阀要求的最小压差 $\Delta p_{\min}=0.5\text{MPa}$，背压阀的调整压力为 0.5MPa。

(1)在调速阀通过 6L/min 的流量时，回路的效率为多少？

(2)若通过调速阀的流量不变，负载减小到原来的 2/3，回路的效率为多少？

(3)在采用本回路的前提下，如何才能使负载减小的同时回路的效率得以提高？

5-8　如图 5-62 所示回路，要求夹紧缸 1 把工件夹紧后，进给缸 2 才能动作，并且要求夹紧缸 1 的速度能够调节，试分析回路，是否能够实现预定目标，如不能，请提出修改方案。

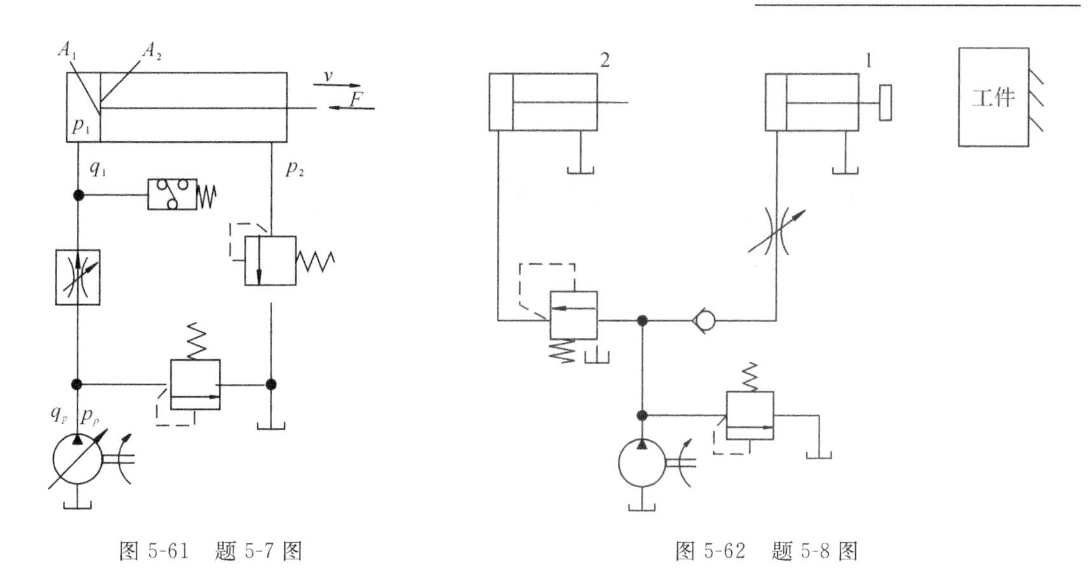

图 5-61　题 5-7 图　　　　图 5-62　题 5-8 图

5-9　试设计一个手控气缸往复运动回路。

5-10　试设计一个能使双作用气缸快速返回的回路。

讨论题

1. 举例说明你所熟悉的液压或气压回路的应用。
2. 液压系统中,当执行元件停止运动后,使泵卸荷的方式有哪些?

本章在线测试

第六章　典型系统分析

学习要求：本章要求读懂液压、气压传动系统原理图，分析液压、气压传动系统的组成及各元件在系统中的作用；分析各液压、气压传动系统的工作原理；掌握各液压、气压典型传动系统的工作原理及特点。

本章通过对一些液压与气压传动系统典型应用实例的介绍，分解系统的组成，剖析系统中各元件的作用，分析系统的性能、特点，从而为设计液压、气压传动系统打下坚实的基础。

第一节　典型液压系统分析

液压系统是以液压油作为工作介质，将能源装置、执行元件、控制调节元件、辅助元件按照主机的功能要求，进行组合而形成的能够完成一定动作的系统。在国民经济的各个部门和各个行业中获得了广泛的应用。但是，不同的液压设备，其工作要求、工况特点、动作循环均不相同。因而，作为液压主机主要组成部分的液压系统，为了满足主机的各项要求，其系统的组成、采用的元件等也不相同。在设计制造、使用、维修主机时，能够正确地阅读和分析液压系统图是非常重要的。

本节介绍几个典型液压系统的应用实例，分析它们的工作原理和性能特点，介绍分析液压系统的一般步骤和方法。

实际的液压系统往往比较复杂，要读懂并非易事，液压系统的分析大致可按以下步骤进行：

(1)首先要明确主机的功用、完成的动作以及对液压系统的工作要求。

(2)初读液压系统图，了解系统中包含了哪些液压元件，在找出控制元件和控制油路的基础上，找寻主油路，搞清楚每一条回路的进油和回油路线。

(3)按基本回路分解系统的功能，并根据系统中各执行元件间的互锁、同步、顺序动作和防干扰等方面的要求，再全面通读系统原理图，直至完全读懂。

(4)分析系统中各个元件的作用。

(5)在分析系统各功能要求的实现方法和系统性能优劣的基础上，总结归纳出整个系统的特点，以加深对系统的理解。

一、组合机床液压系统

组合机床液压系统

(一)概述

组合机床是一种工序集中、效率较高的专用机床，广泛应用于产品批量较大的生产流水线中，如汽车制造厂的气缸生产线等。动力滑台是组合机床实现进给运动的一种通用部件，配上动力头和主轴箱后可以对工件完成钻、扩、镗、铰、铣、攻丝等多种孔和端面的加工工序。

图 6-1 所示为 YT4543 型液压动力滑台的液压系统原理图，它由背压阀 1、顺序阀 2、单向阀 3、调速阀 4、压力继电器 5、单向阀 6、液压缸 7、行程阀 8、二位二通电磁换向阀 9、调速阀 10、先导阀 11、液控换向阀 12、单向阀 13 和限压式变量叶片泵 14 等液压元件组成，回路中活塞杆固定，滑台固定在液压缸缸筒上，随缸筒运动。

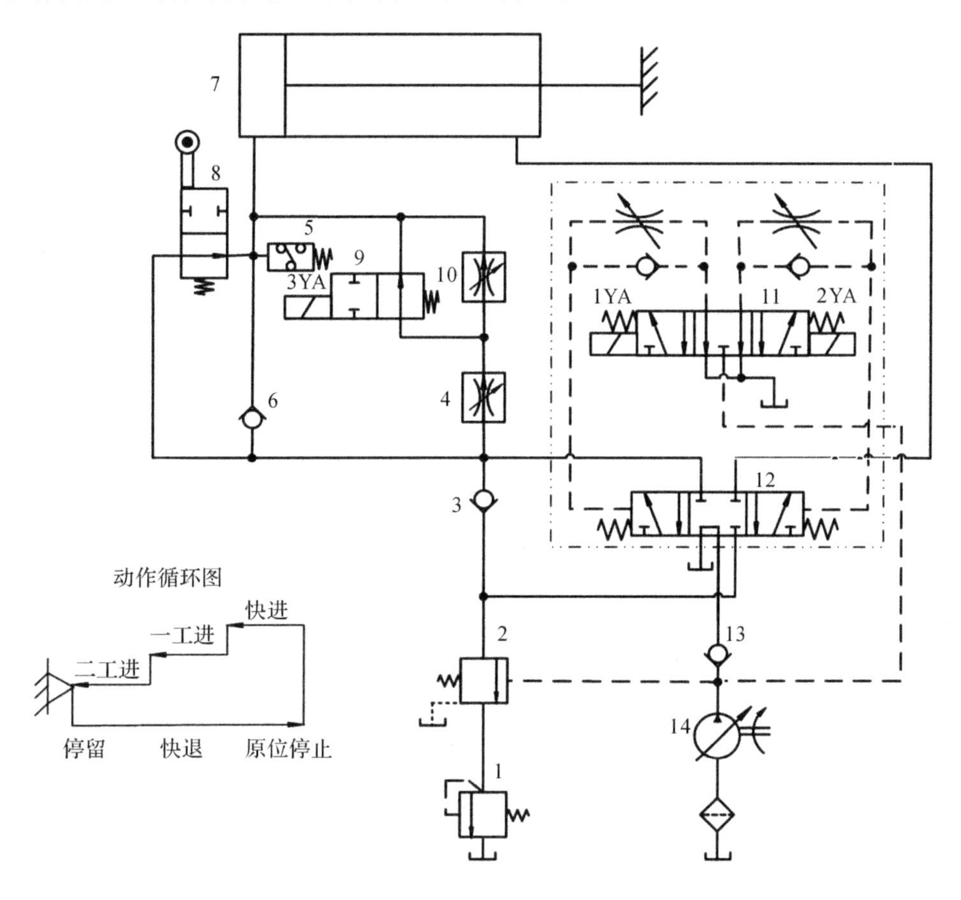

1—背压阀；2—顺序阀；3、13—单向阀；4、10—调速阀；5—压力继电器；6—单向阀；7—液压缸；8—行程阀；9—换向阀；11—先导阀；12—液控换向阀；14—限压式变量叶片泵。

图 6-1 YT4543 型液压动力滑台液压系统原理图

YT4543 型液压动力滑台在电气和机械装置的配合下能够实现实“快进→一工进→二工进→停留→快退→原位停止”的工作循环，动作循环图中的箭头方向代表了液压缸的运动方向。

（二）工作原理

表 6-1 是液压系统的动作顺序表，从表中可以看出：液压缸快进时，电磁铁 1YA 通电，电磁铁 2YA、3YA 都断电，行程阀 8 处于复位状态；液压缸一工进时，电磁铁 1YA 通电，电磁铁 2YA、3YA 断电，行程阀 8 压下；液压缸二工进时，电磁铁 1YA、3YA 通电，2YA 断电，行程阀 8 压下；停留时与液压缸二工进时一致，电磁铁 1YA、3YA 通电，2YA 断电，行程阀 8

压下；液压缸快退时，电磁铁2YA、3YA通电，1YA断电，行程阀8在液压缸退回过程中从压下状态回复到复位状态；液压缸停止运动时，各电磁铁都断电，行程阀8处于复位状态。其各个阶段的工作情况如下。

表6-1 动作顺序表

动作顺序	1YA	2YA	3YA	行程阀
快进	+	−	−	−
一工进	+	−	−	+
二工进	+	−	+	+
停留	+	−	+	+
快退	−	+	+	+→−
原位停止	−	−	−	−

注：表中"+"表示通电或行程阀压下，"−"表示断电或行程阀复位。

1. 快进

液压缸快进时，电磁铁1YA通电、先导阀11左位接入控制油路，限压式变量叶片泵14输出的控制油通过先导阀11的左位、单向阀13作用到液控换向阀12的阀芯左端，使液控换向阀12左位接入回路。由于快进时滑台只需克服摩擦力，负载较小，系统工作压力不高，因而限压式变量叶片泵14输出最大流量，此时顺序阀2处于关闭状态，液压缸7作差动连接，缸筒带动滑台快速向左运动。

快进时系统中油液流动的情况为：

进油路：限压式变量叶片泵14→单向阀13→换向阀12(左位)→行程阀8(下位)→液压缸7(左腔)；

回油路：液压缸7(右腔)→换向阀12(左位)→单向阀3→行程阀8(下位)→液压缸7(左腔)。

2. 一工进

当液压缸带动滑台快进到滑台上的挡块压下行程阀8时，液压缸的快进就结束，第一次工作进给开始。这时1YA通电，行程阀8压下，其余电磁铁断电。由于行程阀8上位接入回路，通过行程阀8进入液压缸的进油通道关闭，液压油只能通过调速阀4、换向阀9进入液压缸7的左腔，使系统压力升高，顺序阀2打开，限压式变量叶片泵14的输出流量随之减小，并与调速阀4的流量相适应，滑台的进给速度降低。从上述分析可知，一工进时液压油经过一个调速阀后进入液压缸。

一工进时系统中油液流动的情况为：

进油路：限压式变量叶片泵14→单向阀13→换向阀12(左位)→调速阀4→换向阀9(右位)→液压缸7(左腔)；

回油路：液压缸7(右腔)→换向阀12(左位)→顺序阀2→背压阀1→油箱。

3. 二工进

当滑台运动到其上的挡块压下行程开关，使电磁铁3YA通电时，第一次工作进给结束，第二次工作进给开始。这时，换向阀9左位接入回路，液压油经换向阀9进入液压缸7的通道被关闭，液压油只能经调速阀4，再经调速阀10进入液压缸7左腔，由于调速阀10的开口调得比调速阀4的开口小，系统工作压力进一步升高，使限压式变量叶片泵14的输出流量与调速阀10的调定流量相适应，滑台的进给速度进一步降低。从上述分析可知，二工进时液压油经过两个调速阀后进入液压缸。

二工进时系统中油液流动情况为：

进油路：限压式变量叶片泵14→单向阀13→换向阀12(左位)→调速阀4→调速阀10→液压缸7(左腔)；

回油路：液压缸7(右腔)→换向阀12(左位)→顺序阀2→背压阀1→油箱。

4. 停留

当滑台运动到碰上死挡块时，进入停留状态。此时的油路仍与二工进时一致，但由于液压缸停止运动，所以系统压力不断升高，限压式变量叶片泵14输出的流量只用于补偿系统的泄漏。当进油腔压力升高到压力继电器5的调定压力时，压力继电器动作并发电信号给时间继电器(回路图中未画出)，由时间继电器延时，保持滑台在换向前停留一段时间。滑台在死挡块处的停留是为了满足加工端面或台肩孔的需要，在死挡块处的停留时间由时间继电器调节。

5. 快退

当时间继电器的延时时间达到其调定时间后发出信号，使电磁铁1YA断电、2YA通电，先导阀11右位接入回路，并在控制压力油的作用下，使换向阀12的右位接入回路，液压油进入液压缸7的右腔。由于此时液压缸7右腔的有效作用面积小，且滑台空载后退，系统压力下降，限压式变量叶片泵14的流量又自动增至最大，所以滑台快速退回。

快退时系统中油液的流动情况为：

进油路：限压式变量叶片泵14→单向阀13→换向阀12(右位)→液压缸7(右腔)；

回油路：液压缸7(左腔)→单向阀6→换向阀12(右位)→油箱。

6. 原位停止

当滑台退回到原位，安装在滑台上的挡块压下终点开关时，各电磁铁都断电，先导阀11、换向阀12都在其对中弹簧作用下回到中位，液压缸7两腔封闭，滑台停止运动，限压式变量叶片泵14通过换向阀12卸荷。回路中单向阀13的作用是使系统在卸荷时保持0.3MPa压力，供控制油路用。

停止时系统中油液的流动情况为：

卸荷油路：限压式变量叶片泵14→单向阀13→换向阀12(中位)→油箱。

(三)系统的特点

YT4543型液压动力滑台液压系统包含了以下几个基本回路：由电液换向阀控制的换向回路，行程阀、电磁阀和液控顺序阀等联合控制的速度换接回路，液压缸差动连接的快速运动回路，限压式变量叶片泵、调速阀和背压阀组成的容积节流调速回路，两个调速阀串联的速度换接回路，采用电液换向阀M型中位机能的卸荷回路，等。这些回路具有以下几个方面的特点：

(1)换向回路：采用了电液换向阀实现换向，并由压力继电器与时间继电器发出的电信号控制换向信号，使滑台的换向更加可靠、平稳。

(2)快速运动回路：利用了限压式变量泵在低压时输出的流量大的特点，并采用差动连接来实现液压缸的快速前进，能得到较大的快进速度。

(3)调速回路:采用了由限压式变量泵和调速阀控制的调速回路,调速阀放在进油路上,保证液压缸能得到稳定的低速、较好的速度刚性和较大的调速范围,回油经过背压阀,能使滑台承受负向的负载,也有利于改善运动速度的稳定性。

(4)快速运动与工作进给的换接回路:采用了行程换向阀实现速度的换接。同时利用换向后系统中的压力升高使液控顺序阀接通,系统由快速运动的差动连接转换为使回油直接排回油箱。这样简化了油路和电路,也保证了换向的精度。

(5)两种工作进给的换接回路:采用了两个调速阀串联的回路结构,速度换接的平稳性较好,由于两个工进的速度都比较低,两者之间的换接采用电磁阀来完成。

二、万能外圆磨床液压系统

万能外圆磨床液压系统1

(一)概述

万能外圆磨床是一种可以磨削外圆,加上附件又可磨削内圆的机床。在进行外圆磨削时,主运动是砂轮的高速旋转运动,纵向进给运动是工件随工作台的纵向往复运动,圆周进给运动是工件由头架主轴带动的旋转运动,横向进给运动是砂轮做周期性的切入运动。除了砂轮与工件的旋转运动由电动机驱动外,其余的运动均由液压传动实现。在万能外圆磨床的所有运动中,工作台的纵向往复运动要求最高,它既要保证高的换向精度、平稳的换向过程,还要保证尽可能高的生产效率。所以在万能外圆磨床液压系统中,换向回路的选择是液压系统的核心问题,常采用机液联合换向的方式来满足换向要求。这种换向回路按制动原理的不同可分成时间制动换向回路和行程制动换向回路两种。对于万能外圆磨床,由于工作台的换向精度较高,常采用行程制动换向回路。

(二)工作原理

图6-2为M1432A型万能外圆磨床的液压系统原理图,它由液压泵、精滤油器、先导阀、抖动缸、拨杆、挡块、液动换向阀、开停阀、互锁缸、节流阀、液压缸、砂轮架、快动缸、闸缸、快动阀、尾架顶尖、尾架缸、尾架阀、进给缸、进给阀、选择阀等元件组成。从图中可以看出,这个系统是利用工作台挡块和先导阀拨杆来实现工作台的纵向往复运动和砂轮架的间隙自动进给运动,下面就其工作原理进行详细分析。

1. 工作台纵向往复运动

在图示状态下,当开停阀处于右位,先导阀和换向阀都处于右端位置时,液压缸带动工作台向右运动,此时主油路油液的流动情况为:

进油路:液压泵→换向阀(右位)→液压缸(右腔);

回油路:液压缸(左腔)→换向阀(右位)→先导阀(右位)→开停阀(右位)→节流阀→油箱。

当液压缸带动工作台向右移动到预定位置时,安装在工作台上的左挡块就会拨动先导阀阀芯使其处于左位,使得控制油路 a_2 接通压力油、a_1 接通油箱,压力油作用至换向阀阀芯的右端,而阀芯的左端与油箱相通,推动换向阀阀芯左移,使换向阀左位接入回路,于是主油路的油液流动变为:

进油路:液压泵→换向阀(左位)→液压缸(左腔);

回油路:液压缸(右腔)→换向阀(左位)→先导阀(左位)→开停阀(右位)→节流阀→

油箱。

此时，液压缸带动工作台向左运动，当安装在工作台上的右挡块碰上拨杆后发生与上述情况相反的变换，使工作台改变方向向右运动，进入下一个工作循环。只有当开停阀拨向左位时工作台才停止运动。

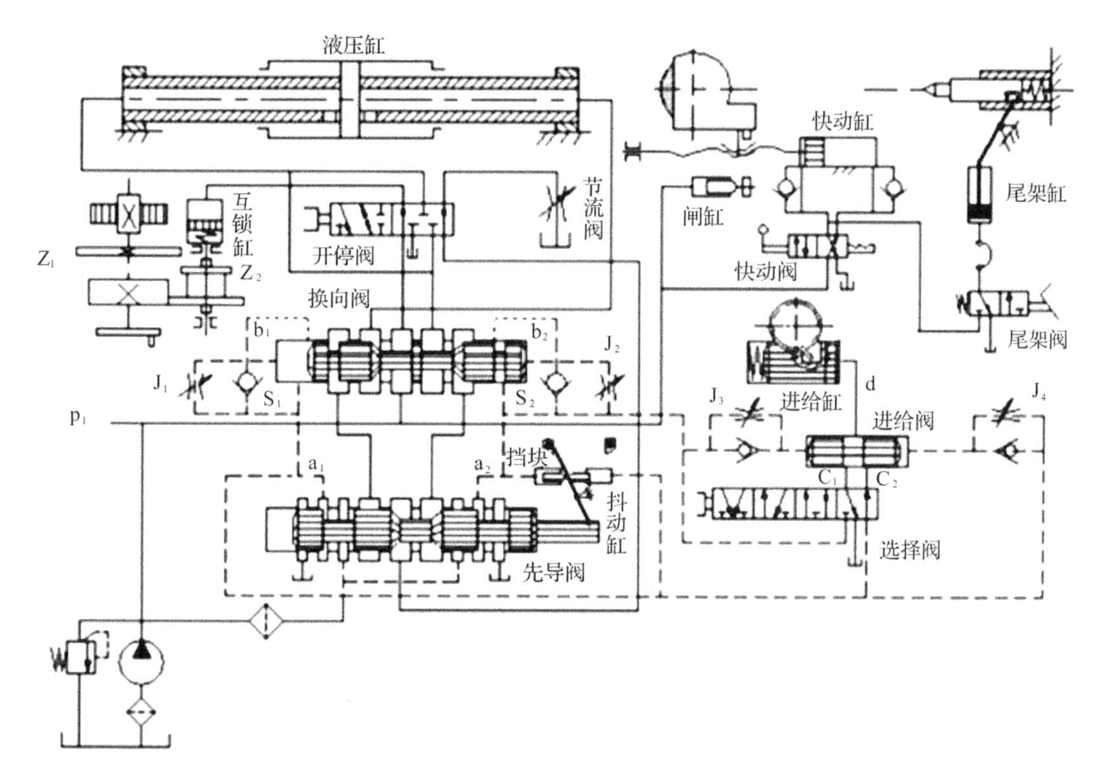

图 6-2　M1432A 型万能外圆磨床液压系统原理

2. 工作台换向过程

万能外圆磨床液压系统 2

工作台换向时，先导阀的阀芯先在挡块的操纵下移动，接着又在抖动缸的操纵下快跳。换向阀的控制油路在换向过程中先后三次变换通流情况，使换向阀的阀芯产生第一次快跳、慢速移动和第二次快跳三次变换，工作台在经历迅速制动、停留和迅速反向启动三个阶段后实现换向。

当先导阀的阀芯被拨杆推着向左移动时，它的右制动锥逐渐将回油通道关小，使工作台逐渐减速，实现预制动。当拨杆推着先导阀阀芯左移至使控制油路 a_2 通过阀芯右部环形槽接通高压油，控制油路 a_1 通过左部环形槽接通油箱时，控制油路被切换。这时左、右抖动缸便推动先导阀阀芯向左快跳，此时左、右抖动缸进、回油路为：

进油路：液压泵→精滤油器→先导阀（左位）→左抖动缸；

回油路：右抖动缸→先导阀（左位）→油箱。

在抖动缸的作用下先导阀阀芯产生快跳，使换向阀两端的控制油路迅速切换，为换向阀阀芯的快速移动创造液流流动条件，由于阀芯右端通高压油，液动换向阀阀芯开始向左移动，其油液的流动情况为：

进油路：液压泵→精滤油器→先导阀（左位）→单向阀 S_2→换向阀阀芯右端。

在液动换向阀阀芯左移过程中，其阀芯左端通向油箱的油路先后有第一次快跳、慢速移动和第二次快跳三种连通情况，第一次快跳时的回油路线为：

回油路（第一次快跳）：液动换向阀阀芯左端→先导阀（左位）→油箱。

此时，由于回油路畅通无阻，换向阀阀芯快速向左移动，阀芯右部制动锥快速关小主回油路的通道，使工作台迅速制动。当换向阀阀芯的中部台肩快移到阀体中间沉割槽处时，液压缸两腔油路相通，工作台停止运动。而换向阀阀芯在压力油作用下继续左移，但由于直通先导阀的回油通道被切断，阀芯左端的油液经节流阀 J_1 回油箱，阀芯转为慢速移动。此时回油流动路线改变为：

回油路（慢速移动）：液动换向阀阀芯左端→节流阀 J_1→先导阀（左位）→油箱。

由于阀芯中部台肩的宽度小于阀体上沉割槽的宽度，液压缸两腔油路在阀芯慢速移动期间仍然保持相通，使工作台在阀芯慢速移动期间保持停止（停止时间可在 0～5s 内调整），这就是工作台在反向前的端点停留。当阀芯慢速移动到其左部环形槽和先导阀左端相连的通道连通时，由于回油路又畅通无阻，阀芯出现第二次快跳，回油流动路线改变为：

回油路（第二次快跳）：液动换向阀阀芯左端→通道 b_1→换向阀左部环槽→先导阀（左位）→油箱。

此时主油路被快速切换，工作台迅速反向启动，完成全部换向过程。在反向时，先导阀和换向阀自左向右移动的换向过程与上述相同，在此不再赘述。

3. 砂轮架的快进快退运动

当快动阀左位接入回路时，液压油进入快动缸的左腔，砂轮架快速后退到其最右端位置。当快动阀右位接入回路时，液压油进入快动缸的右腔，砂轮架快速前进到其最左端位置。为了消除丝杠和螺母间的间隙，提高砂轮架快进快退运动时的重复位置精度，在系统中设有抵住砂轮架的闸缸。

4. 砂轮架的周期进给运动

砂轮架的周期进给运动由砂轮架进给缸通过其活塞上的拨爪棘轮、齿轮、丝杠螺母等传动副来实现。砂轮架的周期进给运动方式有左端进给（工件在左端停留时进给）、右端进给（工件在右端停留时进给）、双向进给（工件在两端停留时进给）以及无进给（不进行进给）四种，由选择阀进行选择。如果选择阀选定的是“左端进给”，工件在左端停留时，控制油路 a_1 接通高压油，进给阀阀芯在控制油路的作用下左移，油路 d 与油路 C_1 接通，砂轮架做一次间隙进给。进给量的大小由拨爪棘轮机构调整，进给快慢及平稳性则通过调节节流阀 J_3、J_4 来实现。

5. 工作台液动手动的互锁

回路中由互锁缸来实现工作台液动和手动的互锁。当开停阀右位接入回路时，互锁缸的上腔通入压力油，推动活塞向下运动，使齿轮 z_1 和 z_2 脱离啮合，此时工作台运动时就不会带动手轮转动。当开停阀左位接入回路时，互锁缸的上腔接通油箱，活塞在弹簧作用下向上移动，使齿轮 z_1 和 z_2 啮合，工作台就可以通过摇动手轮来调整。

6. 尾架顶尖的退出

尾架顶尖的退出通过脚踏式的尾架阀操纵，由尾架缸来实现。当快动阀右位接入回路，砂轮架处于其最左端位置时，由于此时没有压力油接入尾架阀，无论尾架阀的左位或右位接入回路，尾架顶尖都不能退出，只有在快动阀左位接入回路，砂轮架后退到其最右端位置后，尾架阀右位接入回路时，尾架顶尖才能后退以确保安全。

（三）系统的特点

M1432A 型万能外圆磨床液压系统具有以下特点：

（1）该液压系统采用了活塞杆固定式双杆液压缸，减少了机床的占地面积，也保证了液压缸左、右两个方向运动速度的一致。

（2）采用了回油节流调速回路，回油路中的背压可以防止空气渗入液压系统，也有助于工作稳定和加速工作台的制动。且这种回路的功率损失较小，比较适合应用于负载较小、调速范围不大且基本恒定的磨床。

（3）系统采用了结构紧凑、操纵方便的 HYY21/3p-25T 型快跳操纵箱，使得工作台换向时的换向精度和换向平稳性都较高。这种操纵箱还能使工作台作很短距离的高频抖动，能够提高切入式磨削和阶梯轴（孔）磨削的加工质量。

三、液压压力机液压系统

（一）概述

液压压力机是最早应用液压传动的机械之一，它是一种可用于加工金属、塑料、木材、皮革、橡胶等各种材料的压力加工机械，能完成锻压、冲压、冷挤、折边、弯曲、校直、成形、打包等多种加工工艺，具有系统压力可以方便调节、可大范围无级调速、可在任意位置输出全部功率和保持所需压力等优点，所以在压力加工生产中得到了广泛的应用。

YA32-200 型液压压力机是一种典型的四柱式压力加工设备。它的执行元件是安装在四个立柱之间的上、下两个液压缸，上液压缸（又称主缸）用于加压驱动上滑块运动，实现"快速下行→慢速加压→保压→卸压→快速返回→原位停止"的工作循环；下液压缸（又称顶出缸）用于成形件的顶出，实现"向上顶出→向下退回→原位停止"的工作循环；上下液压缸联合工作，用于薄板的拉伸和拉伸过程中的压边，此时要求下液压缸保持有足够的顶起力，同时又能够随着上液压缸的下压而下降，主缸的最大压制力为 2000kN。

（二）工作原理

图 6-3 为 YA32-200 型液压压力机液压系统工作原理图，它由过滤器 1，定量泵 2，变量泵 3，溢流阀 4，先导式溢流阀 5，远程调压阀 6，背压阀 7，安全阀 8，节流阀 9，压力表 10、15、19，顶出缸 11，三位四通电液换向阀 12、14，二位三通电磁换向阀 13，压力继电器 16，卸荷阀 17，单向阀 18，充液阀 20，顺序阀 21，液控单向阀 22，主液压缸 23，工作台 24，充液箱 25，油箱以及行程开关 S_1、S_2、S_3 等元件组成。该系统中有两个液压泵 2 和 3，其中泵 2 为低压小流量泵，它是一个定量泵，在系统中作为辅助泵使用，为控制油路提供压力油，其压力由溢流阀 4 调定。泵 3 为大流量泵，它是一个恒功率的变量泵，最高工作压力为 32MPa，压力由先导式溢流阀 5 和远程调压阀 6 调定，远程调压阀 6 可以根据不同的工作要求方便地改变系统的调定压力。其动作顺序表如表 6-2 所示，下面就其工作原理进行详细分析。

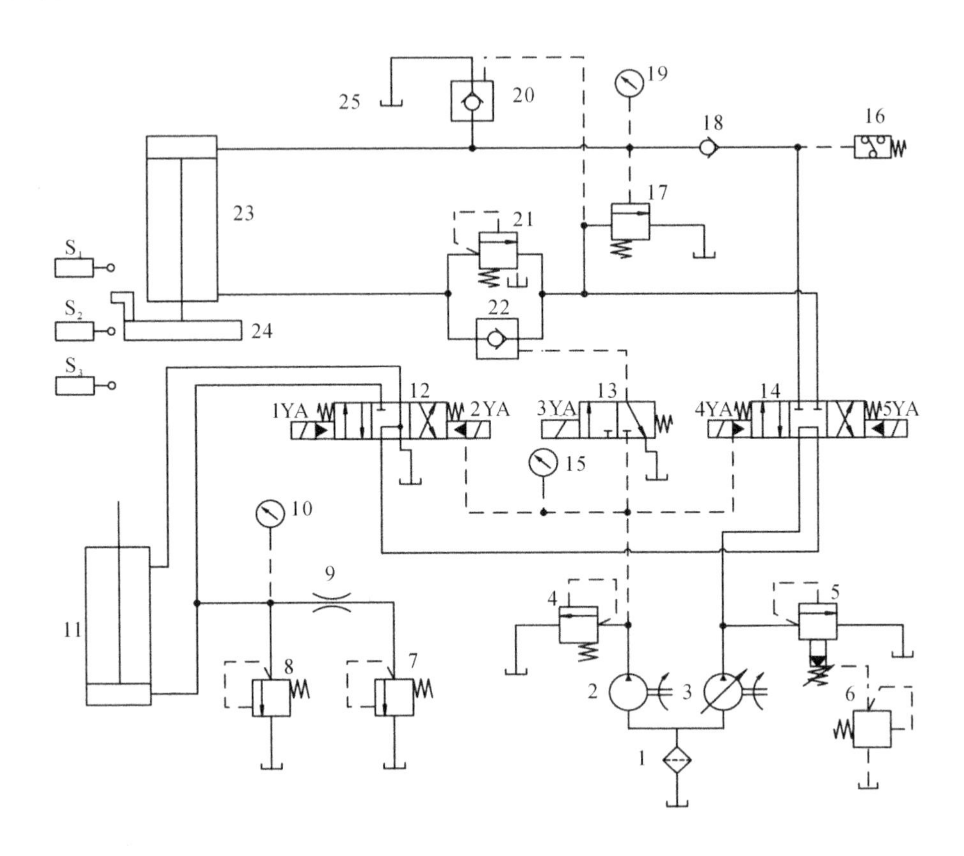

1—过滤器；2—定量泵；3—变量泵；4—溢流阀；5—先导式溢流阀；6—远程调压阀；7—背压阀；8—安全阀；9—节流阀；10、15、19—压力表；11—顶出缸；12、14—三位四通电液换向阀；13—二位三通电磁换向阀；16—压力继电器；17—卸荷阀；18—单向阀；20—充液阀；21—顺序阀；22—液控单向阀；23—主液压缸；24—工作台；25—充液箱；S_1、S_2、S_3—行程开关。

图 6-3　YA32-200 型液压压力机液压系统工作原理

表 6-2　电磁铁动作顺序表

动作顺序		1YA	2YA	3YA	4YA	5YA
主液压缸	快速下行	−	−	+	+	−
	慢速加压	−	−	−	+	−
	保压	−	−	−	−	−
	卸压	−	−	−	−	+
	快速返回	−	−	−	−	+
	原位停止	−	−	−	−	−
顶出缸	向上顶出	+	−	−	−	−
	向下退回	−	+	−	−	−
	原位停止	−	−	−	−	−

注：表中"＋"表示通电，"－"表示断电。

1. 主液压缸运动

(1)快速下行

按下启动按钮，当电磁铁 3YA、4YA 通电时，电磁换向阀 13 和电液换向阀 14 换向，左位接入系统，这时油液进入主液压缸 23 的上腔，同时控制压力油经换向阀 13 的左位使液控单向阀 22 反向通道打开，主液压缸 23 下腔的油液回到油箱。此时连接在主液压缸 23 上的上滑块在自重作用下迅速下降，液压泵 3 的供油不足以补充主液压缸上腔空出的容积，上腔的油液产生部分真空，在大气压力的作用下，与液压缸上腔相连的充液箱 25 中的油液经充液阀 20 流入主液压缸 23 的上腔。

主油路油液流动线路为：

进油路：变量泵 3→电液换向阀 14(左位)→单向阀 18→主液压缸 23(上腔)；

充液箱 25→充液阀 20→主液压缸 23(上腔)。

回油路：主液压缸 23(下腔)→液控单向阀 22→电液换向阀 14(左位)→电液换向阀 12(中位)→油箱。

(2)慢速加压

当上滑块上的挡块压下行程开关 S_2 时，电磁铁 3YA 断电，换向阀 13 复位，右位接入系统，液控单向阀 22 的反向通道因控制油路的卸压而关闭，主液压缸 23 下腔的回油必须打开顺序阀 21 流回油箱，使得下降速度减慢。此时变量泵 3 的供油能够满足主液压缸运动的需要，其上腔压力升高，充液阀 20 关闭，来自变量泵 3 的压力油推动主液压缸 23 的活塞使滑块慢速接近工件，当滑块抵住工件后，阻力急剧增加，主液压缸 23 上腔的油压进一步升高，变量泵 3 的排量自动减小，主液压缸的活塞以极慢的速度对工件施加压力。

此时，油液流动的线路为：

进油路：变量泵 3→电液换向阀 14(左位)→单向阀 18→主液压缸 23(上腔)。

回油路：主液压缸 23(下腔)→顺序阀 21→电液换向阀 14(左位)→电液换向阀 12(中位)→油箱。

(3)保压

当主液压缸 23 的上腔压力升高到预定值时，压力继电器 16 发出信号，使电磁铁 4YA 断电，电液换向阀 14 复位，中位接入系统，泵 3 卸荷。由于充液阀 20、单向阀 18 具有良好的密封性，主液压缸 23 上腔保持压力，保压时间可通过调节时间继电器进行设定。

(4)卸压

当保压过程结束时，时间继电器发出信号，使电磁铁 5YA 通电，电液换向阀 14 换向右位接入系统。由于主液压缸 23 上腔保持着高压，且主液压缸直径大、行程长，缸内油液在加压过程中受到压缩，存储的能量相当大，如果此时上腔立即接通回油，缸内液体积蓄的能量突然释放就会出现液压冲击，产生振动和噪声。所以必须先进行卸压，然后再让活塞返回。

在卸压完成之前，由于主液压缸 23 上腔的压力较高，卸荷阀 17 打开，变量泵 3 输出的油液经卸荷阀 17 回油箱，又由于卸荷阀 17 带有阻尼孔，所以变量泵 3 未完全卸荷，而是以较低的压力输出，此压力可以打开充液阀 20 内部的小阀芯，但尚不足以打开它的主阀芯，所以主液压缸 23 上腔的高压油只能以极小的流量经此小阀芯的开口泄回充液箱 25，主液压缸 23 上腔的压力也因此而缓慢降低，实现卸压过程。当主液压缸 23 上腔的压力降低至低于卸荷阀 17 的开启压力时，卸荷阀 17 关闭。

（5）快速返回

在主液压缸 23 上腔完成卸压之后，变量泵 3 输出的压力油首先打开充液阀 20 的主阀芯，使主液压缸 23 上腔到充液箱 25 的回路打通。此时变量泵 3 的油液经过液控单向阀 22 进入主液压缸 23 的下腔，主液压缸 23 上腔的油液经过充液阀 20 流回充液箱 25，主液压缸 23 的活塞返回，又由于主液压缸返回时仅需克服主液压缸运动组件的自重及其摩擦力，所以变量泵 3 的压力较低，流量大，活塞快速返回。

此时，油液流动线路为：

进油路：变量泵 3→电液换向阀 14（右位）→液控单向阀 22→主液压缸 23（下腔）。

回油路：主液压缸 23（上腔）→充液阀 20→充液箱 25。

（6）原位停止

当主液压缸的活塞返回到预定高度时，上滑块上的挡块压下行程开关 S_1，电磁铁 5YA 断电，电液换向阀 14 复位，中位接入系统，主液压缸 23 的活塞被锁住而停止运动。此时，变量泵 3 通过电液换向阀 14 和 12 的 M 型中位机能实现卸荷。

2. 顶出缸的运动

（1）压力机顶出缸的顶出

按下顶出缸启动按钮，电磁铁 1YA 通电，电液换向阀 12 换向，左位接入系统，顶出缸 11 的活塞杆向上运动。

此时油液流动线路为：

进油路：变量泵 3→电液换向阀 14（中位）→电液换向阀 12（左位）→顶出缸 11（下腔）。

回油路：顶出缸 11（上腔）→电液换向阀 12（左位）→油箱。

（2）顶出缸退回

当电磁铁 2YA 通电、1YA 断电时，电液换向阀 12 换向，右位接入系统，液压油进入顶出缸 11 的上腔，活塞杆退回。

此时油液的流动线路为：

进油路：变量泵 3→电液换向阀 14（中位）→电液换向阀 12（右位）→顶出缸 11（上腔）。

回油路：顶出缸 11（下腔）→电液换向阀 12（右位）→油箱。

（3）原位停止

在顶出缸 11 的活塞杆返回过程中，当到达预定位置时，电磁铁 2YA 断电，电液换向阀 12 复位，中位接入回路，顶出缸 11 停止运动，变量泵 3 卸荷。

3. 浮动压边

在进行薄板拉伸时，要求顶出缸既能保持一定的压力，又能随主液压缸滑块下压而下降。在拉伸时为了进行压边，首先使 1YA 通电，电液换向阀 12 左位接入系统，顶出缸 11 的活塞杆上升到顶住被拉伸的工件，然后使 1YA 断电，电液换向阀 12 复位，中位接入系统，在主液压缸 23 下压作用力的作用下，顶出缸 11 下腔的压力升高，当升高到一定值时，打开背压阀 7，油液经节流阀 9 和背压阀 7 流回油箱，上腔经过电液换向阀 12 的中位进行补油。由于此处的背压阀 7 是一个溢流阀，而溢流阀是锥阀，开度变化时，开口面积变化比较大，影响运动的平稳性，所以串联了一个节流阀 9。安全阀 8 一方面是为了限定顶出缸 11 下腔的最高压力，另一方面是为了防止节流阀 9 的阻塞，起安全保护作用。

（三）系统的特点

（1）采用高压大流量的恒功率变量泵，能合理地利用能源；

（2）采用充液油箱在主液压缸快速下行时补充油液，简化了系统的结构；

（3）综合采用行程、压力和时间三种控制方式，保证了工作循环的自动完成；

（4）采用电液换向阀换向，保证了换向的平稳，减小了液压冲击；

（5）采用先导式溢流阀的远控口接调压阀的方式进行远程调压，不仅保证了系统的安全，而且也方便了系统压力的调节；

（6）利用管道和油液的弹性变形以及液控单向阀和单向阀良好的密封性能进行保压，既保证了系统工作的可靠，也简化了结构；

（7）采用充液阀和卸荷阀能够使保压时存在于主液压缸上腔的高压能量缓慢释放，有利于防止产生液压冲击和噪声；

（8）采用双泵供油，使控制油路和主油路相互独立，保证了换向操作的安全可靠。

四、汽车起重机液压系统

（一）概述

汽车起重机是一种机动灵活、适应性强的起重机械，由于采用液压传动技术，因而承载能力大，抗冲击、振动的能力强，可在环境较差的条件下工作。汽车起重机的起重作业机构包括支腿收放机构、回转机构、伸缩机构、变幅机构和起降机构五个部分。

（1）支腿收放机构

起重作业时能架起整车，使汽车轮胎离开地面，不使其承受载荷，并可调整整车的水平。在汽车行驶和起重作业过程中，要求支腿收放机构能够可靠地锁紧。

（2）回转机构

起重作业时用以保证吊臂能够按照需要回转。

（3）伸缩机构

起重作业时用以调整吊臂的长度，要求调整以后能够定位锁紧。

（4）变幅机构

起重作业时用以调整吊臂的倾角，要求调整以后能够定位锁紧。

（5）起降机构

起重作业时用以起降重物，要求对起降机构的运行速度能够进行调节，而且微调性能要好，并能够定位锁紧。

（二）工作原理

Q2-8型汽车起重机属于小型起重机，它的最大起重重量为8t，最大起降高度为11.5m。图6-4所示是其液压系统原理图，它由过滤器1，开关2，液压泵3，安全阀4，多路换向阀组5、14，支腿液压缸6、9、10、13，双向液压锁7、8、11、12，平衡阀15、16、18，单向节流阀17，起降液压马达19，闸缸20，变幅液压缸21，伸缩液压缸22，回转液压马达23以及油箱等元件组成。

这是一种通过手动操纵来实现多缸各自动作的液压串联系统，系统采用一个液压泵给各执行元件供油。在轻载工况下，各执行元件可任意组合，使几个执行元件动作。该系统液压泵的动力由汽车发动机通过装在底盘变速箱上的取力箱（图中未画出）提供。液压泵的额定压力为 21MPa，排量为 40mL/r，转速为 1500r/min，液压泵从油箱吸油，输出的压力油经多路换向阀组 5 和 14 串联后输送到各执行元件。

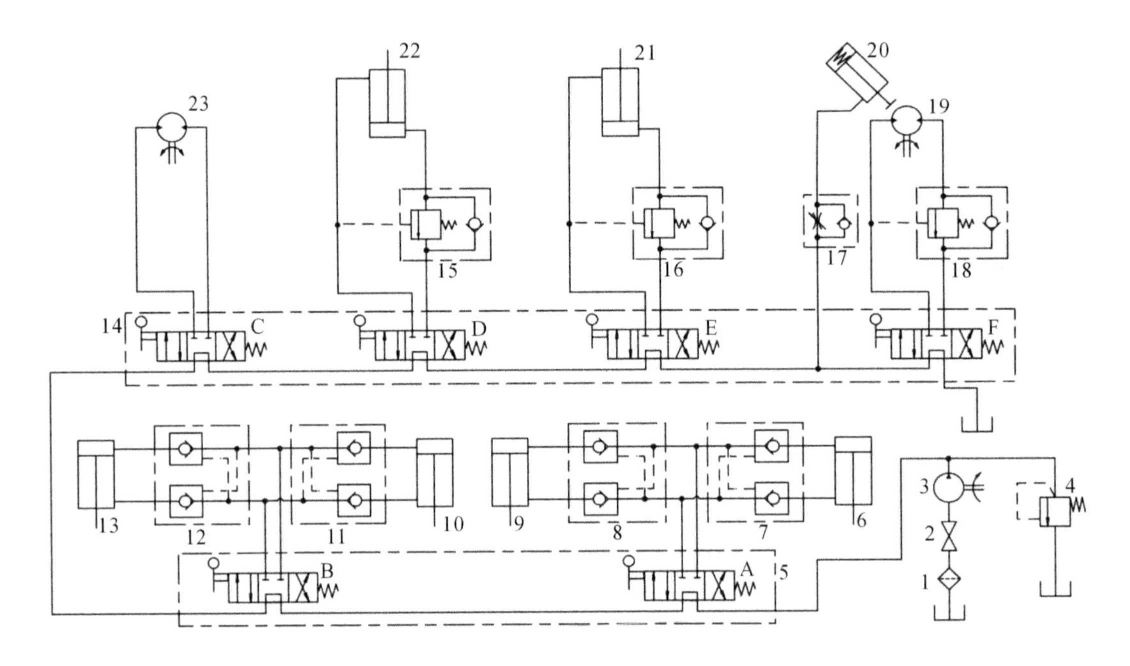

1—过滤器；2—开关；3—液压泵；4—安全阀；5、14—多路换向阀组；6、9、10、13—支腿液压缸；7、8、11、12—双向液压锁；15、16、18—平衡阀；17—单向节流阀；19—起降液压马达；20—闸缸；21—变幅液压缸；22—伸缩液压缸；23—回转液压马达。

图 6-4　Q2-8 型汽车起重机液压系统原理图

下面对各个回路动作进行详细叙述。

1. *支腿收放机构回路*

由于汽车轮胎支撑能力有限，在起重作业时必须放下支腿使汽车轮胎悬空，由支腿架起整车，汽车行驶时则必须收起支腿。Q2-8 型汽车起重机采用蛙式支腿，在汽车起重机的底盘前后各有两条支腿，每条支腿由一个液压缸驱动，两条前支腿用三位四通手动换向阀 A 控制收放，两条后支腿用三位四通手动换向阀 B 控制。两个换向阀都采用 M 型中位机能，且油路串联。每个液压缸的回路上都安装了一个双向液压锁，以保证支腿可靠地锁紧，防止在起重作业过程中发生"软腿"现象或行车过程中支腿自行滑落。此外液压锁还具有安全保护作用，当该回路中软管爆裂或者支腿液压缸存在内泄漏时，支腿仍然可以保持不变。另外，在起重作业中为了防止出现对支腿的误操作，手动换向阀 A 和 B 一般都不安装在驾驶室内。当同时操作手动换向阀 A 和 B 支起前后支腿时，由于手动换向阀 A 控制的支腿液压缸进入的油液流量与手动换向阀 B 控制的支腿液压缸进入的流量总是不一致，所以前后支腿的动作快慢也不一致，要分别进行调整，其目的是为了在起重作业中防止出现对支腿的误操作，以确保安全。

下面分析一下支腿收放机构回路的油液流动情况。当手动换向阀 A 和 B 都左位接入系统时，前、后支腿四个液压缸的活塞杆向下伸出，前支腿液压缸的回油进入后支腿液压缸的进油腔，此时油液的流动路线如下。

(1)前支腿液压缸

进油路:

液压泵 3→手动换向阀 A(左位)→ { 双向液压锁 7→液压缸 6(上腔)；双向液压锁 8→液压缸 9(上腔) }

回油路:

{ 液压缸 6(下腔)→双向液压锁 7；液压缸 9(下腔)→双向液压锁 8 } →手动换向阀 A(左位)→手动换向阀 B(左位)

→ { 双向液压锁 11→液压缸 10(上腔)；双向液压锁 12→液压缸 13(上腔) }

(2)后支腿液压缸

进油路:后支腿液压缸的进油路与前支腿液压缸的回油路相同。

回油路: { 液压缸 10(下腔)→双向液压锁 11；液压缸 13(下腔)→双向液压锁 12 } →手动换向阀 B(左位)→多路换向阀组 14 →油箱。

油液通过多路换向阀组 14 中的换向阀 C、D、E、F 的中位回到油箱。

当手动换向阀 A、B 中位接入系统时,在双向液压锁 7、8、11、12 的锁闭下,液压缸 6、9、10、13 被锁死。当手动阀 A、B 右位接入系统时,液压缸 6、9、10、13 的活塞杆返回。

2. 回转机构回路

回转机构采用液压马达作为执行元件,液压马达通过减速器驱动回转支撑转动,由于回转支撑的转速较低,每分钟仅为 1～3r/min,所以液压马达的转速也不高,不需要设置液压马达的制动回路。在系统中只采用了一个三位四通手动换向阀 C 来控制回转支撑的正转、反转和停止三种工况。当手动换向阀 C 的右位接入系统时,液压马达 23 正转,此时油液的流动路线为:

进油路:液压泵 3→手动换向阀 A(中位)→手动换向阀 B(中位)→手动换向阀 C(右位)→液压马达 23(正转进油口)。

回油路:液压马达 23(正转出油口)→手动换向阀 C(右位)→手动换向阀 D(中位)→手动换向阀 E(中位)→手动换向阀 F(中位)→油箱。

当手动换向阀 C 的左位接入系统时,液压马达 23 反转,此时油液的流动路线为:

进油路:液压泵 3→手动换向阀 A(中位)→手动换向阀 B(中位)→手动换向阀 C(左位)→液压马达 23(反转进油口)。

回油路:液压马达 23(反转出油口)→手动换向阀 C(左位)→手动换向阀 D(中位)→手动换向阀 E(中位)→手动换向阀 F(中位)→油箱。

当手动换向阀 C 的中位接入系统时,液压马达 23 停止转动。

3. 吊臂伸缩机构回路

起重机的吊臂由基本臂和伸缩臂组成,伸缩臂套在基本臂之中,吊臂伸缩机构是为了驱动伸缩臂的伸缩,回路中采用了一个三位四通手动换向阀 D 来控制伸缩液压缸 22 的伸出和缩回,缸 22 的伸缩可以改变伸缩臂的伸出量。为防止因自重而使吊臂下落,回路中设置了平衡阀,实际上该回路就是一个平衡回路。

当手动换向阀 D 的右位接入系统时，伸缩液压缸 22 的活塞杆向外伸出，此时油液的流动路线为：

进油路：液压泵 3→手动换向阀 A(中位)→手动换向阀 B(中位)→手动换向阀 C(中位)→手动换向阀 D(右位)→平衡阀 15(单向阀)→液压缸 22(下腔)。

回油路：液压缸 22(上腔)→手动换向阀 D(右位)→手动换向阀 E(中位)→手动换向阀 F(中位)→油箱。

当手动换向阀 D 的左位接入系统时，伸缩液压缸 22 的活塞杆缩回，此时油液的流动路线为：

进油路：液压泵 3→手动换向阀 A(中位)→手动换向阀 B(中位)→手动换向阀 C(中位)→手动换向阀 D(左位)→液压缸 22(上腔)。

回油路：液压缸 22(下腔)→平衡阀 15(顺序阀)→手动换向阀 D(左位)→手动换向阀 E(中位)→手动换向阀 F(中位)→油箱。

当手动换向阀 D 的中位接入系统时，伸缩液压缸 22 的活塞杆立即停止运动并被锁紧。

4. 变幅机构回路

汽车起重机的变幅依靠调节吊臂的仰俯角度来实现，变幅液压缸 21 的伸缩可以改变吊臂的仰俯角度。操作三位四通手动换向阀 E 就可以控制变幅液压缸 21 的伸缩量，改变起重机的作业幅度。为了防止吊臂在自重作用下下落，变幅机构的回油路中设置了平衡阀，它不仅起了限速作用和锁紧作用，还具有安全保护作用。与吊臂伸缩机构回路一样，该回路也是一个平衡回路。

当手动换向阀 E 的右位接入系统时，变幅液压缸 21 的活塞杆向外伸出，此时油液的流动路线为：

进油路：液压泵 3→手动换向阀 A(中位)→手动换向阀 B(中位)→手动换向阀 C(中位)→手动换向阀 D(中位)→手动换向阀 E(右位)→平衡阀 16(单向阀)→液压缸 21(下腔)。

回油路：液压缸 21(上腔)→手动换向阀 E(右位)→手动换向阀 F(中位)→油箱。

当手动换向阀 E 的左位接入系统时，变幅液压缸 21 的活塞杆缩回，此时油液的流动路线为：

进油路：液压泵 3→手动换向阀 A(中位)→手动换向阀 B(中位)→手动换向阀 C(中位)→手动换向阀 D(中位)→手动换向阀 E(左位)→液压缸 21(上腔)。

回油路：液压缸 21(下腔)→平衡阀 16(顺序阀)→手动换向阀 E(左位)→手动换向阀 F(中位)→油箱。

当手动换向阀 E 的中位接入系统时，变幅液压缸 21 的活塞杆立即停止运动并被锁紧。

5. 起降机构回路

起降机构是汽车起重机的主要工作机构，它是一个由低速大扭矩液压马达带动的卷扬机。液压马达的正反转由手动换向阀 F 控制，起降速度的调节主要是通过调节发动机的油门改变其转速从而改变液压泵的输出流量和液压马达的输入流量来实现的。在马达的回油路中设置了外控式平衡阀，以限制重物的下降速度，实现动力下降。此外，回路中还设置了由单作用闸缸 20 和单向节流阀 17 组成的制动回路，且其控制油路与起降油路联动，只有起降液压马达 19 工作时闸缸才能松闸，保证了起降作业的安全。马达制动回路中的单向节流阀 17 是为了满足制动迅速、松闸平缓的要求设置的。

当手动换向阀F右位接入时，单作用闸缸20松闸，起降液压马达19正转，提升重物，此时油液的流动路线如下。

(1)制动回路

进油路：液压泵3→手动换向阀A(中位)→手动换向阀B(中位)→手动换向阀C(中位)→手动换向阀D(中位)→手动换向阀E(中位)→单向节流阀17(节流阀)→闸缸20(下腔)。

(2)起降回路

进油路：液压泵3→手动换向阀A(中位)→手动换向阀B(中位)→手动换向阀C(中位)→手动换向阀D(中位)→手动换向阀E(中位)→手动换向阀F(右位)→平衡阀18(单向阀)→起降液压马达19(正转进油口)。

回油路：起降液压马达19(正转出油口)→手动换向阀F(右位)→油箱。

当手动换向阀F左位接入时，单作用闸缸20松闸，起降液压马达19反转，重物下降，此时油液的流动路线如下。

(1)制动回路

进油路：液压泵3→手动换向阀A(中位)→手动换向阀B(中位)→手动换向阀C(中位)→手动换向阀D(中位)→手动换向阀E(中位)→单向节流阀17(节流阀)→闸缸20(下腔)。

(2)起降回路

进油路：液压泵3→手动换向阀A(中位)→手动换向阀B(中位)→手动换向阀C(中位)→手动换向阀D(中位)→手动换向阀E(中位)→手动换向阀F(左位)→起降液压马达19(反转进油口)。

回油路：起降液压马达19(反转出油口)→平衡阀18(顺序阀)→手动换向阀F(左位)→油箱。

当手动换向阀F中位接入时，单作用闸缸20拉闸制动，起降液压马达19停止转动。

(三)系统的特点

从上述分析中可以看出，Q2-8型汽车起重机液压系统的特点主要表现在以下几个方面：

(1)Q2-8型汽车起重机属于小型起重机，液压马达所驱动的部件惯性较小，所以系统中没有设置缓冲补油回路，同时采用手动调节换向阀的开度大小来调整除起降机构外的工作机构的速度，也使得系统的结构简单，造价低。

(2)采用单泵供油、各执行元件通过三位换向阀M型中位机能串联连接的方式，降低了造价，还可以在执行元件不满载时，实现复合动作。

(3)采用单向液控顺序阀作平衡阀不仅起到了在起升、吊臂伸缩和变幅作业过程中限速和锁紧作用，还具有安全保护作用。

(4)采用由单向节流阀和单作用闸缸构成的制动器，且其控制油路与起降油路联动，保证了起降作业的安全性。

(5)采用由液控单向阀构成的双向液压锁将前后支腿锁定在一定位置上，工作可靠且锁定时间长。

五、塑料注射成型机液压系统

（一）概述

注塑机是塑料注射成型机的简称，它能将颗粒状的塑料加热到流动状态，采用注射装置将流动状态的塑料快速注入模腔，经一定时间的保压、冷却后制作成为塑料制品。由于注塑机具有成型周期短、加工适应性强、自动化程度高等优点，因此在塑料机械中应用最为广泛。

XS-ZY-250A 型注塑机由合模部件、注射部件、液压传动与控制系统及电气控制部分等组成。它能完成合模、注射座前进、注射、保压、冷却和预塑、注射座后退、开模、顶出制品、顶出缸后退等动作，其工作循环如图 6-5 所示。

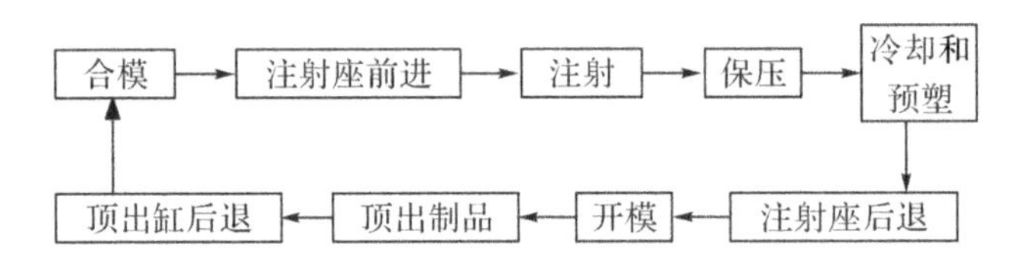

图 6-5　注塑机的工作循环图

XS-ZY-250A 型注塑机要求液压系统具有以下性能：

(1)足够的合模力。流动状态的塑料高压快速注入模腔，因此液压系统必须提供足够的合模力，避免在注射加工时由于合模力不够导致模具闭合不严产生塑料制品的溢边现象。

(2)开、合模速度可调。在开、合模过程中，要求合模缸有慢、快、慢的速度变化，以提高生产效率、保证制品质量、避免碰撞，并减少振动和噪声。

(3)注射座前进应有足够的推力。系统应提供足够的推力来保证注射时喷嘴与模具浇口的紧密接触。

(4)注射压力和速度可调。为适应不同塑料品种、注射成型制品几何形状和模具浇注系统的要求，能够提供可以调节的注射压力和注射速度。

(5)保压及其压力可调。为保证注射完毕后塑料能紧贴模腔获得精确的形状，需要保压一段时间，同时保压的压力也能根据不同需要进行调整。

(6)制品顶出速度要平稳。制品顶出时要求有足够的顶出力，且顶出速度要平稳，以保证制品不受损坏。

（二）工作原理

图 6-6 所示为 XS-ZY-250A 型注塑机液压系统的工作原理图，系统采用电液比例压力阀对合模、开模、注射座前进、注射、顶出、螺杆后退等多级压力进行控制，采用电液比例调速阀对开模、合模、注射时的多种速度进行控制，油路简单、使用的液压阀少、效率高，压力及速度变换时冲击小、噪声低，能实现远程自动控制。其各个阶段的电磁铁通断电情况见表 6-3，工作情况如下。

表 6-3　电磁铁动作顺序表

动作顺序		1YA	2YA	3YA	4YA	5YA	6YA	7YA
合模	快速合模	－	－	－	－	－	－	＋
	低压合模	－	－	－	－	－	－	＋
	高压锁紧	－	－	－	－	－	－	＋
注射座前进		－	－	＋	－	－	－	－
注射		＋	－	－	－	－	－	－
保压		＋	－	－	－	－	－	－
冷却和预塑		－	－	＋	－	－	－	－
注射座后退		－	－	－	＋	－	－	－
开模		－	－	－	－	－	＋	－
顶出制品		－	－	－	－	＋	－	－
顶出缸后退		－	＋	－	－	－	－	－

注：表中“＋”表示通电，“－”表示断电。

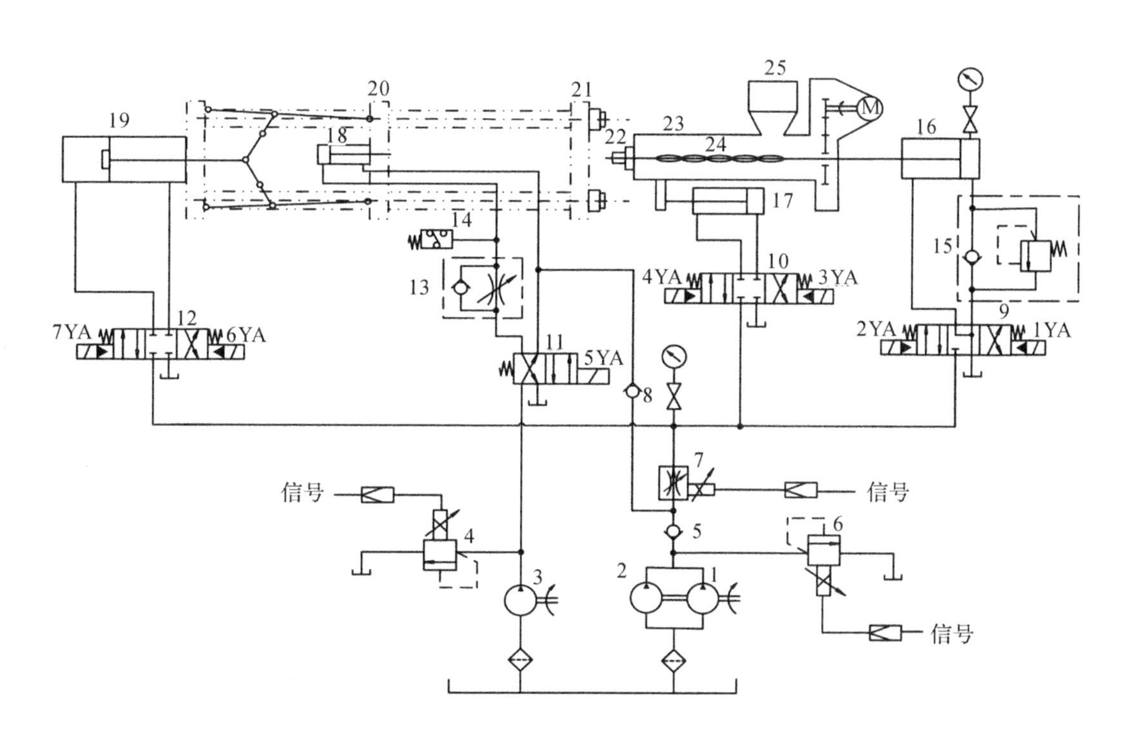

1、2、3—液压泵；4、6—比例压力阀；5、8—单向阀；7—比例调速阀；9、10、11、12—换向阀；13—单向节流阀；14—压力继电器；15—单向顺序阀；16—注塑缸；17—注射座移动缸；18—顶出缸；19—合模缸；20—动模板；21—定模板；22—喷嘴；23—料筒；24—螺杆；25—料斗。

图 6-6　XS-ZY-250A 型注塑机液压系统工作原理图

1. 合模

合模过程包括快速合模、低压合模和高压锁紧几个动作，推动动模板向定模板靠拢，并锁紧模具。具体动作如下。

(1)快速合模

当7YA通电时，换向阀12左位接入系统，液压泵1、2、3输出的液压油汇合后经换向阀12进入合模液压缸19的左腔，其右腔的油液经换向阀12的左位回油箱。合模液压缸19的活塞杆推动连杆及动模板20快速合模，其中泵1和泵2的压力由电液比例压力阀6调节，泵3的压力由电液比例压力阀4调节。此时油液的流动路线为：

进油路：

泵 1
泵 2 }→单向阀 5
泵 3→换向阀 11(左位)→单向阀 8 }→比例调速阀 7→换向阀 12(左位)→合模缸 19(左腔)。

回油路：合模缸 19(右腔)→换向阀 12(左位)→油箱。

(2)低压合模

快速合模以后，控制电液比例压力阀6使其压力降为零，使泵1、泵2卸荷，控制电液比例压力阀4使泵3压力降低，实现低压下的慢速合模，保护模具表面。此时油液的流动路线为：

进油路：泵 3→换向阀 11(左位)→单向阀 8→比例调速阀 7→换向阀 12(左位)→合模缸 19(左腔)。

回油路：合模缸 19(右腔)→换向阀 12(左位)→油箱。

(3)高压锁紧

当动模板越过保护段时，控制电液比例压力阀4使泵3压力升高，进行高压合模，并使连杆产生弹性变形，将模具锁紧。主油路油液流动路线与低压合模时相同。

2. 注射座前进

当电磁铁7YA断电、3YA通电时，换向阀10右位接入系统，泵3输出的液压油经换向阀11、单向阀8、比例调速阀7、换向阀10进入注射座移动缸17的右腔，使注射座整体向左移动，直到喷嘴与模具贴紧。此时泵1、泵2卸荷，泵3工作，油液的流动路线为：

进油路：泵 3→换向阀 11(左位)→单向阀 8→比例调速阀 7→换向阀 10(右位)→注射座移动缸 17(右腔)。

回油路：注射座移动缸 17(左腔)→换向阀 10(右位)→油箱。

3. 注射

当电磁铁1YA通电时，换向阀9右位接入系统。泵1、2、3的液压油汇合以后经换向阀9进入注塑缸16的右腔，注塑缸16的活塞杆带动螺杆24将料筒23前端流动状态的塑料经喷嘴22快速注入模腔，注射速度由电液比例调速阀7调节。此时油液的流动路线为：

进油路：

泵 1
泵 2 }→单向阀 5
泵 3→换向阀 11(左位)→单向阀 8 }→比例调速阀 7→换向阀 9(右位)→注塑缸 16(右腔)。

回油路：注塑缸 16(左腔)→换向阀 9(右位)→油箱。

4. 保压

保压的目的是使注塑缸对模腔内的熔料保持一定的压力并进行补塑，此时只需要极少量的油液，并且保压的压力也不需要很高。所以，泵 1、泵 2 卸荷，泵 3 单独供油，泵 3 输出的液压油经换向阀 11、单向阀 8、比例调速阀 7、换向阀 9 进入注塑缸 16 的右腔，系统压力由电液比例压力阀 4 调节，并将多余的油液溢回油箱。此时回油路保持不变，进油路变为：

泵 3→换向阀 11(左位)→单向阀 8→比例调速阀 7→换向阀 9(右位)→注塑缸 16(右腔)。

5. 冷却和预塑

保压结束后，注入模腔内的熔料需要经过一定时间的冷却才能定形，同时也要为下一次注射加工做好准备，需要将塑料颗粒加热到能够流动的状态。此时，1YA 断电，换向阀 9 复位，中位接入系统。电动机 M 减速机构驱动螺杆 24 转动，从料斗 25 加入的塑料颗粒随着螺杆 24 的转动被带至料筒 23 的前端，进行加热熔化，并在螺杆头部逐渐建立起一定压力，当此压力足以克服注塑缸活塞退回的背压阻力时，螺杆 24 开始后退，当螺杆后退到其头部熔料达到所需注射量时，停止后退和转动，准备下一次注射。此时油液的流动路线为：

注塑缸 16(右腔)→单向顺序阀 15(顺序阀)→换向阀 9(中位)→油箱。

同时注塑缸 16 的左腔通过换向阀 9(中位)从油箱补油。

6. 注射座后退

当电磁铁 4YA 通电时，换向阀 10 的左位接入系统，泵 1、泵 2 卸荷，泵 3 单独供油，泵 3 输出的液压油经换向阀 11、单向阀 8、比例调速阀 7、换向阀 10 进入注射座移动缸 17 的左腔，缸 17 的活塞杆带动注射座慢速后退。此时油液的流动路线为：

进油路：泵 3→换向阀 11(左位)→单向阀 8→比例调速阀 7→换向阀 10(左位)→注射座移动缸 17(左腔)。

回油路：注射座移动缸 17(右腔)→换向阀 10(左位)→油箱。

7. 开模

(1)慢速开模

当电磁铁 6YA 通电时，换向阀 12 的右位接入系统，泵 1、泵 2 卸荷，泵 3 单独供油，泵 3 输出的液压油经换向阀 11、单向阀 8、电液比例调速阀 7、换向阀 12 进入合模缸 19 的右腔，使其活塞杆通过连杆带着动模板慢速后退。此时油液的流动路线为：

进油路：泵 3→换向阀 11(左位)→单向阀 8→电液比例调速阀 7→换向阀 12(右位)→合模缸 19(右腔)。

回油路：合模缸 19(左腔)→换向阀 12(右位)→油箱。

(2)快速开模

此时泵 1、泵 2 和泵 3 都工作，三个泵输出的液压油汇合后经电液比例调速阀 7、换向阀 12 进入合模缸 19 的右腔，使动模板快速后退。此时油液的流动路线为：

进油路：

泵 1 }
泵 2 } →单向阀 5 }
泵 3→换向阀 11(左位)→单向阀 8 } →电液比例调速阀 7→换向阀 12(右位)→合模缸 19(右腔)。

回油路：合模缸 19(左腔)→换向阀 12(右位)→油箱。

8. 顶出制品

(1)顶出缸前进

当电磁铁 5YA 通电时，换向阀 11 换向，右位接入系统，泵 1、泵 2 卸荷，泵 3 单独供油，泵 3 输出的液压油经换向阀 11、单向节流阀 13 进入顶出缸 18 的左腔，使其活塞杆向外顶出，顶出速度由单向节流阀 13 调节。此时油液的流动路线为：

进油路：泵 3→换向阀 11(右位)→单向节流阀 13(节流阀)→顶出缸 18(左腔)。

回油路：顶出缸 18(右腔)→换向阀 11(右位)→油箱。

(2)顶出缸后退

当电磁铁 5YA 断电时，换向阀 11 复位，左位接入系统，泵 3 输出的液压油经换向阀 11 进入顶出缸 18 的右腔，使其活塞杆退回。此时油液的流动路线为：

进油路：泵 3→换向阀 11(左位)→顶出缸 18(右腔)。

回油路：顶出缸 18(左腔)→单向节流阀 13(单向阀)→换向阀 11(左位)→油箱。

9. 螺杆后退

在清洗和拆卸螺杆时，螺杆需要后退。当"顶出缸后退"的动作顺序表通电时，换向阀 9 换向，左位接入系统，泵 3 输出的液压油就能进入注塑缸 16 的左腔，注塑缸 16 的活塞杆带动螺杆后退。此时油液的流动路线为：

进油路：泵 3→换向阀 11(左位)→单向阀 8→电液比例调速阀 7→换向阀 9(左位)→注塑缸 16(左腔)。

回油路：注塑缸 16(右腔)→换向阀 9(左位)→油箱。

(三)系统的特点

(1)该系统利用电液比例调速阀进行控制，有效解决了执行元件数量多、压力和速度变化多的问题，简化了系统。

(2)采用电液换向阀、电磁换向阀、行程开关、压力继电器等元件，保证了工作循环动作的自动完成。

(3)采用液压-机械增力合模机构，使模具锁紧可靠。

第二节　典型气动系统分析

随着机械装备自动化的发展，特别是近几年"机器换人"产业的兴起，气动技术得到了越来越广泛的应用。下面介绍几种典型的气动系统。

一、液体自动定量灌装气动系统

液体自动定量灌装气动系统

在一些饮料生产线上，要求液体自动定量灌装，常采用气控液体定量灌装系统。图 6-7 所示是液体自动定量灌装气动系统的工作原理图，它由启动阀 1，二位五通双气控换向阀 2、9，二位三通行程换向阀 3、10、14，气缸定量泵 4，单向阀 5、6，料池 7，气缸 8，上料工作台 11，下料工作台 12 和容器 13 等元件组成。

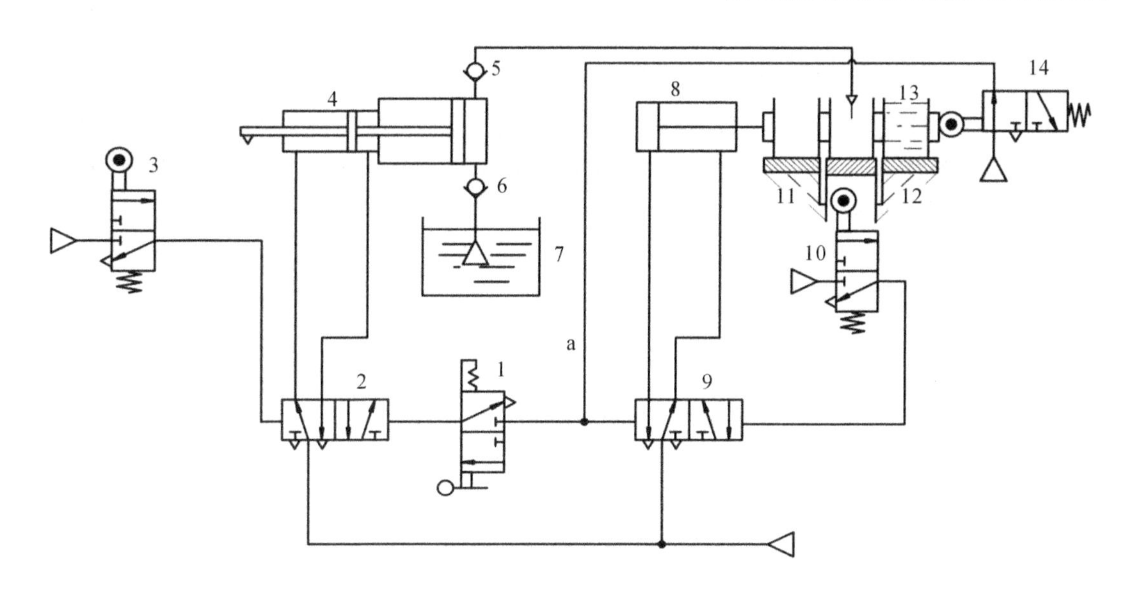

1—启动阀；2、9—气控换向阀；3、10、14—行程换向阀；4—气缸定量泵；5、6—单向阀；
7—料池；8—气缸；11—上料工作台；12—下料工作台；13—容器。

图 6-7　液体自动定量灌装气动系统工作原理图

当按下启动阀 1 时，压缩空气作用到二位五通双气控换向阀 2 的右侧，换向阀 2 换向，右位接入系统，压缩空气进入气缸定量泵 4 的气缸右腔，活塞杆向左运动，定量泵右腔容积增大产生真空，从料池 7 经单向阀 6 吸入液体，此时单向阀 5 关闭。当活塞杆向左运动到杆端挡块压下行程阀 3 时，行程阀 3 上位接入，压缩空气经行程阀 3 上位作用到换向阀 2 的左侧，向换向阀 2 发出换向信号。此时下料工作台 12 上灌装好的容器已取走，行程阀 14 复位，气路 a 与大气相通，压力消失。换向阀 2 换向，左位接入系统，气缸定量泵 4 的活塞杆向右运动，通过单向阀 5 将液体注入待灌装的容器中。在活塞杆向右运动的过程中，行程阀 3 复位，将作用在换向阀 2 左侧的压缩空气排空。当灌装的液体重力使灌装台压下行程阀 10 时，压缩空气经行程阀 10 的上位作用到换向阀 9 的右侧，使换向阀 9 换向，右位接入系统，气缸 8 的活塞杆向外伸出，将装满液体的容器推入下料工作台 12，将空容器推入灌装台，行程阀 10 复位，换向阀 9 右侧卸压，为换向做好准备。被推出的容器碰到行程阀 14 使其左位接入时，压缩空气作用到换向阀 9 的左侧，使其换向，左位接入系统，气缸 8 的活塞杆退回，输送机构将空容器运送至空下的上料工作台 11，压缩空气也同时作用到了换向阀 2 的右侧，使换向阀 2 换向，重复上述动作。

当断开启动阀 1 时，无论气缸定量泵 4、气缸 8 运动到什么位置，都在完成各自的工作循环回到初始位置以后停止运动。

液体自动定量灌装气动系统具有以下特点：

(1)使用气缸定量泵能快速提供大量液体，效率高。

(2)空气能防火、防爆，故系统运行安全。

(3)结构简单，维修方便。

二、液面自动控制装置气动系统

液面自动控制装置用于将容器中的液体保持在一定高度范围内。图 6-8 所示是液面自动控制装置气动系统的工作原理图，它由启动阀 1，二位三通单气控换向阀 2，主控阀 3(它是一个二位五通双气控换向阀，具有记忆功能)，先导式电磁换向阀 4、5，节流阀 6、7，压力表 8，减压阀 9，注水阀 10，放水阀 11，液面下限检测传感器 12 和液面上限检测传感器 13 等元件组成。

液面自动控制装置气动系统

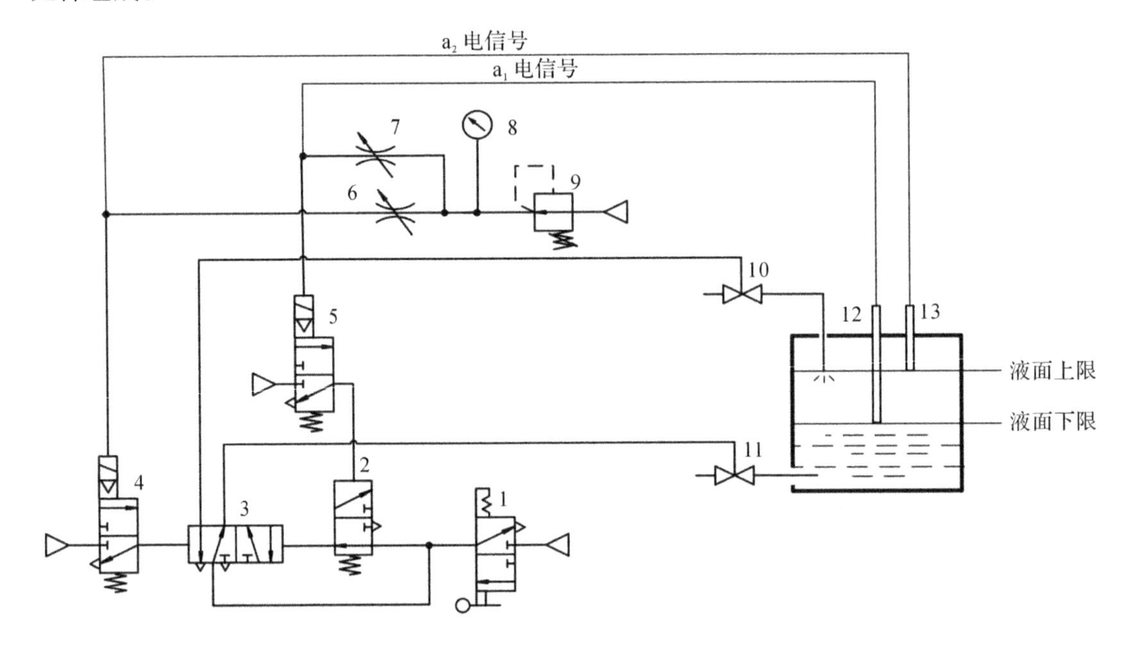

1—启动阀；2—气控换向阀；3—主控阀；4、5—先导式电磁换向阀；6、7—节流阀；8—压力表；9—减压阀；10—注水阀；11—放水阀；12—液面下限检测传感器；13—液面上限检测传感器。

图 6-8 液面自动控制装置气动系统工作原理图

当系统处于图示位置时，启动阀 1 上位接入系统，启动阀 1、主控阀 3、先导式电磁换向阀 4、5 都处于排气状态，与注水阀 10、放水阀 11 相连的气路也处于排气状态，注水阀 10、放水阀 11 都关闭。

当按下启动阀 1 时，压缩空气经气控阀 2 作用到主控阀 3 的右侧使主控阀 3 换向，右位接入系统，压缩空气输入到注水阀 10，使注水阀 10 打开，对容器注水。当水位到达液面下限检测传感器 12 的检测位置时，传感器 12 发出电信号 a_1，先导式电磁换向阀 5 的电磁铁通电使其换向，上位接入系统，压缩空气作用到气控阀 2 的上端使其换向，上位接入系统，作用在主控阀 3 右侧的压缩空气经气控阀 2 排向大气，使其卸压，为换向做好准备。当水位达到液面上限检测传感器 13 的检测位置时，传感器 13 发出电信号 a_2，先导式电磁换向阀 4 的电磁铁通电使其换向上位，接入系统，压缩空气输入到主控阀 3 的左侧，使主控阀 3 换向，左位接入系统，此时输入注水阀 10 的压力消失，注水阀 10 关闭，压缩空气经主控阀 3 的左位输入到放水阀 11，使放水阀 11 打开，向外排水。随着液体的流出，水位下降，当液面低于传感器 13 的检测位置时，其输出的电信号 a_2 消失，阀 4 的电磁铁断电使其复位，使作用在主控阀 3 左侧的压缩空气被排空，为换向做好准备。当水位继续下降到传感器 12 的检测位置以下时，传感器 12 输出的电信号 a_1 消失，阀 5 的电磁铁断电使其复位，作用在气控阀 2 上端的压缩空气被排空，使气控阀 2 也复位，压缩空气作用到主控阀 3 的右侧，使主控阀 3 换向，右位接入系统，将注水阀 10 打开，对容器注水。再重复上述过程直至断开启动阀 1，注水阀 10、放水阀 11 都关闭，使水位始终保持在液面下限位置和上限位置之间。

液面自动控制装置气动系统具有以下特点：

(1)采用压缩空气作为工作介质，能适应恶劣的工作环境。

(2)气压传动的成本低，维修简便。

(3)在液面变化速度极慢时，动作不太稳定。

(4)由于气体的可压缩性大，故液面的位置精度较低。

三、气动机械手

机械手是自动生产设备和生产线上的重要装置之一，特别在“机器换人”产业中应用较多。它可以根据各种自动化设备的工作需要，按照预定的控制程序动作，例如实现自动取料、上料、卸料和自动换刀等动作。

图 6-9 所示是用于某专用设备上的气动机械手的结构示意图。它能模拟人手的部分动作，按预先给定的程序、轨迹和工艺要求实现自动抓取、搬运，完成工件的上料或卸料。机械手共由四个气缸组成，可在三个坐标方向工作。图中 1 为夹紧气缸，是机械手的抓取部分，当其活塞杆退回时夹紧工件，活塞杆伸出时松开工件。2 为长臂伸缩气缸，实现机械手臂的伸出和缩回动作。3 为立柱升降气缸，可调节机械手臂的上下位置。4 为立柱回转气缸，该气缸有两个活塞，分别装在带齿条的活塞杆两端，齿条的往复运动带动立柱上的齿轮旋转，从而实现立

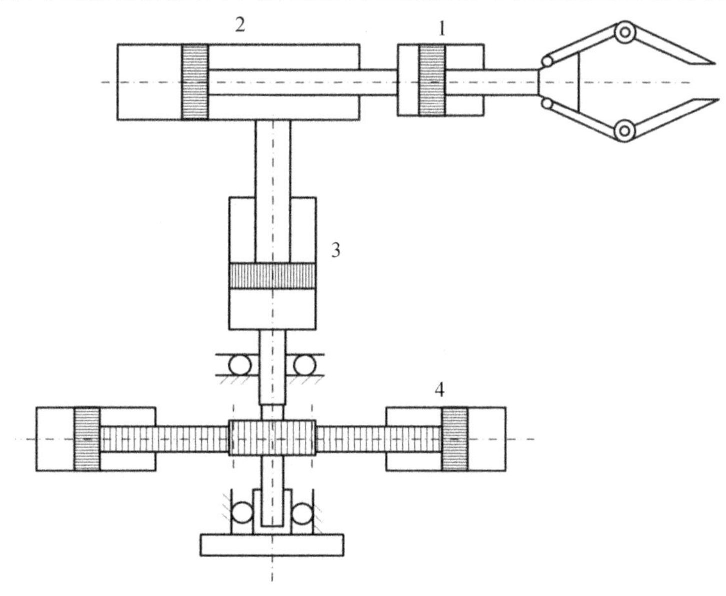

1—夹紧气缸；2—长臂伸缩气缸；3—立柱升降气缸；4—立柱回转气缸。

图 6-9　气动机械手结构示意图

柱的回转以调节机械手臂的角度。采用多缸单往复气动系统即可实现上述动作要求。

图 6-10 所示是气动机械手传动系统的工作原理图，当按下启动阀 17 后，主控阀 15 换向，左位接入回路，立柱升降气缸 3 的活塞杆退回。当缸 3 活塞杆上的挡块在退回过程中压下行程阀 8 时，主控阀 14换向，左位接入回路，长臂伸缩气缸 2 的活塞杆伸出。当缸 2 活塞杆上的挡块在伸出过程中压下行程阀 9 时，主控阀 13 换向，左位接入回路，夹紧气缸 1 的活塞杆退回气爪抓取工件。当缸 1 活塞杆上的挡块在退回过程中压下行程阀 12 时，主控阀 14换向，右位接入回路，缸 2 的活塞杆退回。当缸 2 活塞杆上的挡块在退回过程中压下行程阀 10 时，主控阀 16 换向，左位接入回路，立柱回转气缸 4 的活塞杆向右运动，活塞杆上的齿条运动带动立柱上的齿轮顺时针方向回转。当缸 4 活塞杆上的挡块在向右运动过程中压下行程阀 5 时，主控阀 15 换向，右位接入回路，立柱升降气缸 3 的活塞杆伸出，机械手上升。当缸 3 活塞杆上的挡块在伸出过程中压下行程阀 7 时，主控阀 13 换向，右位接入回路，夹紧气缸 1 的活塞杆伸出松开气爪，完成下料。当缸 1 活塞杆上的挡块在伸出过程中压下行程阀 11 时，主控阀 16 换向，右位接入回路，回转气缸 4 的活塞杆向左运动，活塞杆上的齿条运动带动立柱上的齿轮逆时针方向回转复位，为下一次取料做好准备。当缸 4 活塞杆上的挡块在向左运动过程中压下行程阀 6 时，气控信号经启动阀 17 使主控阀 15 换向，左位接入回路，又开始新的一轮工作循环。

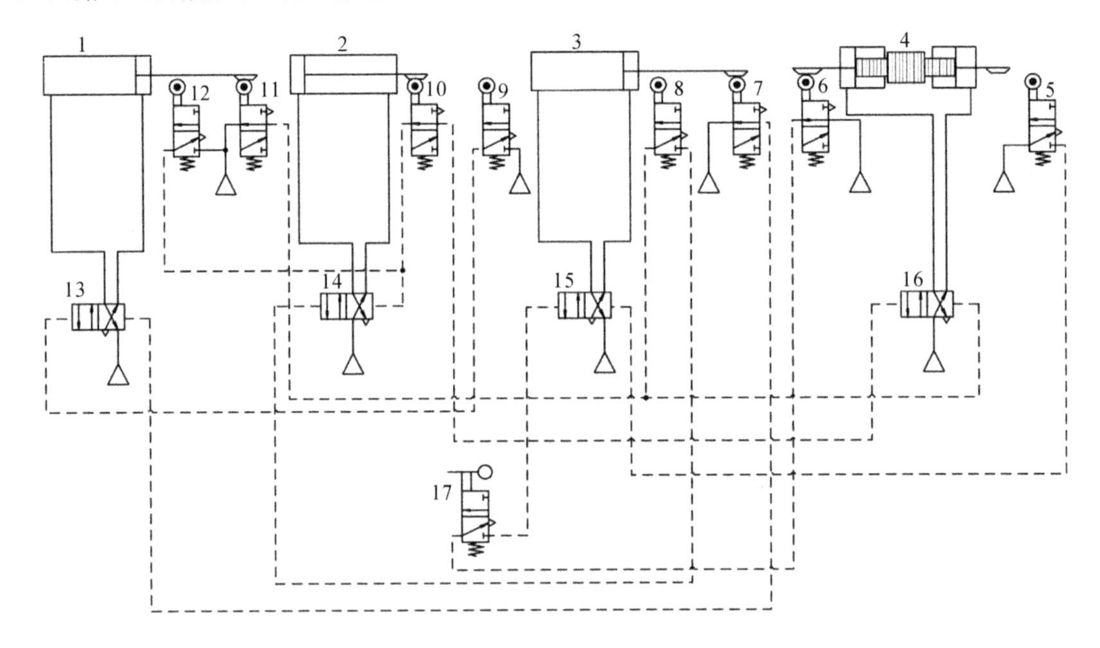

1—夹紧气缸；2—长臂伸缩气缸；3—立柱升降气缸；4—立柱回转气缸；
5、6、7、8、9、10、11、12—行程阀；13、14、15、16—主控阀；17—启动阀。

图 6-10 气动机械手传动系统工作原理图

四、气动工件夹紧系统

图 6-11 所示是“机器换人”自动化生产线、组合机床中常用的气动工件夹紧系统工作原理图。其工作原理是：当工件运行到指定位置后，气缸 4 的活塞杆伸出，将工件定位锁紧后，

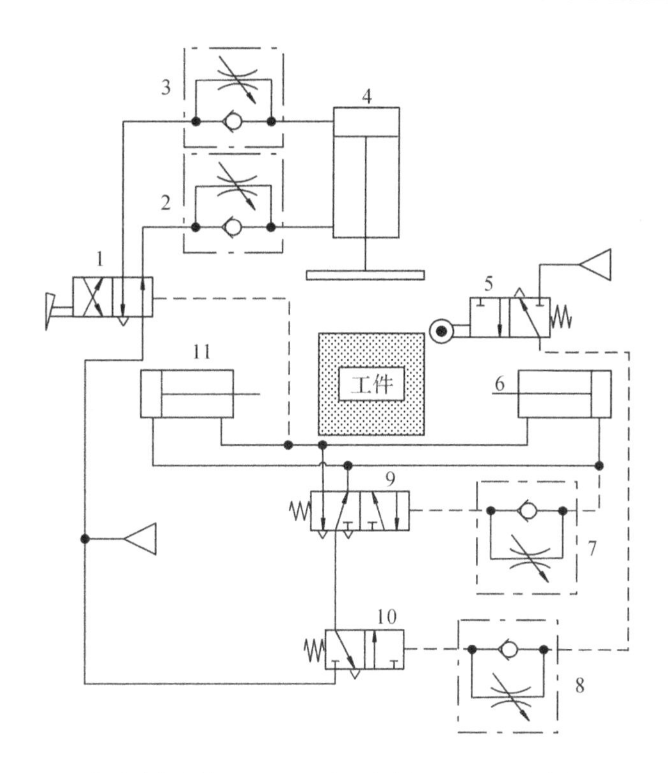

1—脚踏式换向阀；2、3、7、8—单向节流阀；4、6、11—夹紧气缸；
5—行程阀；9—主控阀；10—气控换向阀。
图 6-11　气动工件夹紧系统工作原理图

两侧的气缸 6 和 11 的活塞杆同时伸出，从两侧面压紧工件，实现夹紧，而后进行机械加工。

当用脚踏下脚踏式换向阀 1（在自动化生产线中常采用其他形式的换向方式）后，压缩空气经单向节流阀 3 中的单向阀进入气缸 4 的上腔，气缸 4 的活塞杆向下运动，带动夹紧头下降至工件锁紧位置后压下行程阀 5 使其换向，左位接入回路，压缩空气经单向节流阀 8 中的节流阀作用至气控换向阀 10 的右侧，使换向阀 10 换向，右位接入回路，压缩空气经换向阀 10 的右位、主控阀 9 的左位进入气缸 6 和 11 的无杆腔，使两气缸的活塞杆同时伸出而夹紧工件，然后刀具开始加工。同时流过主控阀 9 的一部分压缩空气经单向节流阀 7 中的节流阀作用至主控阀 9 的右侧，经单向节流阀 7 中的节流阀调节延时（延时时间由节流阀控制）后换向，右位接入回路，气缸 6 和 11 的活塞杆返回。在两气缸返回过程中有一部分压缩空气作用至脚踏式换向阀 1 的右侧，使阀 1 复位，气缸 4 的活塞杆返回，松开行程阀 5 使其复位，排空作用在换向阀 10 右侧的压缩空气，使换向阀 10 也复位，由于气缸 6 和 11 的无杆腔通大气，主控阀 9 也复位，完成一个工作循环。下一个工作循环只有在踏下脚踏式换向阀 1 以后才能开始。

五、数控加工中心气动换刀系统

图 6-12 所示是某数控加工中心气动换刀系统的工作原理图，在换刀过程中能实现定位、松刀、拔刀、向锥孔吹气和插刀等动作。

其工作原理为：当需要换刀时，首先由数控系统发出指令，使主轴停止转动，同时 4YA

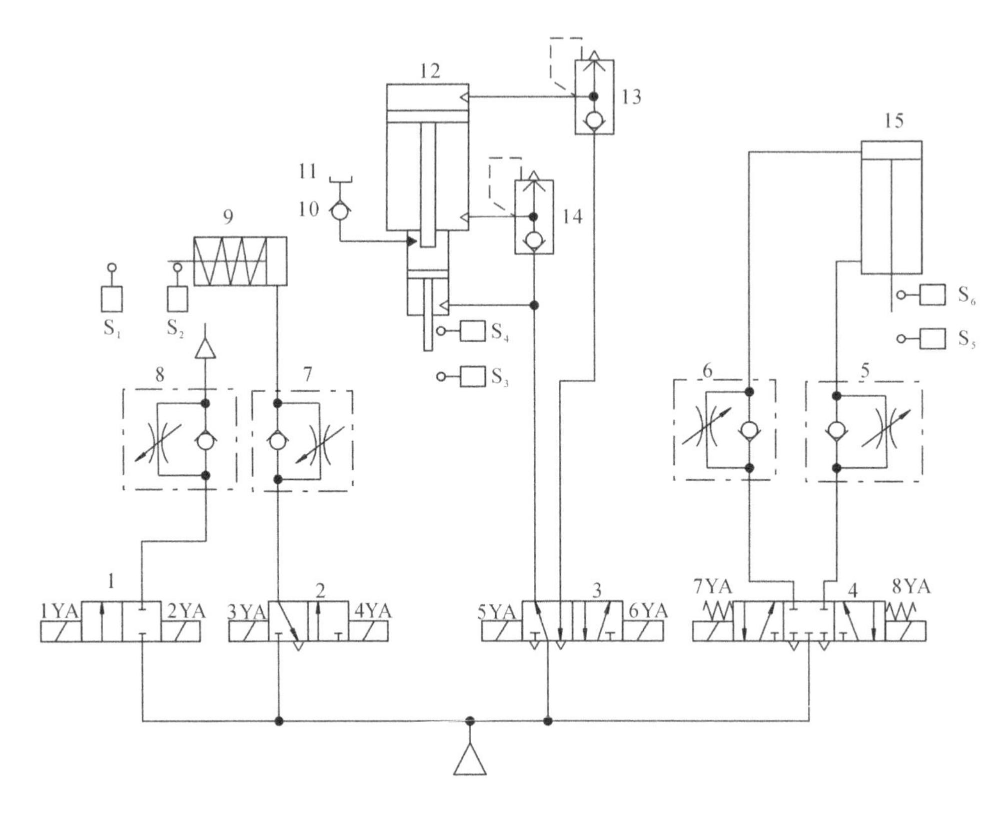

1、2、3、4—换向阀；5、6、7、8—单向节流阀；9—定位气缸；10—单向阀；11—补油箱；12—气液增压缸；13、14—快速排气阀；15—气缸；S_1、S_2、S_3、S_4、S_5、S_6—行程开关。

图 6-12 数控加工中心气动换刀系统工作原理图

通电，二位三通电磁换向阀 2 换向，右位接入回路，压缩空气经换向阀 2 的右位、单向节流阀 7 中的单向阀进入定位气缸 9 的右腔，使缸 9 的活塞杆左移，实现主轴的自动定位。当缸 9 的活塞杆在左移过程中碰到行程开关 S_1 时，发出电信号使 6YA 通电，二位五通电磁换向阀 3 换向，右位接入回路，压缩空气经换向阀 3 的右位、快速排气阀 13 进入气液增压缸 12 的上腔，气液增压缸 12 中的高压油使其活塞杆向下伸出，实现主轴的松刀。当缸 12 的活塞杆下降碰到行程开关 S_3 时，发出电信号使 8YA 通电，三位五通电磁换向阀 4 换向，右位接入回路，压缩空气经换向阀 4 的右位、单向节流阀 6 中的单向阀进入气缸 15 的上腔，缸 15 的活塞杆下移实现拔刀。然后由回转刀库交换刀具，同时使得 1YA 通电，二位二通电磁换向阀 1换向，左位接入回路，压缩空气经换向阀 1 的左位、单向节流阀 8 向主轴锥孔吹气。经定时器延时后，1YA 断电、2YA 通电，换向阀 1 换向，右位接入回路，停止吹气。当停止吹气时 8YA 断电、7YA 通电，换向阀 4 换向，左位接入回路，压缩空气经换向阀 4 的左位、单向节流阀 5 中的单向阀进入气缸 15 的下腔，缸 15 的活塞杆上移实现插刀。当缸 15 的活塞杆上移碰到行程开关 S_6 时，发出电信号使 6YA 断电、5YA 通电，换向阀 3 换向，左位接入回路，压缩空气经换向阀 3 的左位、快速排气阀 14 进入气液增压缸 12 的下腔，使其活塞杆退回，主轴通过特定的机械连接机构使刀具夹紧。当缸 12 的活塞杆退回过程中碰到行程开关 S_4 时，发出电信号使得 4YA 断电、3YA 通电，换向阀 2 换向，左位接入回路，定位气缸 9 的活塞杆返回，回到初始状态，换刀结束。

习　题

6-1　YT4543 动力滑台液压系统包括了哪些基本回路？说明各单向阀在回路中起到了怎样的作用。

6-2　YT4543 型液压动力滑台液压系统采用了限压式变量叶片泵，试在限压式变量叶片泵的特性曲线上定性地标明动力滑台在快进、一工进、二工进、停留、快退、原位停止时泵的工作点。

6-3　在外圆磨床液压系统中，为了保证频繁换向情况下换向过程的平稳、制动和反向启动的迅速，回路中采取了什么措施？

6-4　在 XS-ZY-250A 型注塑机液压系统，2 个比例调压阀在回路中起到了怎样的作用？

6-5　在数控加工中心气动换刀系统中，主要能完成哪些动作？

6-6　在气动机械手传动系统中，如何定位下料点？

6-7　如图 6-13 所示回路，要完成快进、一工进、二工进、停留、快退、原位停止的工作循环，试读懂回路图，写出电磁铁的动作顺序表，并写出快进、一工进、二工进、停留、快退、原位停止的进油路和回油路。

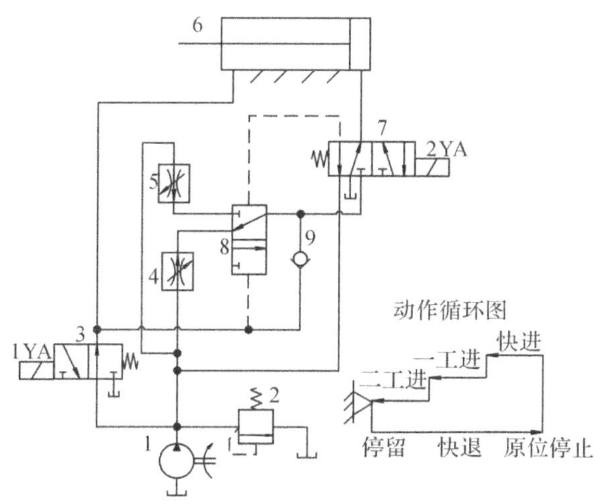

图 6-13　题 6-7 图

讨论题

1. 分析讨论液压传动技术在“机器换人”领域的应用。
2. 分析讨论气动技术在“机器换人”领域的应用。

本章在线测试

第七章　液压系统的设计计算

学习要求：了解液压传动系统设计计算的一般方法，通过学习典型液压系统设计实例，掌握液压系统设计的一般步骤、注意事项和设计计算方法。

液压传动系统的设计是整机设计的一部分，目前液压系统的设计主要还是经验法，即使使用计算机辅助设计，也是在专家的经验指导下进行的。因而就其设计步骤而言，往往随设计的实际情况、设计者的经验不同而各有差异，但是，从总体上看，其基本内容是一致的，具体为：

(1)明确液压系统的设计要求并进行工况分析。

(2)拟定液压系统原理图，进行系统方案论证。

(3)设计、计算和选择液压元件。

(4)对液压系统的主要性能进行验算。

(5)绘制工作图，编制技术文件。

第一节　液压系统的设计步骤

一、液压系统的设计要求与工况分析

(一)设计要求

在设计液压系统时，首先要明确液压系统的使用要求，主要有以下几个方面：

(1)整机的动作要求，主要包括哪些运动需要液压传动完成，各执行机构的运动方式、行程、动作循环以及彼此之间的联锁关系等。

(2)整机的性能要求，主要包括各执行元件在各个阶段的负载、速度、调速范围、运动平稳性以及完成一个循环的时间、换向定位精度等。

(3)整机对液压系统工作环境的要求，主要包括温度、湿度、振动、污染以及是否有腐蚀性和易燃性物质存在等。

(4)其他要求，包括液压装置的重量、外形尺寸上的限制以及经济性等。

(二)工况分析

工况分析是指对液压系统各执行元件在工作过程中的运动速度和负载的变化规律进行分析，它是拟定液压系统方案、选择或设计液压元件的依据，包括动力参数分析和运动参数分析，通过工况分析可以进一步明确整机在性能方面的要求。

1. 动力参数分析

动力参数分析是指通过计算各液压执行元件的载荷大小和方向，并分析各执行元件在工作过程中可能产生的冲击、振动及过载等情况。对于复杂的液压系统，尤其是有多个液压执行元件同时动作的系统，通过动力参数分析，将各执行元件在各阶段所需克服的负载绘制出负载-位移曲线，如图 7-1(a)所示，称为负载图，以确定系统工作压力。

液压缸在各阶段需克服的负载 F 和液压马达在各阶段需克服的负载转矩 T 可按以下公式计算：

(1)启动阶段

$$F=\pm F_g+F_n f_s+B'v+ks \tag{7-1}$$

式中：F_g——外负载；

F_n——法向力；

f_s——外负载与支承面间的静摩擦因数；

B'——黏性阻尼系数；

v——运动部件的速度；

k——弹性元件的刚度；

s——弹性元件的线位移。

$$T=\pm T_g\pm F_n f_s r+B\omega\pm k_g\theta \tag{7-2}$$

式中：T_g——外负载转矩；

r——回转半径；

B——黏性阻尼系数；

ω——运动部件的角速度；

k_g——弹性元件的扭转刚度；

θ——弹性元件的角位移。

(2)加速阶段

$$F=\pm F_g+F_n f_d+m\frac{\Delta v}{\Delta t}+B'v+ks+F_b \tag{7-3}$$

式中：f_d——外负载与支承面间的动摩擦因数；

m——运动部件的质量；

Δv——运动部件的速度变化量；

Δt——加速时间；

F_b——回油背压阻力。

$$T=\pm T_g+F_n f_d r+I\frac{\Delta\omega}{\Delta t}+B\omega+k_g\theta+T_b \tag{7-4}$$

式中：I——运动部件的转动惯量；

$\Delta\omega$——运动部件的角速度变化量；

T_b——排油腔的背压转矩。

(3)匀速阶段

$$F=\pm F_g+F_n f_d+B'v+ks+F_b \tag{7-5}$$

$$T=\pm T_g+F_n f_d r+B\omega+k_g\theta+T_b \tag{7-6}$$

（4）制动阶段

$$F=\pm F_{g}+F_{n}f_{d}-m\frac{\Delta v}{\Delta t}+B'v+ks+F_{b} \tag{7-7}$$

$$T=\pm T_{g}+F_{n}f_{d}r-I\frac{\Delta\omega}{\Delta t}+B\omega+k_{g}\theta+T_{b} \tag{7-8}$$

2. 运动参数分析

运动参数分析是指液压执行元件在完成一个工作循环时的运动规律。通过运动参数分析，绘制出速度-位移曲线，如图 7-1(b)所示，称为速度图，以选定系统所需流量。设计简单的液压系统时，负载图和速度图均可省略不画。

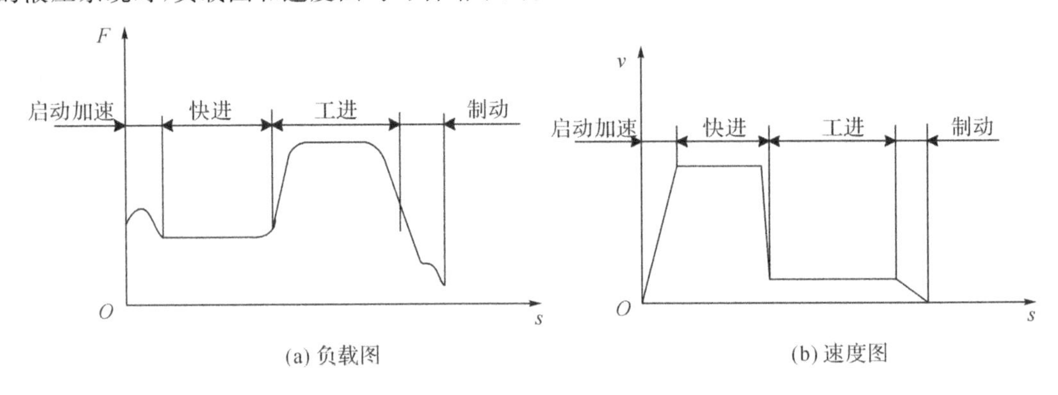

(a) 负载图　　(b) 速度图

图 7-1　液压系统执行元件的负载图和速度图

二、执行元件的参数确定

（一）选定工作压力

液压执行元件工作压力的选定是否合理关系到液压系统设计的合理程度。在负载一定的条件下，工作压力若选低了，会使元件尺寸和重量增大，选高了，会使元件的性能和密封要求提高，增加成本。

液压执行元件的工作压力可以根据负载图中的最大负载按表 7-1 选取，也可以根据主机的类型按表 7-2 选取。

表 7-1　根据负载选择液压执行元件的工作压力

载荷/kN	<5	5～10	11～20	21～30	31～50	>50
工作压力/MPa	<0.8～1	1.5～2	2.5～3	3～4	4～5	≥5～7

表 7-2　按主机类型选择液压执行元件的工作压力

设备类型	机床					农业机械、汽车工业、小型工程机械及辅助机构	工程机械、重型机械、锻压设备、液压支架等	船用系统
	磨床	组合机床、齿轮加工机床、牛头刨床、插床	车床、铣床、镗床	珩磨机床	拉床、龙门、刨床			
工作压力/MPa	≤1.2	<6.3	2～4	2～5	<10	10～16	16～32	14～25

（二）确定执行元件的几何参数

液压缸的几何参数是指其有效工作面积 A，液压马达的几何参数是指其排量 V。液压缸的有效工作面积 A 或液压马达的排量 V 可按负载图中最大的负载、选定的工作压力以及预估的液压执行元件的机械效率求出。

对于液压缸，由面积 A 可以进一步确定液压缸的缸筒内径 D、活塞直径 d。

当液压缸工作速度很低时，需按其最低运动速度的要求，验算液压缸的有效作用面积 A，即应满足

$$A \geqslant \frac{q_{\min}}{v_{\min}} \tag{7-9}$$

式中：$q_{\min}$——流量阀的最小稳定流量，可由产品性能表查出；

$v_{\min}$——液压缸的最低运动速度。

当液压马达转速很低时，需按其最低转速的要求，验算液压马达的排量 V，即应满足

$$V \geqslant \frac{q_{\min}}{n_{\min}} \tag{7-10}$$

式中：$n_{\min}$——液压马达的最低转速。

（三）绘制液压执行元件工况图

液压系统执行元件的工况图是在液压执行元件结构参数确定之后，根据主机工作循环，算出不同阶段中的实际工作压力、流量和功率之后作出的，如图 7-2 所示。根据工况图可以直观、方便地找出最大工作压力、最大流量和最大功率，根据这些参数即可选择液压泵、液压阀以及电动机。

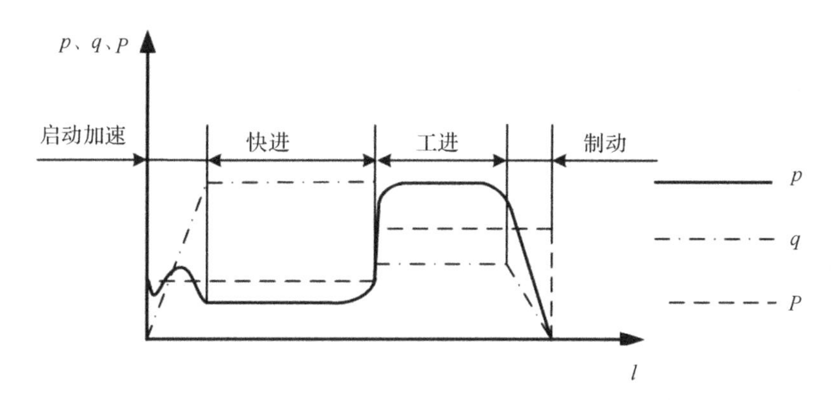

图 7-2　执行元件的工况图

三、拟定液压系统原理图

在拟定液压系统原理图时，需要先根据整机的性能和动作要求选择基本回路，然后再增加辅助回路，从而组成一个完整的液压系统。

（一）液压回路的选择

在机床液压系统中，调速方案对主机主要性能起决定性的作用。在选择调速方案时，应根据液压执行元件的负载特性、调速范围、功率大小、低速稳定性以及经济性等因素，在综合

分析节流调速、容积调速和容积节流调速三种调速方案的基础上，选出合适的调速方案。

油路循环方式的选择主要取决于液压系统的调速方式和散热条件。一般情况下，具有较大空间可以存放油箱且不需另设散热装置的系统、要求结构尽可能简单的系统、采用节流调速或容积节流调速的系统，宜采用开式系统。允许采用辅助泵进行补油并通过换油进行冷却的系统、对工作稳定性和效率要求较高的系统、采用容积调速的系统，宜采用闭式系统。

系统中的其他回路，如换向回路主要根据自动化程度、换向性能以及通过流量和压力的大小等来确定。压力控制回路有的根据调速回路来定，如调压回路、卸荷回路等；有的根据系统的要求还需设置保压回路、平衡回路等。

如果执行元件要求完成一定的自动循环动作，为使动作可靠，一般采用行程控制。时间控制一般常与行程控制和压力控制组合使用，不单独使用。对有多个执行元件的系统，还需考虑顺序、同步、互不干扰等回路。

液压系统油源类型的选择应考虑以下因素后确定：

(1)液压泵的压力等级和结构形式应根据系统工作压力的高低来确定。

(2)选择采用定量泵还是变量泵应根据油源输出流量变化的大小和系统节能的要求来确定。

(3)选择单泵供油还是多泵供油应根据执行元件的多寡和系统工作循环中压力、流量变化的情况来确定。

(4)泵的控制方式应根据系统对油源的综合性能要求来确定。

(二)基本回路组成液压系统

选定执行元件、调速方案、液压基本回路以及油源类型以后，就可合成为液压系统。系统合成时，应考虑以下几点：

(1)防止回路间的相互干扰，保证实现所要求的工作循环。

(2)合理利用功率，力求提高系统的效率，减少系统的发热和温升。

(3)防止系统出现液压冲击。

(4)在满足设计要求的前提下，力求系统结构简单、工作安全可靠。

四、液压元件的计算和选择

(一)液压泵的选择

1. 液压泵工作压力的确定

液压泵的工作压力可按下式计算：

$$p_p \geqslant p_{\max} + \sum \Delta p \tag{7-11}$$

式中：p_p—— 液压泵的工作压力；

$p_{\max}$—— 执行元件的最高工作压力；

$\sum \Delta p$—— 从液压泵出口到液压执行元件入口处的总管路压力损失；

$$\sum \Delta p = \sum \Delta p_\lambda + \sum \Delta p_\xi + \sum \Delta p_v$$

$\sum \Delta p_\lambda$—— 进油路上管路的总沿程压力损失；

$\sum \Delta p_\xi$—— 进油路上管路的总局部压力损失；

$\sum \Delta p_v$—— 进油路上阀的总压力损失。

$\sum \Delta p$ 的准确计算须在选定液压元件并绘制出管路布置图后才能进行。初算时，可按经验数据选取：一般节流阀和简单的系统，取 $\sum \Delta p$ 为 $0.2 \sim 0.5\text{MPa}$；进油路上有调速阀和管路较复杂的系统，取 $\sum \Delta p$ 为 $0.5 \sim 1.5\text{MPa}$。

2. 液压泵流量的确定

单个液压泵和单个液压执行元件的系统：

$$q_p \geqslant K_L q_{\max} \tag{7-12}$$

式中：q_p——液压泵的流量；

K_L——考虑系统泄漏和溢流阀保持最小溢流量的系数，通常取 $K_L = 1.1 \sim 1.3$，小流量取大值，大流量取小值；

$q_{\max}$——执行元件所需的最大流量。

单个液压泵和多个液压执行元件的系统：

$$q_p \geqslant K_L \left(\sum q_i \right)_{\max} \tag{7-13}$$

式中：$\left(\sum q_i \right)_{\max}$—— 多个液压执行元件同时工作时所需的最大流量，可从执行元件的工况图中查得。

差动回路系统：

$$q_p \geqslant K_L A_d v_{\max} \tag{7-14}$$

式中：A_d——液压缸活塞杆的面积。

3. 液压泵规格的选择

(1)液压泵的额定压力

$$p_n \geqslant (1.25 \sim 1.6) p_p \tag{7-15}$$

(2)液压泵的额定流量

$$q_n = q_p \tag{7-16}$$

4. 液压泵驱动电动机功率的确定

当使用定量泵时，电动机功率可按下式计算：

$$P_p \geqslant \frac{\Delta p_p q_p}{\eta_p} \tag{7-17}$$

式中：Δp_p——液压泵进、出口压力之差，对于开式系统即为液压泵的最大工作压力 p_p；

η_p——液压泵的总效率，初算时可按表 7-3 选取。

表 7-3　液压泵的总效率

液压泵类型	齿轮泵	叶片泵	柱塞泵	螺杆泵
总效率	0.6～0.7	0.6～0.75	0.8～0.85	0.65～0.8

当使用限压式变量叶片泵时，可按限压式变量叶片泵的流量压力特性曲线拐点处的流量 q_B 和压力 p_B 计算。

$$P_p \geqslant \frac{p_B q_B}{\eta_p} \tag{7-18}$$

（二）液压控制元件的选择

对于溢流阀，主要根据最大工作压力和通过阀的最大流量等因素来选择，同时要求反应灵敏、阀的动态特性好。

对于方向控制阀，应根据执行元件的动作要求、卸荷要求、换向平稳性等因素确定滑阀机能，然后根据通过阀的最大流量、工作压力和操作定位方式等选择其型号。

对于流量控制阀，首先应根据调速要求确定阀的类型，然后再按通过阀的最大和最小流量以及工作压力选择其型号。

此外，在选择液压控制元件时应尽可能多地选用标准元件，自行设计的专用液压元件应减少到最低程度。同时，还应注意在同一回路中应尽量采用相同的通径。

（三）液压辅助元件的选择

过滤器、蓄能器等可按第二章所述原则进行选择，管道、管接头的规格尺寸可参照其连接的液压元件接口处的尺寸。油箱容积的设计计算可参照经验公式(7-19)估算：

$$V=\xi q_p \tag{7-19}$$

式中：V——油箱的容积；

q_p——液压泵的额定流量；

ξ——与压力有关的经验数据；低压系统 ξ 取 2～4，中压系统 ξ 取 5～7，高压系统 ξ 取 10～12。

油箱设计完成后还应按散热要求验算油箱的容积。

五、液压系统的性能验算

（一）系统压力损失的验算

液压系统的压力损失包括管道内的沿程压力损失和局部压力损失以及阀类元件的局部压力损失三项。系统的压力损失应按不同的工作阶段分别计算，回油路上的压力损失要折算到进油路上去。故某一工作阶段液压系统总的压力损失为

$$\sum \Delta p = \sum \Delta p_1 + \sum \left(\Delta p_2 \frac{A_2}{A_1}\right) \tag{7-20}$$

式中：$\sum \Delta p_1$—— 进油路的总压力损失，其值可按下式计算

$$\sum \Delta p_1 = \sum \Delta p_{1\lambda} + \sum \Delta p_{1\xi} + \sum \Delta p_{1v}$$

$\sum \Delta p_{1\lambda}$—— 进油路管道内总的沿程压力损失；

$\sum \Delta p_{1\xi}$—— 进油路管道内总的局部压力损失；

$\sum \Delta p_{1v}$—— 进油路上阀类元件总的局部压力损失，其值可按下式计算：

$$\sum \Delta p_{1v} = \sum \Delta p_n \left(\frac{q}{q_n}\right)^2$$

Δp_n—— 阀的额定压力损失，其值可从产品样本中查到；

$\sum \Delta p_2$—— 系统回油路的总压力损失，其值可按下式计算：

$$\sum \Delta p_2 = \sum \Delta p_{2\lambda} + \sum \Delta_{2\xi} + \sum \Delta p_{2v}$$

$\sum \Delta p_{2\lambda}$—— 回油路管道内总的沿程压力损失；

$\sum \Delta p_{2\xi}$—— 回油路管道内总的局部压力损失；

$\sum \Delta p_{2v}$—— 回油路上阀类元件总的局部压力损失，计算方法同进油路；

A_1—— 液压缸进油腔有效工作面积；

A_2—— 液压缸回油腔有效工作面积。

由此可以得出液压系统的调整压力为

$$p_T \geqslant p_1 + \sum \Delta p$$

式中：p_T—— 液压系统的调整压力；

p_1—— 液压缸工作腔压力。

（二）液压系统发热温升的验算

液压系统的各种能量损失都转化为热量，使油温升高，油液黏度下降，从而产生一系列不利影响。为了保证系统能够正常工作，必须控制油液温升在允许范围内。各种机械设备的允许温升见表 7-4。

表 7-4　各种机械设备的允许温升　　（单位：℃）

设备类型	正常工作温度	最高允许温度	油和油箱允许温升
数控机床	30～50	55～70	≤25
一般机床	30～55	55～70	≤30～35
船舶	30～60	80～90	≤35～40
机车车辆	40～60	70～80	
冶金机械、液压机	40～70	60～90	
工程机械、矿山机械	50～80	70～90	

液压泵功率损失所产生的热量为

$$H_1 = P_m(1-\eta) \tag{7-21}$$

式中：H_1——液压泵功率损失产生的热量；

P_m——液压泵输入功率；

η——液压泵总效率。

油液通过阀体产生的发热量为

$$H_2 = \sum_{i=1}^{n} \Delta p_i q_i \tag{7-22}$$

式中：H_2——油液通过阀体产生的发热量；

Δp_i——油液通过每个阀体的压力损失；

q_i——通过每个阀体的流量。

管路损失及其他损失所产生的热量为

$$H_3 = (0.03 \sim 0.05) P_m \tag{7-23}$$

液压系统总的发热量为

$$H = H_1 + H_2 + H_3 \tag{7-24}$$

液压系统工作时产生的热量可由系统各个散热面散发到空气中去，但绝大部分热量是由油箱散发的。油箱散发到空气中的热量可由下式计算：

$$H = C_T A \Delta T \tag{7-25}$$

式中：C_T——油箱的散热系数，当自然冷却通风很差时，$C_T=(8\sim9)\times10^{-3}$；自然冷却通风良好时，$C_T=(15\sim17.5)\times10^{-3}$；当油箱用风扇冷却时，$C_T=23\times10^{-3}$；用水循环冷却时，$C_T=(110\sim170)\times10^{-3}$；

A——油箱散热面积；

ΔT——液压系统的温升。

系统的最高温升为

$$\Delta T = \frac{H}{C_T A} \tag{7-26}$$

计算得到的系统最高温升加上周围环境温度，不得超过最高油温允许范围。如果超过了最高油温允许范围，就必须增大油箱的散热面积或增设冷却装置进行降温。

（三）液压冲击的验算

在液压传动中产生液压冲击的原因很多，液压冲击的产生不仅会使液压系统产生振动和噪声，而且会使液压元件、密封装置等损坏而造成事故。因此，在设计液压系统时，应对系统中可能产生液压冲击的部位、产生的冲击压力是否会超过允许值以及所采取的减小液压冲击的措施是否有效等进行验算，验算可参照第一章中的相关内容。

第二节　液压系统设计实例

下面以组合机床为例，进一步阐述液压系统设计计算的内容。

设计一台卧式钻孔组合机床液压系统，要求完成“快进→工进→快退→停止”的工作循环。机床的最大切削力为 29000N，工作部件的质量为 1100kg，快进、快退速度均为 7m/min，工进速度为 0.06m/min，快进工作行程为 120mm，工作进给行程为 50mm，加速、减速时间要求不大于 0.2s，动力平台采用平导轨，静摩擦系数为 0.2，动摩擦系数为 0.1。

一、工况分析

（一）负载分析

由已知条件可得，$F_g=29000\text{N}$。

（二）阻力负载

机床工作部件对平导轨的法向力为　$F_n=mg=10780(\text{N})$

静摩擦力　$F_{fs}=F_n f_s=10780\times0.2=2156(\text{N})$

动摩擦力　$F_{fd}=F_n f_d=10780\times0.1=1078(\text{N})$

（三）惯性负载

$$F_m = m\frac{\Delta v}{\Delta t} = 1100\times\frac{7}{60\times0.2}\approx642(\text{N})$$

根据以上分析，得出液压缸在各工作阶段的负载如表 7-5 所示。

表 7-5　液压缸各工作阶段的负载

工况	计算公式	负载值/N
启动	$F=F_{fs}=F_n f_s$	2156
加速	$F=F_{fd}+F_m=F_n f_d+m\dfrac{\Delta v}{\Delta t}$	1720
快进	$F=F_{fd}=F_n f_d$	1078
工进	$F=F_{fd}+F_g=F_n f_d+F_g$	30078
快退	$F=F_{fd}=F_n f_d$	1078

根据表 7-5 计算得到的数据可以绘制出如图 7-3(a)所示的负载图，根据已知条件可以绘制出如图 7-3(b)所示的速度图。

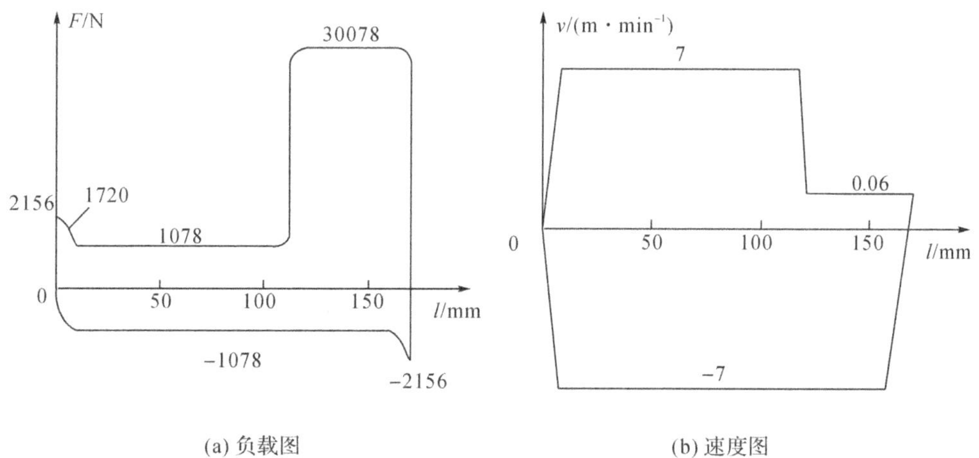

图 7-3　组合机床液压缸负载图和速度图

二、液压缸主要参数的确定

(一)液压缸工作压力的初选

根据工况分析，组合机床在工进阶段的最大负载大约是 30078N，查表 7-1、7-2 可初步选择液压缸工作压力 $p_1=4\text{MPa}$。

在钻孔加工时，为防止钻通孔时发生前冲现象，液压缸回油腔应有背压，选取背压 $p_2=0.6\text{MPa}$。

(二)液压缸尺寸的计算

由于设计要求快进、快退的速度相等，可选用单活塞杆式液压缸，并在快进时作差动连接，故 $A_1=2A_2$。由公式 $(p_1A_1-p_2A_2)\eta_m=F$，取 $\eta_m=0.9$，可得

$$A_1=\frac{F}{\eta_m\left(p_1-\dfrac{p_2}{2}\right)}=\frac{30078}{0.9\times\left(4-\dfrac{0.6}{2}\right)\times10^6}=90.3\times10^{-4}(\text{m}^2)=90.3(\text{cm}^2)$$

液压缸的直径 D 为

$$D=\sqrt{\frac{4A_1}{\pi}}=\sqrt{\frac{4\times90.3}{3.14}}=10.73(\text{cm})$$

由于 $A_1=2A_2$，故活塞杆直径 d 为

$$d=\frac{D}{\sqrt{2}}=10.73\times0.707=7.59(\text{cm})$$

将上述直径值按 GB/T 2348—2018 圆整成标准值得

$$D=110\text{mm}, d=80\text{mm}$$

所以液压缸的有效面积为

$$A_1=\frac{\pi}{4}D^2=\frac{3.14}{4}\times11^2=95(\text{cm}^2)$$

$$A_2=\frac{\pi}{4}(D^2-d^2)=\frac{3.14}{4}(11^2-8^2)=44.7(\text{cm}^2)$$

经验算，活塞杆的强度和稳定性均符合要求。

（三）液压缸各阶段的压力、流量和功率的计算

根据计算得到的液压缸缸筒直径 D 和活塞杆直径 d，可以估算出液压缸在各个工作阶段的压力、流量和功率，详见表 7-6，并可绘制出液压缸的工况图，如图 7-4 所示。

表 7-6　液压缸在各工作阶段的压力、流量和功率值

工况		计算公式	负载 F/N	进油腔压力 p_1/MPa	回油腔压力 p_2/MPa	输入流量 $q\times10^{-3}$/(m³·s⁻¹)	输入功率 P/kW
快进	启动	$p_1=\left[\left(\frac{F}{\eta_m}\right)+A_2\Delta p\right]/(A_1-A_2)$ $q=(A_1-A_2)v_1$ $P=p_1q$	2156	0.476	0	—	—
	加速		1720	0.647	$p_1+\Delta p$ ($\Delta p=0.3$)	—	—
	恒速		1078	0.505		0.587	0.296
工进		$p_1=\left[\left(\frac{F}{\eta_m}\right)+p_2A_2\right]/A_1$ $q=A_1v_2$ $P=p_1q$	30078	3.8	0.6	0.0095	0.036
快退	反向启动	$p_1=\left[\left(\frac{F}{\eta_m}\right)+p_2A_1\right]/A_2$ $q=A_2v_3$ $P=p_1q$	2156	0.536	0	—	—
	加速		1720	1.7	0.6	—	—
	恒速		1078	1.54	0.6	0.522	0.804

三、拟定液压系统图

（一）液压回路的选择

1. 调速方式的确定

由液压缸工况图可知，该液压系统功率小、负载变化小，宜选用进油节流调速，为防止钻通孔时的前冲现象，可在回油路上加背压阀。

2. 液压泵形式的选择

该系统快进加上快退所需的时间 t_1 为

$$t_1=\frac{l_1}{v_1}+\frac{l_3}{v_3}=(60\times120)/(7\times1000)+(60\times170)/(7\times1000)=2.49(\text{s})$$

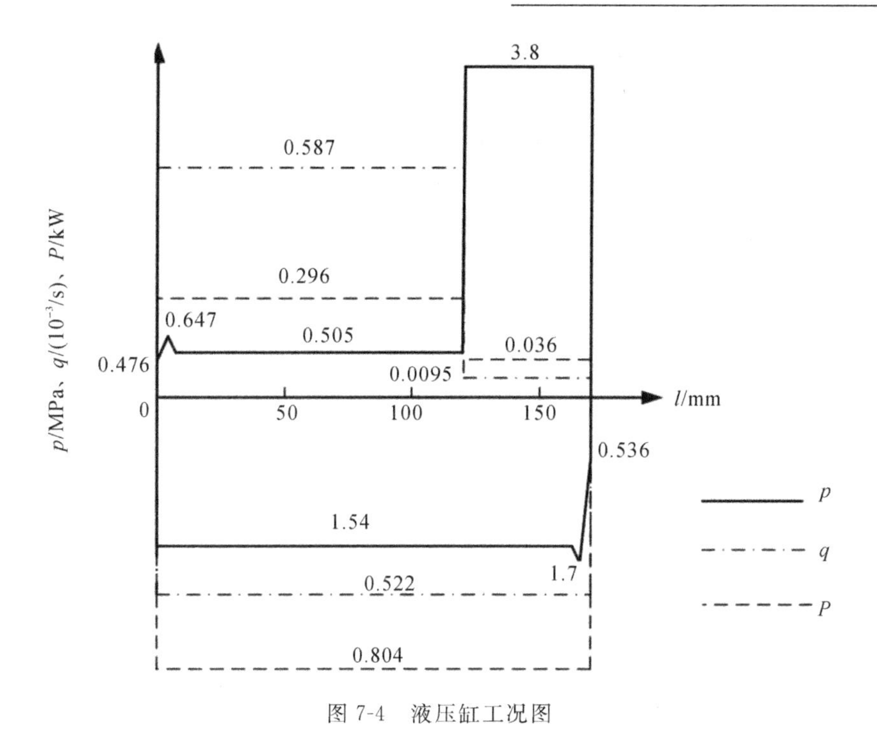

图 7-4　液压缸工况图

工进所需时间为

$$t_2=\frac{l_2}{v_2}=\frac{60\times50}{0.06\times1000}=50(\mathrm{s})$$

则

$$\frac{t_2}{t_1}\approx20$$

从液压缸工况图中可以看出,该液压系统在工作循环内,液压缸要求油源交替提供低压大流量和高压小流量的油液,最大流量约为最小流量的 62 倍。因此,从提高系统效率、节省能量的角度考虑,宜选用双联叶片泵。

3. 速度换接方式的选择

该液压系统的速度换接涉及快进与工进之间的速度换接以及工进与快退之间的速度换接。从液压缸工况图中可以看出,两次速度换接速度变化都比较大:当工作台从快进转为工进时,进入液压缸的流量由 $0.587\times10^{-3}\mathrm{m^3/s}$ 降至 $0.0095\times10^{-3}\mathrm{m^3/s}$,可选用行程阀来控制速度的换接;当工作台从工进转为快退时,进入液压缸的流量由 $0.0095\times10^{-3}\mathrm{m^3/s}$ 增至 $0.522\times10^{-3}\mathrm{m^3/s}$,回路中通过的流量很大,为了保证回路换向时的平稳,宜选用电液换向阀来控制速度的换接。

(二)液压系统图的绘制

根据选定的基本回路,经整理以后可以得到如图 7-5 所示的液压系统原理图。

四、液压元件的选择

(一)液压泵和电动机的选择

1. 液压泵工作压力的确定

根据液压缸的工况图可知,液压缸在整个工作循环中的最大工作压力是 3.8MPa,取进

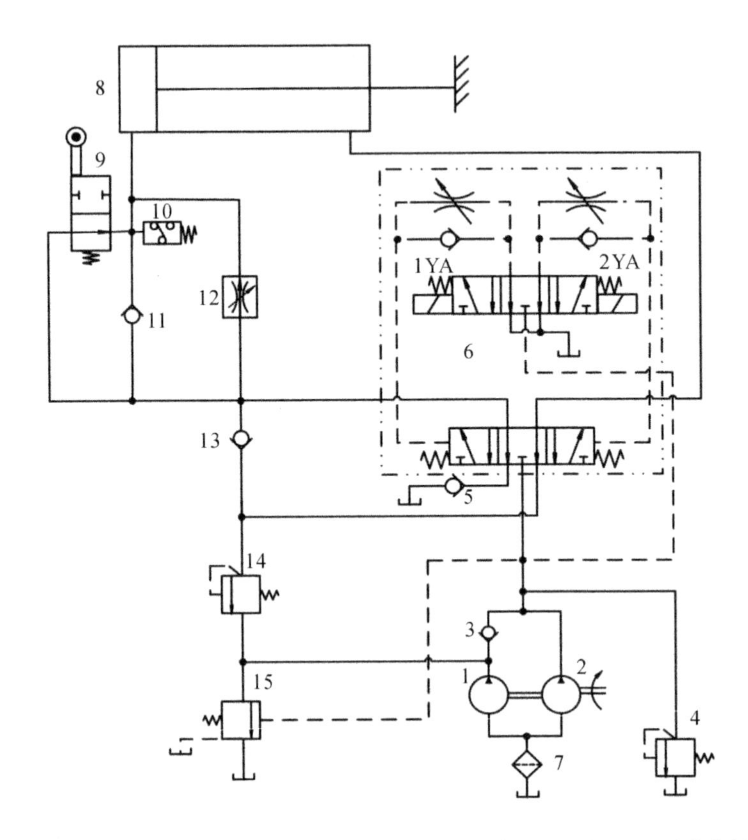

1—低压大流量泵;2—高压小流量泵;3、5、11、13—单向阀;4—溢流阀;6—三位五通电液换向阀;7—滤油器;
8—液压缸;9—行程阀;10—压力继电器;12—调速阀;14—背压阀;15—顺序阀。

图 7-5 液压系统原理图

油路上的压力损失为 0.8MPa,调整压力比系统最大工作压力大 0.5MPa,所以高压小流量泵的工作压力为

$$p_{p1}=3.8+0.8+0.5=5.1(\mathrm{MPa})$$

由液压缸的工况图可知,液压缸快退时的工作压力比快进时大,取进油路上的压力损失为 0.5MPa,则低压大流量泵的工作压力为

$$p_{p2}=1.54+0.5=2.04(\mathrm{MPa})$$

2. 液压泵流量的确定

由液压缸的工况图可知,液压缸快进时的流量最大,两个液压泵向液压缸提供的最大流量为 $0.587\times10^{-3}\mathrm{m}^3/\mathrm{s}$(35.22L/min)。工进时的流量最小,由高压小流量泵单独供油,其流量为 $0.0095\times10^{-3}\mathrm{m}^3/\mathrm{s}$(0.57L/min)。因系统比较简单,取泄漏系数 $K_L=1.05$,则液压泵的最大流量为

$$q_{p\max}=35.22\times1.05=36.981(\mathrm{L/min})$$

由于溢流阀的最小稳定溢流量为 3L/min,故高压小流量泵的流量应取 3.6L/min。

3. 液压泵型号的选取

根据上述计算得到的液压泵工作压力和流量数值,查阅产品目录,最后确定选取 YYB-AA9/36B 型双联叶片液压泵。

4. 电动机的选择

由液压缸的工况图可知，液压缸最大输出功率出现在快退工况，其值为 0.804kW，这时液压泵的工作压力为 2.04MPa，理论流量为 45L/min。取液压泵的容积效率为 0.84，总效率为 0.756，则电动机所需功率为

$$P=\frac{p_2 q_p}{\eta_p}=\frac{2.04\times10^6\times(45\times0.84)}{0.756\times60\times10^3}=1.7(\text{kW})$$

根据计算所得，查阅电动机产品样本选取 Y112M-6 型电动机，其额定功率为 2.2kW，额定转速为 940r/min。

（二）阀类元件的选择

根据阀类元件所在油路的最大工作压力和通过的实际流量进行选择，其型号和规格见表 7-7。

表 7-7 液压元件的型号及规格 （$L\cdot min^{-1}$）

序号	元件名称	最大流量 /(L/min)	额定流量 /(L/min)	额定压力 /MPa	型号
1、2	双联叶片泵	—	7.19+28.35	7	YYB-AA9/36B $V_p=(9.1+35.9)$mL/r
3	单向阀	36	63	16	AF3-Ea10B
4	溢流阀	9	63	16	YF3-E10B
5	单向阀	77	100	16	AF3-Ea20B
6	三位五通电液换向阀	77	80	16	35DYF3Y-E10B
7	滤油器	45	63	16	XU-63×80J
9	行程阀	77	100	16	22C-100BH
10	压力继电器	—	—	10	HED1KA/10
11	单向阀	67	100	16	AF3-Ea20B
12	调速阀	0.6	10	6.3	q-10B
13	单向阀	77	100	16	AF3-Ea20B
14	背压阀	0.6	63	16	YF3-E10B
15	顺序阀	36	63	16	XF3-E10B

（三）管道尺寸的确定

各液压元件间连接管道的规格按元件接口处的尺寸决定，液压缸进、出油管则按输入、输出的最大流量计算。由于液压泵选定之后，液压缸各个阶段的进出流量已与原定数值不同，所以还需重新计算，其值见表 7-8。

表 7-8　液压缸的输入、输出流量

工况	输入流量 /(L·min^{-1})	输出流量 /(L·min^{-1})	运动速度 /(m·min^{-1})
快进	$q_1=A_1q_p/(A_1-A_2)$ $=(95\times35.54)/(95-44.7)$ $=67.12$	$q_2=A_2q_1/A_1$ $=44.7\times67.12/95$ $=31.58$	$v_1=q_p/(A_1-A_2)$ $=35.54\times10/(95-44.7)$ $=7.07$
工进	$q_1=0.57$	$q_2=A_2q_1/A_1$ $=44.7\times0.57/95$ $=0.27$	$v_2=q_1/A_1$ $=0.57\times10/95$ $=0.06$
快退	$q_1=35.54$	$q_2=A_1q_1/A_2$ $=95\times35.54/44.7$ $=75.53$	$v_3=q_1/A_2$ $=35.54\times10/44.7$ $=7.95$

本系统主油路差动快进时的流量为 67.12L/min，取压油管的允许流速为 4m/s，则油管内径为

$$d=\sqrt{\frac{4q}{\pi v}}=\sqrt{\frac{4\times67.12\times10^{-3}}{3.14\times4\times60}}=18.87(\text{mm})$$

按 GB/T 2351—2005 采用外径 25mm 的冷拔无缝钢管。

(四)油箱容量的确定

油箱容量可按经验公式(7-19)估算，取经验数据 $\xi=6$，故油箱容积为

$$V=\xi q_p=6\times45=270(\text{L})$$

五、液压系统性能验算

(一)回路压力损失

由于系统管路尚未确定，故整个液压系统的压力损失无法全面验算，但液压油通过阀类元件的压力损失可以根据公式(7-20)进行验算。压力损失的验算应根据不同的工作阶段分别进行。

1. 快进

进油路：当工作台快进时，液压缸差动连接，进油路上油液经过单向阀 3、电液换向阀 6、行程换向阀 9 进入液压缸 8 的左腔，油液流过单向阀 3 的流量为 28.35L/min，流过电液换向阀 6 的流量为 35.54L/min，流过行程换向阀 9 的流量为 67.12L/min，故进油路上总的压力损失为

$$\sum\Delta p_v=0.2\times\left(\frac{28.35}{63}\right)^2+0.5\times\left(\frac{35.54}{80}\right)^2+0.3\times\left(\frac{67.12}{100}\right)^2$$
$$=0.041+0.099+0.135=0.28(\text{MPa})$$

此值不大，工作时不会导致压力阀开启，能确保双联泵输出的流量全部进入液压缸。

回油路：液压缸 8 右腔的油液经过电液换向阀 6、单向阀 13 与液压泵输出的油液汇合经行程换向阀 9 进入液压缸 8 的左腔，油液流过单向阀 13 和电液换向阀 6 的流量为 31.58L/min，流过行程换向阀 9 的流量为 67.12L/min，故快进时液压缸两腔的压力之差为

$$p=p_2-p_1=0.2\times\left(\frac{31.58}{100}\right)^2+0.5\times\left(\frac{31.58}{80}\right)^2+0.3\times\left(\frac{67.12}{100}\right)^2$$
$$=0.02+0.05+0.135=0.205(\text{MPa})$$

此值比原估计值 0.3MPa 偏小，可取 0.21MPa，故需重新计算快进时液压缸进油腔的压力 p_1，根据计算公式

$$p_1=\left[\left(\frac{F}{\eta_m}\right)+A_2\Delta p\right]/(A_1-A_2)$$

可求得：加速时 $p_1=0.567$MPa；恒速时 $p_1=0.425$MPa。

2. 工进

进油路：油液经过电液换向阀 6、调速阀 12 进入液压缸 8 的左腔，油液流过电液换向阀 6、调速阀 12 的流量都是 0.57L/min，在调速阀 12 上的压力损失为 0.5MPa。

回油路：油液经过电液换向阀 6、背压阀 14、顺序阀 15 回到油箱，油液流过电液换向阀 6 的流量为 0.27L/min，背压阀 14 处的压力损失为 0.6MPa，流过顺序阀 15 的流量为 28.62L/min，故此时液压缸回油腔的压力 p_2 为

$$p_2=0.5\times\left(\frac{0.27}{80}\right)^2+0.6+0.3\times\left(\frac{28.62}{63}\right)^2=0.662(\text{MPa})$$

经计算得到的 p_2 值略大于 0.6MPa。故需重新计算工进时液压缸进油腔的压力 p_1，即

$$p_1=\frac{\dfrac{F}{\eta_m}+p_2A_2}{A_1}=\frac{\dfrac{30078}{0.9}+0.662\times10^6\times44.7\times10^{-4}}{95\times10^{-4}\times10^6}=3.83(\text{MPa})$$

此值略高于表 7-6 中的数值。

考虑到压力继电器 10 可靠动作需要压差 0.5MPa，故溢流阀 4 的调整压力为

$$p_Y=3.83+0.5\times\left(\frac{0.57}{80}\right)^2+0.5+0.5=4.83(\text{MPa})$$

3. 快退

进油路：油液经过单向阀 3、电液换向阀 6 进入液压缸 8 的右腔，油液流过单向阀 3 的流量为 28.35L/min，流过电液换向阀 6 的流量为 35.54L/min，故进油路上总的压力损失为

$$\sum\Delta p_{v1}=0.2\times\left(\frac{28.35}{63}\right)^2+0.5\times\left(\frac{35.54}{80}\right)^2=0.139(\text{MPa})$$

此值较小，故液压泵驱动电机的功率是足够的。

回油路：油液经过单向阀 11、电液换向阀 6、单向阀 5 回到油箱，油液流过上述 3 个阀的流量都是 75.53L/min，故回油路上总的压力损失为

$$\sum\Delta p_{v2}=0.2\times\left(\frac{75.53}{100}\right)^2+0.5\times\left(\frac{75.53}{80}\right)^2+0.2\times\left(\frac{75.53}{100}\right)^2=0.674(\text{MPa})$$

此值比原估值 0.6MPa 略高，应取 $p_2=0.7$MPa，故需重新计算快退时液压缸进油腔的压力 p_1，根据计算公式

$$p_1=\left[\left(\frac{F}{\eta_m}\right)+p_2A_1\right]/A_2$$

可求得：加速时 $p_1=1.915$MPa；恒速时 $p_1=1.756$MPa。

所以，快退时液压泵的工作压力 p_p 应为

$$p_p=p_1+\sum p_{1v}=1.756+0.139=1.895(\text{MPa})$$

因此，顺序阀 15 的调整压力应大于 1.895MPa。

（二）油液温升的验算

根据前面计算可知，在整个工作循环中，工进时间为 50s，快进和快退所需时间为 2.49s。工进时间占总工作循环时间的比例达到 95%以上，所以系统发热和油液的温升可按工进时的工况来计算。

工进时，液压缸的负载 $F=30078\text{N}$，运动速度 $v=0.06\text{m/min}$，故其有效输出功率为

$$P=Fv=\frac{30078\times 0.06}{60}=30.01(\text{W})=0.03(\text{kW})$$

此时，大流量泵经顺序阀 15 卸荷，通过顺序阀的流量 $q_2=28.35\text{L/min}$，查产品手册可知该阀在额定流量时的压力损失 $\Delta p_n=0.3\text{MPa}$，故此阀在工进时的压力损失为

$$\Delta p=\Delta p_n\left(\frac{q_2}{q_n}\right)^2=0.3\times\left(\frac{28.35}{63}\right)^2=0.061(\text{MPa})$$

此时小流量泵的工作压力 $p_{p1}=4.83\text{MPa}$，流量 $q_1=7.19\text{L/min}$，所以两个液压泵总的输入功率为

$$P_p=\frac{p_{p1}q_1+\Delta p q_2}{\eta}=\frac{4.83\times 10^6\times\dfrac{7.19\times 10^{-3}}{60}+0.061\times 10^6\times\dfrac{28.35\times 10^{-3}}{60}}{0.756}$$

$$=803.7(\text{W})=0.8037(\text{kW})$$

由此可得液压系统的发热量为

$$H=P_p-P=0.8037-0.03=0.7737(\text{kW})$$

只考虑油箱的散热，其中油箱的散热面积为

$$A=6.5\sqrt[3]{V^2}=6.5\times\sqrt[3]{(270\times 10^{-3})^2}=2.72(\text{m}^2)$$

取油箱散热系数 $C_T=13\times 10^{-3}\text{kW/(m}^2\cdot℃)$，则可根据公式(7-26)求得油箱的温升为

$$\Delta T=\frac{H}{C_T A}=\frac{0.7737}{13\times 10^{-3}\times 2.72}=21.9(℃)$$

由表 7-4 可知，油液温升没有超过允许值，系统无须设置冷却器。

习　题

7-1　设计一台卧式钻孔组合机床液压系统，要求完成“快进→工进→快退→停止”的工作循环。机床的最大切削力为 30000N，工作部件的质量为 300kg，快进、快退速度均为 6m/min，工进速度为 0.05m/min，快进工作行程为 100mm，工作进给行程 50mm，加速、减速时间要求不大于 0.25s，动力平台采用平导轨，静摩擦系数为 0.2，动摩擦系数为 0.1。

7-2　设计一台卧式钻孔组合机床液压系统，要求完成“快进→工进→快退→停止”的工作循环。已知：机床上有主轴 17 个，加工 ϕ14mm 的孔 13 个，ϕ7.6mm 的孔 4 个，刀具材料为高速钢，工件材料为铸铁，硬度为 220HB。机床工作部件的质量为 1050kg，快进、快退速度均为 7m/min，工进速度为 0.06m/min，快进工作行程为 110mm，工作进给行程为 50mm，加速、减速时间要求不大于 0.2s，动力平台采用平导轨，静摩擦系数为 0.2，动摩擦系数为 0.1。

参考文献

[1] 王积伟，章宏甲，黄谊. 液压与气压传动[M]. 2 版. 北京：机械工业出版社，2013.
[2] 章宏甲，黄谊. 液压传动[M]. 北京：机械工业出版社，1993.
[3] 俞启荣. 机床液压传动[M]. 北京：机械工业出版社，1990.
[4] 左健民. 液压与气压传动[M]. 5 版. 北京：机械工业出版社，2016.
[5] 郑洪生. 气压传动[M]. 北京：机械工业出版社，1999.
[6] 陈奎生. 液压与气压传动[M]. 2 版. 武汉：武汉理工大学出版社，2009.
[7] 姜继海，宋锦春，高常识. 液压与气压传动[M]. 2 版. 北京：高等教育出版社，2009.
[8] 王守城，容一鸣，等. 液压与气压传动[M]. 北京：北京大学出版社，2009.
[9] 周长城，袁光明，刘军营，等. 液压与液力传动[M]. 北京：北京大学出版社，2010.
[10] 雷天觉. 新编液压工程手册[M]. 北京：北京理工大学出版社，1998.
[11] 成大先. 机械设计手册：液压传动[M]. 北京：化学工业出版社，2004.
[12] 路甬祥. 液压气动技术手册[M]. 北京：机械工业出版社，2002.
[13] 李状云. 液压元件与系统[M]. 北京：机械工业出版社，2005.
[14] 许福玲，陈尧明. 液压与气压传动[M]. 3 版. 北京：机械工业出版社，2014.
[15] 刘延俊，王守成，杨明前，等. 液压与气压传动[M]. 3 版. 北京：机械工业出版社，2013.
[16] 盛敬超. 工程流体力学[M]. 北京：机械工业出版社，1988.
[17]（美）E John Finnemore，Joseph B Franzini. 流体力学及其工程应用[M]. 钱翼稷，周玉文，等译. 北京：机械工业出版社，2009.
[18] 阎祥安，曹玉平. 液压传动与控制习题集[M]. 天津：天津大学出版社，2004.
[19] 杨曙东，何存兴. 液压传动与气压传动[M]. 3 版. 武汉：华中科技大学出版社，2015.
[20] 宋锦春. 液压与气压传动[M]. 3 版. 北京：科学出版社，2016.